跟著實務學習

ASP.NET MVC 5.x

使用C#2019

打下前進ASP.NET Core的基礎

作者序

由網際網路(Internet)盛行至今，不論是行動應用程式、物聯網程式開發或是大數據應用與資料收集，無不和雲端應用程式有關，雲端應用程式即網站服務的開發，由早期的 ASP、PHP、JSP，到目前 ASP.NET、ASP.NET MVC 或是 Python 等技術推陳出新。而微軟為了因應雲端所帶來的多作業系統平台整合與開發，將 ASP.NET Core 中提出下一代的 MVC 框架，稱為 ASP.NET Core MVC，使 ASP.NET Core MVC 具有跨平台能力，支援 Windows, Mac OSX 與 Linux 等，因此本次改版中除了新增更多常用的技巧，同時為讓讀者打下前進 ASP.NET Core 的基礎，特別編寫一章 ASP.NET Core Web 應用程式開發，讓讀者瞭解 ASP.NET MVC 的學習經驗在 ASP.NET Core 可繼續延用。其中 MVC 設計模式，將應用程式劃分成三個主要元件，分別為 Model 模型、View 檢視、Controller 控制項，三者合稱為 MVC。

有鑑於市面上 ASP.NET MVC 的書籍艱澀難懂且不易上手，不利任課教師教學。因此本書由學校教師(僑光科大蔡文龍、曾芷琳)、資策會補教名師(蔡捷雲)與微軟最有價值專家(歐志信)共同編著，撰寫書籍的同時進行試教，精選出適合的章節與技能，並讓初學者進行同步閱讀與上機實作，以確保初學者自學 ASP.NET MVC 也能快速上手。書中範例圖文並茂，且使用淺顯易懂的語法與豐富的實際範例，是一本自學與教授雲端應用程式與動態網頁設計課程的好書。

本書亦提供**教學投影片**與**課後習題**，採用本書的教師可向碁峰業務索取教學投影片及習題解答，購買本書的讀者可透過下列信箱或服務詢問本書相關的問題。最後感謝碁峰資訊各位同仁的協助，本書才得以順利完成。

網站：http://www.dtc-tech.com.tw

信箱：dtcbook@outlook.com

粉絲團：https://www.facebook.com/DTCbook/

編著　蔡文龍　歐志信　蔡捷雲　微軟最有價值專家 (MVP)

曾芷琳　僑光科大多遊系副教授

中華民國 109 年 12 月

關於大才全

願景與服務

大才全資訊科技股份有限公司所有同仁秉持著「幫助客戶成功刻不容緩」的熱情與精神，期望幫助客戶提升效率、降低成本、找出最佳解決方案，協助客戶帶來更大的利益，同時也為客戶謀取更多的發展。

服務項目包含電子商務、網站建置、行動應用程式開發、企業內部系統、技術書籍編輯、企業教育訓練等與各式雲端軟體開發服務，同時代理雲揚科技公司的健保處方箋申報軟體與適合百貨、零售與餐飲業的 POS 系統，服務對象包含各領域大中小型企業。

本公司同時也將實務開發部份撰寫成教科書籍，以利教師教學與初學者自學，期望每一位學習者能無痛上手所學習的技術，更希望能幫助想進入此領域的學習者。

讀者服務資訊

購買本書的讀者可透過下列信箱或服務詢問本書相關的問題，也歡迎加入我們的粉專，粉專不定時於每週五分享「跟著實務學習系列」的導讀影片，以利初學者快速上手。

範例下載：http://books.gotop.com.tw/download/AEL022900

網站：http://www.dtc-tech.com.tw

信箱：dtcbook@outlook.com

粉專：https://www.facebook.com/DTCbook

粉專 QRCode

策劃：蔡文龍	責任編輯：蔡文龍、蔡捷雲
監製：蔡文龍、蔡捷雲	執行編輯：蔡文龍
設計：曾芷琳	文字編輯：曾芷琳、歐志信
校稿：歐志信	企劃編輯：曾芷琳

目錄

Chapter 1 ASP.NET MVC 安裝與介紹

Chapter 2 ASP.NET MVC CRUD 初體驗

Chapter 3 Controller(一) - 動作方法與資料繫結

Chapter 7 Model(一) - LINQ 與 Entity Framework

Chapter 8 Model(二) - ADO.NET 資料存取技術

Chapter 9 ASP.NET MVC 常用技巧

Chapter 10 讀取 JSON 與網路服務 Web API

Chapter 11 ASP.NET MVC 實例 - 線上購物商城

Chapter 12 ASP.NET Web Form 前進 ASP.NET MVC

Chapter 13 前進 ASP.NET Core

範例下載

本書範例請至 http://books.gotop.com.tw/download/AEL022900 下載，檔案為 ZIP 格式，請讀者下載後自行解壓縮即可。其內容僅供合法持有本書的讀者使用，未經授權不得抄襲、轉載或任意散佈。

01 ASP.NET MVC 介紹與安裝

學習目標

本章首先讓初學者了解 .NET 平台、ASP.NET MVC 和 ASP.NET MVC 的開發工具 Visual Studio 2019，主要希望讓初學者對 MVC 有基礎的認識之後，並練習如何開啟、撰寫、執行第一個 ASP.NET MVC 應用程式，同時也學習如何使用 Visual Studio 2019 整合開發環境。

你的話是我腳前的燈，是我路上的光。(詩篇 119:105)

1.1 .NET 平台

1.1.1 .NET 平台簡介

Microsoft .NET Framework 是以 .NET 平台為基礎的框架，下圖即是 .NET Framework 4.7.2 版的架構圖，它是具平台獨立性、網路透明化、敏捷軟體開發、快速應用開發的軟體開發平台。.NET 是微軟於 2002 年提出許多有助於網際網路和內部網路應用迅捷開發的技術。.NET Framework 是一種採用系統虛擬機運行的計算平台，以通用語言執行時期(Common Language Runtime)為基礎，同時支援多種語言，如 C#、F#、VB.NET、C++、Python 等程式語言開發。

同時 .NET 開發平台也為應用程式介面提供了新功能和開發工具，其中 .NET 平台最強大的開發工具就是 Visual Studio，目前 Visual Studio(之後簡稱 VS)最新版本為 2019。透過 VS 2019 可快速開發雲端應用程式、物聯網與人工智能程式、行動應用程式、Windows 應用軟體、網路應用軟體以及元件和服務(Web 服務)的開發。

在 2014 年年底，微軟宣布開放 .NET Framework 的原始碼，並提供給 OS X 和 Linux 使用，稱為 .NET Core。.NET Core 是 .NET Framework 新一代的版本，它是微軟第一個跨平台(Windows、Mac OSX、Linux)的應用程式開發框架。微軟同時釋出 Visual Studio Code 可在 Windows、macOS 及 Linux 上執行，是一套適合雲端應用程式開發且功能強大的輕量型的整合開發環境。由下圖可看出，ASP.NET Core 置於 .NET Core 中，即表示 ASP.NET Core 應用程式可執行於 Windows、Mac OSX、Linux 平台上。

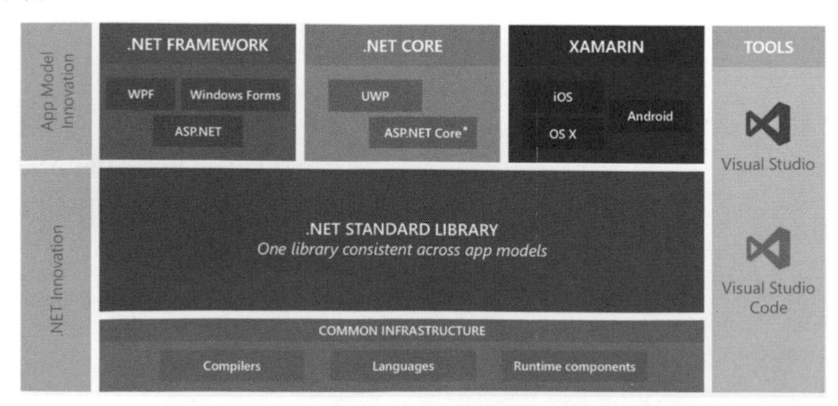

圖片來源：https://images2015.cnblogs.com/blog/647983/201607/647983-20160722113221060-2146188745.png

1.1.2 ASP.NET 簡介

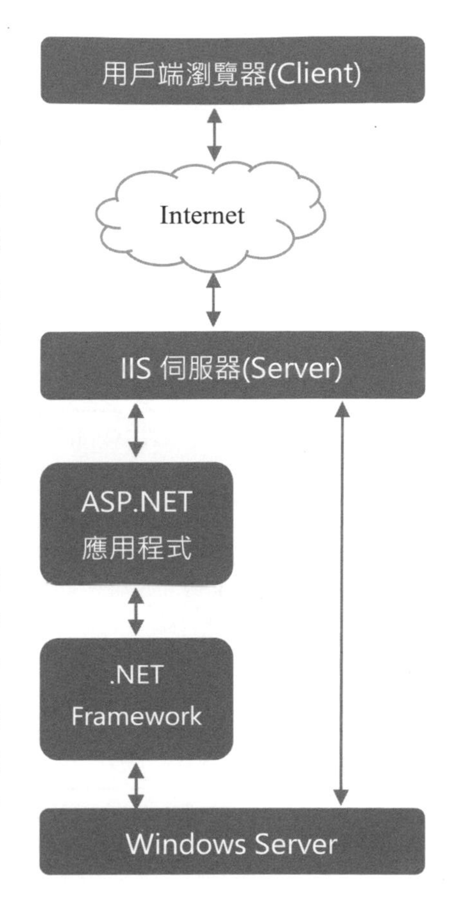

ASP.NET 應用程式主要是運行於 .NET Framework 的 IIS 伺服器上。ASP.NET 並不是程式語言，它是一個由 .NET Framework 所提供的 Web 應用程式開發平台，也就是說 ASP.NET 是一種 .NET 元件，它封裝在 System.Web.dll 檔案中，是屬於「System.Web」命名空間，因此任何支援 .NET 的語言，例如 C#、VB 或 C++都可以使用 ASP.NET 元件來建立 Web 應用程式或 Web 服務。

ASP.NET 於 2.0 版本時已逐漸成熟廣受開發者喜愛；在 .NET Framework 3.5 更加上了許多強大的功能，如 LINQ 資料查詢、ASP.NET MVC Framework、ASP.NET AJAX 等伺服器控制項。如右圖發現 ASP.NET 應用程式執行在安裝 .NET Framework 的 Windows Server 平台上。

1.1.3 ASP.NET MVC Framework 簡介

ASP.NET MVC Framework 是微軟在 ASP.NET 中增加的一組類別程式庫，這組類別程式庫是封裝在 System.Web.Mvc.dll 檔案中，其命名空間是「System.Web.Mvc」。程式庫主要是以 MVC 設計模式，將應用程式劃分成三個主要元件，分別為 Model 模型、View 檢視、Controller 控制器，三者合稱為 MVC，它和原有的 ASP.NET 應用程式不相衝突，也就是說 ASP.NET MVC 和傳統的 ASP.NET 應用程式是可以並行的。目前微軟提出下一代的 ASP.NET 稱為 ASP.NET Core，ASP.NET Core 具有跨平台能力，支援 Windows、Mac OSX 與 Linux 等。

1.1.4 ASP.NET Core 簡介

雲端應用程式時代來臨，微軟為了因應雲端所帶來的多作業系統平台整合與開發，微軟特別開發 ASP.NET vNext，並於 2016 年將它更名為 ASP.NET Core；由於 ASP.NET 和 ASP.NET Core 架構差異大，因此未來兩者將個別分別維護與發展。Windows 平台的 ASP.NET(含 4.6 以上版本)仍維持在 Windows 上開發運行；而 ASP.NET Core 則具有跨平台能力，如支援 Windows、Mac OSX 與 Linux 等。

下表列出 ASP.NET 與 ASP.NET Core 的比較。

環境	ASP.NET	ASP.NET Core
執行平台	僅可在 Windows 建置	可在 Windows、macOS 及 Linux 建置
.NET 版本	.NET Framework 執行時期	.NET Core 執行時期
效能	效能良好	效能比 ASP.NET 更好
開發工具	Visual Studio	Visual Studio、Visual Studio Code、Visual Studio for Mac
程式語言	C#、VB、F#	C#、VB
版本	每部電腦一個版本	每部電腦多個版本

ASP.NET MVC 目前在 Windows 平台與第三方程式庫的支援較完整，且隱定性也較高，相對的學習支援也較多，假若沒有跨平台需求則可以繼續使用 ASP.NET MVC 開發。由於 ASP.NET Core 已經完全開源，所以不可否認的是未來主流將會是 ASP.NET Core。那學習 ASP.NET MVC 後是不是要再重學 ASP.NET Core 呢？不用擔心，因為 ASP.NET MVC 相關的開發知識在 ASP.NET Core 仍然可以繼續沿用，本書亦會在第十三章介紹如何撰寫一個擁有 CRUD 功能的 ASP.NET Core Web 應用程式，讓開發人員也能有 ASP.NET Core 開發的初體驗。

1.2 ASP.NET MVC 簡介

ASP.NET MVC 是提供除了 ASP.NET Web Form 的另一種 Web 應用程式的開發方式。MVC 代表的即是 Model-View-Controller 設計模式，就是將一個應用程式分成三個主要的部份，分別是 Model 模型、View 檢視 以及 Controller 控制器，MVC 架構的相關類別是定義在 .NET Framework 的 System.Web.Mvc 組件中。

MVC 架構各部份的職責工作說明：

- Model-模型
  是應用程式中有關於操作資料或處理資料邏輯的部份 (例如資料庫的表格資料，欄位的型態與值的範圍 ...)；例如 Product 產品物件代表資料庫中 tProduct 資料表裡的某一筆資料。
- View-檢視
  是用來呈現應用程式中使用者的介面 (User Interface，UI)。View 可使用的技術相當多元，例如使用 HTML5、CSS3、JavaScript、jQuery、jQuery Mobile 或 AngularJS 來設計應用程式的使用者介面。
- Controller 控制器
  Controller 用來控制應用程式的流程，並決定要呈現哪個 View 或存取哪個 Model。當使用者請求某一個 Controller 時，Controller 可負責進行模型資料的存取或異動、以及相關的程式邏輯的判斷與運算，也可以將模型資料傳遞給檢視，讓檢視可以呈現出模型中的資料。

如下是 MVC 設計模式的架構圖：

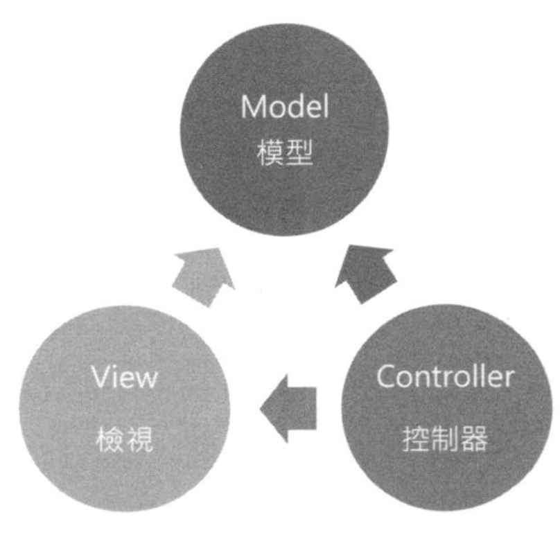

由上圖可知，MVC 應用程式中：View 用來呈現使用者介面或資訊；Controller 用來處理以及回應使用者介面的輸入和互動，或執行應用程式的商業邏輯；至於 Model 則是用來存取應用程式中的資料來源 (例如資料庫)。因此 MVC 開發模式是將使用者介面 View 的部份與進行互動的程式碼 Controller 和應用程式資料物件所使用的 Model 模型隔離開來，讓每個部份各司其職。此種分隔的方式有助於管理與控制應用程式的複雜度，以及方便進行應用程式的自動化測試，因為 MVC 模式可讓開發人員一次關注於實作應用程式的某一個方面。

ASP.NET MVC 架構擁有下列優點：

1. 應用程式分成 Model、View 和 Controller，使應用程式更容易管理與維護。
2. ASP.NET MVC 不使用 ViewState 和伺服器控制項，因此執行速度較快所耗費的流量也相對較小。對於想要完全掌控應用程式行為的開發人員來說，MVC 架構相當理想。
3. 由於 ASP.NET MVC 沒有伺服器控制項，不必花費學習成本在伺服器控制項上，只需使用標準的 HTML5 增加對前端的控制即可。
4. 支援測試導向開發工作 (Test-Driven Development，TDD)，ASP.NET MVC 可同時建立 Web 專案和測試專案，並對程式的每一動作撰寫單元測試，以便進行正確性檢驗的測試工作。

1.3 安裝 ASP.NET MVC 開發環境

VS 2019 在各種應用程式和任何平台的開發具備卓越的生產力，當然也是 ASP.NET MVC 應用程式首選的整合開發環境，VS 2019 目前提供 Community 社群版、Professional 專業版、Enterprise 企業版。就學生、初學者或工作室而言，使用 Community 社群版已足夠。本節將介紹 VS Community 2019 的下載和安裝。

Step 01 連上 Visual Studio 2019 官網

開啟瀏覽器連上「https://visualstudio.microsoft.com/」VS 2019 官網，接著依下圖操作下載 VS Community 2019 的安裝檔。

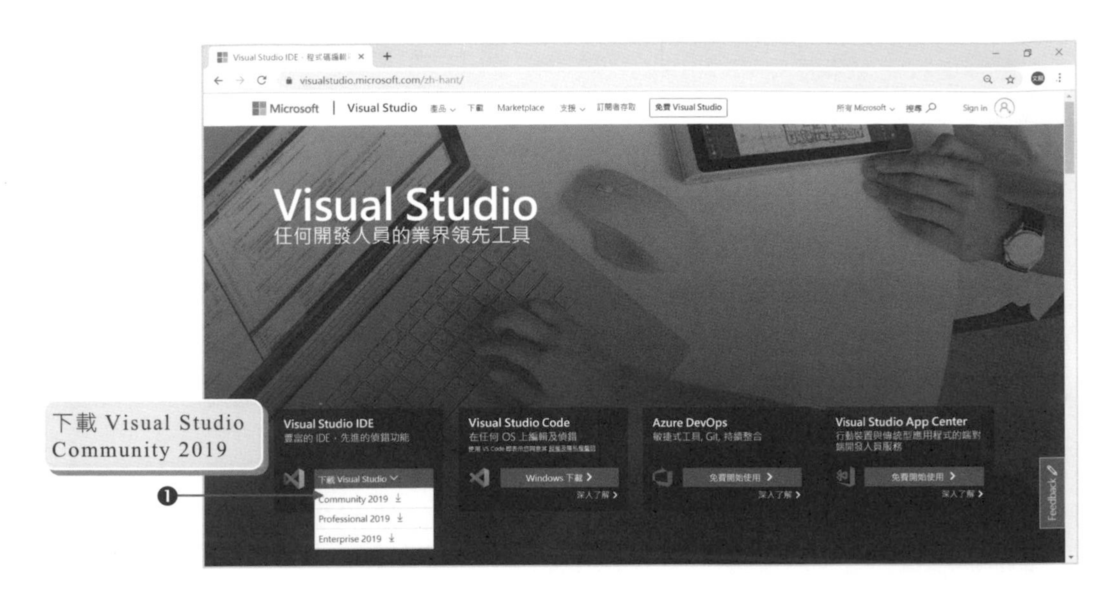

Step 02 執行 VS Community 2019 安裝檔

請在下載的 VS Community 2019 安裝檔快按兩下執行，接著出現下圖畫面，請點選 繼續 鈕，接著會依您電腦的狀況進行更新。

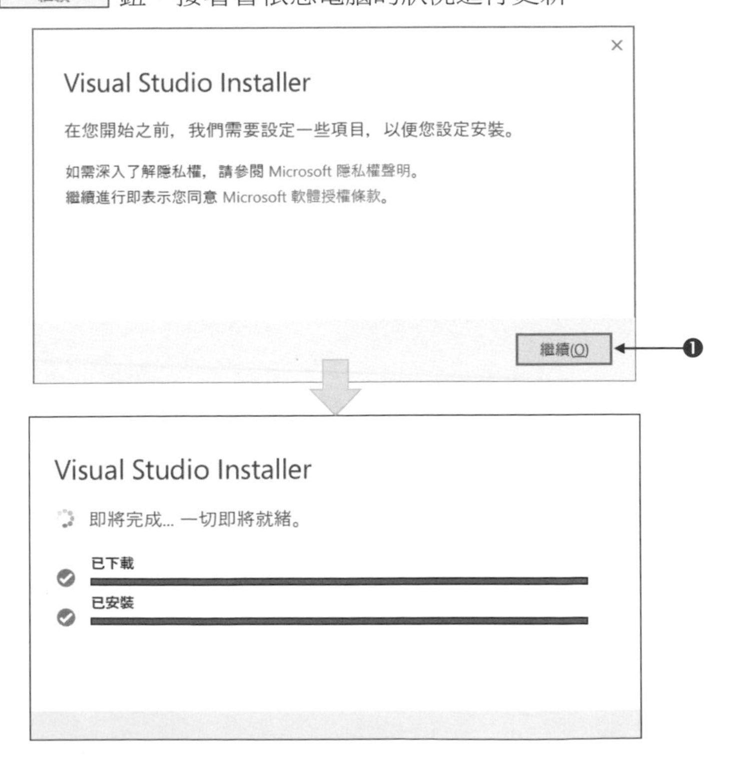

電腦更新完成即進入 VS 2019 的安裝。

Step 03 安裝 VS 2019 與相關套件

依下圖操作，勾選「工作負載」標籤頁中的 Azure 開發、ASP.NET 與網頁程式開發與.NET 桌面開發。(本書主要勾選是以 Windows 和 Web 應用程式開發為主軸，Azure 開發為輔)

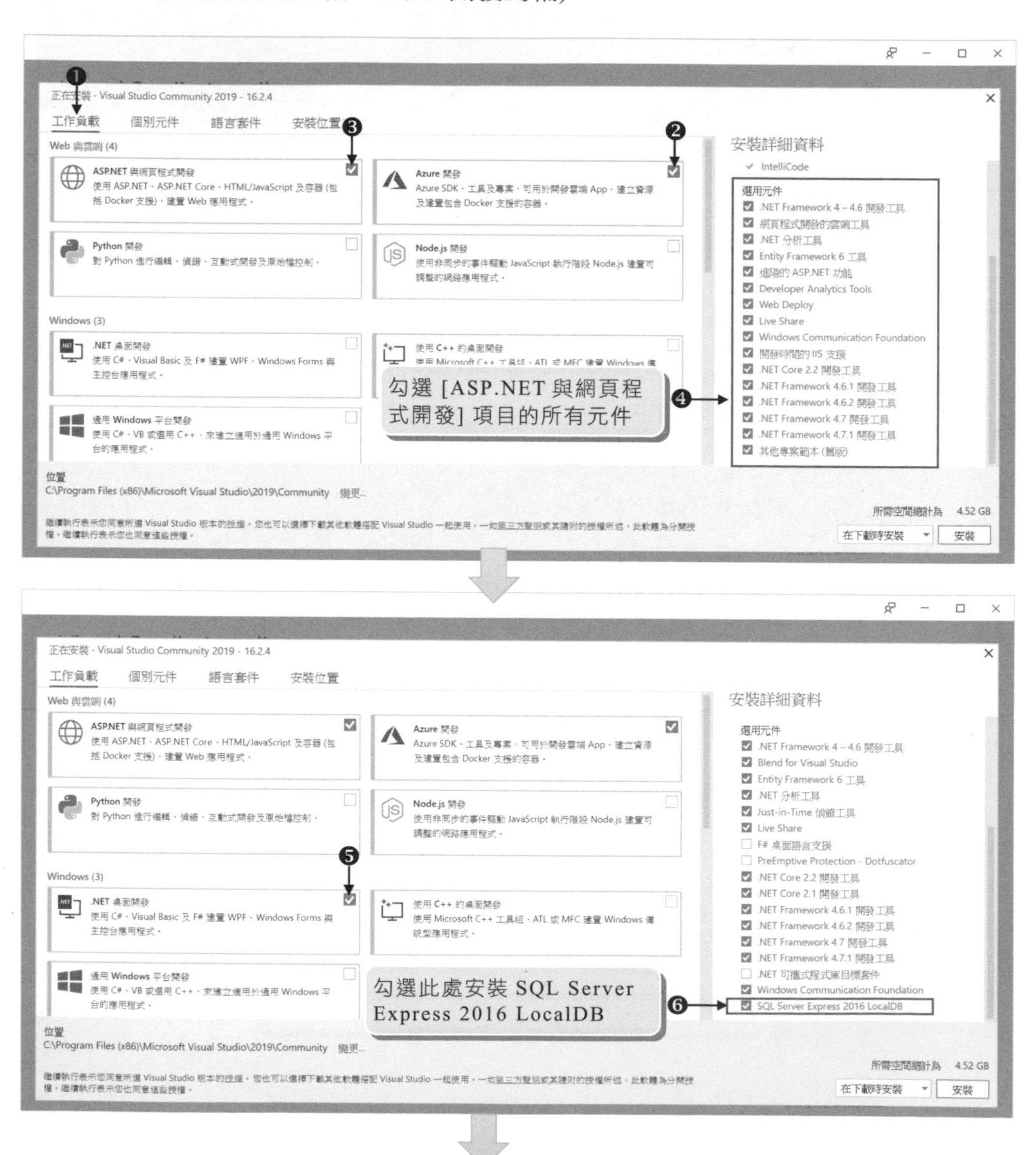

Step 04 啟動 VS Community 2019

安裝完成之後可按下圖的 啟動 鈕，開啟整合開發環境，接著輸入 Microsoft 帳號與密碼(可到 http://www.msn.com.tw 申請)，此時即可進入整合開發環境內。

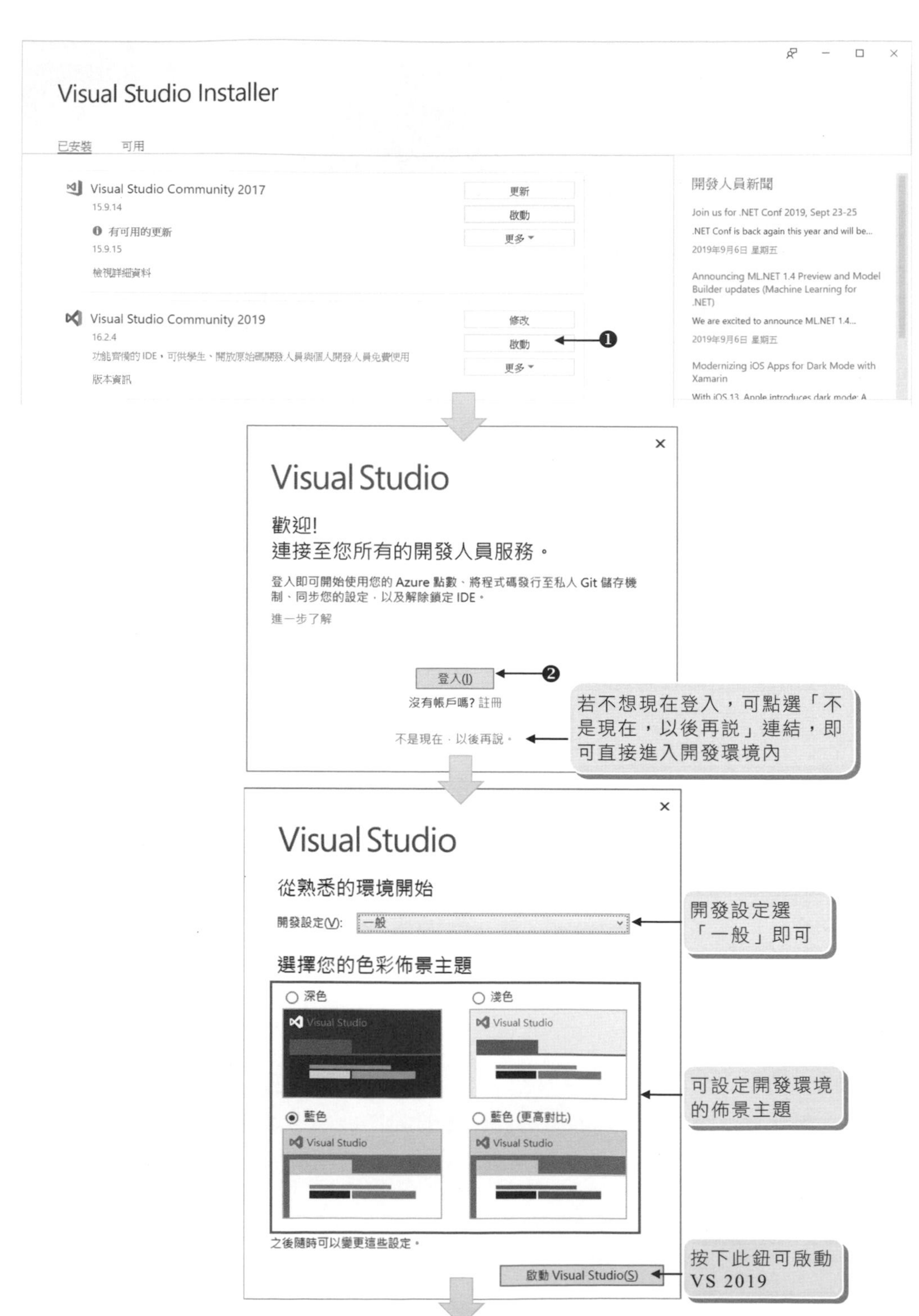

Visual Studio Installer
已安裝
可用
Visual Studio Community 2017
15.9.14
有可用的更新
15.9.15
檢視詳細資料
更新
啟動
更多
Visual Studio Community 2019
16.2.4
功能齊備的 IDE，可供學生、開放原始碼開發人員與個人開發人員免費使用
版本資訊
修改
啟動
更多
開發人員新聞
Join us for .NET Conf 2019, Sept 23-25
.NET Conf is back again this year and will be...
2019年9月6日 星期五
Announcing ML.NET 1.4 Preview and Model Builder updates (Machine Learning for .NET)
We are excited to announce ML.NET 1.4...
2019年9月6日 星期五
Modernizing iOS Apps for Dark Mode with Xamarin
Visual Studio
歡迎!
連接至您所有的開發人員服務。
登入即可開始使用您的 Azure 點數、將程式碼發行至私人 Git 儲存機制、同步您的設定，以及解除鎖定 IDE。
進一步了解
登入(I)
沒有帳戶嗎? 註冊
不是現在，以後再說。
若不想現在登入，可點選「不是現在，以後再說」連結，即可直接進入開發環境內
Visual Studio
從熟悉的環境開始
開發設定(V):
一般
選擇您的色彩佈景主題
深色
淺色
藍色
藍色 (更高對比)
Visual Studio
之後隨時可以變更這些設定。
啟動 Visual Studio(S)
開發設定選「一般」即可
可設定開發環境的佈景主題
按下此鈕可啟動 VS 2019

當出現上面整合環境，即表示已建置好 ASP.NET MVC 的學習環境了。

1.4 建立第一個 ASP.NET MVC 應用程式

由下面範例來學習如何開啟、撰寫、執行與關閉 ASP.NET MVC 應用程式。

上機練習

Step 01 建立 Visual C# 的 ASP.NET Web 應用程式專案

1. 進入 VS 2019 整合開發環境前會出現下圖，請選點「不使用程式碼繼續(W)➡」連結即進入 VS 2019 開發環境。

2. 接著進入 VS 2019 整合開發環境，請執行【檔案(F)/新增(N)/專案(P)...】開啟下圖「新增專案」視窗，接著依下圖操作在「C:\MVC\ch01」資料夾下建立名稱為「slnFirstMVC」方案，專案名稱命名為「prjFirstMVC」，專案範本為「MVC」，核心參考為「MVC」。

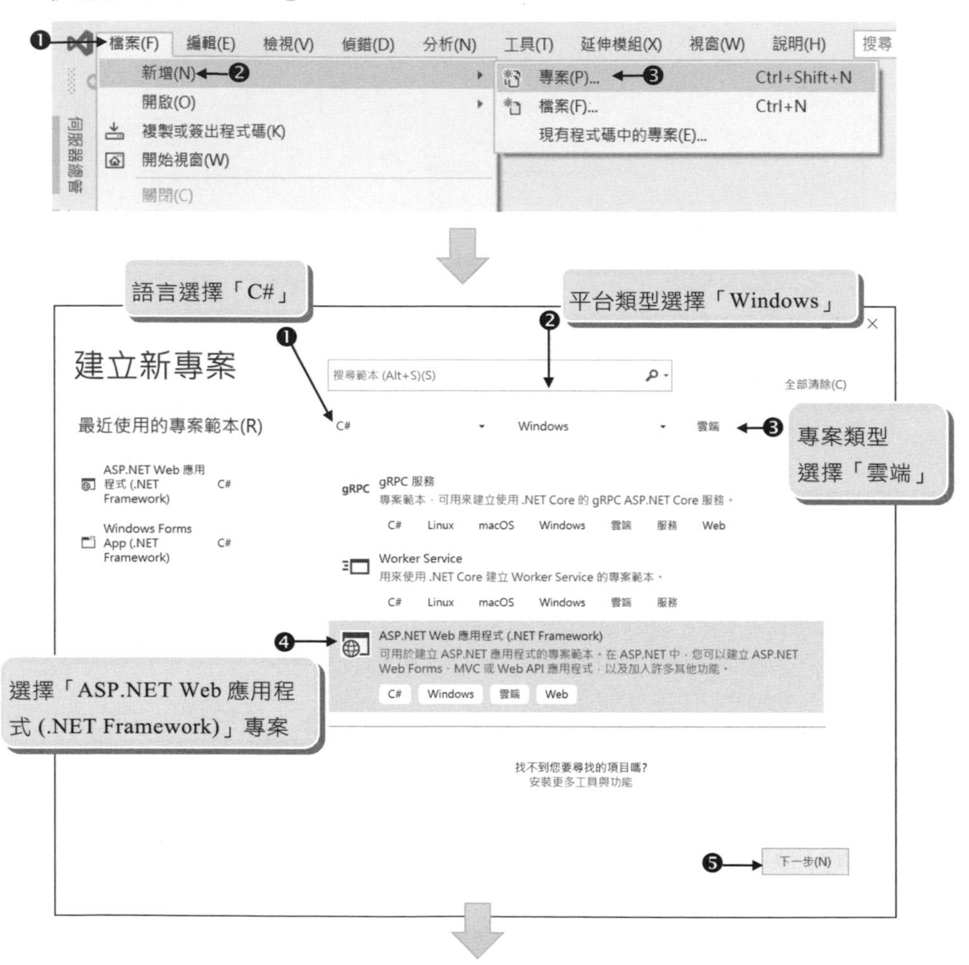

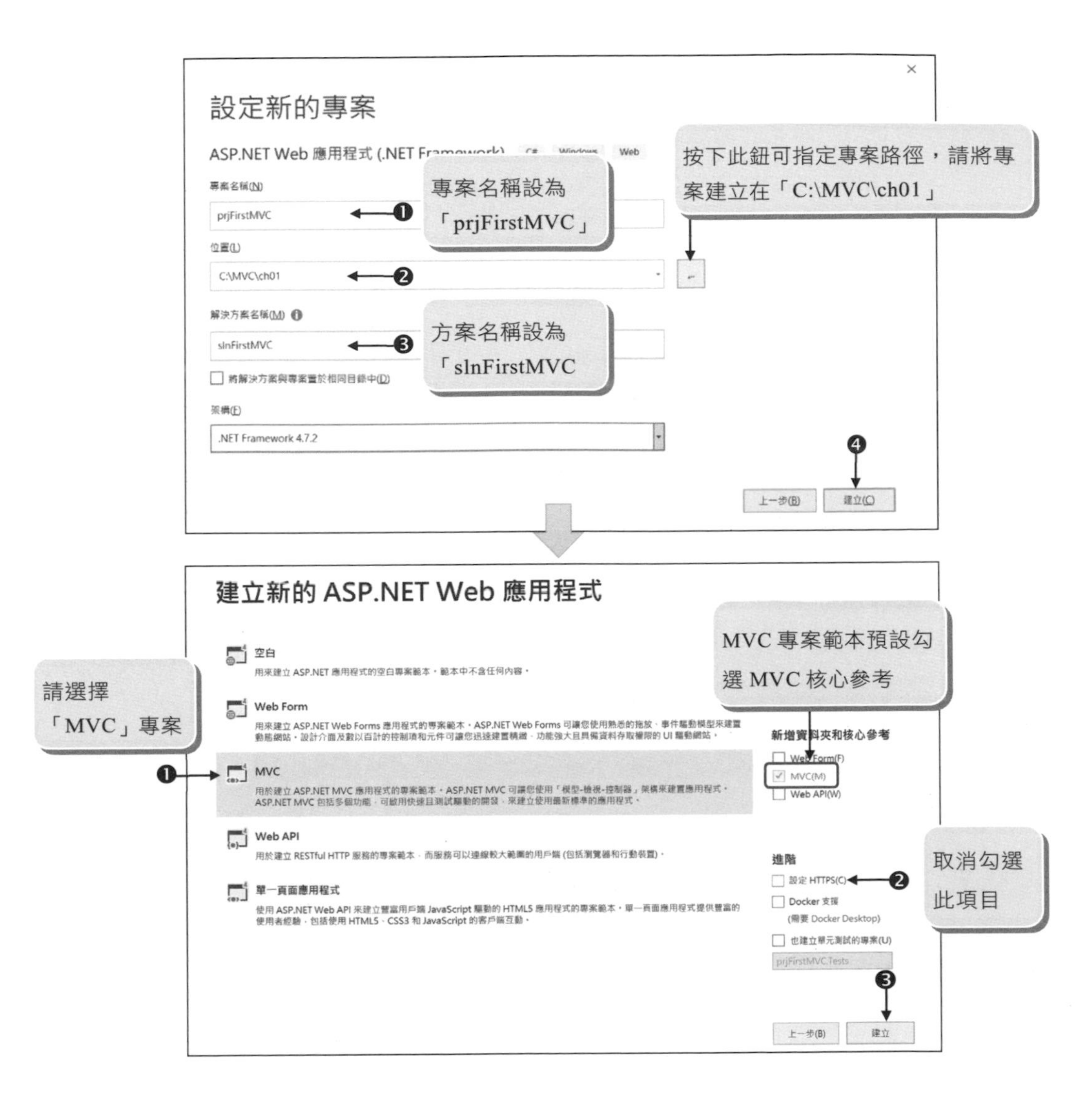

Step 02 認識開發環境

1. 伺服器總管

   主要是管理 Visual Studio 所連接的伺服器主控台。可用來開啟資料庫連接，或登入資料庫伺服器並檢視資料庫和系統服務。可執行功能表的【檢視(V)/伺服器總管 (V)】指令進行開啟伺服器總管視窗。

2. 方案總管

   用來檢視目前專案或專案下所使用的檔案，其檔案組織使用條列式檢視。可執行功能表的【檢視(V)/方案總管(V)】指令進行開啟方案總管視窗。

3. 程式碼編輯視窗：通常編寫程式碼視窗預設會置於此處。
4. 執行程式 ▶ 鈕，或停止執行 ■ 鈕，此按鈕會替換顯示。

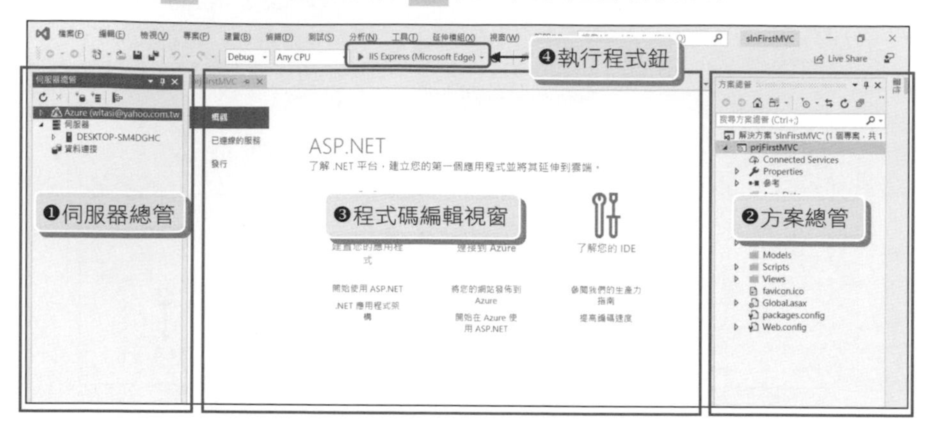

Step 03 執行 ASP.NET MVC 應用程式，按下執行程式 ▶ 鈕，結果出現下圖網頁。可發現不需要 IIS 伺服器即可執行，這是因為 VS 2019 內建 IIS Express 伺服器可供開發人員測試使用。

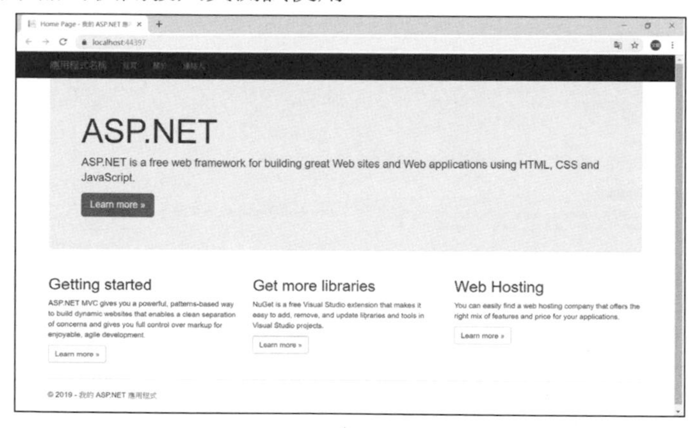

本練習要將上圖網頁的「ASP.NET」標題字改成「第一個 ASP.NET MVC」，同時顯示伺服器端的日期與時間。

Step 04 按下停止執行 ■ 鈕，停止執行 ASP.NET MVC 應用程式。

Step 05 撰寫 Controller 控制器的程式

1. 開啟方案總管視窗中 Controllers 資料夾下的 HomeController.cs 檔，結果開發環境中間出現 HomeController.cs 檔程式碼。

2. 在 HomeController 控制器類別的 Index()動作方法(Action Method)撰寫如下程式碼：

```
ViewBag.DateTime = DateTime.Now.ToString();
```

當在瀏覽器輸入「http://localhost/Home/Index」(localhost 會依個人環境有所不同)，此時即會執行 HomeController 控制器類別的 Index()動作方法，將目前日期時間轉成字串並存入 ViewBag 物件的 DateTime 動態屬性內，再指定回傳 View 到用戶端，此處指定的 View 是 Index.cshtml 檢視頁面。

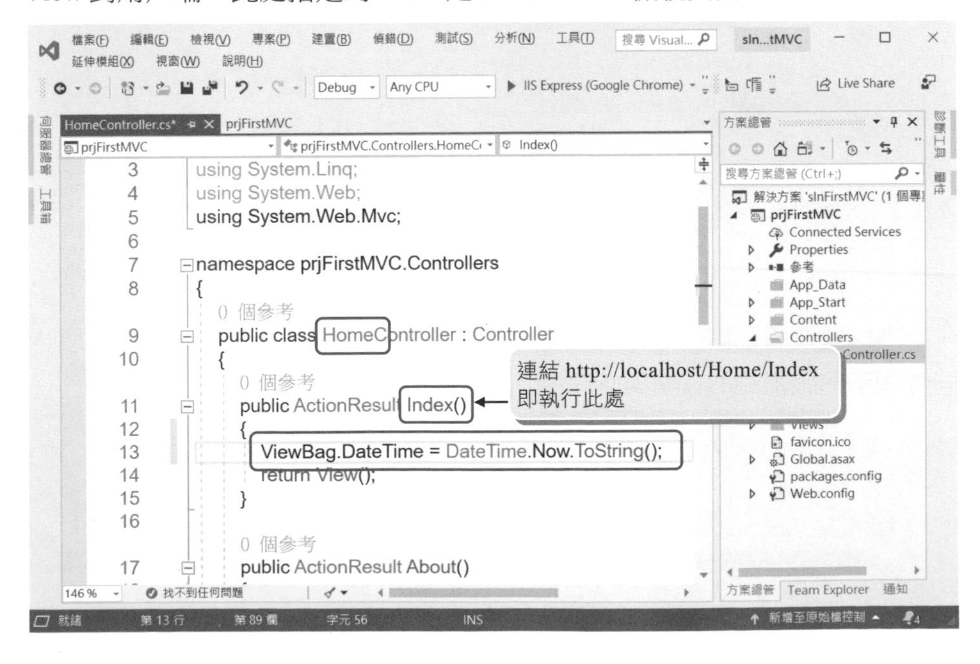

Step 06 撰寫 View 檢視頁面的程式

1. 開啟方案總管視窗中 Views/Home 資料夾下的 Index.cshtml 檔，結果開發環境出現 Index.cshtml 檔程式碼。

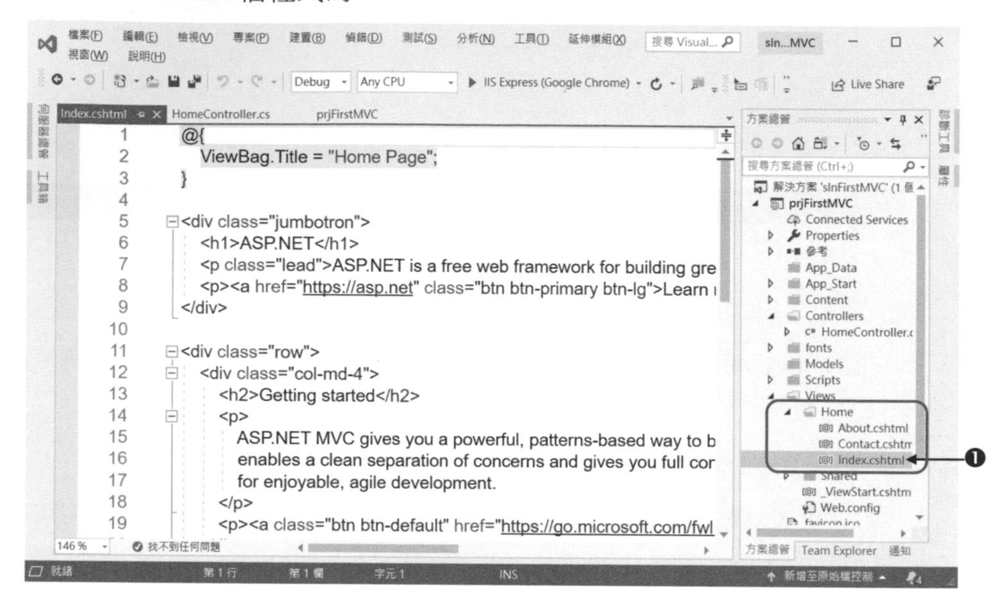

2. 修改 Index.cshtml 檢視頁面的程式，如下：

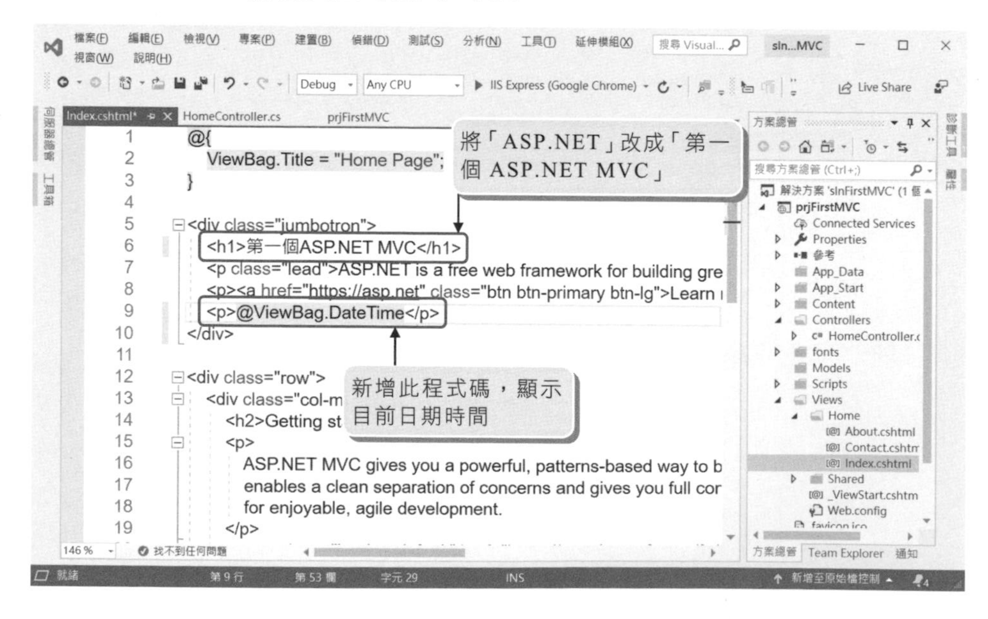

此步驟是在 HomeController.cs 檔中設定 ViewBag.DataTime 為目前的日期時間，並顯示在 Index.cshtml 檢視頁面中。

Step 07 觀看程式碼修改的執行結果

1. 按下執行程式 ▶ 鈕，結果網頁呈現修改的結果。

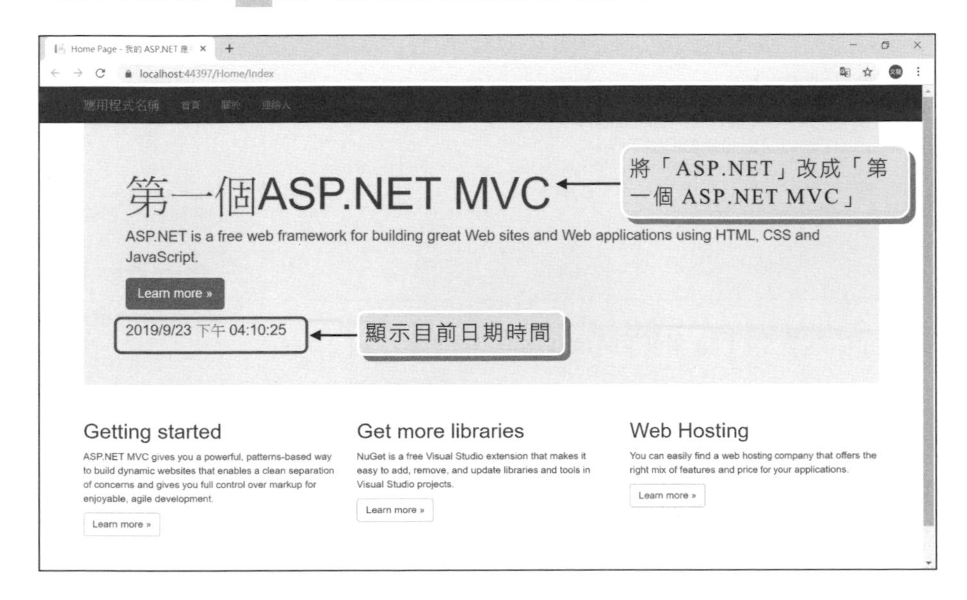

2. 按下停止執行 ■ 鈕，停止執行 ASP.NET MVC 應用程式。

Step 08 關閉專案，離開整合開發環境

1. 執行功能表的【檔案(F)/關閉方案(T)】指令關閉目前方案。

2. 執行功能表的【檔案(F)/結束(X)】指令離開整合開發環境。

Step 09 開啟專案

1. 啟動 VS 2019 出現下圖，請選點「不使用程式碼繼續(W)」連結即進入 VS 2019 開發環境。

2. 執行功能表的【檔案(F)/開啟(O)/專案/方案(P)】指令。

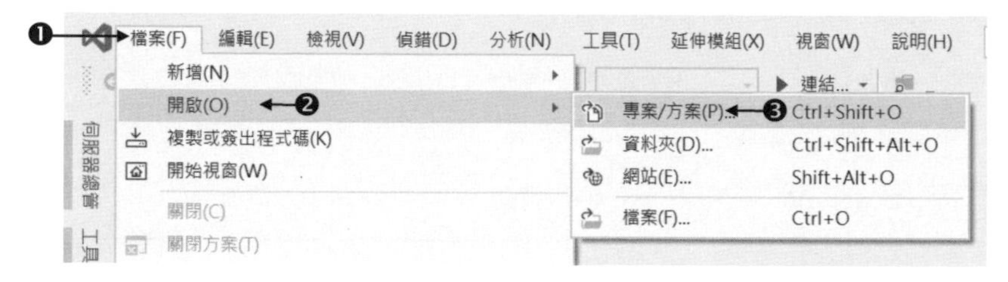

3. 開啟下圖「開啟專案/解決方案」視窗，請選擇 slnFirstMVC.sln 方案檔，並按 開啟(O) 鈕即可。

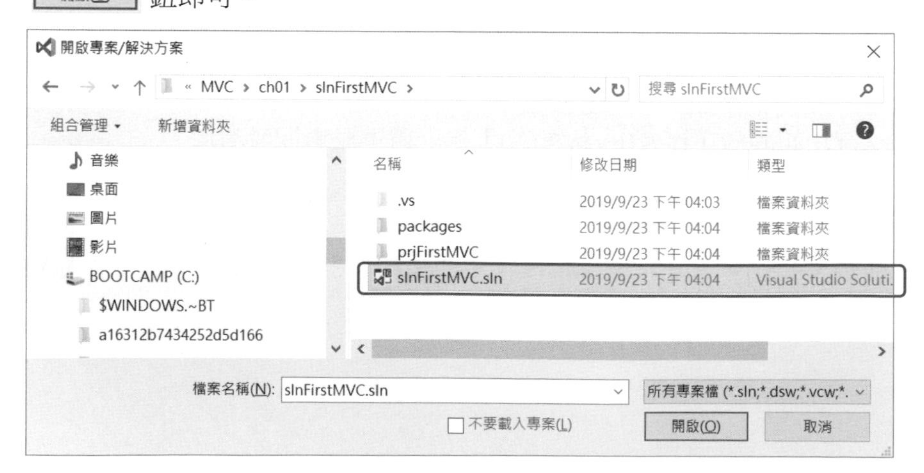

02 ASP.NET MVC CRUD 初體驗

學習目標

新增、修改、刪除、查詢是 Web 應用程式常見的功能。本章將帶領初學者由建立資料庫開始，學習如何設計具有新增、修改、刪除、查詢作業的待辦事項 ASP.NET MVC 應用程式。並瞭解 ASP.NET MVC 的運作模式、專案架構與網址路由設定。

起初，神創造天地。地是空虛混沌，淵面黑暗；神的靈運行在水面上。神說：「要有光，就有了光。」(創世記 1:1-3)

2.1 ASP.NET MVC 的運作模式

開發 ASP.NET MVC 應用程式之前，有必要瞭解其運作模式。(以下說明示範不包含 Model 的使用)

1. 當用戶端使用者由瀏覽器送出一個請求(Request)，這個請求可能是輸入一段網址、點按超連結或是按下表單的傳送按鈕。
2. 用戶端所送出的請求會傳送到應用程式伺服器的 ASP.NET MVC 的路由表 Routing 進行比對，比對完成 Routing 會執行對應的控制器(Controller)中的動作方法(Action Method)。
3. Controller 控制器處理完使用者的請求之後，接著會將結果傳送給指定的檢視 View。
4. 最後再將 View 檢視以 HTML 網頁呈現在使用者的瀏覽器上。

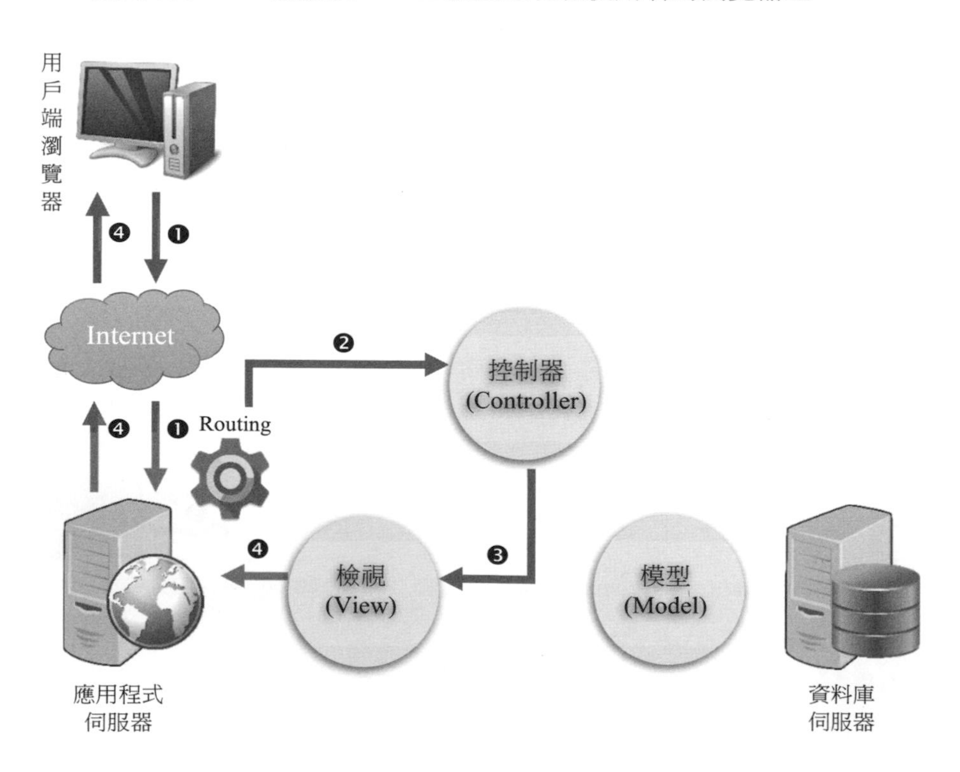

若使用者進行資料存取，即會使用到 Model 模型，則 ASP.NET MVC 運作模式如下：

1. 用戶端使用者由瀏覽器送出一個請求(Request)。
2. 用戶端所送出的請求傳送到應用程式伺服器的 ASP.NET MVC 的 Routing 進行比對，比對完成 Routing 會執行對應的控制器(Controller)中的動作方法(Action Method)。
3. Controller 控制器透過 Model 模型來存取資料來源。
4. Controller 控制器將取得 Model 模型的資料結果傳送至指定的 View 檢視。
5. 最後將 View 檢視與 Model 模型結果編譯成 HTML 網頁，並呈現在使用者的瀏覽器上。

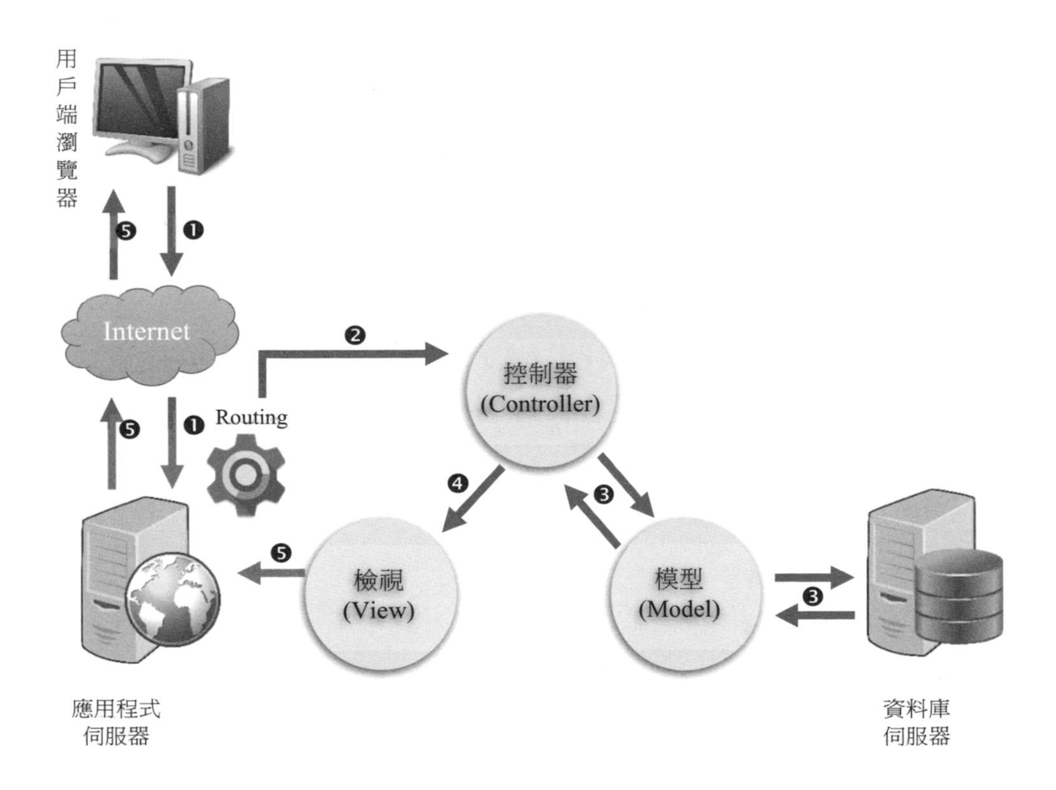

2.2 ASP.NET MVC 的 CRUD 作業

2.2.1 何謂 CRUD 作業

在資料庫程式設計中，CRUD 字母縮寫即是 Create、Read、Update 以及 Delete，它代表的是操作資料庫應用程式的新增、讀取(查詢)、修改和刪除四項作業，字母縮寫會對應到 SQL 語法和 HTTP 方法(RESTful API)的操作，如下表：

操作	SQL	HTTP
Create	INSERT	PUT / POST
Read(Retrieve)	SELECT	GET
Update(Modify)	UPDATE	PUT / POST / PATCH
Delete(Destroy)	DELETE	DELETE

透過下面範例一步步帶領讀者，由建立專案開始，體會開發一個待辦事項功能的 ASP.NET MVC 網站有多麼容易，此網站可讀取、新增、刪除待辦事項 tToDo 資料表。

2.2.2 開啟與執行 ASP.NET MVC Web 專案

在開始練習製作 ASP.NET MVC 專案時，先學會如何開啟與執行本書範例的專案，將有助於初學者瞭解範例的功能與學習的重點。

上機練習

Step 01 複製專案檔

將本書範例 ch02 資料夾複製到「C:\MVC」資料夾下。

Step 02 進入 Visual Studio 2019 整合開發環境

啟動 Visual Studio 2019 出現下圖視窗，請按下「不使用程式碼繼續(W)➔」連結按鈕進入 Visual Studio 2019(本書之後簡稱 VS)整合開發環境。

Step 03 開啟 Visual C# 的 ASP.NET Web 應用程式專案

在 VS 整合開發環境執行【檔案(F)/開啟(O)/專案/方案(P)...】開啟「開啟專案/解決方案」視窗，接著請選取「C:\MVC\ch02\slnToDo」資料夾下的「slnToDo.sln」方案檔，並按下 開啟(O) 鈕開啟該 Web 方案。

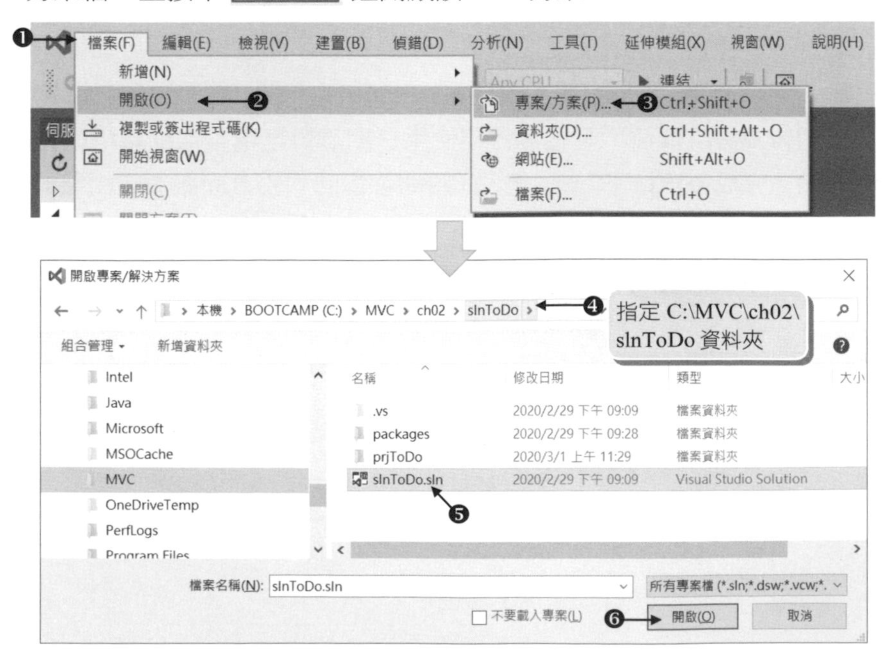

Step 04 執行結果

本例 ASP.NET MVC 待辦事項管理系統提供讀取、新增、刪除功能。請按下執行程式 ▶ 鈕測試本例功能。

1. 網站執行時出現待辦事項列表記錄，待辦事項有編號、標題、重要層級、結案日期等四個欄位，待辦事項列表以結案日期進行遞減排序，每一筆記錄可使用刪除(Delete)記錄的功能；如下圖若按下 Delete 鈕會出現對話方塊再次詢問是否刪除該筆記錄。

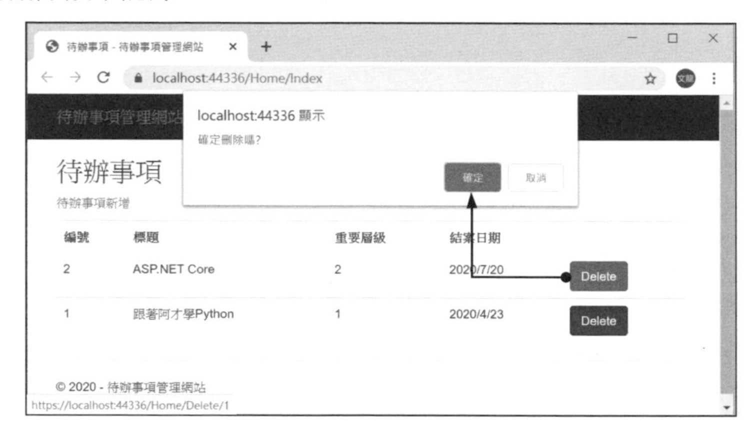

2. 按下「待辦事項新增」連結會連結至待辦事項新增的頁面，在此網頁可輸入待辦事項的標題、重要層級、結案日期的資料，編號欄位為自動標號所以不用輸入資料，至於標題、重要層級(以 1~3 表示重要、普通、不重要層級)、結案日期皆為必填欄位，且結案日期使用日期清單呈現；當欲新增的待辦事項記錄輸入完成後再按下 新增 鈕，此時即會返回列表頁面觀看新增後的結果。

2.2.3 建立 ASP.NET MVC Web 專案與資料庫

上機練習

Step 01 建立 Visual C# 的 ASP.NET Web 應用程式專案

進入 VS 整合開發環境執行【檔案(F)/新增(N)/專案(P)...】開啟下圖「新增專案」視窗，接著依下圖操作在「C:\MVC\ch02」資料夾下建立名稱為「slnToDo」方案，專案名稱命名為「prjToDo」，專案範本為「空白」，核心參考為「MVC」。

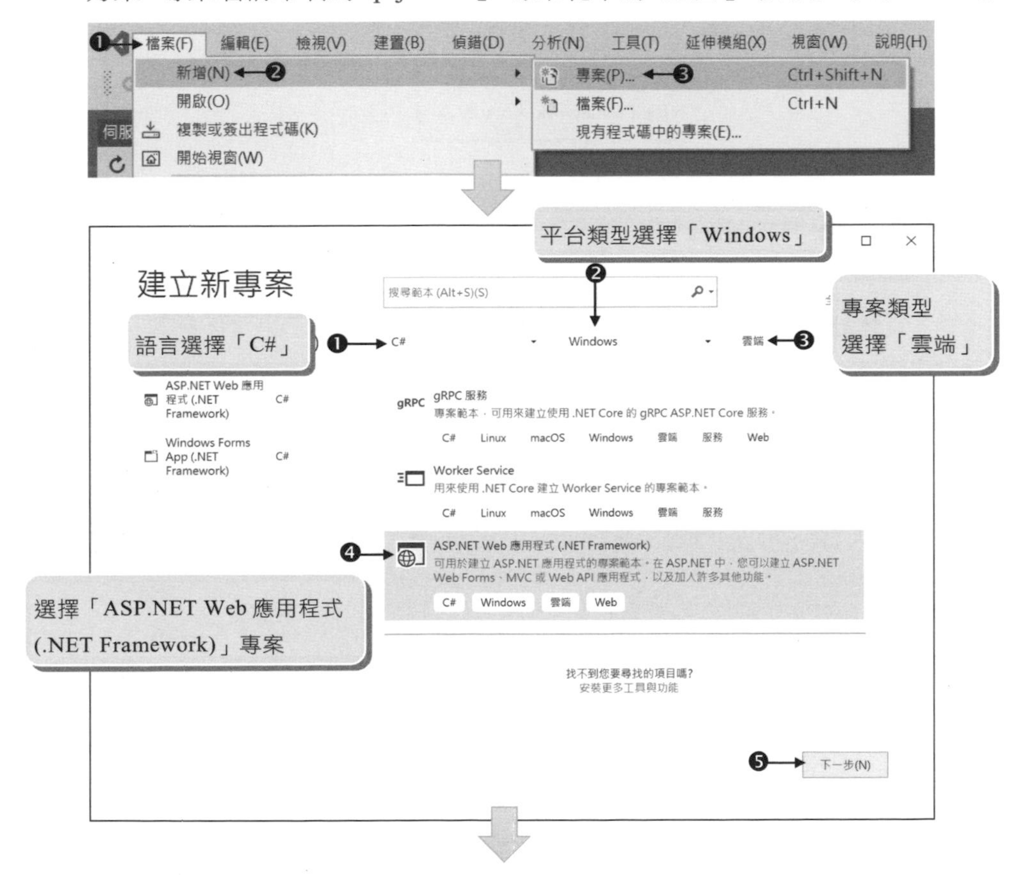

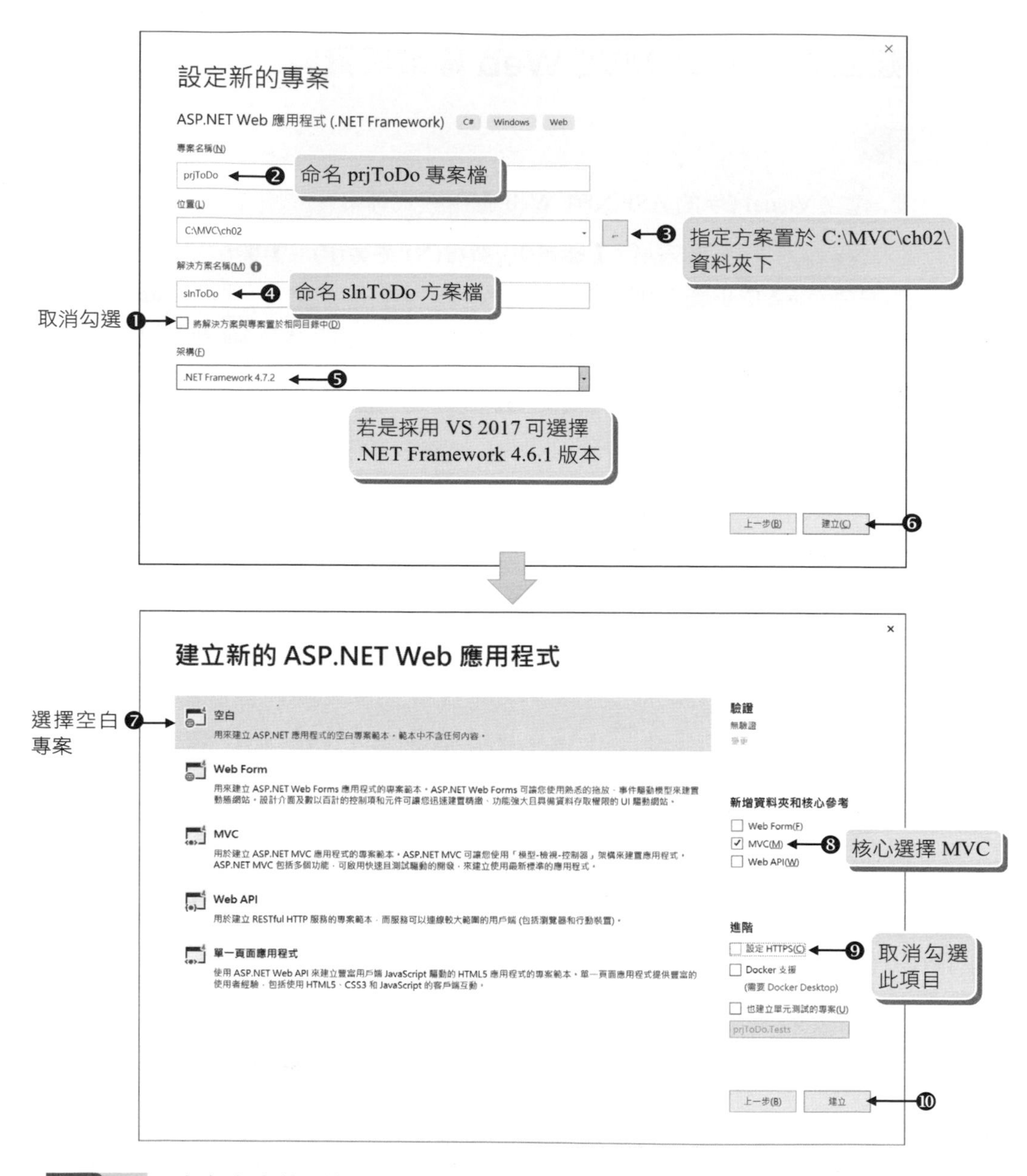

Step 02 建立專案使用的 dbToDo.mdf 代辦事項資料庫

1. Model 模型說明：

   本例 Model 模型可存取 dbToDo.mdf 資料庫的 tToDo 資料表，請依下列步驟建立 dbToDo.mdf 資料庫內含 tToDo 資料表，該資料表的欄位如下：

資料表名稱	tToDo				
主鍵值欄位	fId				
欄位名稱	資料型態	長度	允許 null	預設值	備註
fId	int		否		編號 識別規格設為 True 識別值種子為 1 識別值增量為 1
fTitle	nvarchar	50	是		標題
fLevel	nvarchar	50	是		待辦事項重要層級 1：重要 2：普通 3：不重要
fDate	date		是		結案日期(期限日期)

2. 在方案總管的 App_Data 資料夾按滑鼠右鍵，由快顯功能表執行【加入(D)/新增項目(W)...】指令。

3. 接著開啟下圖「加入新項目」視窗，請依圖示操作新增 dbToDo.mdf 資料庫。完成之後方案總管 App_Data 資料夾下會出現 dbToDo.mdf 資料庫。

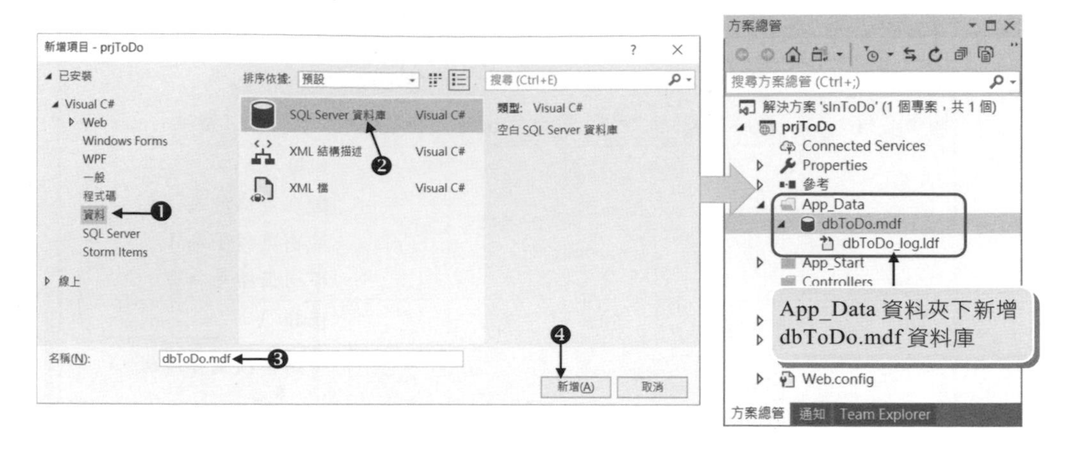

4. 在上圖 dbToDo.mdf 快按滑鼠左鍵兩下開啟伺服器總管。請在伺服器總管點按 dbToDo.mdf，並在「資料表」按滑鼠右鍵由快顯功能表執行【加入新的資料表(T)...】指令，接著依圖示操作新增 tToDo 資料表有 fId、fTitle、fLevel、fDate 四個欄位。

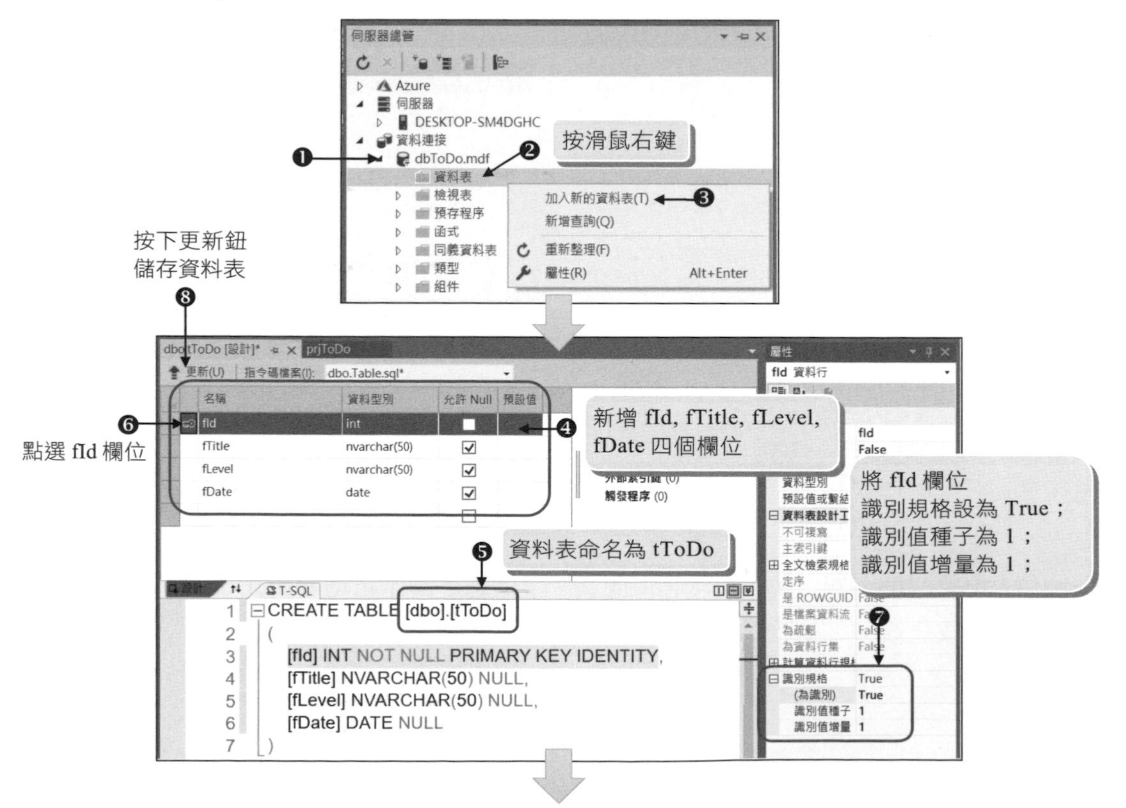


```
1 CREATE TABLE [dbo].[tToDo]
2 (
3     [fId] INT NOT NULL PRIMARY KEY IDENTITY,
4     [fTitle] NVARCHAR(50) NULL,
5     [fLevel] NVARCHAR(50) NULL,
6     [fDate] DATE NULL
7 )
```

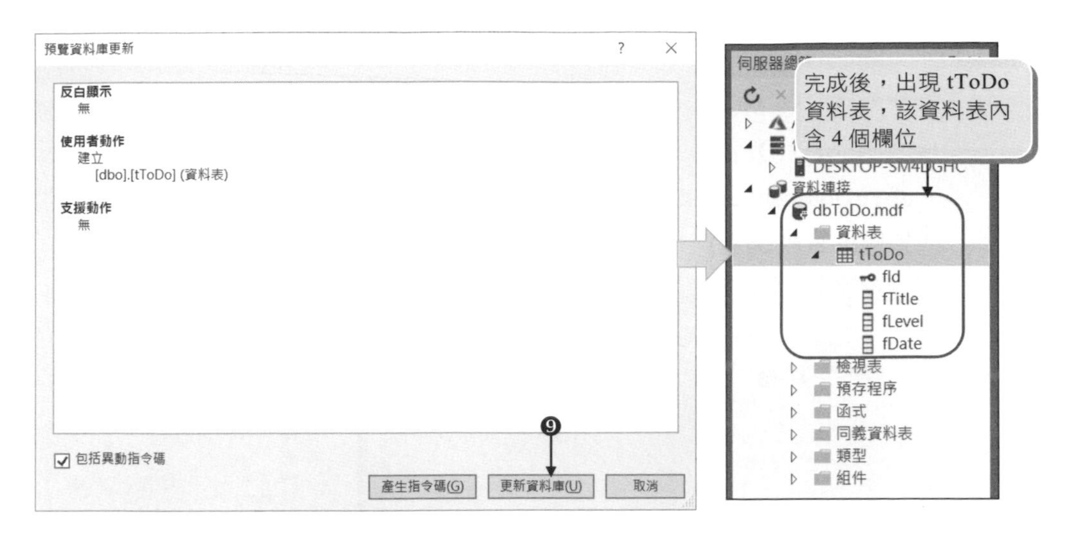

[註] 欄位前面若有 [鑰匙] 圖示，表示該欄位為主索引鍵。若要將欄位指定為主索引鍵，只要點選該欄位並執行【設定主索引鍵(K)】指令即可，如左下圖；若要移除主索引鍵，只要點選該欄位並執行【移除主索引鍵(K)】指令即可，如右下圖。

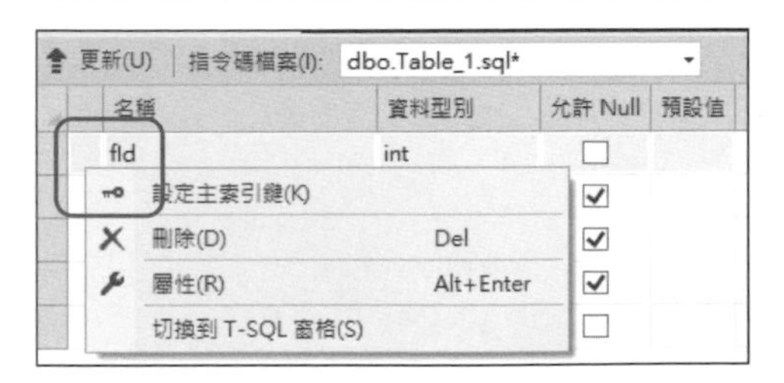

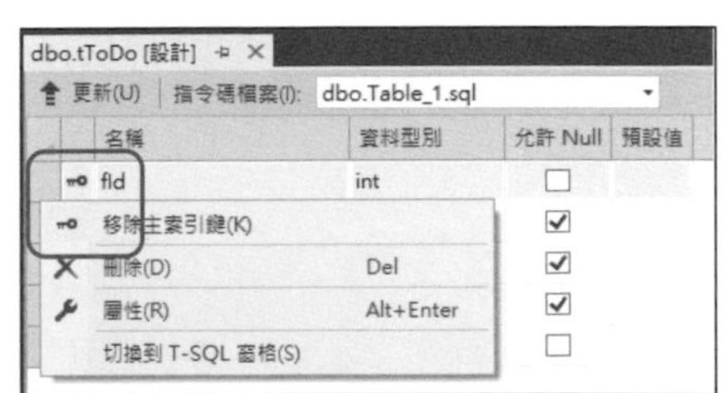

5. 在 tToDo 資料表上按滑鼠右鍵由快顯功能表執行【顯示資料表資料(S)】指令，接著請在 tToDo 資料表窗格內輸入兩筆待辦事項記錄。

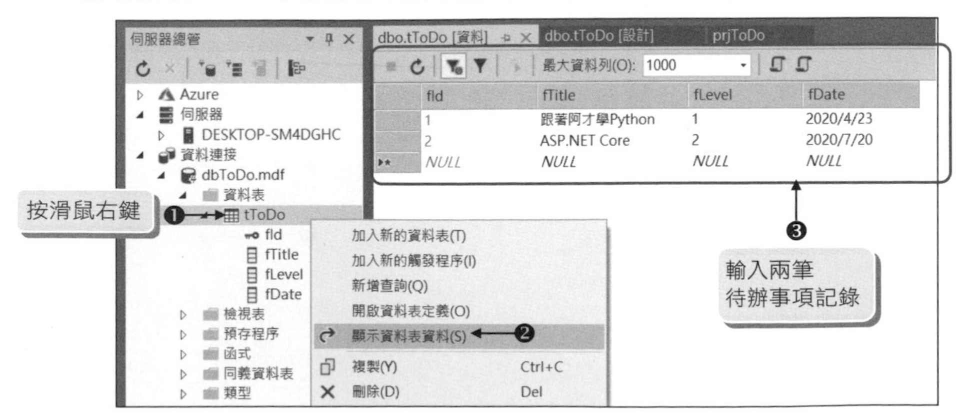

Step 03 建立可存取 dbToDb.mdf 資料庫的 Model(ADO.NET 實體資料模型)

1. 在方案總管的 Models 資料夾按滑鼠右鍵，並執行快顯功能表的【加入(D)/新增項目(W)...】指令新增「ADO.NET 實體資料模型」，將該檔名設為「dbToDoModel.edmx」。(.edmx 副檔名可省略不寫，該檔是用來記錄資料庫所對應的實體模型)

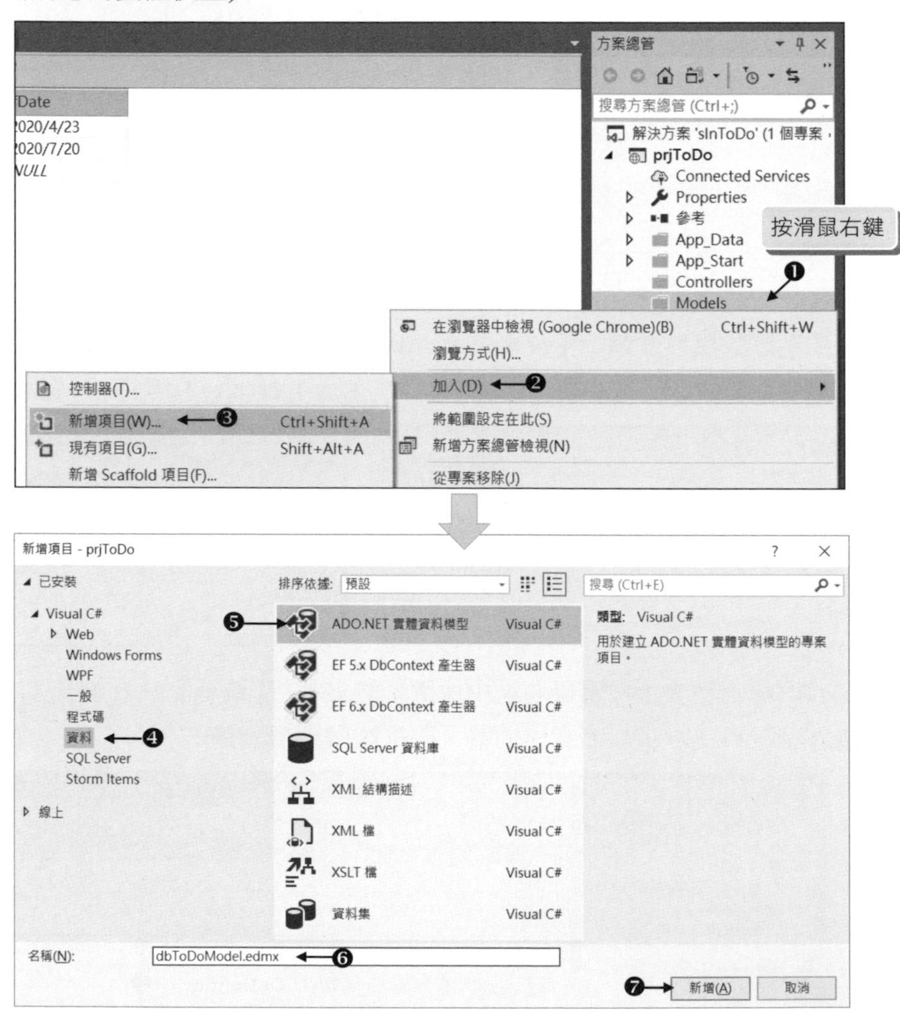

2. 當新增 dbToDoModel.edmx 的 ADO.NET 實體資料模型後，即會開啟「實體資料模型精靈」視窗，該視窗會一步步指引使用者完成模型。

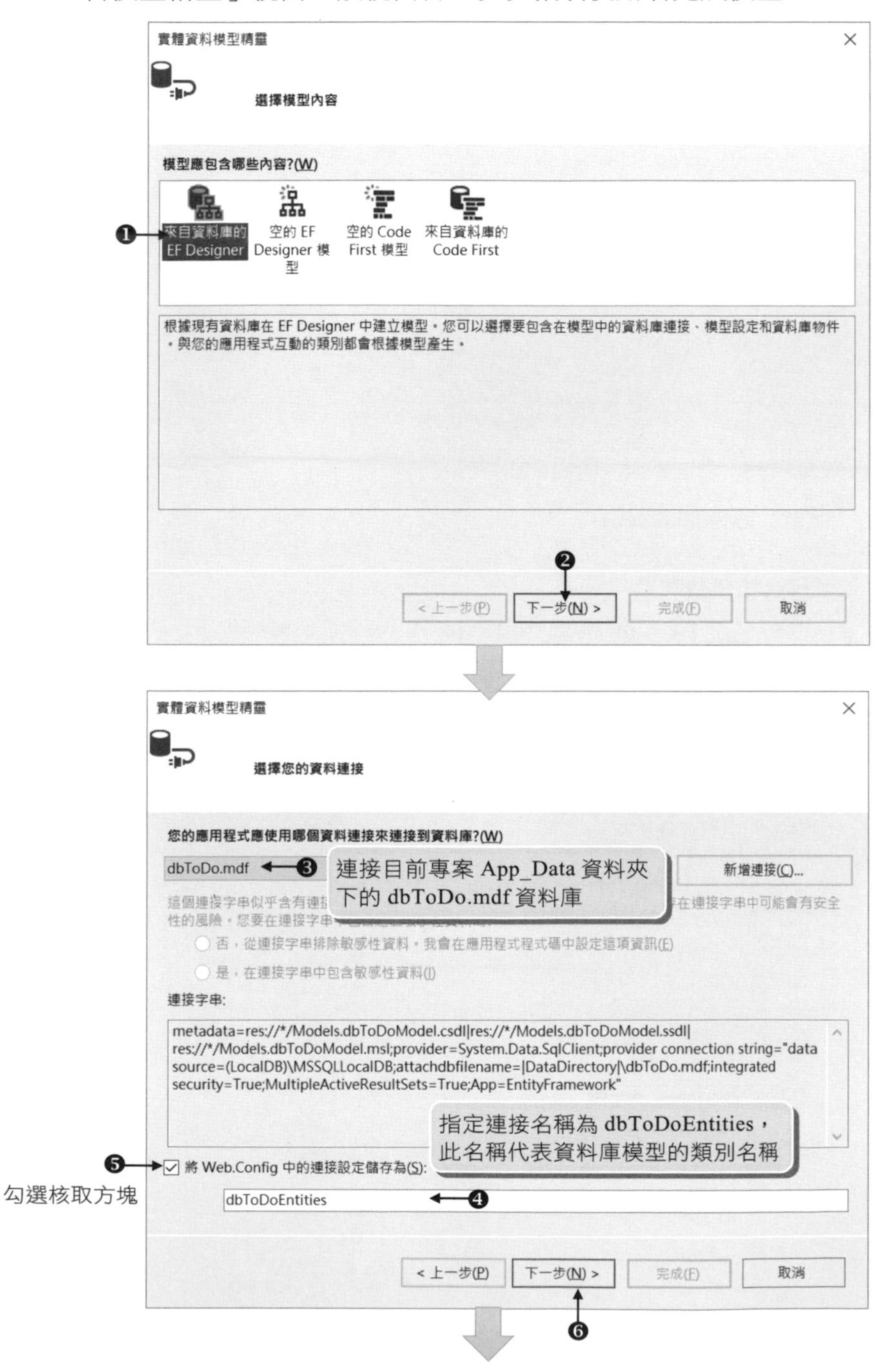

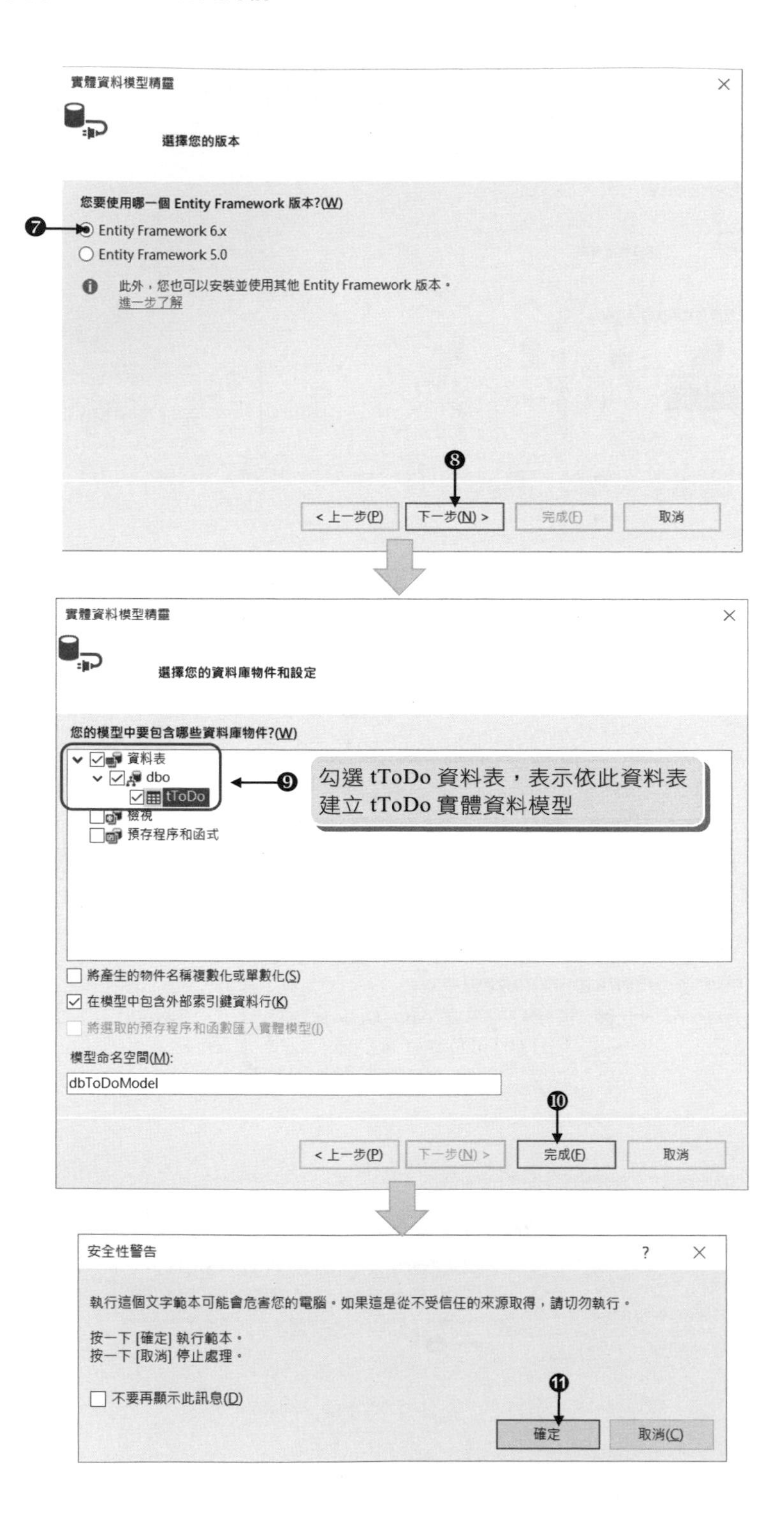
實體資料模型精靈
選擇您的版本
您要使用哪一個 Entity Framework 版本?(W)
Entity Framework 6.x
Entity Framework 5.0
此外，您也可以安裝並使用其他 Entity Framework 版本。
進一步了解
< 上一步(P)
下一步(N) >
完成(F)
取消
實體資料模型精靈
選擇您的資料庫物件和設定
您的模型中要包含哪些資料庫物件?(W)
資料表
dbo
tToDo
檢視
預存程序和函式
勾選 tToDo 資料表，表示依此資料表建立 tToDo 實體資料模型
將產生的物件名稱複數化或單數化(S)
在模型中包含外部索引鍵資料行(K)
將選取的預存程序和函數匯入實體模型(I)
模型命名空間(M):
dbToDoModel
< 上一步(P)
下一步(N) >
完成(F)
取消
安全性警告
執行這個文字範本可能會危害您的電腦。如果這是從不受信任的來源取得，請切勿執行。
按一下 [確定] 執行範本。
按一下 [取消] 停止處理。
不要再顯示此訊息(D)
確定
取消(C)

3. 完成上面步驟後，實體資料模型會建立在 Models 資料夾下。接著會進入下圖 Entity Designer 實體資料模型設計工具的畫面，可以發現設計工具內含「tToDo」實體資料模型。

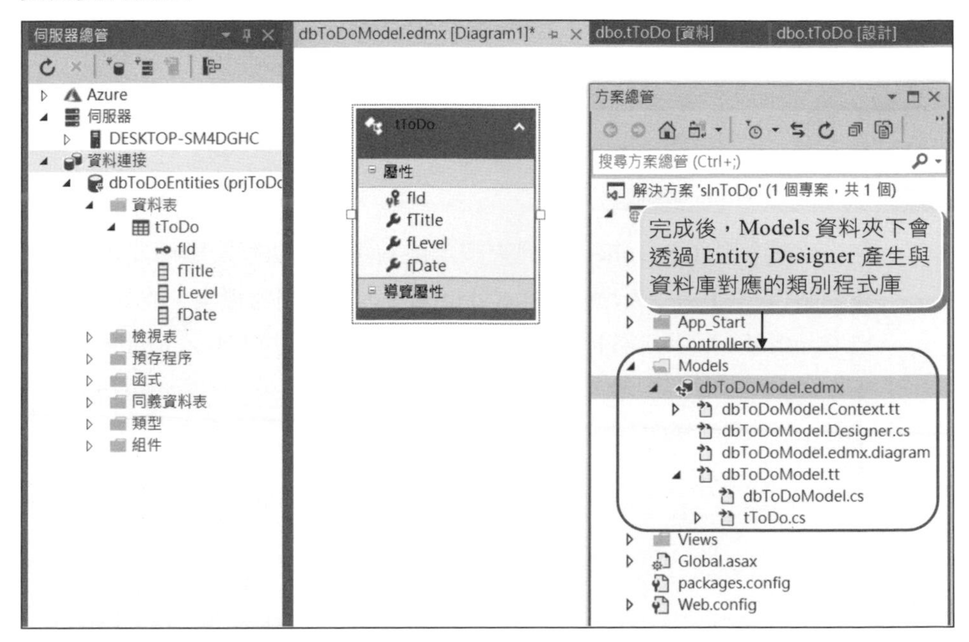

4. 請選取方案總管視窗的專案名稱(prjToDo)，並按滑鼠右鍵執行快顯功能表的【建置(U)】指令編譯整個專案(也可以執行【重建(E)】)，此時就可以使用 Entity Framework 來存取 tToDo 資料表。

2.2.4 ASP.NET MVC 讀取作業

上節建立好可以連接 dbToDo.mdf 資料庫，以及存取 tToDo 資料表的資料模型(Model)，接著本節練習將 tToDo 資料表內的所有記錄依結案日期遞減排序並顯示於網頁上。

上機練習

Step 01 建立 Home 控制器

在方案總管的 Controllers 資料夾按滑鼠右鍵，並執行快顯功能表的【加入(D)/控制器(T)...】指令新增「HomeController.cs」控制器檔案，控制器類別會繼承自 Controller 類別，該控制器內含 Index()動作方法(Action Method)。

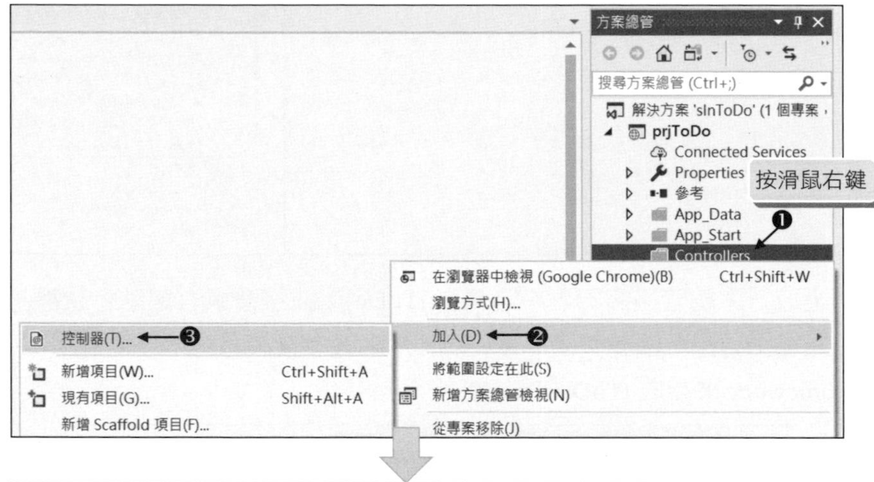

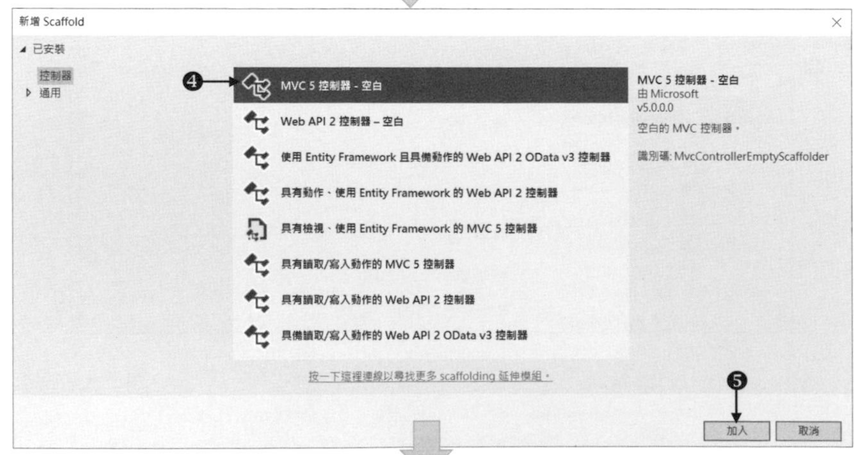

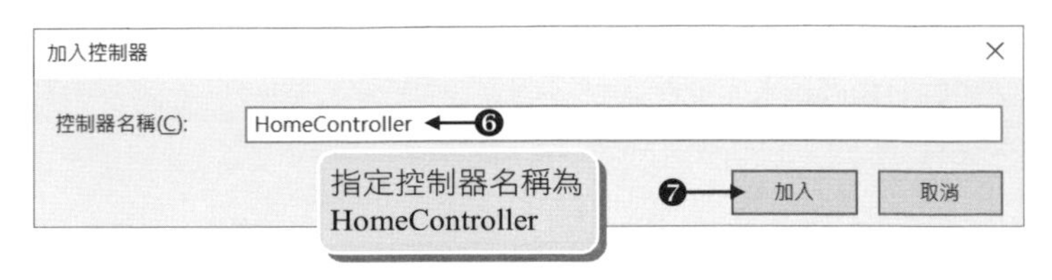

控制器名稱設為「HomeController」是因為 ASP.NET MVC 專案預設會執行 HomeController，且控制器類別名稱必須要使用「Controller」當結尾。

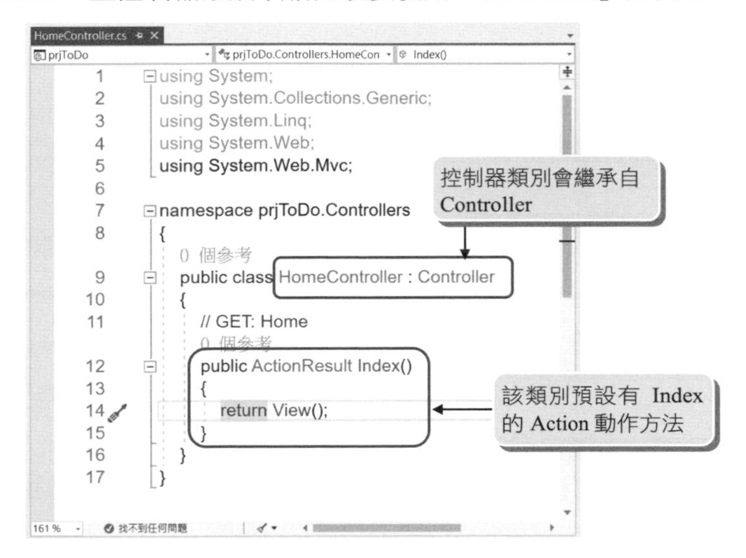

Step 02 撰寫 HomeController 控制器類別的 Index()動作方法

當執行「http://localhost/Home/Index」時會執行 HomeController 的 Index()動作方法，請撰寫如下灰底處的程式碼。

C# 程式碼 FileName: Controllers/HomeController.cs

```
01 using System;
02 using System.Collections.Generic;
03 using System.Linq;
04 using System.Web;
05 using System.Web.Mvc;
06 using prjToDo.Models;
07
08 namespace prjToDo.Controllers
09 {
10     public class HomeController : Controller
11     {
```

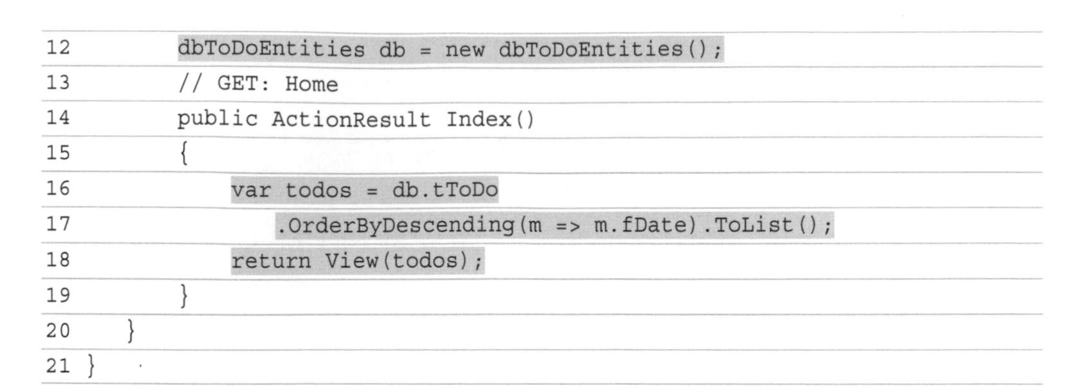

```
12          dbToDoEntities db = new dbToDoEntities();
13          // GET: Home
14          public ActionResult Index()
15          {
16              var todos = db.tToDo
17                  .OrderByDescending(m => m.fDate).ToList();
18              return View(todos);
19          }
20      }
21 }
```

說明

1) 第 1~5 行：預設引用的命名空間。
2) 第 6 行：存取 dbToDo.mdf 資料庫的 dbToDoEntities 類別物件置於 Models 資料夾，因此請引用 prjToDo.Models 命名空間。
3) 第 12 行:建立 dbToDoEntities 類別 db 物件，此物件存取 dbToDo.mdf 資料庫。
4) 第 16-17 行：將 tToDo 資料表內的記錄依 fDate 欄位進行遞減排序並轉成串列，再將結果指定 todos 變數。
5) 第 18 行：將 todos 待辦事項的所有記錄(todos 串列物件)傳到 Index.cshtml 的 View 檢視頁面。

Step 03 建立 Index.cshtml 待辦事項列表 View 檢視頁面

1. 在 Index()動作方法上按滑鼠右鍵，並執行快顯功能表的【新增檢視(D)...】指令。

2. 在加入檢視視窗指定檢視名稱為「Index」；範本(T)為「List」；模型類別(M)為「tToDo」；資料內容類別(D)為「dbToDoEntities」；並勾選 **參考指令碼程式庫(R)** 與 **使用版面配置頁(U)** 項目，最後按下 加入 鈕。結果方案總管的 Views/Home 資料夾下會新增 Index.cshtml 檢視頁面。

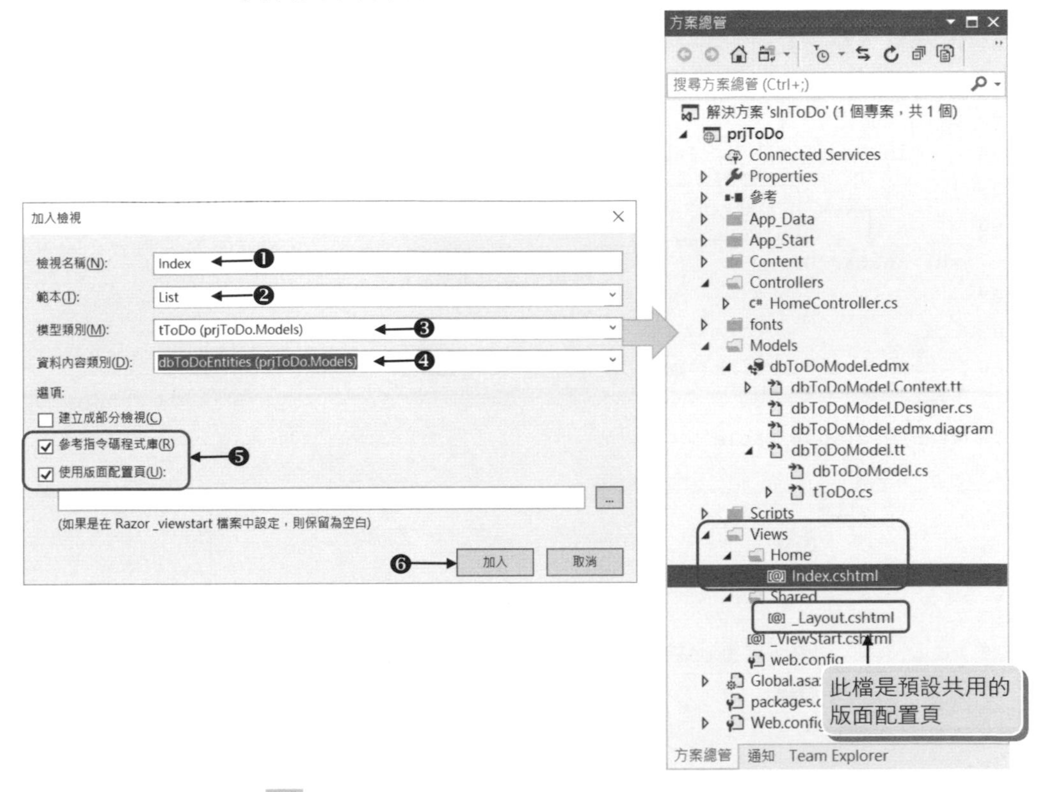

3. 按下執行程式 ▶ 鈕，觀看網頁執行結果。

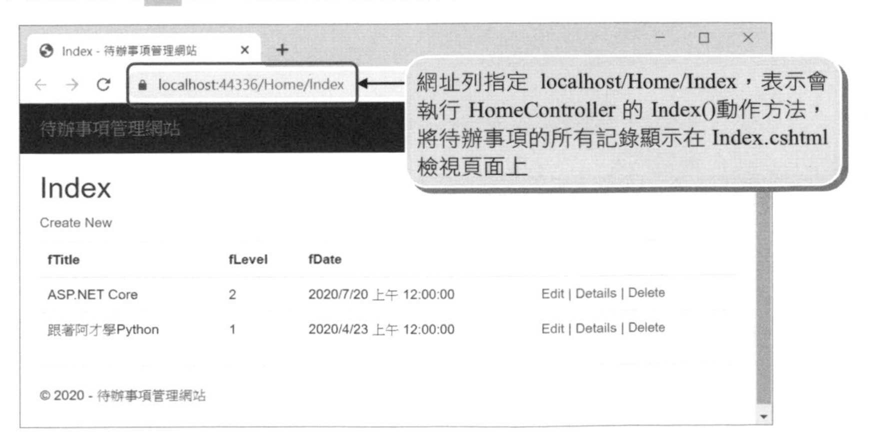

4. 上圖標題欄位希望呈現中文名稱，待辦事項的結案日期以日期顯示，因此需要修改 Index.cshtml 檢視頁面的程式碼，請將如下刪除線的程式碼刪除，並修改成粗體字或指定的程式碼。

程式碼 FileName:Views/Home/Index.cshtml

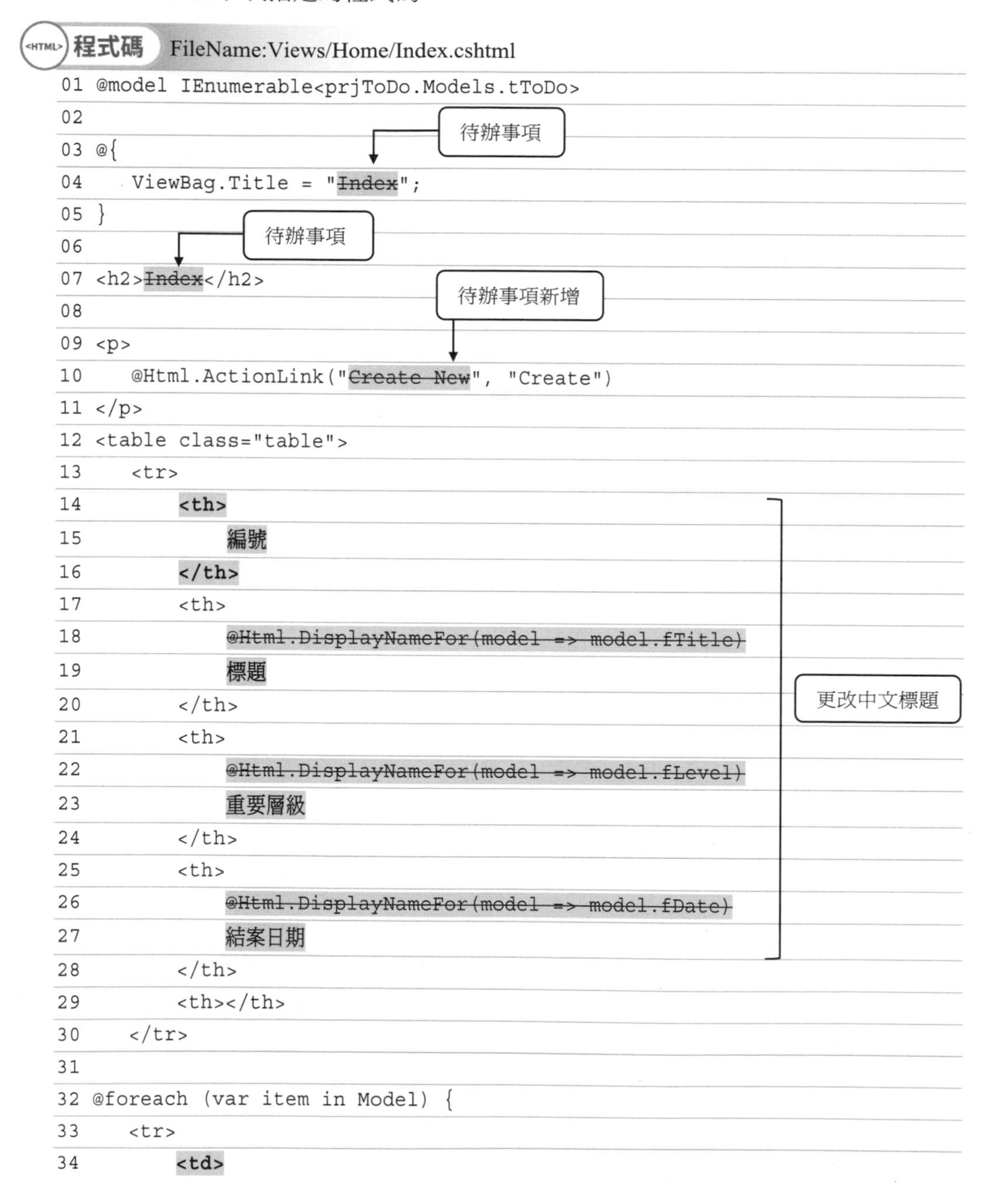

```
01 @model IEnumerable<prjToDo.Models.tToDo>
02
03 @{
04     ViewBag.Title = "Index";
05 }
06
07 <h2>Index</h2>
08
09 <p>
10     @Html.ActionLink("Create New", "Create")
11 </p>
12 <table class="table">
13     <tr>
14         <th>
15             編號
16         </th>
17         <th>
18             @Html.DisplayNameFor(model => model.fTitle)
19             標題
20         </th>
21         <th>
22             @Html.DisplayNameFor(model => model.fLevel)
23             重要層級
24         </th>
25         <th>
26             @Html.DisplayNameFor(model => model.fDate)
27             結案日期
28         </th>
29         <th></th>
30     </tr>
31
32 @foreach (var item in Model) {
33     <tr>
34         <td>
```

```
35              @item.fId             ← 顯示編號欄位
36          </td>
37          <td>
38              @Html.DisplayFor(modelItem => item.fTitle)
39          </td>
40          <td>
41              @Html.DisplayFor(modelItem => item.fLevel)
42          </td>
43          <td>
44              @Html.DisplayFor(modelItem => item.fDate)
45              @DateTime.Parse(item.fDate.ToString()).ToShortDateString()
46          </td>
47          <td>
48              @Html.ActionLink("Edit", "Edit", new { id=item.fId }) |
49              @Html.ActionLink("Details", "Details", new { id=item.fId }) |
50              @Html.ActionLink("Delete", "Delete", new { id=item.fId })
51          </td>
52      </tr>
53  }
54
55  </table>
```

（註：第 44、48、49 行在書中以刪除線標示。圖說：第 45 行「結案日期以日期格式顯示」；第 50 行 "Delete" 第一個為「文字連結」、第二個為「動作方法」；第 48、49 行「刪除 Edit 與 Details 的超連結」。）

說明

1) 第 1 行：宣告 Index.cshtml 檢視頁面@model 型別為 tToDo 資料模型；表示此檢視面頁使用 tToDo 模型。
2) 第 32~53 行：使用 foreach 迴圈逐一將 Model 模型(@model)中的每一筆記錄顯示出來。
3) 第 50 行：使用 HtmlHelper 的@Html.ActionLink()方法來指定超連結功能。當按下 Delete 文字超連結即會執行 Home 控制器的 Delete()方法，並傳送 URL 參數 id，而 id 參數值是 fId 欄位的資料。
4) 第 48,49 行：執行方式同 50 行，本例不會製作 Edit(修改)與 Details(明細)功能，因此請將此兩行敘述刪除。

5. 按下執行程式 ▶ 鈕觀看網頁執行結果。結果發現標題以中文呈現，待辦事項結案日期以日期格式呈現。

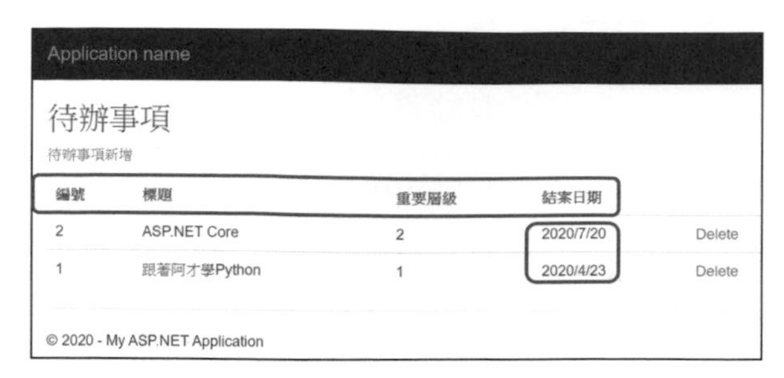

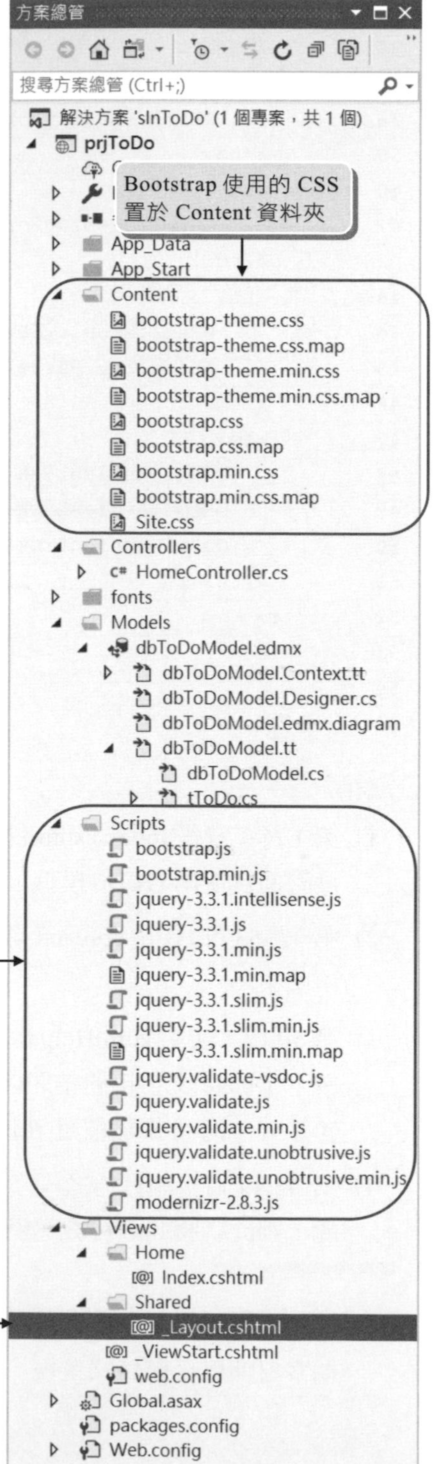

Step 04 _Layout.cshtml 版面配置頁說明

在前一個步驟「加入檢視」視窗設定中若有勾選「使用版面配置頁」，且第一次建立檢視頁面時，VS 會在 Views 資料夾下建立 _ViewStart.cshtml，同時也會在 Views/Shared 資料夾建立_Layout.cshtml 版面配置頁。

_ViewStart.cshtml 預設指定專案的檢視頁面套用_Layout.cshtml 版面配置頁，此版面配置頁預設使用 Bootstrap 前端套件；Bootstrap 是以 HTML、CSS 與 JavaScript 為主，是用來開發自適應與行動優先網站的套件。

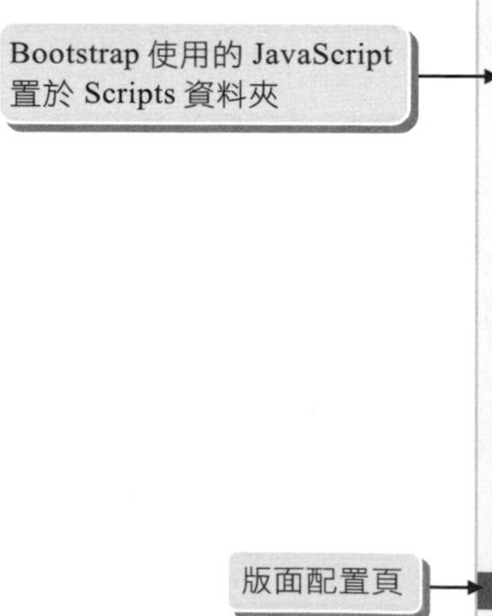

_Layout.cshtml 版面配置頁預設會和一般 View 檢視頁面進行合併，View 檢視頁面的內容會置於版面配置頁的 @RenderBody()區域，程式碼如下：

程式碼 FileName:Views/Shared/_Layout.cshtml

```
01 <!DOCTYPE html>
02 <html>
03 <head>
04     <meta charset="utf-8" />
05   <meta name="viewport" content="width=device-width, initial-scale=1.0">
06     <title>@ViewBag.Title - My ASP.NET Application</title>
07     <link href="~/Content/Site.css" rel="stylesheet" type="text/css" />
08     <link href="~/Content/bootstrap.min.css" rel="stylesheet"
09        type="text/css" />
10     <script src="~/Scripts/modernizr-2.8.3.js"></script>
11 </head>
12 <body>
13     <div class="navbar navbar-inverse navbar-fixed-top">
14         <div class="container">
15             <div class="navbar-header">
16                 <button type="button" class="navbar-toggle"
17                   data-toggle="collapse" data-target=".navbar-collapse">
18                     <span class="icon-bar"></span>
19                     <span class="icon-bar"></span>
20                     <span class="icon-bar"></span>
21                 </button>
22                 @Html.ActionLink("Application name", "Index", "Home",
23                     new { area = "" }, new { @class = "navbar-brand" })
24             </div>
25             <div class="navbar-collapse collapse">
26                 <ul class="nav navbar-nav">
27                 </ul>
28             </div>
29         </div>
30     </div>
31 
32     <div class="container body-content">
33         @RenderBody()
34         <hr />
35         <footer>
36             <p>&copy; @DateTime.Now.Year - My ASP.NET Application</p>
```

待辦事項管理網站（取代第 06 行的 My ASP.NET Application）

待辦事項管理網站（取代第 22 行的 Application name）

View 檢視頁面會放入此處與版面配置頁進行合併（第 33 行 @RenderBody()）

待辦事項管理網站（取代第 36 行的 My ASP.NET Application）

```
37          </footer>
38      </div>
39
40      <script src="~/Scripts/jquery-3.4.1.min.js"></script>
41      <script src="~/Scripts/bootstrap.min.js"></script>
42  </body>
43  </html>
```

說明

1) 第 4 行：指定網頁的語系為 utf-8。
2) 第 5 行：指定網頁畫面能隨裝置的螢幕自動做縮放。
3) 第 6 行：@ViewBag.Title 動態屬性可在控制器中設定，此處@ViewBag.Title 在 Index.cshtml 已指定為「待辦事項管理網站」。
4) 第 7~9 行：使用 Bootstrap 的 CSS 樣式。
5) 第 10,40,41 行：使用 Bootstrap 和 jQuery 的 JavaScript 函式。
7) 第 13~30 行：網頁尾首的導覽列。
8) 第 22~23 行：指定網站頁首區的連結；此處使用@Html.ActionLink()方法連結到 Home 控制器的 Index()方法，同時套用 CSS 樣式名稱為 navbar-brand。請將連結文字「Application name」改成「待辦事項管理網站」。
9) 第 32~38 行：網頁內文區域。在第 36 行的@DateTime.Now.Year 會取得系統的年份。
10) 第 33 行：View 檢視頁面會放入版面配置頁的 @RenderBody() 區域並進行合併。如下圖即是_Layout.cshtml 和 Index.cshtml 合併的結果。

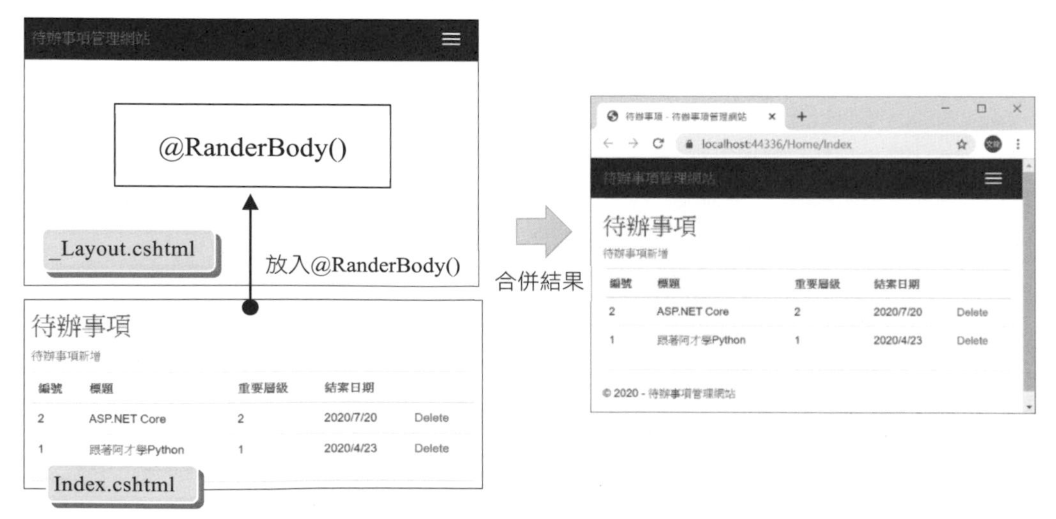

2.2.5 ASP.NET MVC 新增作業

上機練習

Step 01 撰寫 HomeController 控制器的 Create()動作方法

在 HomeController 控制器中撰寫灰底處多載的 Create()動作方法(Action Method)。說明如下：

1. public ActionResult Create()方法
   當連結 Home/Create 即執行 Home 控制器的 Create()方法，此時會傳回 Create.cshtml 的 View 檢視畫面。

2. [HttpPost]
   public ActionResult Create(string fTitle, string fLevel, DateTime fDate)方法
   當在擁有 fTitle、fLevel、fDate 欄位的表單按下 Submit 鈕，此時會執行這個 Create()方法，並將表單欄位資料傳送到 Create()方法對應的虛引數。

C# 程式碼 FileName: Controllers/HomeController.cs

```
01 using System;
02 using System.Collections.Generic;
03 using System.Linq;
04 using System.Web;
05 using System.Web.Mvc;
06 using prjToDo.Models;
07
08 namespace prjToDo.Controllers
09 {
10     public class HomeController : Controller
11     {
12         dbToDoEntities db = new dbToDoEntities();
13         // GET: Home
14         public ActionResult Index()
15         {
16             var todos = db.tToDo
17                 .OrderByDescending(m => m.fDate).ToList();
18             return View(todos);
19         }
20
```

```
21        public ActionResult Create()
22        {
23            return View();
24        }
25
26        [HttpPost]
27        public ActionResult Create
28           (string fTitle, string fLevel, DateTime fDate)
29        {
30            tToDo todo = new tToDo();
31            todo.fTitle = fTitle;
32            todo.fLevel = fLevel;
33            todo.fDate = fDate;
34            db.tToDo.Add(todo);
35            db.SaveChanges();
36            return RedirectToAction("Index");
37        }
38    }
39 }
```

說明

1) 第 21~24 行：連結到 Home/Create 時會執行此方法，接著傳回預設 Create.cshtml 的 View 檢視頁面。
2) 第 26~37 行：在 Create.cshtml 的檢視頁面按下 Submit 鈕會執行此方法。
3) 第 30 行：建立 tToDo 待辦資料型別 todo 物件。
4) 第 31~33 行：將表單 fTitle、fLevel、fDate 欄位的資料逐一指定給 todo 物件的 fTitle、fLevel、fDate 屬性。此處未指定 fId 欄位資料是因為 tToDo 資料表已設定 fId 欄位為自動編號(識別規格)，因此 fId 欄位會採自動編號模式由 1 開始新增。
5) 第 34 行：將 todo 待辦事項物件放入 tToDo 資料表內。
6) 第 35 行：執行 SaveChanges()方法進行異動資料庫，必須執行此方法 todo 待辦事項物件才可寫入 tToDo 資料表內。
7) 第 36 行：重新執行 Home 控制器的 Index()方法，使 todos 待辦事項結果傳給 Index.cshtml 的 View 檢視頁面。

Step 02 建立 Create.cshtml 新增待辦事項 View 檢視頁面

1. 在 Create()動作方法上按滑鼠右鍵，並執行快顯功能表的【**新增檢視(D)...**】指令。

2. 在加入檢視視窗指定檢視名稱為「Create」；範本(T)為「Create」；模型類別(M)為「tToDo」；資料內容類別(D)為「dbToDoEntities」；並勾選 **參考指令碼程式庫(R)** 與 **使用版面配置頁(U)** 的核取方塊，最後按下 加入 鈕。結果方案總管的 Views/Home 資料夾下會新增 Create.cshtml 檢視頁面。

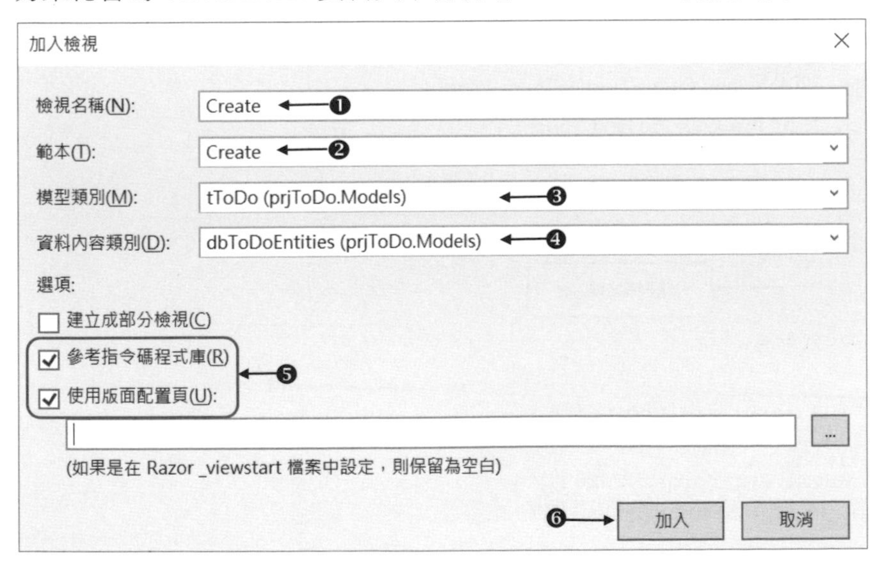

3. 按下執行程式 ▶ 鈕觀看網頁執行結果。

4. 上圖 Create.cshtml 檢視頁面的所有標題欄位希望呈現中文名稱，待辦事項的結案日期能使用日期清單，且有欄位為必填項目，因此需要修改 Create.cshtml 檢視頁面的程式碼，請將如下刪除線的程式碼刪除，並修改成粗體字或指定的程式碼。

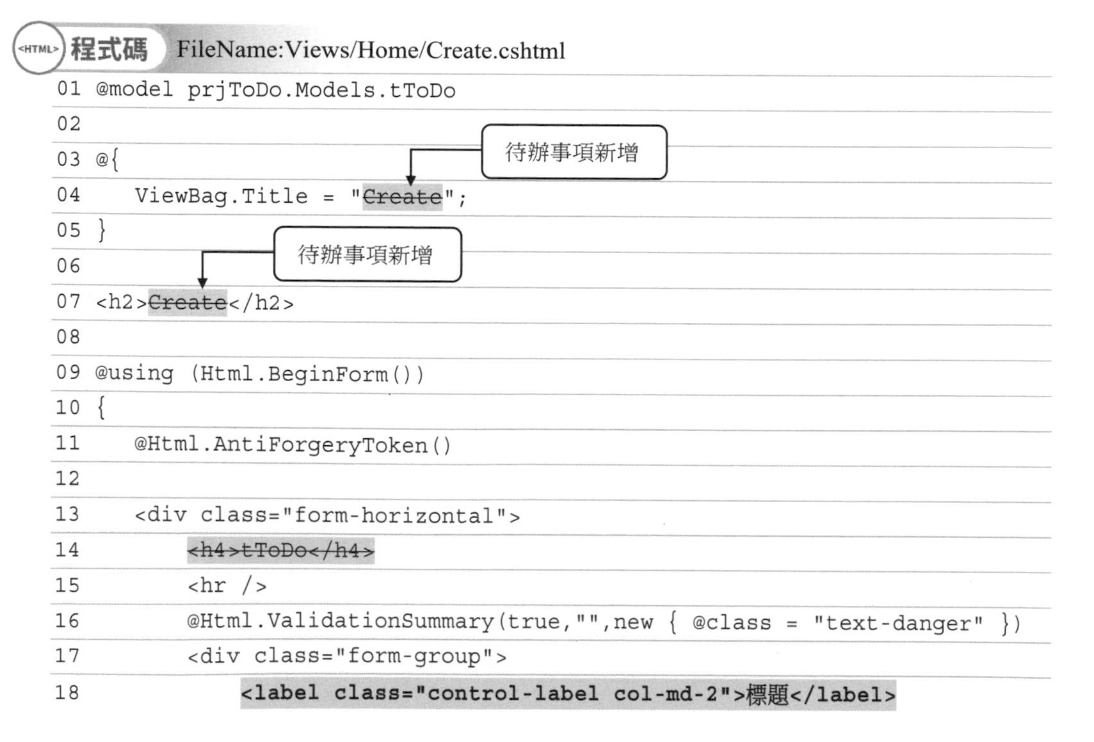

程式碼 FileName:Views/Home/Create.cshtml

```
01 @model prjToDo.Models.tToDo
02
03 @{
04     ViewBag.Title = "Create";        ← 待辦事項新增
05 }
06
07 <h2>Create</h2>                     ← 待辦事項新增
08
09 @using (Html.BeginForm())
10 {
11     @Html.AntiForgeryToken()
12
13     <div class="form-horizontal">
14         <h4>tToDo</h4>
15         <hr />
16         @Html.ValidationSummary(true,"",new { @class = "text-danger" })
17         <div class="form-group">
18             <label class="control-label col-md-2">標題</label>
```

```
19            @Html.LabelFor(model => model.fTitle, htmlAttributes:
20                new { @class = "control-label col-md-2" })
21            <div class="col-md-10">
22                @Html.EditorFor(model => model.fTitle, new
23                    { htmlAttributes = new { @class = "form-control"
24  必填欄位 ──▶     , required="required" } })
25                @Html.ValidationMessageFor(model => model.fTitle, "",
26                    new { @class = "text-danger" })
27            </div>
28        </div>
29
30        <div class="form-group">
31            <label class="control-label col-md-2">重要層級</label>
32            @Html.LabelFor(model => model.fLevel, htmlAttributes:
33                new { @class = "control-label col-md-2" })
34            <div class="col-md-10">
35                @Html.EditorFor(model => model.fLevel, new
36                    { htmlAttributes = new { @class = "form-control"
37  必填欄位 ──▶     , required="required" } })
38                @Html.ValidationMessageFor(model => model.fLevel, "",
39                    new { @class = "text-danger" })
40            </div>
41        </div>
42
43        <div class="form-group">
44            <label class="control-label col-md-2">結案日期</label>
45            @Html.LabelFor(model => model.fDate, htmlAttributes: new
46                { @class = "control-label col-md-2" })
47            <div class="col-md-10">
48                @Html.EditorFor(model => model.fDate, new
49                    { htmlAttributes = new { @class = "form-control"
50                    ,type="date", required="required" } })
51                @Html.ValidationMessageFor(model => model.fDate, "",
52                    new { @class = "text-danger" })
53            </div>
54        </div>                              欄位為日期清單且為必填
55
56        <div class="form-group">
57            <div class="col-md-offset-2 col-md-10">
58                <input type="submit" value="Create" ◀── 新增
```

```
59                      class="btn btn-default" />
60                  </div>
61              </div>
62      </div>
63  }
64                          返回待辦事項列表
65  <div>
66      @Html.ActionLink("Back to List", "Index")
67  </div>
68
69  <script src="~/Scripts/jquery-3.4.1.min.js"></script>
70  <script src="~/Scripts/jquery.validate.min.js"></script>
71  <script src="~/Scripts/jquery.validate.unobtrusive.min.js"></script>
```

說明

1) 第 1 行：宣告 View 使用的@model 模型為 tToDo 型別。(有關模型更多用法請參閱第 7 章)
2) 第 22~24,35~37, 48~50 行：Create.cshtml 會產生名稱為 fTitle、fLevel、fDate 表單文字欄位，這三個欄位會和 Create()動作方法的 fTitle、fLevel、fDate 參數進行資料繫結。
3) 第 22~24 行：@Html.EditorFor()方法可用來產生文字方塊欄位，請在此處加入「, required="required"」指定標題文字欄為必填欄位。
4) 第 35~37 行：執行同 24 行，指定重要層級文字欄位為必填欄位。
5) 第 48~50 行：@Html.EditorFor()方法可用來產生文字方塊欄位，請在此行加入「, type="date", required="required"」，將此欄位變更為使用日期清單欄位且為必填，以方便使用者輸入日期資料。

5. 按下執行程式 ▶ 鈕觀看網頁執行結果。結果發現當文字欄無輸入資料即按 新增 鈕會顯示提示訊息，所有欄位必填；且待辦事項的結案日期以日期清單呈現。

2.2.6 ASP.NET MVC 刪除作業

上機練習

Step 01 撰寫 HomeController 控制器的 Delete()動作方法(Action Method)

在 HomeController 控制器中撰寫灰底處的 Delete()動作方法。當連上網址

http://localhost/**Home/Delete/刪除編號**

或

http://localhost/**Home/Delete?id=刪除編號**

會將「刪除編號」代入 URL 參數 id 並傳給 Delete()動作方法的 id 引數。

Home/Delete/刪除編號 預設未設定 URL 參數，這是因為 ASP.NET MVC 網址路由預設指定 URL 參數為 id，此部份在 2.4 節會做說明。

C# 程式碼 FileName: Controllers/HomeController.cs

```
01 using System;
02 using System.Collections.Generic;
03 using System.Linq;
04 using System.Web;
05 using System.Web.Mvc;
```

```
06 using prjToDo.Models;
07
08 namespace prjToDo.Controllers
09 {
10     public class HomeController : Controller
11     {
12         dbToDoEntities db = new dbToDoEntities();
13         // GET: Home
14         public ActionResult Index()
15         {
16             var todos = db.tToDo
17                 .OrderByDescending(m => m.fDate).ToList();
18             return View(todos);
19         }
20
21         public ActionResult Create()
22         {
23             return View();
24         }
25
26         [HttpPost]
27         public ActionResult Create
28             (string fTitle, string fLevel, DateTime fDate)
29         {
30             tToDo todo = new tToDo();
31             todo.fTitle = fTitle;
32             todo.fLevel = fLevel;
33             todo.fDate = fDate;
34             db.tToDo.Add(todo);
35             db.SaveChanges();
36             return RedirectToAction("Index");
37         }
38
39         public ActionResult Delete(int id)
40         {
41             var todo = db.tToDo.Where(m=>m.fId==id).FirstOrDefault();
42             db.tToDo.Remove(todo);
43             db.SaveChanges();
44             return RedirectToAction("Index");
45         }
```

網址傳入 id 參數

```
46     }
47 }
```

說明

1) 第 39~45 行：連結到 Home/Delete 並傳入 URL 的 id 參數時會執行此方法。
2) 第 41 行：依傳入的 id 參數找出要刪除的待辦事項物件並指定給 todo。
3) 第 42 行：刪除 tToDo 資料表符合 todo 物件的資料。
4) 第 43 行：執行 SaveChanges()方法進行異動資料庫，必需執行此方法才能刪除 tToDo 資料表內符合 todo 物件的記錄。
5) 第 44 行：重新執行 Home/Index()方法。

按下執行程式 ▶ 鈕觀看網頁執行結果，結果發現按下「Delete」超連結文字會執行 Home/Delete 並傳入 URL 的 id 參數，id 參數值為該筆待辦事項的編號，接著會直接刪除掉該筆記錄。

Step 02 修改 Index.cshtml 待辦事項列表 View 檢視頁面

按下 Delete 進行刪除，通常會先以警告視窗方式讓使用者再確認是否真的要刪除，若要達成此功能，請開啟 Views/Home/Index.cshtml 檢視頁面，並修改 Delete 連結灰色程式碼的地方，此處新增確認的 JavaScript 程式碼，同時將 Delete 按鈕套用 Bootstrap 的「btn btn-danger」樣式，使按鈕以 Delete 呈現。

程式碼 FileName:Views/Home/Index.cshtml

```
01 @model IEnumerable<prjToDo.Models.tToDo>
02
03 @{
04     ViewBag.Title = "待辦事項";
05 }
06
07 <h2>待辦事項</h2>
08
09 <p>
10     @Html.ActionLink("待辦事項新增", "Create")
11 </p>
       ............
       ............
```

```
47     <td>
48         @Html.ActionLink("Delete", "Delete", new { id = item.fId }
49                        , new {   onclick = "return confirm('確定刪除嗎?')"
50                        , @class="btn btn-danger"} )
51     </td>
52 </tr>
53 }
54
55 </table>
```

按下執行程式 ▶ 鈕觀看網頁執行結果。結果發現當按下 Delete 鈕時會出現對話方塊詢問「確定要刪除嗎？」，若按下 確定 則刪除該筆記錄，否則取消刪除作業。

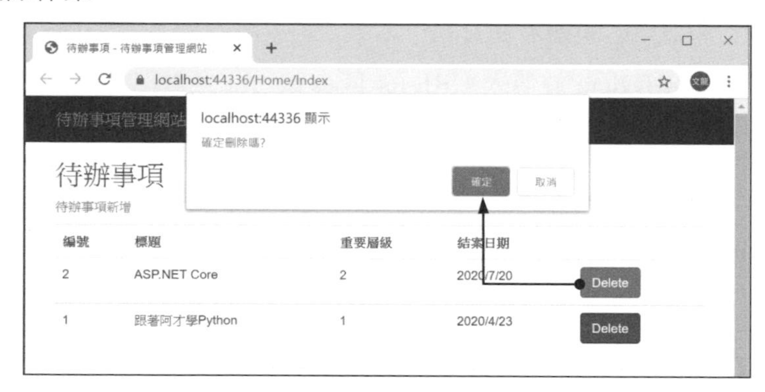

2.3 ASP.NET MVC 的專案架構

由上一節範例實作中可以發現：

1. 操作資料庫存取的程式置於 Models 資料夾下。
2. 檢視頁面會對應至控制器的動作方法名稱，且會放在 Views 資料夾下。
3. 控制器的名稱最後面要再加上 Controller，控制器類別檔會放在 Controller 資料夾下。

因此開發人員只要依照此規範來撰寫 MVC 程式，讓後續接手的開發人員有個依據，會比較容易管理且好上手。下圖即是專案架構說明：

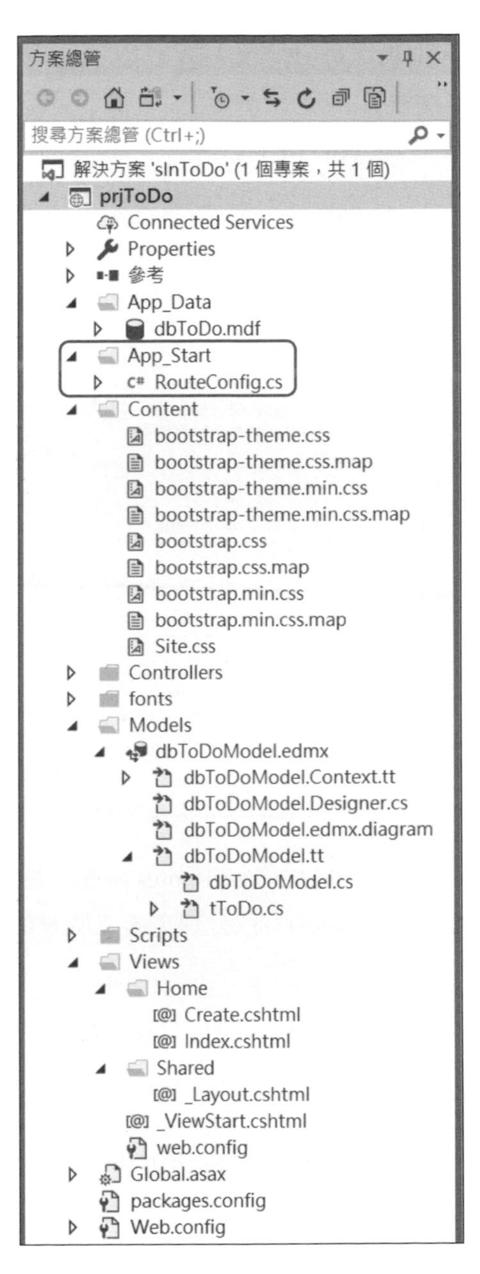

1. App_Data
   存放 Web 應用程式的資料庫。
2. App_Start
   存放 Web 服務啟動時所執行的網址路由 Routing 檔案。
3. Content
   存放 CSS 檔。
4. Controllers
   存放控制器類別檔，控制器檔案結尾一定要是「Controller」，不然預設的網址由路會讀不到。
5. fonts
   存放應用程式使用的字型檔。
6. images
   存放網站所使用的圖檔。
7. Models
   存放模型以及存取資料庫相關的類別檔。
8. Scripts
   存放 JavaScript 檔案或 JavaScript 相關函式庫。例如 bootstrap 或 jQuery 函式庫等。
9. Views
   存放檢視的資料夾。若 HomeController 控制器的 Create()方法，則 Create.cshtml 檢視檔會存放在 Views/Home/Create.cshtml。Views 資料夾下的_ViewStart.cshtml 會指定 Views/Shared/_Layout.cshtml 為專案預設的共用版面配置頁。
10. Global.asax
    Web 應用程式層級事件以及全域功能設定檔案。如驗證授權、過濾器...等功能設定。
11. packages.config
    記錄專案所使用套件程式庫的版本。
12. Web.config
    應用程式組態檔。用來記錄資料庫連接字串或使用的 .NET Framework 版本。

2.4 ASP.NET MVC 路由定義

ASP.NET MVC 是以網址路由(Routing)規範方式將 URL 模式對應到實體檔案，也就是說將 URL 模式連結至控制器，而不是網頁，而網址路由是定義在 App_Start 資料夾的 RouteConfig.cs 檔案中。

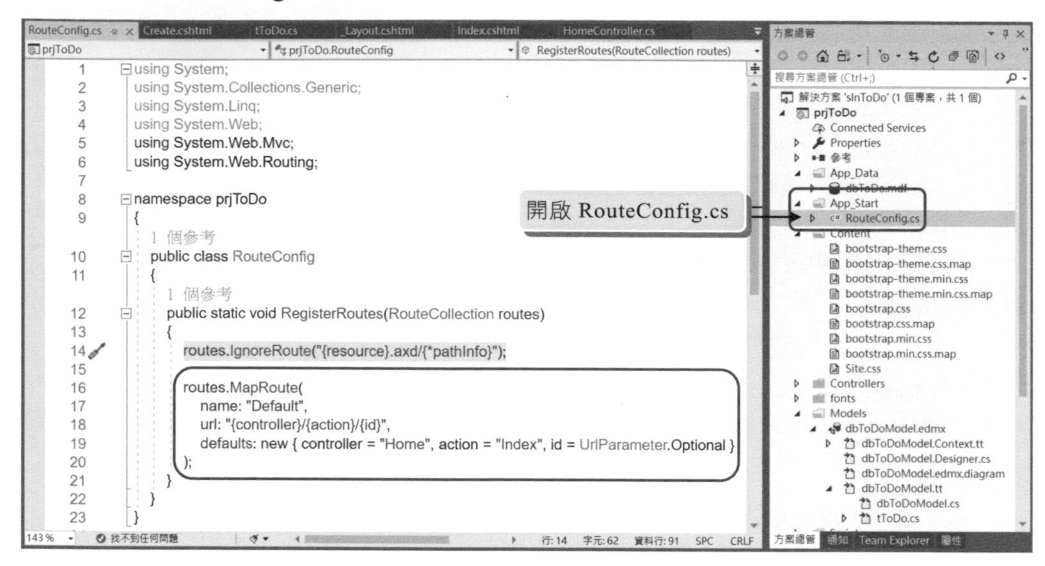

上圖 RegisterRoutes 靜態方法中使用 routes.MapRoute()方法定義預設的路由，MapRoute()方法分別定義三個參數，其說明如下：

1. name：設定路由名稱。
2. url：設定網址對應到控制器(Controller)、動作方法(Action Method)以及路由值(id，即 Url 參數)規則。
3. defaults：設定控制器(Controller)、動作方法(Action Method)以及路由值(id，即 URL 參數)的預設值。

經由上面設定當程式連結網站「http://localhost/」，此時預設會啟動網址「http://localhost/Home/Index」代表是 ASP.NET MVC Web 應用程式專案的首頁；在路由比對得到的控制器是 Home，動作方法是 Index()，因此會執行 Controllers 資料夾下的 HomeController.cs(即 Home 控制器)的 Index()方法，再由 Index()方法選擇對應的檢視頁面並傳給使用者。

當有定義多筆路由時，會由上往下逐一比對符合 Request 請求，當比對符合的路由時，即停止往下比對；若希望某個路由被選到，就要將該路由往前放置。如下 RouteConfig.cs 指定 Create 路由置於 Default 路由上方，且 Create 路由執行 Home 控制器的 Create()方法，表示連結 Home/Create。因此連結「http://localhost/」時預設會啟動網址「http://localhost/Home/Create」。

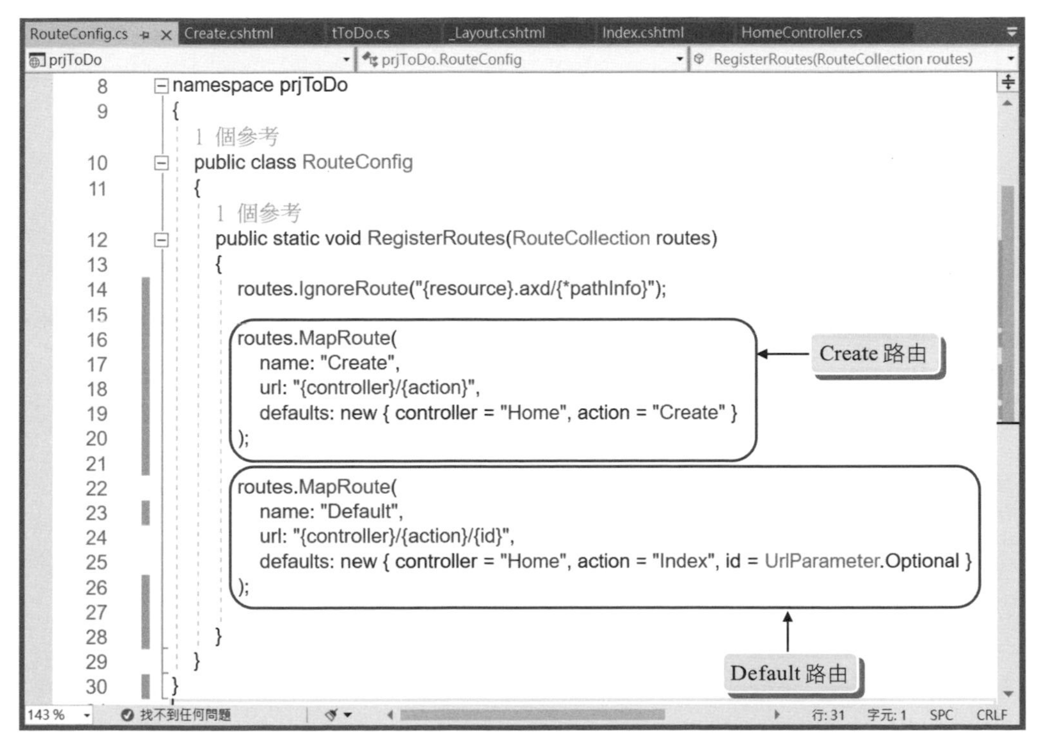

03 Controller(一) - 動作方法與資料繫結

學習目標

ASP.NET MVC 是將 URL 對應至稱為「控制器」(Controller) 的類別。 控制器會處理用戶端的要求，處理用戶端的輸入和互動，並且執行應用程式的邏輯。 控制器主要用來決定和處理應用程式的流程以及傳遞資料的任務。

日間雲柱，夜間火柱，總不離開百姓的面前。
(出埃及記 13:22)

3.1 控制器與動作方法

Contrller 控制器是 ASP.NET MVC Web 應用程式的核心元件之一。Controller 包含多載公開(public)的動作方法(Action Method)，這些公開的動作方法會對應至指定的 URL，透過這些動作方法可以處理使用者輸入資料並進行互動，以及執行應用程式邏輯，並將使用者要求的模型(Model)與使用者介面(View)進行資料結合，最後呈現於指定的檢視(View)上。如下是一個控制器基本的寫法：

```
❶                    ❷                  ❸
public class HomeController : Controller
{      ❹          ❺          ❻
    public ActionResult Index()
    {
        ViewBag.DateTime = DateTime.Now.ToString();   ┐
        return View();                                 ┘ 動作方法程式主體
    }
}
```

控制器撰寫時要注意的地方如下：

1. 控制器類別必須是 public 公開。
2. 控制器類別名稱必須是 Controller 名稱結尾。例如 HomeController、Default Controller…等名稱。
3. 控制器類別必須繼承 Controller 類別，或是實作具有 IController 介面的類別。
4. 動作方法必須是 public 公開方法才能被呼叫執行，若不是公開方法則會被視為一般的方法。
5. 指定執行動作方法傳回的結果，可以是字串、檔案、JavaScript、JSON 資料或傳回檢視…等，待第四章介紹。
6. 表示動作方法的名稱。例如：http://IP 位址/Home/Index 的 URL 即會執行 HomeController 控制器的 Index()動作方法。

控制器(Controller 類別)主要負責處理下列工作：

1. 找出要執行的動作方法並驗證進行執行。
2. 取得動作方法虛引數的值。(網址後的參數或表單的資料)

3. 處理執行動作方法期間所發生的錯誤。
4. 指定呈現 ASP.NET 網頁的類型(View 檢視)。

3.2 Action 選取器

3.2.1 選取器的使用

控制器(Controller)動作方法(Action Method)的執行預設是使用 ActionInvoker 來選取路由參數相同名稱的動作方法。常用動作方法的使用方式舉例說明如下：

Ex 01 當開啟瀏覽器在網址列輸入「http://IP/Home/Index」時，即會如下執行 HomeController 的 Index() 動作方法。

```
public class HomeController : Controller
{
  public ActionResult Index()
  {
    ............
  }
}
```

Ex 02 若 Action 路由名稱不想和動作方法同名，可以使用 ActionName 來設定。例如在瀏覽器網址列輸入「http://IP/Home/Default」時，即會如下執行 HomeController 的 Show() 動作方法。

```
public class HomeController : Controller
{
  [ActionName("Default")]
  public ActionResult Show()
  {
    ............
  }
}
```

Ex 03 若 Controller 中的公開方法不想被視為動作方法，只要將該方法加上 NonAction 附加屬性即可。如下 Index()方法被加入 [NonAction] 屬性，所以 Index()不是動作方法，只是一般類別的方法。

```
public class HomeController : Controller
{
  [NonAction]
  public ActionResult Index()
  {
    ............
  }
}
```

3.2.2 方法選取器

動作方法可以指定 Http Action 附加屬性，常用的附加屬性可指定 HttpGet、HttpPost、HttpDelete、HttpPut，可以用來處理 HTTP 的特定請求，說明如下表：

屬性名稱	HTTP 特定請求
HttpGet	用戶端使用 GET 方法向伺服器端發送請求。
HttpPost	用戶端使用 POST 方法向伺服器端發送請求。
HttpDelete	請求伺服器端刪除指定資源。
HttpPut	請求伺服器端新增或更新指定資源。

Ex 01 使用 GET 方式傳送資料是以 QueryString(使用 Key/Value 方式儲存資料)，將資料加在 URL 後面再向伺服器發送請求，由於資料是放在網址後面，因此隱密性低且傳送的資料量較少。例如瀏覽器的網址列輸入「http://IP/Home/Show?index=1」時，即會如下執行 HomeController 的 Show()動作方法，並將 URL 參數 index 為 1 的值指定給 HomeController 的 Show()動作方法 index 虛引數。

```
public class HomeController : Controller
{
  [HttpGet]      ← 預設為 Get 傳送方式，因此 [HttpGet] 可省略不寫
  public ActionResult Show(int index)
  {
    ............     執行 Home/Show?index=1，因此 Show()方法的虛引數值為 1
  }
}
```

Ex 02 使用 GET 傳送多個 URL 參數，則參數之間要使用「&」符號隔開。例如瀏覽器的網址列輸入「http://IP/Default/Show?name=小明&score=79」，此時 Show()方法的 name 和 score 參數值是 "小明" 和 79。

```
public class DefaultController : Controller
{
   [HttpGet]   ← 預設為 Get 傳送方式，因此 [HttpGet] 可省略不寫
   public ActionResult Show(string name, int score)
   {
      ............
   }
}
```

name="小明" → name；score=79 → score

Ex 03 使用 POST 方式傳送資料是將資料放在訊息主體內進行傳送，常配合表單使用，由於 POST 的請求對資料長度沒有限制，而且不會在網址列上看到，因此 POST 比 GET 更安全，適合用來傳送隱密性高且量大的資料。例如 View 檢視頁面的表單有 Company 和 Address 兩個欄位，當按下 Submit 鈕時會執行 Home 控制器的 Create()方法，表單中的欄位名稱會自動對應 Create()動作方法同名的虛引數。其寫法如下：

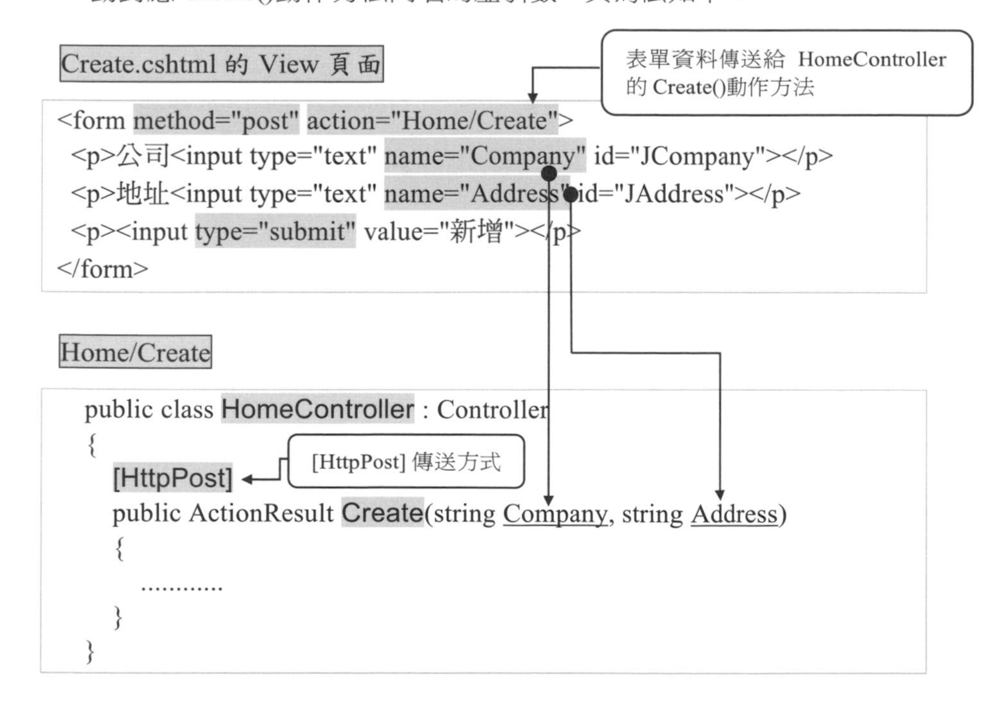
Create.cshtml 的 View 頁面
表單資料傳送給 HomeController 的 Create()動作方法
<form method="post" action="Home/Create">
<p>公司<input type="text" name="Company" id="JCompany"></p>
<p>地址<input type="text" name="Address" id="JAddress"></p>
<p><input type="submit" value="新增"></p>
</form>
Home/Create
public class HomeController : Controller
{
[HttpPost]
[HttpPost] 傳送方式
public ActionResult Create(string Company, string Address)
{
....
}
}

在這裡要注意的是<input>標籤的 name 屬性是表單欄位，交由 ASP.NET MVC 處理；但 id 屬性是交由前端 JavaScript 使用的，可用來做前端互動或控制 HTML 標籤使用。

範例 slnController 方案

練習撰寫如下功能的控制器動作方法。

1. 執行 Home 控制器的 ShowAry()方法(Home/ShowAry)可計算陣列元素的總合，並顯示其結果。
2. 執行 Home 控制器的 ShowImages()方法(Home/Images)可顯示 8 張圖檔，8 張圖檔檔名存放於陣列中。
3. 執行 Home 控制器的 ShowImageIndex()方法同時傳入名稱為 index 的 URL 參數(Home/ShowImageIndex?index=值)，最後會顯示 index 代表索引編號的圖檔。

上機練習

Step 01 建立 Visual C# 的 ASP.NET Web 應用程式專案

進入 VS 整合開發環境，執行【檔案(F)/新增(N)/專案(P)...】開啟下圖「新增專案」視窗，接著依下圖操作在「C:\MVC\ch03」資料夾下建立名稱為「slnController」方案，專案名稱命名為「prjController」，專案範本為「空白」，核心參考為「MVC」。

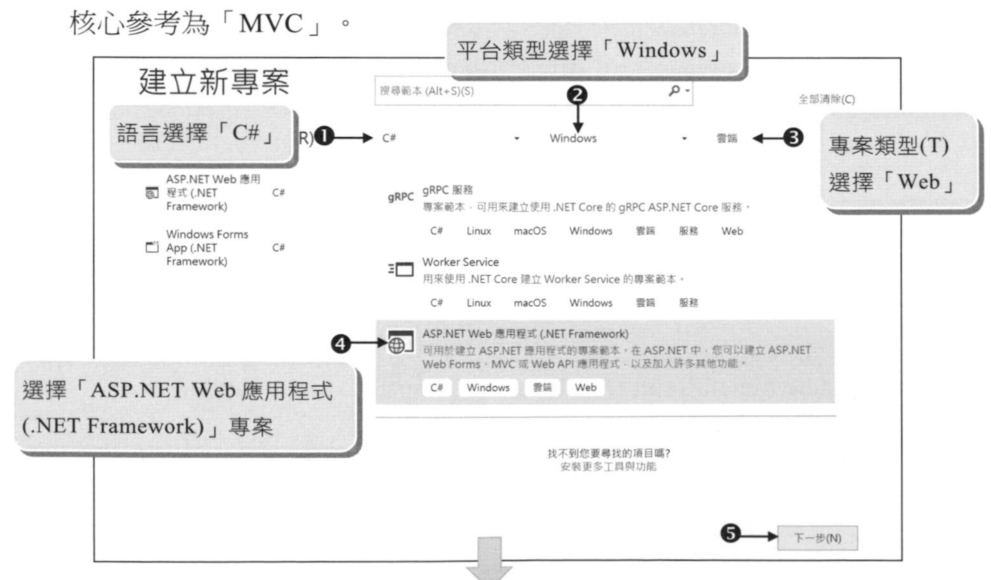

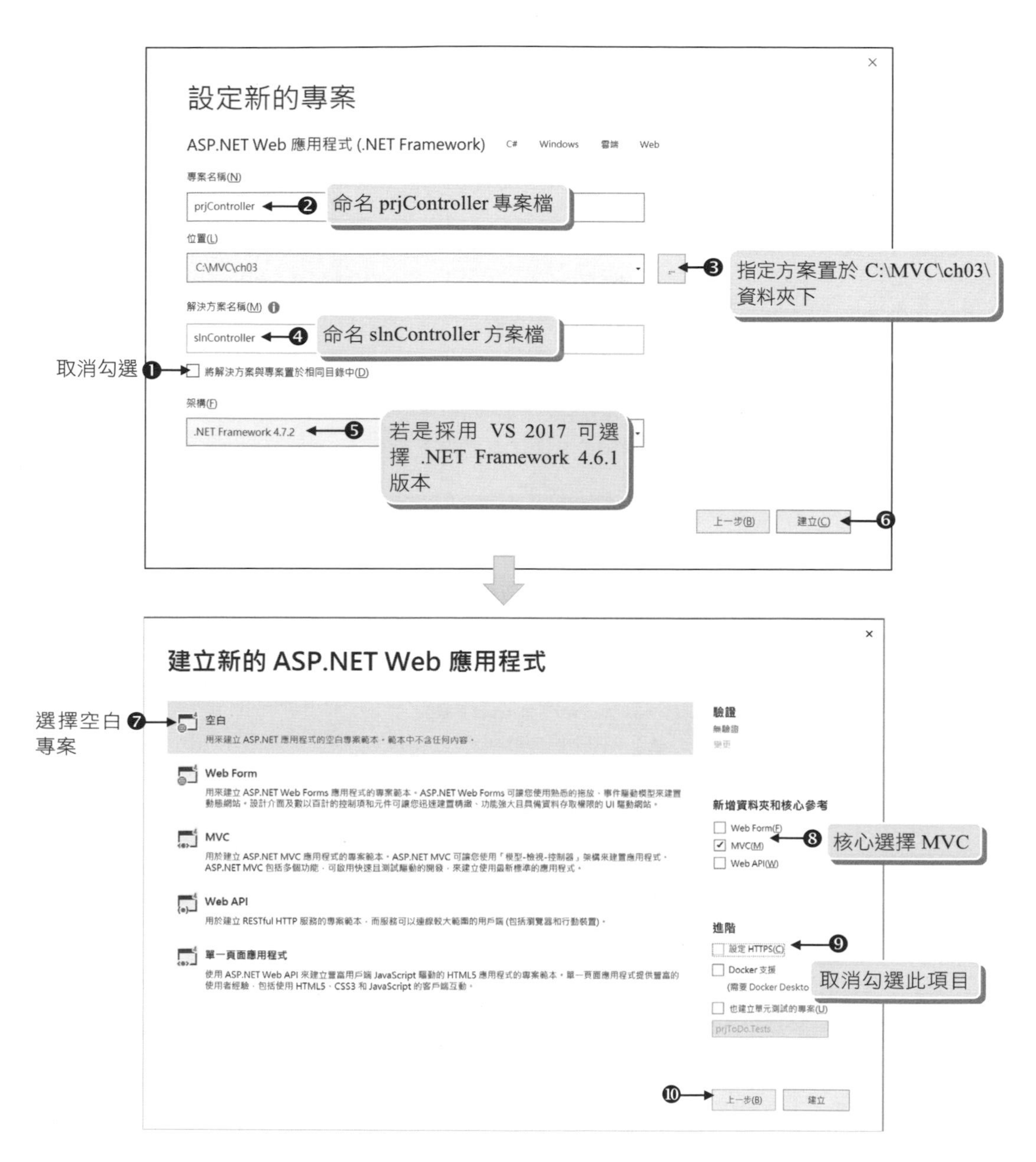

Step 02 建立 Home 控制器

在方案總管的 Controllers 資料夾按滑鼠右鍵，並執行快顯功能表的【加入(D)/控制器(T)...】指令新增「HomeController.cs」控制器檔案，控制器類別會繼承自 Controller 類別，該控制器內含 Index()動作方法。

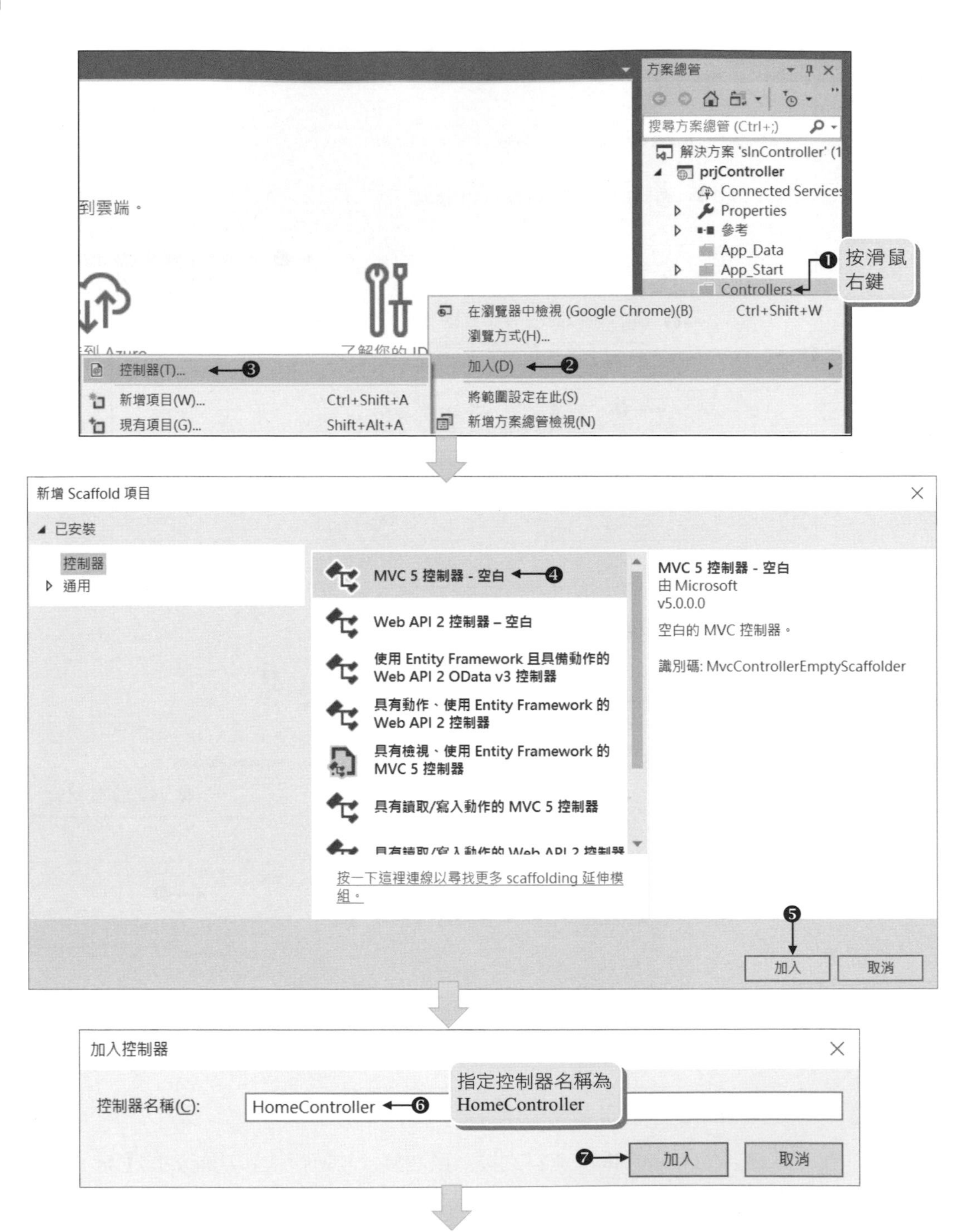
方案總管
搜尋方案總管 (Ctrl+;)
解決方案 'slnController' (1
prjController
Connected Services
Properties
參考
App_Data
App_Start
Controllers
按滑鼠右鍵
在瀏覽器中檢視 (Google Chrome)(B) Ctrl+Shift+W
瀏覽方式(H)...
加入(D)
將範圍設定在此(S)
新增方案總管檢視(N)
控制器(T)...
新增項目(W)... Ctrl+Shift+A
現有項目(G)... Shift+Alt+A
新增 Scaffold 項目
已安裝
控制器
通用
MVC 5 控制器 - 空白
Web API 2 控制器 – 空白
使用 Entity Framework 且具備動作的 Web API 2 OData v3 控制器
具有動作、使用 Entity Framework 的 Web API 2 控制器
具有檢視、使用 Entity Framework 的 MVC 5 控制器
具有讀取/寫入動作的 MVC 5 控制器
MVC 5 控制器 - 空白
由 Microsoft
v5.0.0.0
空白的 MVC 控制器。
識別碼: MvcControllerEmptyScaffolder
按一下這裡連線以尋找更多 scaffolding 延伸模組。
加入
取消
加入控制器
控制器名稱(C):
HomeController
指定控制器名稱為 HomeController
加入
取消

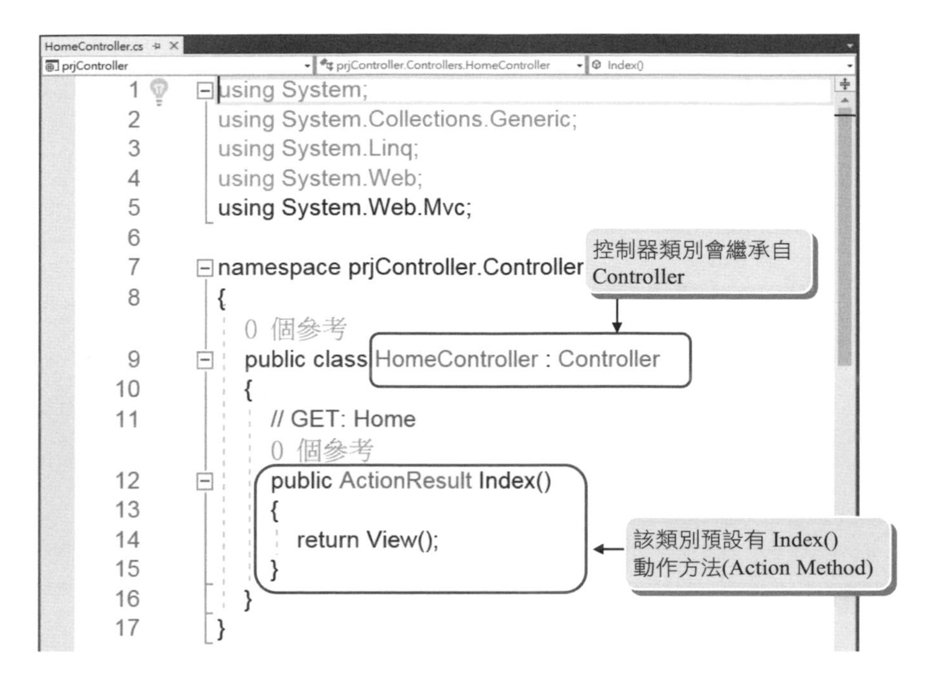

Step 03 撰寫 HomeController 控制器的 ShowAry()的動作方法

當執行「http://localhost/Home/ShowAry」時會執行 HomeController 的 ShowAry() 動作方法，該動作方法可傳回 score 陣列的總合結果，如下灰底處的程式碼。

C# 程式碼 FileName: Controllers/HomeController.cs

```
01 using System;
02 using System.Collections.Generic;
03 using System.Linq;
04 using System.Web;
05 using System.Web.Mvc;
06
07 namespace prjController.Controllers
08 {
09     public class HomeController : Controller
10     {
11         // GET: Home
12         public ActionResult Index()
13         {
14             return View();
15         }
16
```

```
17          //計算陣列總合
18          public string ShowAry()
19          {
20              int[] score = new int[] { 78, 89, 30, 100, 66 };
21              string show = "";
22              int sum = 0;
23              foreach (var m in score)
24              {
25                  show += m + ",";
26                  sum += m;
27              }
28              show += "<br />";
29              show += "總合：" + sum;
30              return show;
31          }
32      }
33  }
```

說明

1) 第 1~5 行：預設引用的命名空間。為節省篇幅，之後將省略不印出。
2) 第 9 行：控制器必須繼承自 Controller 類別，且名稱以 Controller 為結尾。
3) 第 12~15 行：預設的 Index()方法執行會傳回 View 檢視頁面(ActionResult 型別)，但因為還沒有建立對應的檢視頁面，所以執行「http://localhost/Home/Index」會出現如下圖找不到 View 的錯誤訊息，本例用不到 Index()方法也可以直接刪除。關於結合 View 的使用方式待第五章會有較詳細的說明。

4) 第 18~31 行：ShowAry()方法將 score 所有陣列元素以及 score 陣列總合配合 HTML 標籤存放在 show 字串中並傳回，因此執行該方法會將 show 字串的結果呈現在網頁上。

執行程式並在瀏覽器網址列輸入「http://localhost/Home/ShowAry」，即執行 Home 控制器的 ShowAry()動作方法，結果如下圖：(註：localhost 之後的 port 是 IIS Express 伺服器自動產生)

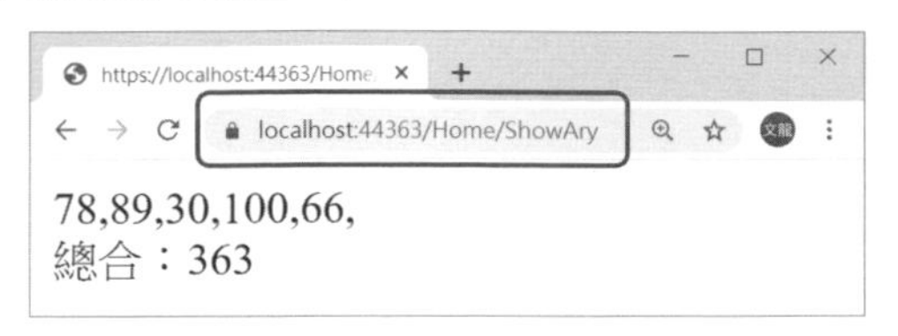

Step 04 在專案中加入欲使用的圖檔

將 ch03 資料夾下的 images 資料夾拖曳到 prjController 專案下，結果專案下會加入 images 資料夾與圖檔，如下圖。

Step 05 撰寫 HomeController 控制器的 ShowImages()的動作方法

當執行「http://localhost/Home/ShowImages」時會執行 HomeController 的 ShowImages()動作方法，該動作方法內使用 for 迴圈配合<img>標籤傳回顯示 8 張圖的 HTML 字串，如下新增灰底處的程式碼。

C# 程式碼 FileName: Controllers/HomeController.cs

```
01 namespace prjController.Controllers
02 {
03     public class HomeController : Controller
04     {
05         // GET: Home
06         public ActionResult Index()
07         {
08             return View();
09         }
10
11         //計算陣列總合
12         public string ShowAry()
13         {
14             int[] score = new int[] { 78, 89, 30, 100, 66 };
15             string show = "";
16             int sum = 0;
17             foreach (var m in score)
18             {
19                 show += m + ",";
20                 sum += m;
21             }
22             show += "<br />";
23             show += "總合：" + sum;
24             return show;
25         }
26
27         // name 字串陣列存放 8 張圖的名稱
28         string[] name = new string[] { "大甲鎮瀾宮", "竹田車站","西螺大橋",
29             "萬金天主堂", "萬巒豬腳街",  "潮州戲曲故事館","貓鼻頭", "頭城搶孤" };
31         //傳回顯示 name 字串陣列八張圖檔的 HTML 字串
32         public string ShowImages()
33         {
34             string show = "<h2>旅遊相簿</h2>";
35             for (int i = 0; i < name.Length; i++)
36             {
37               show+=$"<img src='../images/{name[i]}.jpg' width='150'> ";
38             }
39             return show;
```

```
40         }
41     }
42 }
```

說明

1) 第 28~29 行：建立 name 字串陣列存放 8 張景點圖的名稱。

1) 第 32~40 行：ShowImages()動作方法使用 for 迴圈和<img>標籤傳回顯示 8 張景點圖的 HTML 字串。

執行程式在瀏覽器網址列輸入「http://localhost/Home/ShowImages」，即執行 Home 控制器的 ShowImages()動作方法，執行結果如下圖。

Step 06 撰寫 HomeController 控制器的 ShowImageByIndex()動作方法

執行「http://localhost/Home/ShowImageByIndex?index=值」會執行 Home Controller 的 ShowImageByIndex()並傳入 index 的 Url 參數值，該動作方法可顯示 name 字串陣列中 index 索引位置的圖檔，如下新增灰底處的程式碼。

C# 程式碼 FileName: Controllers/HomeController.cs

```
01 namespace prjController.Controllers
02 {
03     public class HomeController : Controller
04     {
05         // GET: Home
06         public ActionResult Index()
07         {
08             return View();
```

```
09        }
10
11        //計算陣列總合
12        public string ShowAry()
13        {
14            int[] score = new int[] { 78, 89, 30, 100, 66 };
15            string show = "";
16            int sum = 0;
17            foreach (var m in score)
18            {
19                show += m + ",";
20                sum += m;
21            }
22            show += "<br />";
23            show += "總合：" + sum;
24            return show;
25        }
26
27        // name 字串陣列存放 8 張圖的名稱
28        string[] name = new string[] { "大甲鎮瀾宮", "竹田車站","西螺大橋",
29           "萬金天主堂", "萬巒豬腳街",  "潮州戲曲故事館","貓鼻頭", "頭城搶孤" };
31        //傳回顯示 name 字串陣列八張圖檔的 HTML 字串
32        public string ShowImages()
33        {
34            string show = "<h2>旅遊相簿</h2>";
35            for (int i = 0; i < name.Length; i++)
36            {
37              show+=$"<img src='../images/{name[i]}.jpg' width='150'> ";
38            }
39            return show;
40        }
41
42        //依 index 參數取得陣列對應索引的圖示
43        public string ShowImageByIndex(int index)
44        {
45            string show =
46                $"<h3>index 參數必須介於 0~{name.GetUpperBound(0)}</h3>";
47            if(index>=0 && index <= name.GetUpperBound(0))
48            {
```

```
49                    show = $"<p align='center'>" +
50                      $"<img src='../images/{name[index]}.jpg' width='350'>"+
51                      $"<br>{name[index]}</p>";
52                }
53                return show;
54            }
55        }
56    }
```

說明

1) 第 43 行：執行 ShowImageByIndex()動作方法必須傳入 URL 參數 index。
2) 第 47~52 行：判斷 index 值是否在 name 字串陣列的索引範圍；本例的索引範圍為 0~7。
3) 第 49~51 行：指定顯示圖示的 HTML 字串。

執行程式透過 index 的 Url 參數值指定要顯示的景點圖。假若 index 的值是字串則會出現資料型別不正確的錯誤。執行結果如下：

Home/ShowImageByIndex?index=2

Home/ShowImageByIndex?index=5

3.3 ViewData、ViewBag 與 TempData

在 ASP.NET MVC 中從伺服器端 Controller 控制器傳遞資料到 View 檢視，可以使用 ViewData、ViewBag 以及 TempData 三個物件，上述三個物件適合用在少量的資料傳遞。

3.3.1 ViewData 的使用

ViewData 繼承自 Dictionary 類別，ViewData 是個字典物件，它是以鍵/值(Key/Value)的方式來存取資料，鍵是唯一，值可以是任何型別的資料。寫法如下：

```
ViewData["鍵"] = 值 ;
```

Ex 01 Home 控制器的 Index()方法設定 ViewData["Company"]="大才全資訊"，Index.cshtml 的 View 頁面顯示 ViewData["Company"] 的資料。寫法如下：

Home/Index

```
public class HomeController : Controller
{
   public ActionResult Index()
   {
      ViewData["Company"]="大才全資訊" ;
      return View() ;
   }
}
```

Index.cshtml 的 View 頁面

```
<div>
  <h1>@ViewData["Company"]</h1>
</div>
```

此處會呈現"大才全資訊"

3.3.2 ViewBag 的使用

使用方式與 ViewData 相同，它是 ASP.NET MVC 3 版本之後的新增功能，和 ViewData 的差別在於 ViewBag 是使用動態(dynamic) 型別，由於省去手動轉型的麻煩，使用上較為方便；但也因為動態型別關係，執行速度上會比 ViewData 慢。寫法如下：

```
ViewBag.屬性 = 屬性值 ;
```

Ex 01 在 Home 控制器的 Index 方法設定 ViewBag.Company="大才全資訊"，Index.cshtml 的 View 頁面顯示 ViewBag.Company 的資料。寫法如下：

Home/Index

```
public class HomeController : Controller
{
   public ActionResult Index()
   {
      ViewBag.Company="大才全資訊";
      return View();
   }
}
```

Index.cshtml 的 View 頁面

此處會呈現"大才全資訊"

```
<div>
 <h1>@ViewBag.Company</h1>
</div>
```

3.3.3 TempData 的使用

TempData 與 ViewData 皆是字典物件，不同的地方在於 TempData 是將資料儲存在 Session 中；而 ViewData 的生命週期為一個請求(Request)，一旦請求結束就會被刪除。因此可以透過 TempData 物件，將資料跨不同的動作方法並傳遞至 View，在 ASP.NET MVC 中只允許 TempData 進行導向一次，經過第二次導向頁面之後 TempData 的資料即會被清除。寫法如下：

```
TempData["鍵"] = 值 ;
```

Ex 01 在 Home 控制器的 Index 方法設定 TempData["Company"]="大才全資訊"，Index.cshtml 的 View 頁面顯示 TempData["Company"] 的資料。寫法如下：

Home/Index

```
public class HomeController : Controller
{
   public ActionResult Index()
   {
      TempData["Company"]="大才全資訊" ;
   }
}
```

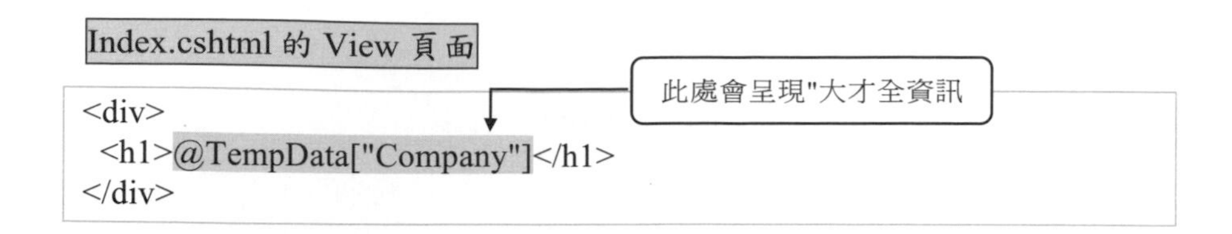

範例 slnController 方案

延續上例，在 Sample01 控制器的 Index()動作方法中使用 ViewData 存放公司名稱、使用 ViewBag 物件存放三筆產品記錄，接著將這些資料顯示於 Index.cshtml 檢視頁面中。

上機練習

Step 01 延續上例，開啟 slnController.sln 方案。

Step 02 產品物件使用 Product 類別產生，因此請建立 Product.cs 產品類別檔：

1. 在方案總管 Models 資料夾按滑鼠右鍵，並執行快顯功能表的【加入(D)/新增項目(W)...】指令開啟「加入新項目」視窗，接著透過該視窗新增名稱為「Product.cs」類別檔。

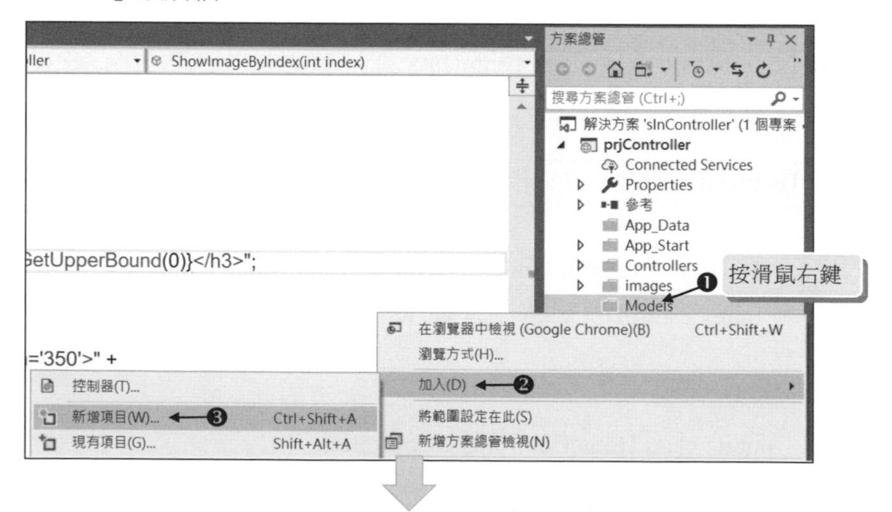

2. 定義 Product 類別有 Id 產品編號、Name 品名以及 Price 單價屬性，程式碼：

C# 程式碼 FileName: Models/Product.cs

```
01 namespace prjController.Models
02 {
03     public class Product
04     {
05         public string Id { get; set; }          //產品編號
06         public string Name { get; set; }        //品名
07         public int Price { get; set; }          //單價
08     }
09 }
```

Step 03 在 Controllers 資料夾下新增 Sample01 控制器 (Sample01Controller.cs 類別檔)，接著在該控制器的 Index()動作方法撰寫如下程式：

C# 程式碼 FileName: Controllers/Sample01Controller.cs

```
01 using prjController.Models;
02
03 namespace prjController.Controllers
04 {
05     public class Sample01Controller : Controller
06     {
07         // GET: Sample01
08         public ActionResult Index()
09         {
```

```
10              ViewData["Company"] = "大才全美食公司";
11              List<Product> listProduct = new List<Product>();
12              listProduct.Add
13                  (new Product { Id="P01", Name="香草蛋糕", Price=300 });
14              listProduct.Add
15                  (new Product { Id="P02", Name="碁峰可樂", Price=100 });
16              listProduct.Add
17                  (new Product { Id="P03", Name="龍哥豆干", Price=200 });
18              ViewBag.Products = listProduct;
19              return View();          //傳回預設檢視(即 Index.cshtml)
20          }
21      }
22  }
```

說明

1) 第 1 行：Product 類別置於 prjControlle 專案的 Models 資料夾下，使用該類別時請引用 prjController.Models 命名空間。
2) 第 10 行：指定 ViewData 的鍵存放公司名稱。
3) 第 13~18 行：使用 ViewBag 的 Products 動態屬性存放 listProduct 串列，此串列存放三筆 Product 產品記錄。

Step 04 建立產品新增頁面

1. 建立 Index.cshtml 的 View 檢視頁面：

   在 Index ()方法處按滑鼠右鍵執行功能表的【**新增檢視(D)...**】指令開啟「加入檢視」視窗，新增 Index.cshtml 的 View 檢視頁面，請設定 **檢視名稱(N)** 是「Index」、**範本(T)** 是「Empty (沒有模型)」，不勾選「**使用版面配置頁(U)**」。

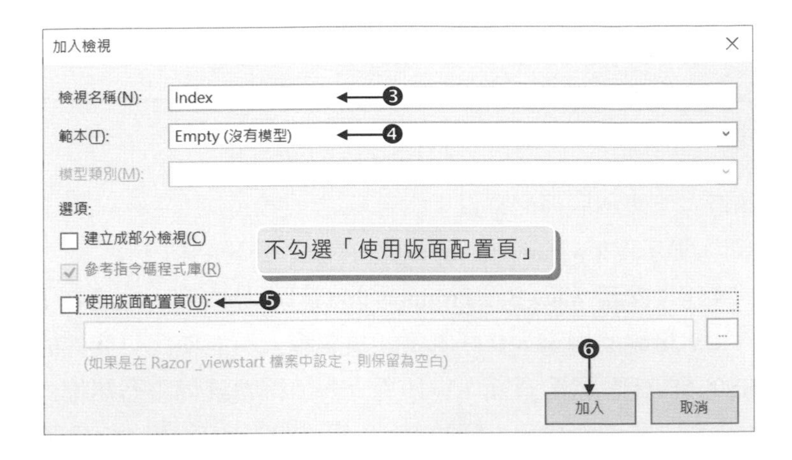

2. 撰寫 Index.cshtml 檢視頁面的程式碼：

程式碼 FileName: Views/Simple01/Index.cshtml

```
01 @{
02     Layout = null;
03 }
04
05 <!DOCTYPE html>
06 <html>
07 <head>
08     <meta name="viewport" content="width=device-width" />
09     <title>Index</title>
10 </head>
11 <body>
12     <div>
13         <h3>@ViewData["Company"]</h3>
14         <table border="1" >
15             <tr style="background-color:#c6e8f8">
16                 <td>編號</td><td>品名</td><td>單價</td>
17             </tr>
18             @foreach(var item in ViewBag.Products)
19             {
20               <tr>
21                 <td>@item.Id</td><td>@item.Name</td><td>@item.Price</td>
22               </tr>
23             }
24         </table>
25     </div>
```

```
26 </body>
27 </html>
```

說明

1) 第 1~3 行：不使用版面配置頁。
2) 第 13 行：顯示 ViewData["Company"] 存放的公司名稱。
3) 第 18~24 行：顯示 ViewBag.Products 的三筆產品內容。此處為 Razor 語法，它是 View 檢視的引擎，其好處是能讓開發人員能使用更簡潔的語法來撰寫 ASP.NET MVC 的檢視頁面，它使用「@」符號讓伺服器端程式碼和用戶端 HTML 能夠一起混合使用。關於 Razor 語法待第五章再詳細說明。

Step 05 按下執行程式 ▶ 鈕測試網頁執行結果，請執行 Simple01/Index 連結，結果如下圖：

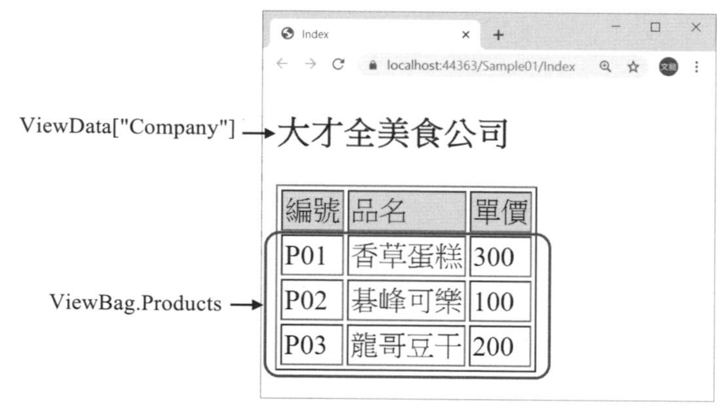

3.4 模型繫結

ASP.NET MVC 使用模型繫結方式來取得用戶端的資料，此種方式即是將用戶端參數(包含表單欄位資料和網址列後面的參數)傳遞到伺服器端，且參數成功被伺服器端所接收，這和傳統 ASP.NET 的 Request.Form 和 Request.QueryString 的使用上有所不同。ASP.NET MVC 常用的模型繫結方式有「簡單模型繫結」和「複雜模型繫結」。

3.4.1 簡單模型繫結

簡單模型繫結會將用戶端表單欄位名稱(即 name 屬性)或網址列參數對應至 Action 動作方法的虛引數，在「3.2.2 方法選取器」中已介紹過使用方式。

Ex 01 例如 View 檢視頁面的表單有可輸入產品記錄的編號 Id、品名 Name 以及單價 Price 的三個欄位，上述三個欄位會自動繫結到 Create()方法中同名的虛引數。其寫法如下：

Create.cshtml 的 View 頁面

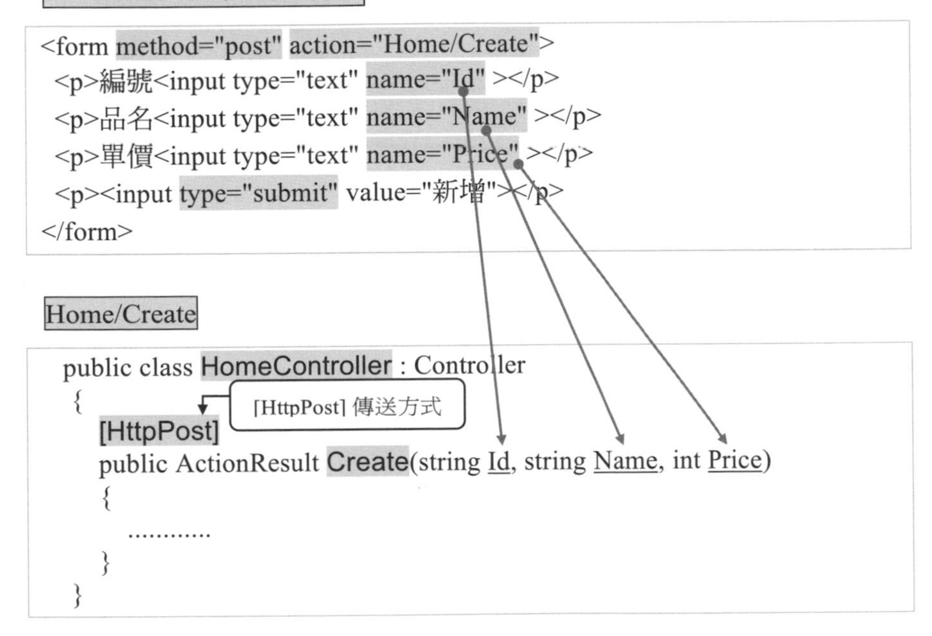
<form method="post" action="Home/Create">
<p>編號<input type="text" name="Id" ></p>
<p>品名<input type="text" name="Name" ></p>
<p>單價<input type="text" name="Price" ></p>
<p><input type="submit" value="新增"></p>
</form>
Home/Create
public class HomeController : Controller
{
[HttpPost] 傳送方式
[HttpPost]
public ActionResult Create(string Id, string Name, int Price)
{
....
}
}

3.4.2 複雜模型繫結

複雜模型繫結是透過 DefaultModelBinder 類別物件將用戶端表單欄位自動繫結到 .NET 物件型別的屬性。

Ex 01 例如 View 檢視頁面的表單內含可輸入產品記錄的編號 Id、品名 Name 以及單價 Price 的三個欄位，上述三個欄位會自動繫結到 Product 類別物件的 Id、Name 以及 Price 屬性，其寫法如下：

Create.cshtml 的 View 頁面

```
<form method="post" action="Home/Create">
  <p>編號<input type="text" name="Id" ></p>
  <p>品名<input type="text" name="Name" ></p>
  <p>單價<input type="text" name="Price" ></p>
  <p><input type="submit" value="新增"></p>
</form>
```

Product.cs

```
public class Product
{
    public string Id{get ;set ;}           // Id 編號屬性
    public string Name{get ;set ;}         // Name 品名屬性
    public int Price{get ;set ;}           // Price 單價屬性
}
```

Home/Create

```
public class HomeController : Controller
{
    [HttpPost]
    public ActionResult Create(Product product)
    {
        //使用 ViewBag 來存放 product 產品資料
        ViewBag.Id = product.Id ;
        ViewBag.Name = product.Name ;
        ViewBag.Price = product.Price ;
        ............
    }
}
```

表單欄位名稱繫結到 Product 類別物件屬性

3.4.3 限制模型繫結

模型的屬性預設會自動繫結表單中同名的欄位，若模型中的欄位不想自動繫結到表單欄位，此時可使用 [Bind] Attribute 指定繫結或取消繫結的模型屬性。

Ex 01 如下寫法，在 Create()動作方法使用 Bind 的 Include 屬性僅繫結 Product 模型的 Id 和 Name 屬性。

```
[HttpPost]
public ActionResult Create([Bind(Include ="Id,Name")]Product product)
{
    ............
}
```

使用 Bind 的 Include 指定模型要繫結的屬性

Ex 02 如下寫法，在 Create()動作方法使用 Bind 的 Exclude 屬性拒絕繫結 Product 模型的 Price 屬性。

```
[HttpPost]
public ActionResult Create([Bind(Exclude ="Price")]Product product)
{
    ............
}
```

使用 Bind 的 Exclude 指定模型要排除繫結的屬性

範例 slnController 方案

延續上例，練習使用簡單模型繫結的方式讓使用者可以由表單輸入產品資料並存放在 ViewBag 物件中，最後在網頁上顯示使用者輸入的結果。

上機練習

Step 01 延續上例，開啟 slnController.sln 方案。

Step 02 在 Controllers 資料夾下新增 SimpleBind 控制器 (SimpleBindController.cs 類別檔)，接著在該控制器中撰寫兩個 Create()多載動作方法，一個處理 Get 請求，一個處理 POST 請求，處理 POST 請求的 Create()動作方法可以接收表單 Id、Name、Price 欄位的資料。寫法如下：

C# 程式碼 FileName: Controllers/SimpleBindController.cs

```
01 namespace prjController.Controllers
02 {
03     public class SimpleBindController : Controller
04     {
05         // GET: SimpleBind
06         public ActionResult Create()
07         {
```

```
08              return View();
09          }
10          [HttpPost]
11          public ActionResult Create(string Id, string Name, int Price)
12          {
13              ViewBag.Id = Id;
14              ViewBag.Name = Name;
15              ViewBag.Price = Price;
16              return View();
17          }
18      }
19  }
```

說明

1) 第 10 行：指定第 11~17 行的 Create()動作方法用來處理 POST 請求。
2) 第 11 行：此動作方法的虛引數會對應至表單同名的欄位(即 name 屬性)，也就是說此動作方法可以接收表單 Id、Name、Price 欄位的資料。
3) 第 13~15 行：表單欄位 Id、Name、Price 的資料指定給 ViewBag 的 Id、Name、Price 動態屬性。也就是先將表單的資料暫存在 ViewBag 物件中，以利之後的 View 檢視頁面進行呈現。

Step 03 建立產品新增頁面

1. 建立 Create.cshtml 的 View 檢視頁面：
   在 Create()方法處按滑鼠右鍵執行功能表的【新增檢視(D)...】指令開啟「加入檢視」視窗，依圖示操作新增 Create.cshtml 的 View 檢視頁面，請設定 檢視名稱(N) 是「Create」、範本(T) 是「Empty (沒有模型)」，不勾選「使用版面配置頁(U)」。

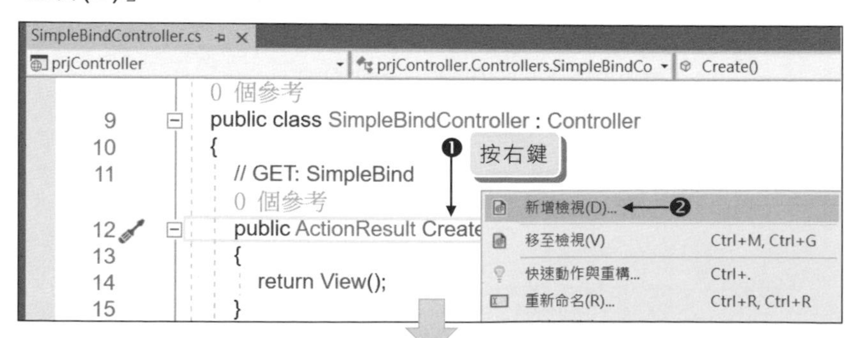

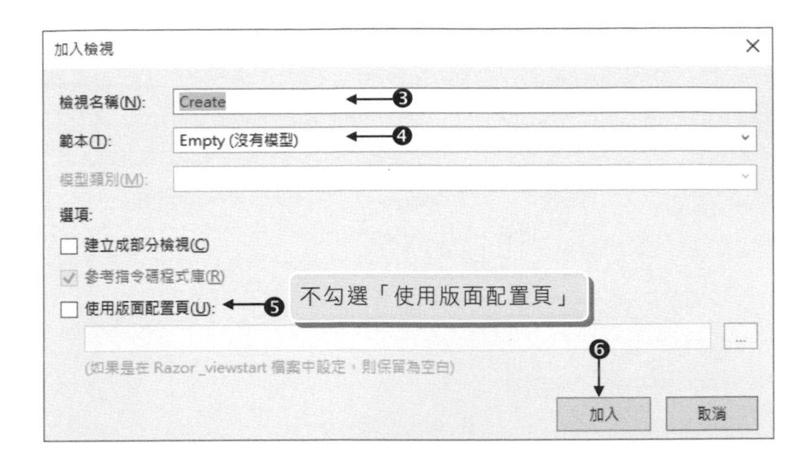

2. 撰寫 Create.cshtml 檢視頁面的程式碼：

程式碼 FileName: Views/SimpleBind/Create.cshtml

```
01 @{
02     Layout = null;
03 }
04
05 <!DOCTYPE html>
06
07 <html>
08 <head>
09     <meta name="viewport" content="width=device-width" />
10     <title>產品新增</title>
11 </head>
12 <body>
13     <form method="post" action="@Url.Action("Create")">
14         <h3>產品新增作業</h3>
15         <div>
16             <p>編號：<input type="text" name="Id" id="Id"
17                value="@ViewBag.Id" required /></p>
18             <p>品名：<input type="text" name="Name" id="Name"
19                value="@ViewBag.Name" required /></p>
20             <p>單價：<input type="number" name="Price" id="Price"
21                value="@ViewBag.Price" required /></p>
22             <p><input type="submit" value="新增" /></p>
23             <hr />
24             @{
```

```
25                  if (ViewBag.Id != null && ViewBag.Name!= null &&
26                      ViewBag.Price != null)
27                  {
28                      <p>完成新增產品資料</p>
29                      <p>編號：@ViewBag.Id | 品名：@ViewBag.Name |
30                          單價：@ViewBag.Price</p>
31                  }
32              }
33          </div>
34      </form>
35  </body>
36  </html>
```

說明

1) 第 1~3 行：不使用版面配置頁。
2) 第 13 行：指定表單使用 POST 請求，處理請求的是 SimpleBind/Create 動作方法。@Url.Action()方法可傳回目前控制器動作方法的完整網址路徑，因此@Url.Action("Create")會傳回「/SimpleBind/Create」。
3) 第 16~17 行：使用<input>建立 Id 欄位，欄位的 value 值為 ViewBag.Id，由於第一次進入此頁面時 ViewBag.Id 還未建立，所以第一次進入此頁面時會以空白呈現，待填入資料後，即可使用 ViewBag.Id 保留前次使用者輸入的資料。
4) 第 18~21 行：執行方式同第 16~17 行。
5) 第 24~32 行：Razor 為前端 View 檢視的引擎，其好處是能讓開發人員能使用更簡潔的語法來撰寫 ASP.NET MVC 的檢視頁面，它使用「@」符號讓伺服器端程式碼和用戶端 HTML 能夠一起混合使用，待第五章再詳細說明 Razor 語法。此處程式碼即是當 ViewBag.Id、ViewBag.Name 或 ViewBag.Price 其中之一不為 null 時即執行第 28~30 行，也就是說要輸入 Id、Name、Price 三個欄位資料並傳送到 SimpleBind/Create 動作方法處理，才會執行第 28~30 行顯示使用者輸入的產品資料。

Step 04 按下執行程式 ▶ 鈕測試網頁執行結果，請執行 SimpleBind/Create 的動作方法，如下圖：

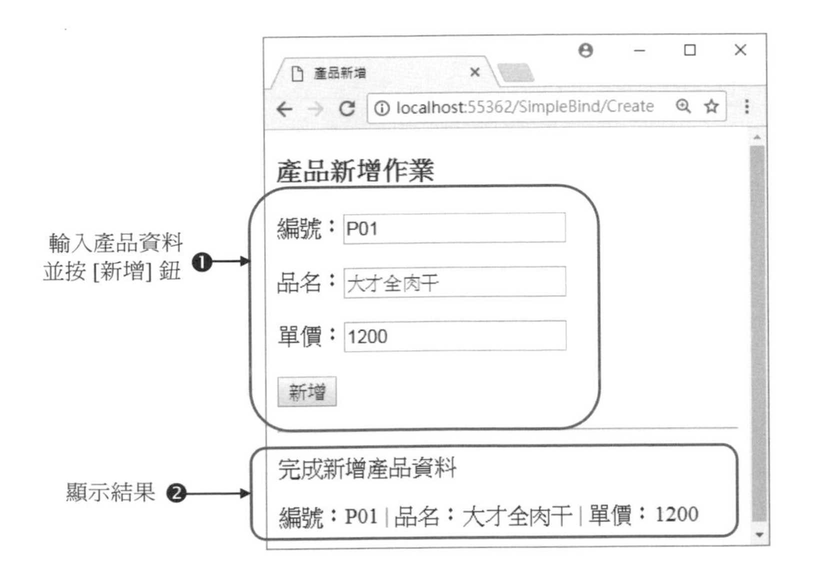

範例 slnController 方案

延續上例，練習使用複雜模型繫結的方式讓使用者可以由表單輸入產品資料並存放在 ViewBag 物件中，最後在網頁上顯示使用者輸入的結果。本例結果與上例相同。

上機練習

Step 01 延續上例，開啟 slnController.sln 方案。

Step 02 建立 Product.cs 產品類別檔：(若已建立此步驟可省略)

1. 在方案總管 Models 資料夾按滑鼠右鍵，並執行快顯功能表的【加入(D)/新增項目(W)...】指令開啟「加入新項目」視窗，接著透過該視窗新增名稱為「Product.cs」類別檔。

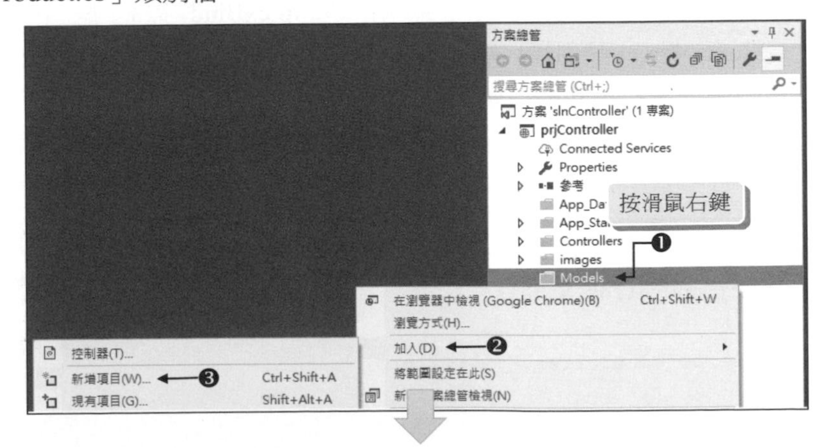

2. 定義 Product 類別有 Id 編號、Name 品名以及 Price 單價屬性，程式碼如下：

C# 程式碼 FileName: Models/Product.cs

```
01 namespace prjController.Models
02 {
03     public class Product                          //Product 產品類別
04     {
05         public string Id { get; set; }            // Id 編號屬性
06         public string Name { get; set; }          // Name 品名屬性
07         public int Price { get; set; }            // Price 單價屬性
08     }
09 }
```

Step 03 在 Controllers 資料夾下新增 ComplexBind 控制器 (ComplexBindController.cs 類別檔)，接著在該控制器中撰寫兩個 Create()多載動作方法，一個處理 Get 請求，一個處理 POST 請求，處理 POST 請求的 Create()動作方法可以接收 Product 類別物件，Product 類別物件的 Id、Name、Price 屬性會依序對應到表單的 Id、Name、Price 欄位。寫法如下：

C# 程式碼 FileName: Controllers/ComplexBindController.cs

```
01 using prjController.Models;
02
03 namespace prjController.Controllers
```

```
04 {
05     public class ComplexBindController : Controller
06     {
07         // GET: ComplexBind
08         public ActionResult Create()
09         {
10             return View();
11         }
12         [HttpPost]
13         public ActionResult Create(Product product)
14         {
15             ViewBag.Id = product.Id;
16             ViewBag.Name = product.Name;
17             ViewBag.Price = product.Price;
18             return View();
19         }
20     }
21 }
```

說明

1) 第 1 行：Product 類別置於 prjControlle 專案的 Models 資料夾下，使用該類別時請引用 prjController.Models 命名空間。
2) 第 12 行：指定第 13~19 行的 Create()動作方法用來處理 POST 請求。
3) 第 13 行：此動作方法的虛引數 Product 類別物件的屬性會對應至表單同名的欄位，也就是說此動作方法的 product 產品物件的 Id、Name、Price 屬性可接收表單 Id、Name、Price 欄位的資料。

Step 03 建立產品新增頁面

1. 建立 Create.cshtml 的 View 檢視頁面：
   在 Create()方法處按滑鼠右鍵執行功能表的【新增檢視(D)...】指令開啟「加入檢視」視窗，依圖示操作新增 Create.cshtml 的 View 檢視頁面，請設定 檢視名稱(N) 是「Create」、 範本(T) 是「Empty (沒有模型)」，不勾選「使用版面配置頁(U)」。

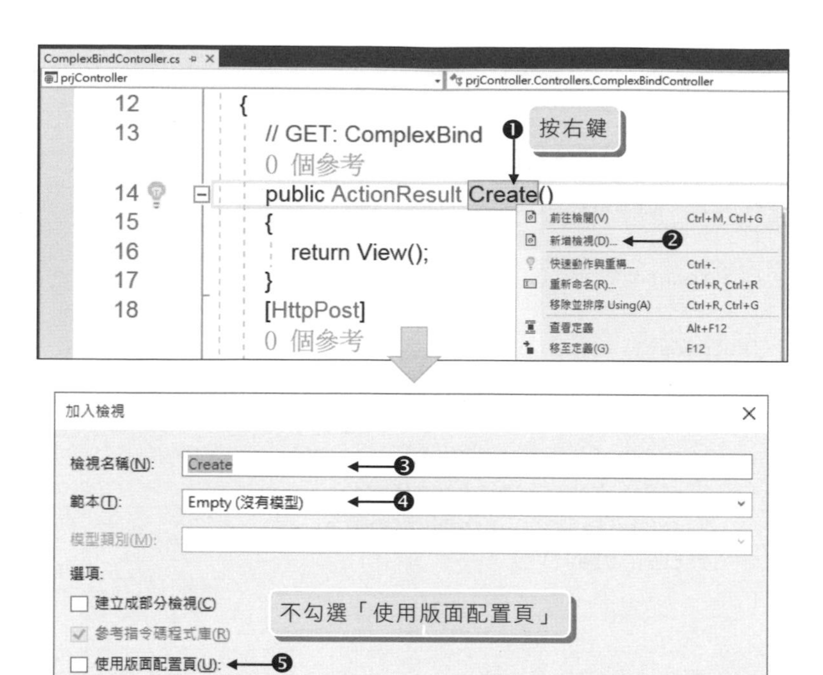

2. 撰寫 Create.cshtml 檢視頁面的程式碼：

程式碼 FileName: Views/ComplexBind/Create.cshtml

```
01 @{
02     Layout = null;
03 }
04
05 <!DOCTYPE html>
06
07 <html>
08 <head>
09     <meta name="viewport" content="width=device-width" />
10     <title>產品新增</title>
11 </head>
12 <body>
13     <form method="post" action="@Url.Action("Create")">
14         <h3>產品新增作業</h3>
15         <div>
```

```
16            <p>編號：<input type="text" name="Id" id="Id"
17              value="@ViewBag.Id" required /></p>
18            <p>品名：<input type="text" name="Name" id="Name"
19              value="@ViewBag.Name" required /></p>
20            <p>單價：<input type="number" name="Price" id="Price"
21              value="@ViewBag.Price" required /></p>
22            <p><input type="submit" value="新增" /></p>
23            <hr />
24            @{
25                if (ViewBag.Id != null && ViewBag.Name!= null &&
26                    ViewBag.Price != null)
27                {
28                    <p>完成新增產品資料</p>
29                    <p>編號：@ViewBag.Id | 品名：@ViewBag.Name |
30                        單價：@ViewBag.Price</p>
31                }
32            }
33        </div>
34    </form>
35 </body>
36 </html>
```

Step 04 按下執行程式 ▶ 鈕測試網頁執行結果，請執行 ComplexBind/Create 的 Action 方法，如下圖：

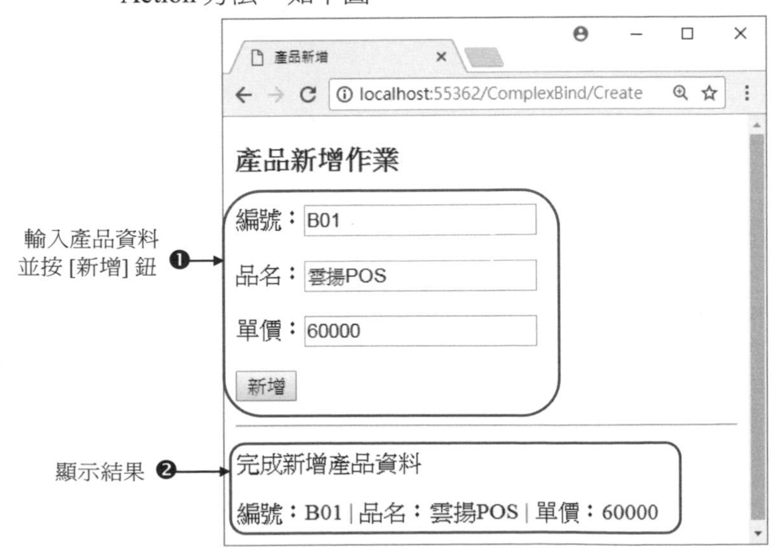

04 Controller(二) - ActionResult 與檔案上傳

學習目標

控制器動作方法根據執行的工作不同，而傳回不同的動作結果(ActionResult)。動作結果型別可傳回檢視、部份檢視、檔案、重新導向、字串、JavaScript、XML 以及 JSON 等資料；同時也能取得用戶端上傳的圖檔或其他相關檔案。

我必堅固你，我必幫助你；我必用我公義的右手扶持你。
(以賽亞書 41:10)

4.1 ActionResult 型別

4.1.1 常用 ActionResult

大部分動作方法(Action Method)都會傳回繼承自 ActionResult 類別的執行個體。ActionResult 類別是所有動作方法結果的基底類別。根據動作方法所執行的工作不同，會傳回不同的動作結果型別(ActionResult)。譬如說常用的動作方法會傳回 View() 方法，View 方法可傳回繼承自 ActionResult 的 ViewResult 類別的物件(即執行個體)。下表即是常用的內建動作結果型別，以及傳回這些型別使用的 Controller 方法。

ActionResult	Controller 方法	說明
ViewResult	View()	將檢視直接顯示為網頁。
PartialViewResult	PartialView()	顯示部分檢視，此部份檢視可放在其它檢視指定的位置。
HttpNotFoundResult	HttpNotFound()	傳回 Http Error 404.0 – Not Found 訊息。
RedirectResult	Redirect()	使用 URL 的方式重新導向到其他動作方法。
RedirectToRouteResult	RedirectToAction() RedirectToRoute()	重新導向到其他動作方法。
ContentResult	Content()	傳回使用者自定型別的文字內容。
JsonResult	Json()	傳回 JSON 物件。
JavaScriptResult	JavaScript()	傳回用戶端執行 JavaScript 程式碼。
FileResult	File()	傳回 File 檔案內容。
FileContentResult	File()	傳回 File 檔案內容，可指定二進位內容。
EmptyResult	null	傳回空的(null)結果。

動作方法中可使用上表的 Controller 方法來傳回指定的 ActionResult。

Ex 01 使用 View()方法傳回 ViewResult 型別物件，寫法如下：

```
public ViewResult Index()
{
   return View() ;
}
```

ActionResult 為基底類別，故此處也可以使用 ActionResult

View()方法傳回 ViewResult 物件，故此處可改寫為 new ViewResult()

4.1.2 ActionResult 的使用

下面舉例 ActionResult 的使用方式：

1. ViewResult：

   用來傳回 View 檢視的結果，即直接顯示網頁。

Ex 01 直接傳回與動作方法同名的 Index.cshtml 檢視(View)頁面，寫法如下：

```
public class HomeController : Controller
{
   public ViewResult Index()
   {
      return View() ;
   }
}
```

Ex 02 直接傳回與動作方法同名的 Index.cshtml 檢視(View)頁面，且檢視使用的模型為客戶 List 串列物件，寫法如下：

```
public class HomeController : Controller
{
   public ViewResult Index ()
   {
      dbNorthwindEntities db = new dbNorthwindEntities();
      return View(db.客戶.ToList());
   }
}
```

Ex 03 呼叫 Home/Index 動作方法會傳回檔名為 About.cshtml 的檢視頁面，寫法：

```
public class HomeController : Controller
{
  public ViewResult Index()
  {
    return View("About") ;
  }
}
```

Ex 04 呼叫 Home/Index 動作方法會傳回檔名為 About.cshtml 的檢視頁面，且 About.cshtml 使用的模型是客戶串列物件，寫法如下：

```
public class HomeController : Controller
{
  public ViewResult Index()
  {
    dbNorthwindEntities db = new dbNorthwindEntities();
    return View("About", db.客戶.ToList()) ;
  }
}
```

Ex 05 呼叫 Home/Index 動作方法會傳回檔名為 About.cshtml 的檢視頁面，指定 About.cshtml 套用_LayoutMember.cshtml 版面配置頁，About.cshtml 使用的模型是客戶串列物件，寫法如下：

```
public class HomeController : Controller
{
  public ViewResult Index()
  {
    dbNorthwindEntities db = new dbNorthwindEntities();
    return View("About","_LayoutMember", db.客戶.ToList()) ;
  }
}
```

2. PartialViewResult：

   功能同 ViewResult 類型，都可以傳回 View 檢視結果，不同的是會傳回一個部份檢視(即 PartialView)，PartialViewResult 不支援版面配置頁的應用，也就是說所載入的 View 不包含任何版面配置頁。(PartialViewResult 的使用於第六章介紹)

Ex 01 直接傳回與動作方法同名的 PartialView 檢視頁面，寫法如下：

```
public class HomeController : Controller
{
  public PartialViewResult Index()
  {
    return PartialView() ;
  }
}
```

3. RedirectResult：

用來傳回重新導向連結，功能同 ASP.NET 的 Response.Redirect()方法。

Ex 01 呼叫 Home/Index 動作方法會重新導向至 Home/Login 動作方法，寫法如下：

```
public class HomeController : Controller
{
  public RedirectResult Index()
  {
    return Redirect("~/Home/Login") ;
  }
}
```

Ex 02 呼叫 Home/Index 動作方法會重新導向至「http://dtcihealth.azurewebsites.net/Home/Create」，寫法如下：

```
public class HomeController : Controller
{
  public RedirectResult Index()
  {
    return Redirect("http://dtcihealth.azurewebsites.net/Home/Create") ;
  }
}
```

4. RedirectToRouteResult：

功能同 RedirectResult，用來傳回重新導向連結。和 RedirectResult 不同的是 RedirectToRouteResult 是使用 Controller 類別的 RedirectToAction() 和 RedirectToRoute()方法來傳回；且 RedirectResult 可以導向至外部連結，RedirectToRouteResult 只能導向同一專案控制器的動作方法。

Ex 01 呼叫 Home/Index 動作方法會重新導向至 Home/Login 動作方法，寫法如下：

```
public class HomeController : Controller
{
   public RedirectToRouteResult Index()
   {
      return RedirectToAction("Login") ;
   }
}
```

Ex 02 呼叫 Home/Index 動作方法會重新導向「Home/Page?index=1」同時傳入 URL 參數 index 等於 1，寫法如下：

```
public class HomeController : Controller
{
   public RedirectToRouteResult Index()
   {
      return RedirectToAction("Page", new {index=1}) ;
   }
}
```

Ex 03 呼叫 Home/Index 動作方法會重新導向「Default/Login」動作方法，寫法如下：

```
public class HomeController : Controller
{
   public RedirectToRouteResult Index()
   {
      return RedirectToAction("Login", "Default") ;
   }
}
```


Ex 04 呼叫 Home/Index 動作方法會重新導向「Default/Page?index=1」同時傳入 URL 參數 index 等於 1，寫法如下：

```
public class HomeController : Controller
{
   public RedirectToRouteResult Index()
   {
      return RedirectToAction("Page", "Default",new {index=1}) ;
   }
}
```

5. ContentResult：

可傳回自定型別的純文字內容。如字串、HTML、CSS、JavaScript、XML 或 JSON 資料。

Ex 01 呼叫 Home/Service 動作方法傳回 "教育訓練" 文字，寫法如下：

```
public class HomeController : Controller
{
   public ContentResult Service()
   {
      return Content("教育訓練") ;
   }
}
```

Ex 02 呼叫 Home/ShowTime 動作方法傳回 HTML 格式並顯示目前時間，網頁編碼指定為 UTF-8，寫法如下：

```
public class HomeController : Controller
{
   public ContentResult ShowTime()
   {
      string strHtml = $"<h3>目前時間：{DateTime.Now.ToString()}<h3>";
      return Content(strHtml, "text/html", System.Text.Encoding.UTF8);
   }
}
```

傳回 HTML　　網頁編碼

Ex 03 呼叫 Home/XmlData 動作方法會傳回 XML 資料，該資料表示一筆員工記錄，編號為 E01，姓名為蔡文龍，寫法如下：

```
public class HomeController : Controller
{
   public ContentResult XmlData()
   {
      string strXml =
         "<員工>" +
           "<編號>E01</編號>" +
           "<姓名>蔡文龍</姓名>" +
         "</員工>";
      return Content(strXml, "text/xml", System.Text.Encoding.UTF8);
   }
}
```

傳回 XML

上面範例會傳回如右的XML，用來表示員工資料。

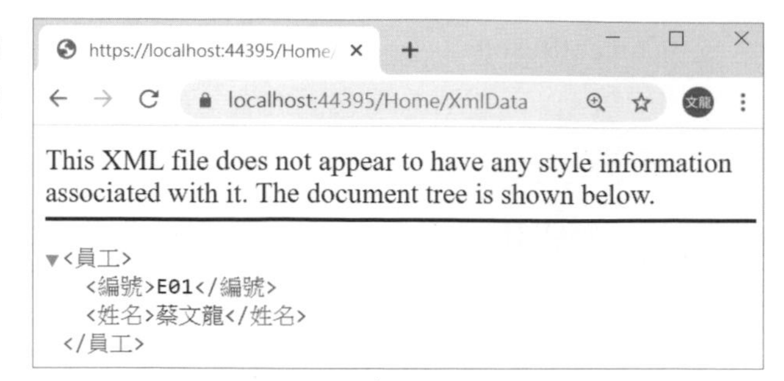

6. JsonResult：

   可傳回 Json 字串(Json 物件)，ASP.NET MVC 透過 JavaScriptSerializer 可將傳回的物件序列化為 Json 字串。

Ex 01 呼叫 Home/Index 動作方法會傳回 Product 物件的 Json 字串。ASP.NET MVC 預設不允許使用 GET 請求來取得 Json 結果，若要傳回 JsonResult 須將傳回的 Json 物件參數設為 JsonRequestBehavior.AllowGet 指定允許使用 GET 請求，寫法如下：

```
public class HomeController : Controller
{
    public JsonResult Index ()
    {
        Product p = new Product(); //建立 Product 物件
        p.PId = "A01";
        p.PName = "火影忍者";
        p.Price = 1250;
        return Json( p , JsonRequestBehavior.AllowGet);
    }
}
```

傳回 p 產品物件　　允許 GET 請求

上面範例會傳回如下產品資料的 Json 字串。

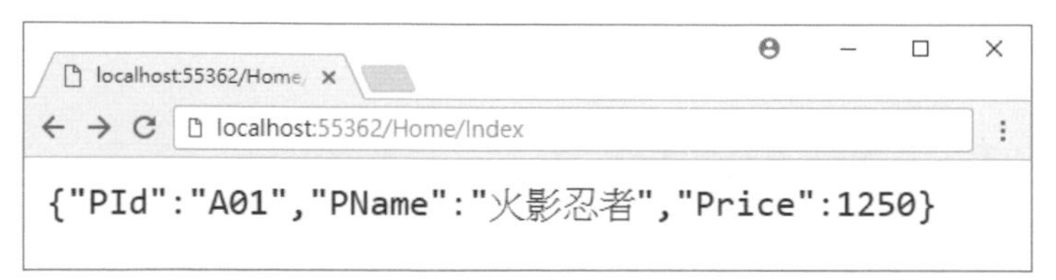

7. JavaScriptResult：

   可傳回 JavaScript 指令碼。

Ex 01 呼叫 Home/Index 動作方法會傳回顯示 "確認刪除嗎 ?" 警告視窗的 JavaScript 指令碼，寫法如下：

```
public class HomeController : Controller
{
    public JavaScriptResult Index ()
    {
        string myConfirm="confrim('確認刪除嗎?')" ;
        return JavaScript( myConfirm);
    }
}
```

上面範例必須配合 View 檢視頁面、jQuery 函式使用。

4.2 檔案上傳

網際網路上的網站大都有提供檔案上傳的功能，例如：電子相簿、電子郵件的附加檔案、政府機關或企業的公文系統…等。在 ASP .NET MVC 的控制器動作方法的 HttpPostedFileBase 類別物件可以接收<input type="file">檔案上傳欄位指定的檔案。寫法如下：

Create.cshtml 的 View 頁面

檔案上傳必須在表單指定此屬性

```
<form method="post" action="Home/Create"
        enctype="multipart/form-data">
  <p>照片<input type="file" name="photo" id="photo"></p>
  <p><input type="submit" value="上傳"></p>
</form>
```

Home/Create

```
using System.IO ;

 public class HomeController : Controller
 {
    [HttpPost]
    public ActionResult Create(HttpPostedFileBase photo)
    {
       // 判斷檔案是否不為 null
```

```
        if (photo != null)
        {
            if (photo.ContentLength > 0)  // 檔案大小大於 0
            {
                //取得圖檔名稱，並將檔案儲存到專案的 Photos 資料夾
                fileName = Path.GetFileName(photo.FileName);
                var path = Path.Combine
                    (Server.MapPath("~/Photos"), fileName);
                photo.SaveAs(path);
            }
        }
        .........略
    }
}
```

範例 slnFileUpload 方案

練習本節介紹的檔案上傳方法製作簡易的電子相簿系統。

上機練習

Step 01 建立方案名稱為 slnFileUpload、專案名稱為 prjFileUpload 的空白 MVC 專案。

Step 02 在專案加入 Photos 資料夾，用來存放使用者上傳的圖檔。

在方案總管按滑鼠右鍵，並執行快顯功能表的【加入(D)/新增資料夾(D)...】，請將資料夾名稱設為「Photos」。

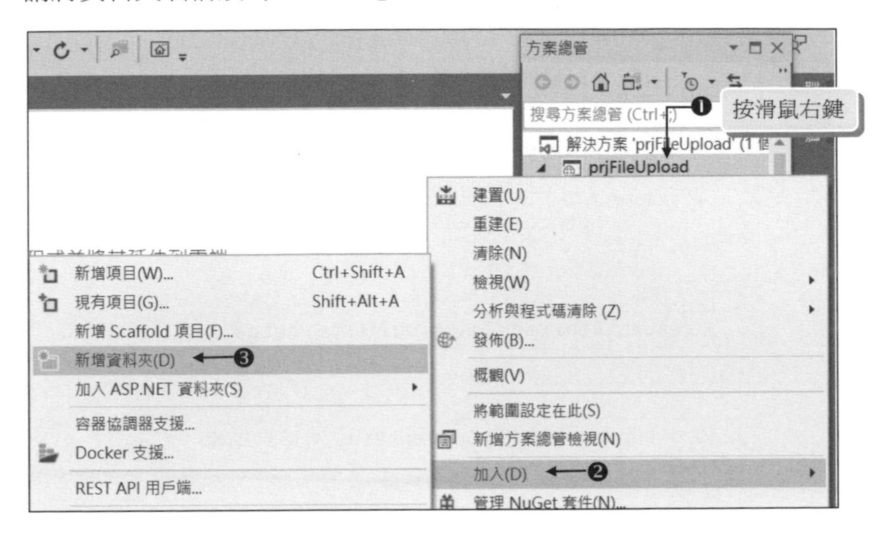

Step 03 在 Controllers 資料夾下新增 FileUpload 控制器 (FileUploadController.cs 類別檔)，接著在該控制器中撰寫 Create()動作方法。完整程式碼如下：

C# 程式碼 FileName: Controllers/FileUploadController.cs

```
01 using System.IO; //處理檔案必須引用 System.IO 命名空間
02
03 namespace prjFileUpload.Controllers
04 {
05     public class FileUploadController : Controller
06     {
07         // GET: Home
08         public ActionResult Create()
09         {
10             return View();
11         }
12
13         [HttpPost]
14         public ActionResult Create(HttpPostedFileBase photo)
15         {
16             //上傳圖檔名稱
17             string fileName = "";
18             //檔案上傳
```

```
19              if (photo != null)
20              {
21                  if (photo.ContentLength > 0)
22                  {
23                      //取得圖檔名稱
24                      fileName = Path.GetFileName(photo.FileName);
25                      var path = Path.Combine
26                        (Server.MapPath("~/Photos"), fileName);
27                      photo.SaveAs(path);
28                  }
29              }
30              return RedirectToAction("ShowPhotos");
31          }
32
33          // ShowPhotos 方法使用 ContentResult 傳回 HTML
34          // 可顯示 Photos 資料夾下所有圖檔
35          public ContentResult ShowPhotos()
36          {
37              string strHtml = "";
38              // 建立可操作 Photos 資料夾的 dir 物件
39              DirectoryInfo dir =
40                  new DirectoryInfo(Server.MapPath("~/Photos"));
41              //取得 dir 物件下的所有檔案(即 photos 資料夾下)並放入 finfo 檔案資訊陣列
42              FileInfo[] fInfo = dir.GetFiles();
43              // 逐一將 finfo 檔案資訊陣列內的所有圖檔指定給 strHtml 變數
44              foreach (FileInfo result in fInfo)
45              {
46                  // 將顯示圖的 HTML 字串指定給 strHtml
47               strHtml += $"<a href='../Photos/{result.Name}' target='_blank'>" +
48          $"<img src='../Photos/{result.Name}' width='150' height='120' border='0'>"+
49                      $"</a>  ";
50              }
51              // strHtml 變數再加上 '返回' Create()動作方法的連結
52              strHtml += "<p><a href='Create'>返回</a></p>";
53              return Content(strHtml, "text/html", System.Text.Encoding.UTF8);
54          }
55      }
56  }
```

說明

1) 第 35~54 行：為簡化步驟，本例不使用 View 來呈現 Photos 資料夾中的所有圖檔。直接在 ShowPhotos()動作方法使用 ContentResult 傳回顯示圖檔的 HTML 字串，以便在網頁中呈現 Photos 資料夾中的所有圖檔。

Step 04 建立檔案上傳功能頁面

1. 建立 Create.cshtml 的 View 檢視頁面：
   在 Create()方法處按滑鼠右鍵執行功能表的【**新增檢視(D)...**】指令開啟「加入檢視」視窗，依圖示操作新增 Create.cshtml 的 View 檢視頁面，請設定 **檢視名稱(N)** 是「Create」、 **範本(T)** 是「Empty (沒有模型)」。

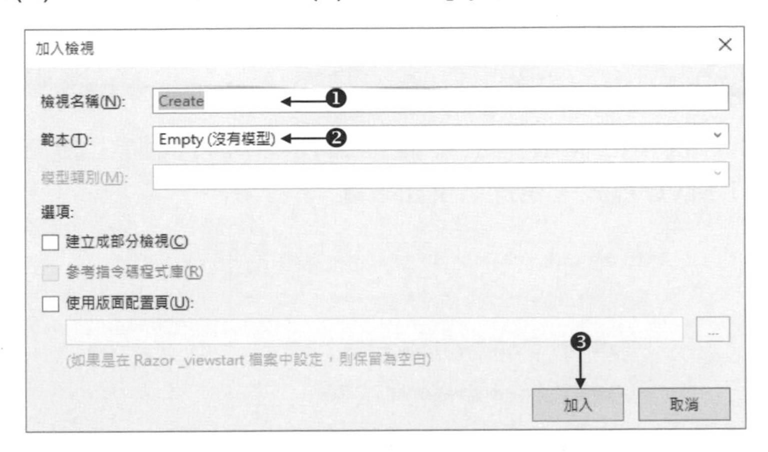

2. Create.cshtml 的 View 檢視頁面完整程式碼如下：

程式碼 FileName: Views/FileUpload/Create.cshtml

```
01 <!DOCTYPE html>
02
03 <html>
04 <head>
05     <meta name="viewport" content="width=device-width" />
06     <title>檔案上傳</title>
07 </head>
08 <body>
09     <form method="post" action="@Url.Action("Create")"
10         enctype="multipart/form-data">
11         <div>
```

```
12                請選擇要上傳的檔案
13                <input type="file" name="photo" />
14                <input type="submit" value="檔案上傳" />
15            </div>
16        </form>
17 </body>
18 </html>
```

說明

1) 第 9,10 行：檔案上傳欄位在表單必須指定 enctype="multipart/form-data" 屬性，檔案上傳才有作用。

2) 第 13 行：建立檔案上傳欄位，欄位名稱為 photo。

範例 slnFileUpload 方案

延續上例，使用三個檔案上傳欄位製作一次可同時上傳三個檔案的 ASP.NET MVC 程式。執行結果如下圖：

上機練習

Step 01 延續上例，開啟 slnFileUpload.sln 方案。

Step 02 在 Controllers 資料夾下新增 MultiFileUpload 控制器 (MultiFileUpload Controller.cs 類別檔)，接著在該控制器中撰寫 Create()動作方法。完整程式碼如下：

C# 程式碼 FileName: Controllers/MultiFileUploadController.cs

```
01 using System.IO;
02
03 namespace prjFileUpload.Controllers
04 {
05     public class MultiFileUploadController : Controller
06     {
07         public ActionResult Create()
08         {
09             return View();
10         }
11
12         [HttpPost]
13         public ActionResult Create(HttpPostedFileBase[] photos)
14         {
15             string fileName = "";
16             // 使用 for 迴圈取得所有上傳的檔案
17             for (int i = 0; i < photos.Length; i++)
18             {
19                 // 取得目前檔案上傳的 HttpPostedFileBase 物件
20                 // 即處引數的 photos[i]可以取得第 i 個所上傳的檔案
21                 HttpPostedFileBase f = (HttpPostedFileBase)photos[i];
22                 // 若目前檔案上傳的 HttpPostedFileBase 物件的檔案名稱為不為空白
23                 // 即表示第 i 個 f 物件有指定上傳檔案
24                 if (f != null)
25                 {
26                     //取得圖檔名稱
27                     fileName = Path.GetFileName(f.FileName);
28                     //將檔案儲存到網站的 Photos 資料夾下
29                     var path = Path.Combine
30                       (Server.MapPath("~/Photos"), fileName);
```

```
31                         f.SaveAs(path);
32                     }
33                 }
34                 return RedirectToAction("ShowPhotos");
35             }
36 
37             // ShowPhotos 方法使用 ContentResult 傳回 HTML
38             // 可顯示 Photos 資料夾下所有圖檔
39             public ContentResult ShowPhotos()
40             {
41                 string strHtml = "";
42                 // 建立可操作 Photos 資料夾的 dir 物件
43                 DirectoryInfo dir =
44                     new DirectoryInfo(Server.MapPath("~/Photos"));
45                 //取得 dir 物件下的所有檔案(即 photos 資料夾下)並放入 finfo 檔案資訊陣列
46                 FileInfo[] fInfo = dir.GetFiles();
47                 // 逐一將 finfo 檔案資訊陣列內的所有圖檔指定給 strHtml 變數
48                 foreach (FileInfo result in fInfo)
49                 {
50                     // 將顯示圖的 HTML 字串指定給 strHtml
51                   strHtml += $"<a href='../Photos/{result.Name}' target='_blank'>" +
52               $"<img src='../Photos/{result.Name}' width='150' height='120' border='0'>" +
53                         $"</a>  ";
54                 }
55                 // strHtml 變數再加上 '返回' Create 動作方法的連結
56                 strHtml += "<p><a href='Create'>返回</a></p>";
57                 return Content(strHtml, "text/html", System.Text.Encoding.UTF8);
58             }
59         }
60 }
```

說明

1) 第 13 行：由於 View 檢視頁面要上傳多個檔案，因此動作方法的虛引數指定為 HttpPostedFileBase[] 陣列型別 photos 物件。

2) 第 17~33 行：取得用戶端 View 檢視頁面傳來的所有檔案，並存放到專案的 Photos 資料夾內。

Step 03 建立檔案上傳功能頁面

1. 建立 Create.cshtml 的 View 檢視頁面：
   在 Create()方法處按滑鼠右鍵執行功能表的【新增檢視(D)...】指令開啟「加入檢視」視窗，依圖示操作新增 Create.cshtml 的 View 檢視頁面，請設定 檢視名稱(N) 是「Create」、 範本(T) 是「Empty (沒有模型)」。

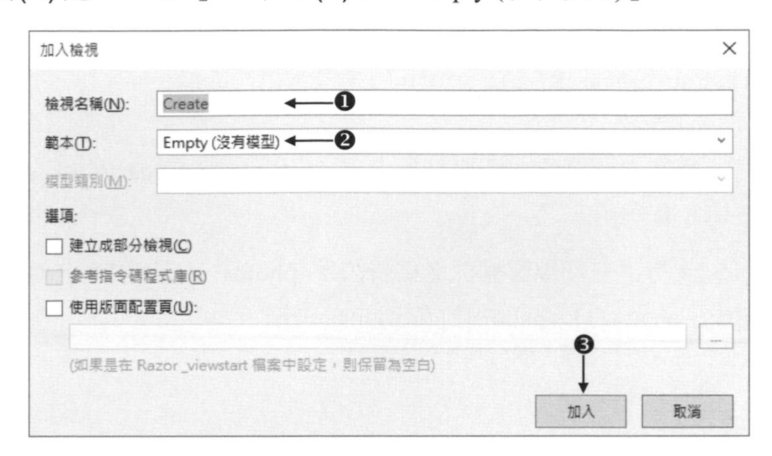

2. Create.cshtml 的 View 檢視頁面完整程式碼如下：

C# 程式碼 FileName: Views/MultiFileUpload/Create.cshtml

```
01 <!DOCTYPE html>
02
03 <html>
04 <head>
05     <meta name="viewport" content="width=device-width" />
06     <title>多檔案上傳</title>
07 </head>
08 <body>
09     <form method="post" action="@Url.Action("Create")"
         enctype="multipart/form-data">
10         <div>
11             <p>
12                 上傳檔案 1：<input type="file" name="photos" />
13             </p>
14             <p>
15                 上傳檔案 2：<input type="file" name="photos" />
16             </p>
```

```
17              <p>
18                  上傳檔案 3：<input type="file" name="photos" />
19              </p>
20              <input type="submit" value="檔案上傳" />
21          </div>
22      </form>
23  </body>
24  </html>
```

說明

1) 第 9 行：檔案上傳欄位在表單必須指定 enctype="multipart/form-data" 屬性，檔案上傳才有作用。

2) 第 12,15,18 行：三個檔案欄位名稱皆設為 photos，因此檔案上傳欄位即是以 photos[0]、photos[1]、photos[2] 陣列元素表示。

05 View(一) - Razor 與版面配置頁

學習目標

本章教學內容主要介紹 ASP.NET MVC 中的 View 檢視，學習如何運用 View 將 Controller 傳遞的資料完整呈現；包含瞭解 View 檢視的架構、如何使用網站統一佈局的版面配置頁，以及學習各種 Razor 語法的應用。

行正直路的，步步安穩；走彎曲道的，必致敗露。(箴言 10：9)

5.1 View 檢視簡介

MVC (Model、View、Controller)架構中強調關注點分離的觀念，每個都有各自需要扮演的角色，以及需負責處理的工作，而 View 的工作就是在專心處理顯示方面的事情，利用前面章節 Controller 所學將資料處理好，接著使用 View 將資料完整的呈現，View 在 MVC 架構中扮演重要的角色，需要與使用者進行互動，除了具備美觀以及注意使用者的使用習慣還有體驗，更重要的是要將資料完整的呈現，讓使用者能夠獲取想得到的資訊。View 的重點如下說明：

1. View 負責資料顯示：
   透過 Controller 會將資料處理後的結果 (Model 、集合或是狀態等) 傳遞給 View，交由 View 來顯示。為了使系統好維護，View 的設計以簡單為優先，單純負責呈現畫面工作，資料邏輯判斷部分透過 Controller 來處理。
2. View 檢視頁面主要使用 HTML 語法來處理畫面：
   View 主要畫面建構是由 HTML 語法所構成，而 ASP.NET MVC 也提供 HTML Helper 以及 Razor 語法讓開發人員能更快更簡易建立網頁元件。

如下圖是 View 檢視頁面基本的寫法：

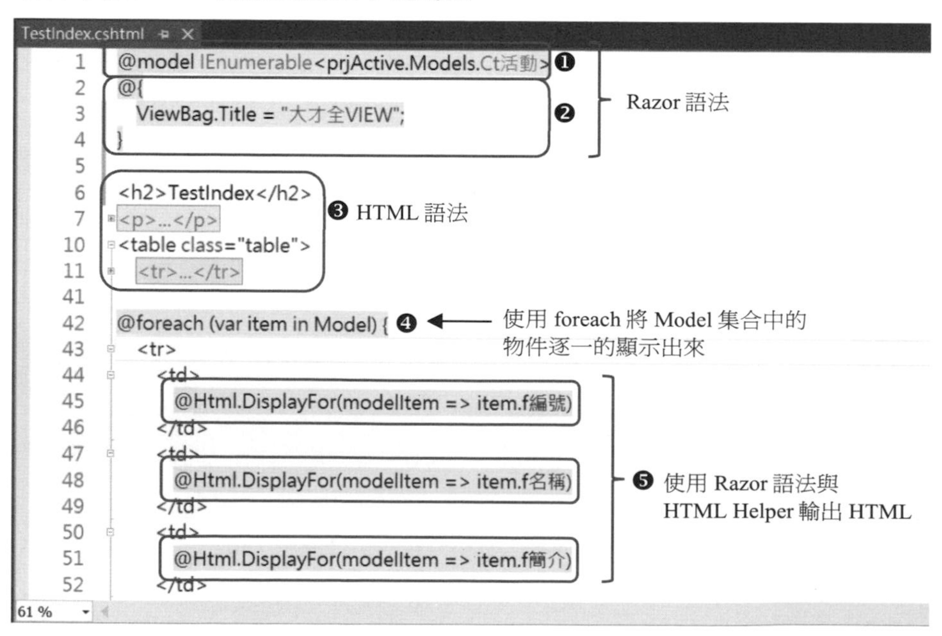

構成 View 檢視頁面主要的元件如下：

1. 當動作方法(Action Method)執行時會傳送執行結果 Model 至檢視頁面，而檢視頁面使用 @model 宣告 Model 是實作 IEnumerable<T>介面物件，代表該 Model 是一個可列舉的集合物件，因此可透過 foreach 或 for 迴圈敘述來逐一取得 Model 中的每一個物件。
2. 使用 Razor 語法來動態產生 ViewBag 的 Title 屬性，此 ViewBag 的 Title 屬性預設作為主版頁面的網頁標題(即<title>的內容)。
3. 檢視頁面可以使用 HTML 語法來輸出網頁元件。
4. 利用 foreach 或 for 迴圈敘述將 Model 集合的資料進行逐一巡覽的動作。
5. Razor 語法提供 HTML Helper 擴充方法讓開發人員在撰寫網頁元件時能夠更方便快速，當執行檢視頁面時，此語法輸出成對應的 HTML 語法。

ASP.NET MVC 中 View 的技術是最多樣化的，包含 HTML、CSS、JavaScript、jQuery、jQuery Mobile、Bootstrap 或其它相關前端開發框架，因此建議開發人員學習 ASP.NET MVC 最少要具備 HTML、CSS 以及 JavaScript 的基礎。

5.2 View 檢視頁面

Controller 中的動作方法(Action Method)在執行應用程式後會產生一份執行結果 Model 傳遞至 View，而 Model 可以是文字、集合、串列物件或是包含一種以上的資料類型的物件，甚至也可以是空的內容，所以開發人員可透過 View 將執行結果結合 HTML、Razor 語法構成一個完整的檢視頁面供使用者操作。產生 View 檢視頁面的使用方式就是如下圖在控制器的動作方法按右鍵執行【新增檢視(D)...】指令：

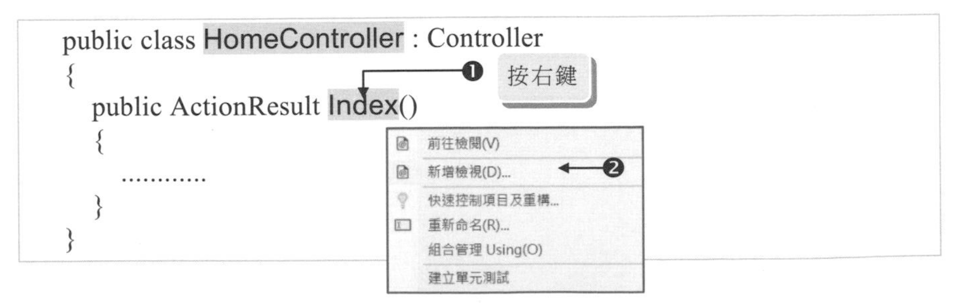

當執行【新增檢視(D)...】即會開啟「加入檢視」視窗，視窗內容欄位介紹如下：

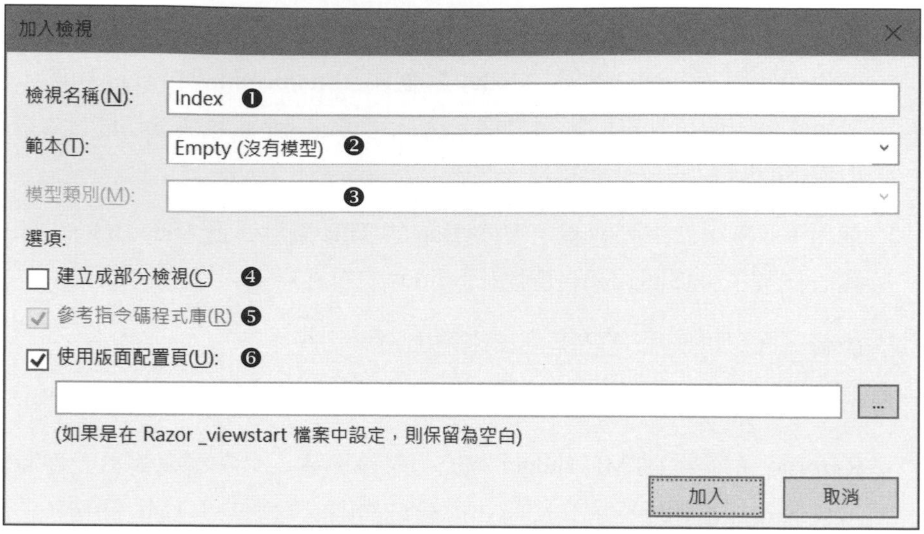

加入檢視

檢視名稱(N): Index ❶

範本(T): Empty (沒有模型) ❷

模型類別(M): ❸

選項:

建立成部分檢視(C) ❹

參考指令碼程式庫(R) ❺

使用版面配置頁(U): ❻

(如果是在 Razor _viewstart 檔案中設定，則保留為空白)

加入 取消

1. **檢視名稱(N)**：可指定 View 檢視的名稱，預設檢視頁面名稱會對應動作方法的名稱。

2. **範本(T)**：選項中可提供檢視頁面常用的排版範本來快速產生具備功能的檢視頁面 ，如 Create(新增)、Edit(編輯)、List(列表)、Empty(空範本)…等範本。

3. **模型類別(M)**：選項若有選擇範本模型，便可以選取此範本所使用的類別，當產生檢視頁面時，會自動產生連接動作方法(Action Method)執行結果 @model 的程式碼。

4. 勾選 **建立成部分檢視(C)** 選項表示將檢視頁面作為部分檢視，在其他檢視頁面可以透過@Html.Partial()來呼叫，與其他檢視頁面合併顯示，因此建立成可以給其他頁面所引用的部分頁面。

5. 勾選 **參考指令碼程式庫(R)** 選項表示將會加入執行檢視頁面所需要的函式庫，預設為勾選狀態。

6. 勾選 **使用版面配置頁(U)** 選項表示此檢視頁面會套用版面配置頁，在執行檢視頁面時會先執行版面配置頁，接著會與執行檢視頁面內容進行合併。

5.3 如何使用 Razor 語法

Razor 語法是專門為 ASP.NET MVC 應用程式而設計的語言，執行於伺服器(Server)端，主要以「@」(At Sign)符號來當做 Razor 語法的標頭。Razor 語法可在 View 中使用 C# 變數、陣列、集合、選擇、迴圈等，進而與用戶端的 HTML 一起混合使用。當網站執行時，會將*.cshtml 的檢視頁面進行解析，此時 Razor 語法會解析成標準 C# 程式碼，透過 C# 編譯器進行程式碼編譯，將 Razor 語法檢視頁面輸出成 HTML 呈現給用戶端的使用者進行瀏覽。下面為 Razor 常用的方法：

Ex 01 顯示單一變數時只要在 C# 變數之前加上@符號即可

```
<p>@DateTime.Now</p>  ➔ 顯示目前時間 "2021/01/14 下午 10:44:28"
```

Ex 02 Razor 註解

Razor 的註解是以「@*」開始，以「*@」結尾，也就是說被「@*」和「*@」括住會被視為註解，如下為單行和多行註解寫法：

```
@* if (isMember) <p>登入時間 @DateTime.Now</p> *@ ➔ 單行註解

 @*
  if (isMember) {
     <p>登入時間 @DateTime.Now </p>       多行註解
  }
 *@
```

Ex 03 C#程式碼區段

介於 @{ ... } 之間的程式碼屬於 C#程式碼區段，故 C# 程式碼結尾一定要加上「;」分號。若要在 @{ ... } C#的程式碼區段之中加入 HTML 或其他文字，可以使用@:進行輸出，或是直接輸出 Razor 變數。

```
@{
   String name="Jasper";          ➔ 宣告 name 變數存放 "Jasper" 字串
   @:你好，我是 @name             ➔ 顯示 "你好，我是 Jasper"
}
```

Ex 04 輸出運算結果或空白字元時，必須使用小括號括住：

```
@{
    int Math = 85; ➔ 宣告整數變數 Math, Eng, Chi 並同時給予整數資料
    int Eng = 90;
    int Chi = 95;
}
<h1>@(Math+Eng+Chi)</h1> ➔將 Math,Eng,Chi 變數加總印出結果 270
```

Ex 05 若要在 Razor 檢視頁面中輸出@符號，必須使用@符號當跳脫字元

```
@@ASP.NET MVC 實務 ➔ 顯示 "@ASP.NET MVC 實務"
```

Ex 06 使用 if、@:進行單行輸出、或使用 HTML 標籤進行多行輸出

```
@if (ViewBag.IsLogin){
    @:啟用會員功能
}else{
    @:不啟用會員功能
}
```

正確寫法

由於 Razor 會判斷 HTML 標籤不是 C#語言，所以如下寫法可配合 HTML 標籤來進行輸出。

```
@if (ViewBag.IsLogin){
    <span>
      啟用會員功能
    </span>
}else{
    <span>
      不啟用會員功能
    </span>
}
```

正確寫法

純文字在 Razor 區塊中會自動被視為是 C#的程式，因此如下寫法是錯誤的，若要輸出資料可使用「@ :」或配合 HTML 進行輸出。

```
@if (ViewBag.IsLogin){
    啟用會員功能
}else{
    不啟用會員功能
}
```

錯誤寫法

Ex 07 Razor 頁面中也可以使用 foreach 或 for 迴圈來巡覽陣列內容，如下寫法以清單列表方式印出 "火影忍者", "航海王","多啦 A 夢"。

```
@{
   string[] names = new string[]{"火影忍者", "航海王","多啦 A 夢"};
}

<ul>
   @foreach (var Item in names)
   {
      <li>
         @Item
      </li>
   }
</ul>
```

- 火影忍者
- 航海王
- 多啦A夢

上面 foreach 也可以改成 for 迴圈，寫法如下：

```
@{
   string[] names = new string[]{"火影忍者", "航海王","多啦 A 夢"};
}

<ul>
   @for(int i=0; i<names.Length; i++)
   {
      <li>
         @names[i];
      </li>
   }
</ul>
```

- 火影忍者
- 航海王
- 多啦A夢

範例 slnView 方案

定義 NightMarket 夜市類別擁有 Id 編號、Name 名稱、Address 地址等夜市資料，然後在控制器使用 List 泛型類別建立擁有 6 筆 MightMarket 夜市記錄的 List 串列物件，最後由控制器的動作方法將夜市記錄串列物件傳送至 View 檢視進行顯示，本例的 View 檢視使用表格進行排版。

執行結果

上機練習

Step 01 建立 Visual C# 的 ASP.NET Web 應用程式專案

在「C:\MVC\ch05」資料夾下建立名稱為「slnView」方案，專案名稱命名為「prjView」，專案範本為「空白」，核心參考為「MVC」。

Step 02 在專案的 Images 資料夾中加入夜市圖檔

將 ch05 資料夾下的 Images 資料夾拖曳到 prjView 專案下，結果專案下會加入 Images 資料夾與 A1.jpg~A6.jpg 夜市景點圖檔，如下圖。

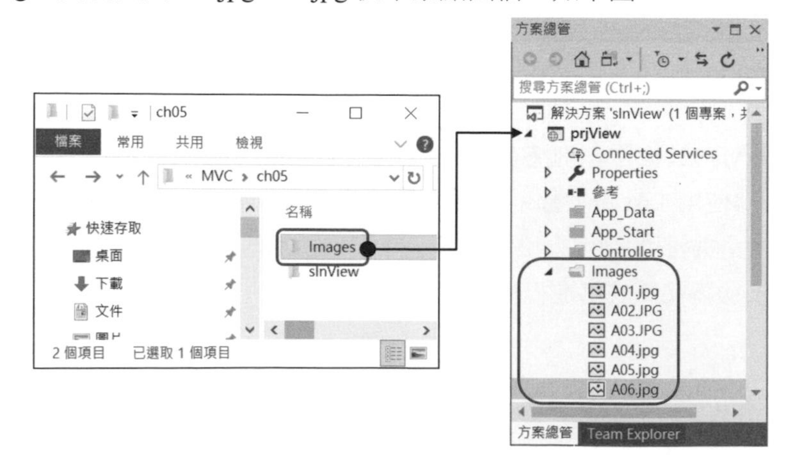

Step 03 建立 NightMarket.cs 夜市類別檔：

1. 在方案總管 Models 資料夾按滑鼠右鍵，並執行快顯功能表的【加入(D)/新增項目(W)...】指令開啟「新增項目」視窗，接著透過該視窗新增名稱為「NightMarket.cs」類別檔。

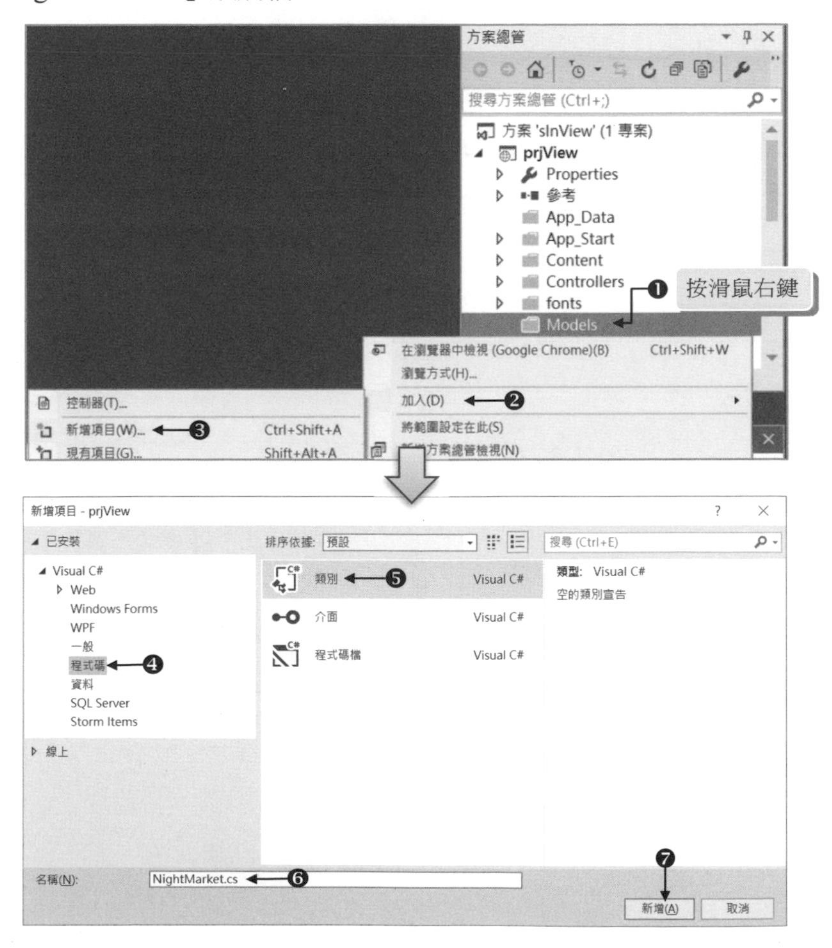

2. 定義 NightMarket 夜市類別有 Id 編號、Name 夜市名稱以及 Address 夜市地址，程式碼如下：

C# 程式碼 FileName: Models/NightMarket.cs

```
01 namespace prjView.Models
02 {
03     public class NightMarket
04     {
05         public string Id { get; set; }          // Id   編號屬性
06         public string Name { get; set; }        // Name 名稱屬性
07         public string Address { get; set; }     // Address 地址屬性
08     }
09 }
```

Step 04 建立 Home 控制器

在方案總管的 Controllers 資料夾按滑鼠右鍵，並執行快顯功能表的【加入(D)/控制器(T)...】指令新增「HomeController.cs」控制器檔案，控制器類別會繼承自 Controller 類別，該控制器內含 Index()動作方法(Action Method)。

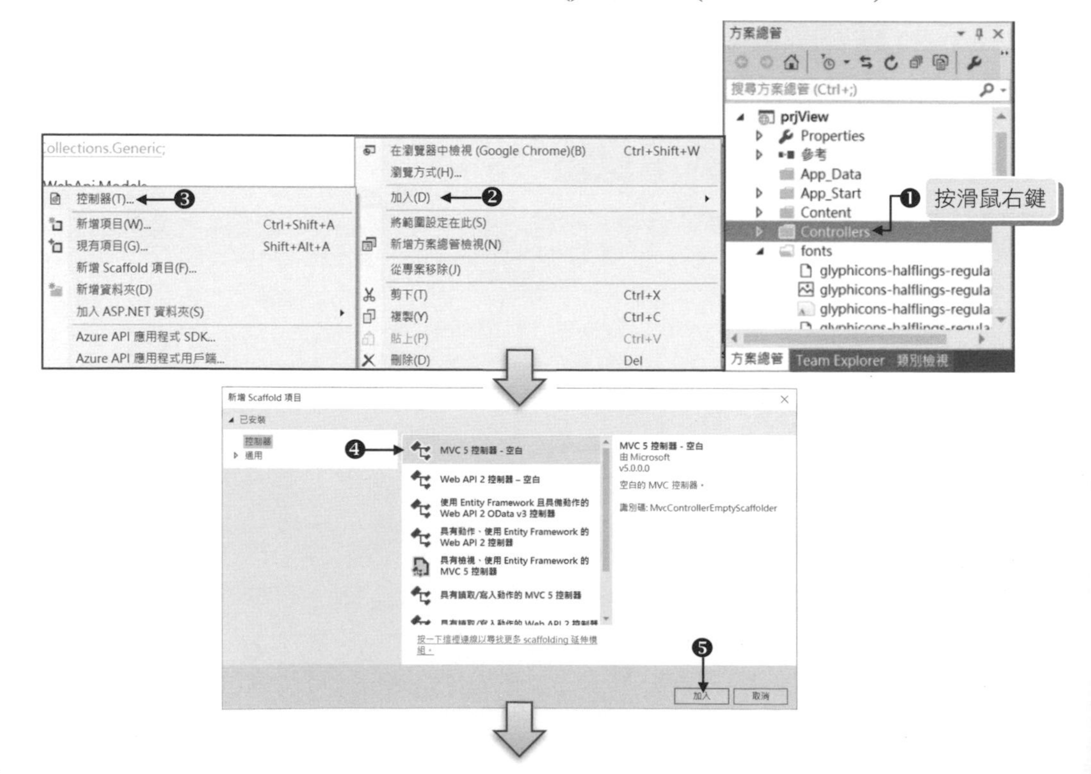

Step 05 撰寫 HomeController 控制器中 Index()的動作方法

當執行「http://localhost/Home/Index」時會執行 HomeController 的 Index()動作方法，該動作方法可傳回台中各大夜市擁有 Id 夜市編號、Name 夜市名稱以及 Address 夜市地址的 List 串列物件，該 List 物件內含 6 筆 NightMarket 夜市物件資料。

C# 程式碼 FileName: Controllers/HomeController.cs

```
01 using prjView.Models;
02
03 namespace prjView.Controllers
04 {
05    public class HomeController : Controller
06    {
07        // GET: Home
08        public ActionResult Index()
09        {
10            List<NightMarket> nightMarkets = new List<NightMarket>();
```

```
11              nightMarkets.Add(new NightMarket { Id = "A01",
12                  Name = "逢甲夜市", Address = "407 台中市西屯區文華路" });
13              nightMarkets.Add(new NightMarket { Id = "A02",
14                  Name = "一中街商圈", Address = "404 台中市北區一中街" });
15              nightMarkets.Add(new NightMarket { Id = "A03",
16                  Name = "中華路夜市", Address = "400 台中市中區公園路" });
17              nightMarkets.Add(new NightMarket { Id = "A04",
18                  Name = "忠孝路夜市", Address = "402 台中市南區忠孝路" });
19              nightMarkets.Add(new NightMarket { Id = "A05",
20                  Name="豐原廟東夜市", Address="420 台中市豐原區中正路 167 巷" });
21              nightMarkets.Add(new NightMarket { Id = "A06",
22                  Name = "東海夜市", Address = "433 台中市龍井區新興路" });
23              return View(nightMarkets);
24          }
25      }
26  }
```

說明

1) 第 1 行：NightMarket 類別置於 prjView 專案的 Models 資料夾下，使用該類別時須引用 prjView.Models 命名空間。
2) 第 10 行：建立可存放 NightMarket 物件的 nightMarkets 串列物件。
3) 第 11~22 行：將 6 筆 NightMarket 夜市物件放入 nightMarkets 串列物件內，並指定每一個夜市物件的 Id 屬性值為圖檔名稱(不含附檔名)。
4) 第 23 行：將 nightMarkets 串列物件(List< NightMarket>)的結果傳至檢視頁面。

Step 06 建立 Index.cshtml 的 View 檢視頁面

1. 在 Index()動作方法處按滑鼠右鍵，執行功能表的【新增檢視(D)...】指令開啟「加入檢視」視窗，依圖示操作新增 Index.cshtml 的 View 檢視頁面，請設定檢視名稱(N) 是「Index」、範本(T) 是「Empty (沒有模型)」，表示本例不使用版面配置頁。

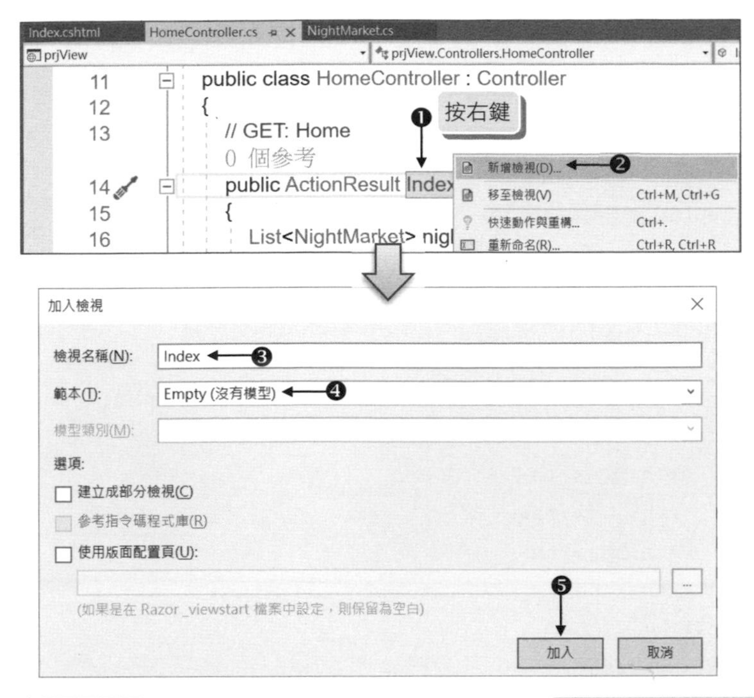

當按下 加入 按鈕後，接著方案總管 prjView 專案內會產生和控制器同名的 Home 資料夾，且該資料夾會產生和 Index()動作方法同名的 Index.cshtml 檢視。如右圖：

2. 撰寫 Index.cshtml 檢視的程式碼：

程式碼 FileName: Views/Home/Index.cshtml

```
01 @model IEnumerable<prjView.Models.NightMarket>
02
03 @{
04     Layout = null;
05 }
06
```

```
07 <!DOCTYPE html>
08
09 <html>
10 <head>
11     <meta name="viewport" content="width=device-width" />
12     <title>DTC 夜市通</title>
13 </head>
14 <body>
15     <h3>台中市知名夜市</h3>
16     <hr />
17     <table  border="0"   cellspacing="0" cellpadding="10" >
18         <tr bgcolor="#a6b141" align="center">
19             <th>編號</th>
20             <th>名稱</th>
21             <th>地址</th>
22             <th></th>
23         </tr>
24         @{
25             int i = 0;
26             string imgName, colorStyle;
27         }
28         @foreach (var item in Model)
29         {
30             imgName = item.Id + ".jpg";
31             if (i % 2 == 0){
32                 colorStyle = "aliceblue";
33             }else{
34                 colorStyle = "#edf8cf";
35             }
36             i++;
37          <tr align="center" bgcolor="@colorStyle">
38              <td>@item.Id</td>
39              <td>
40                     @item.Name<br />
41                      <img src="~/Images/@imgName" width="150" />
42              </td>
43              <td>@item.Address</td>
44              <td>
45                <a href="https://www.google.com.tw/maps/place/@item.Address"
46                     target="_blank">路線規劃</a>
```

```
47              </td>
48          </tr>
49        }
50    </table>
51 </body>
52 </html>
```

說明

1) 第 1 行：宣告 View 檢視使用的 Model 模型為 IEnumerable 列舉介面物件，IEnumerable 介面可列舉集合物件，此介面使用物件型別為 NightMarket 夜市類別；表示 View 使用的 Model 為 NightMarket 的集合物件。
2) 第 3~5 行：View 預設使用_Layout.cshtml 主版頁面，此處將 Layout 設為 null 表示不使用_Layout.cshtml 主版頁面。
3) 第 24~27 行：View 使用 Razor 語法宣告 i、imgFile、colorStyle 三個變數。
4) 第 28~49 行：利用 foreach 迴圈將 Model 中的夜市集合物件逐一顯示出來。
5) 第 30~36 行：將夜市物件 Id 屬性加上 .jpg 附檔名合併成圖檔名稱並指定給 imgName 變數；colorStyle 變數用來記錄儲存格要顯示的顏色，當 i 除於 2 餘數為 0 時 colorStyle 指定淡藍色(aliceblue)，否則為深綠色(#edf8cf)。
6) 第 41 行：HTML 的<img>結合 Razor 的@imgName 變數，於網頁呈現夜市圖。
7) 第 45~46 行：HTML 的<a>結合 Razor 語言，將夜市地址合併 Google Map 導航連結。

Step 07 按下執行程式 ▶ 鈕，觀看網頁執行結果。

5.4 版面配置頁

5.4.1 何謂版面配置頁

前一個範例製作的是獨立的檢視頁面(View)，若網站功能愈來愈多就需要設計出更多的頁面，而同一網站中的所有頁面需要使用通用的架構與外觀樣式，若所有頁面中的架構與外觀樣式需要做修改，當頁面一多就需要花費更多心力去維護。例如網站的所有頁面都有導覽列，當導覽列要新增一個「購物車」項目，此時就必須在所有頁面的導覽列中加入「購物車」項目，此種建置方式效果不佳。

幸好 ASP.NET MVC 提供了版面配置頁來解決這個問題。在 ASP.NET MVC 專案的 Views 資料夾下的_ViewStart.cshtml 使用 Layou 變數指定網站(Views 資料夾下)所有檢視頁面預設要套用的版面配置頁。如下寫法是_ViewStart.cshtml 指定網站所有檢視頁面要套用的是 Views/Shared 資料夾下的_Layout.cshtml。且 ASP.NET MVC 專案預設的_Layout.cshtml 會套用 Bootstrap 與 jQuery，讓開發人員可以設計更具美觀與高互動的檢視頁面。

```
@{
    Layout = "~/Views/Shared/_Layout.cshtml";
}
```

版面配置頁可用來定義網站通用架構與樣式，例如：頁首、導覽列或頁尾等。版面配置頁可使用@RanderBody()來定義放置內容頁面的預留位置，也就是說 View 檢視頁面會放入版面配置頁的 @RenderBody() 區域並進行合併。如下圖即是_Layout.cshtml 和 Index.cshtml 合併的結果，在第二章已經實作過了。

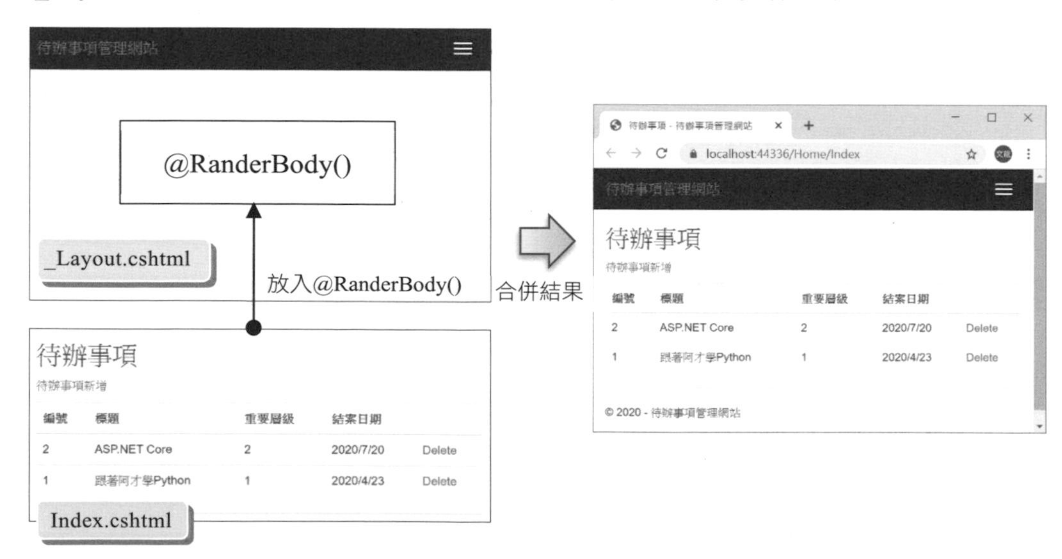

_ViewStart.cshtml 中可指定整個網站預設要套用的版面配置頁，若內容檢視頁面想要套用其他的版面配置頁，除了可以透過控制器的 View()方法來指定要套用的版面配置頁，同樣也可以在檢視頁面中使用 Layout 變數來指定版面配置頁。

Ex 01 指定 View 檢視頁面套用 Views/Shared 資料夾下的_LayoutMember.cshtml，寫法如下：

```
@{
  Layout = "~/Views/Shared/_LayoutMember.cshtml";
}
```

Ex 02 指定 View 檢視頁面不套用版面配置頁，寫法如下：

```
@{
  Layout = null;
}
```

Ex 03 執行 Home 控制器的 Index()動作方法，傳回 Show 檢視頁面並套用 _LayoutMember.cshtml 版面配置頁，寫法如下：

```
public class HomeController : Controller
{
    public ViewResult Index()
    {
      return View("Show", "_LayoutMember") ;
    }
}
```

Ex 04 執行 Home 控制器的 Index()動作方法，傳回 Show 檢視頁面並套用 _LayoutMember.cshtml 版面配置頁，同時 Show 檢視頁面使用 product 模型，寫法如下：

```
public class HomeController : Controller
{
    public ViewResult Index()
    {
      return View("Show", "_LayoutMember", product) ;
    }
}
```

範例 slnLayoutPage 方案

練習使用版面配置頁設計台中知名夜市網站，網站中使用的版面配置頁會套用 Bootstrap 的導覽列，內容檢視頁面使用 Bootstrap 的表格進行呈現 6 筆夜市記錄。

執行結果

上機練習

Step 01 建立 Visual C# 的 ASP.NET Web 應用程式專案

在「C:\MVC\ch05」資料夾下建立名稱為「slnLayoutPage」方案，專案名稱命名為「prjLayoutPage」，專案範本為「空白」，核心參考為「MVC」。

Step 02 在專案的 Images 資料夾中加入夜市圖檔

將 ch05 資料夾下的 Images 資料夾拖曳到 prjLayoutPage 專案下，結果專案下會加入 Images 資料夾與 A1.jpg~A6.jpg 夜市景點圖檔。

Step 03 建立 NightMarket.cs 夜市類別檔：

1. 在方案總管 Models 資料夾按滑鼠右鍵，並執行快顯功能表的【加入(D)/新增項目(W)...】指令開啟「新增項目」視窗，接著透過該視窗新增名稱為「NightMarket.cs」類別檔。

2. 定義 NightMarket 夜市類別有 Id 編號、Name 夜市名稱以及 Address 夜市地址，程式碼如下：

C# 程式碼 FileName: Models/NightMarket.cs

```
01 namespace prjLayoutPage.Models
02 {
03     public class NightMarket
04     {
05         public string Id { get; set; }            // Id   編號屬性
06         public string Name { get; set; }          // Name 名稱屬性
07         public string Address { get; set; }       // Address 地址屬性
08     }
09 }
```

Step 04 建立 Home 控制器

在方案總管的 Controllers 資料夾按滑鼠右鍵，並執行快顯功能表的【加入(D)/控制器(T)...】指令新增「HomeController.cs」控制器檔案，控制器類別會繼承自 Controller 類別，該控制器內含 Index()動作方法(Action Method)。

Step 05 撰寫 HomeController 控制器中 Index()動作方法

當執行「http://localhost/Home/Index」時會執行 HomeController 的 Index()動作方法，該動作方法可傳回台中各大夜市擁有 Id 夜市編號、Name 夜市名稱以及 Address 夜市地址的 List 串列物件，該 List 物件內含 6 筆 NightMarket 夜市物件資料。

C# 程式碼 FileName: Controllers/HomeController.cs

```
01 using prjLayoutPage.Models;
02
03 namespace prjLayoutPage.Controllers
04 {
05     public class HomeController : Controller
06     {
07         // GET: Home
08         public ActionResult Index()
09         {
10             List<NightMarket> nightMarkets = new List<NightMarket>();
11             nightMarkets.Add(new NightMarket { Id = "A01",
```

```
12                Name = "逢甲夜市", Address = "407 台中市西屯區文華路" });
13            nightMarkets.Add(new NightMarket { Id = "A02",
14                Name = "一中街商圈", Address = "404 台中市北區一中街" });
15            nightMarkets.Add(new NightMarket { Id = "A03",
16                Name = "中華路夜市", Address = "400 台中市中區公園路" });
17            nightMarkets.Add(new NightMarket { Id = "A04",
18                Name = "忠孝路夜市", Address = "402 台中市南區忠孝路" });
19            nightMarkets.Add(new NightMarket { Id = "A05",
20                Name="豐原廟東夜市", Address="420 台中市豐原區中正路 167 巷" });
21            nightMarkets.Add(new NightMarket { Id = "A06",
22                Name = "東海夜市", Address = "433 台中市龍井區新興路" });
23            return View(nightMarkets);
24        }
25    }
26 }
```

Step 05 建立 Index.cshtml 的 View 檢視頁面

1. 在 Index()動作方法處按滑鼠右鍵，執行功能表的【**新增檢視(D)...**】指令開啟「加入檢視」視窗，依圖示操作新增 Index.cshtml 的 View 檢視頁面，請設定**檢視名稱(N)**是「Index」、**範本(T)**是「List」、**模型類別(M)**是「NightMarket」、同時勾選**參考指令碼程式庫(R)**和**使用版面配置頁(U)**，預設版面配置頁會自動產生。

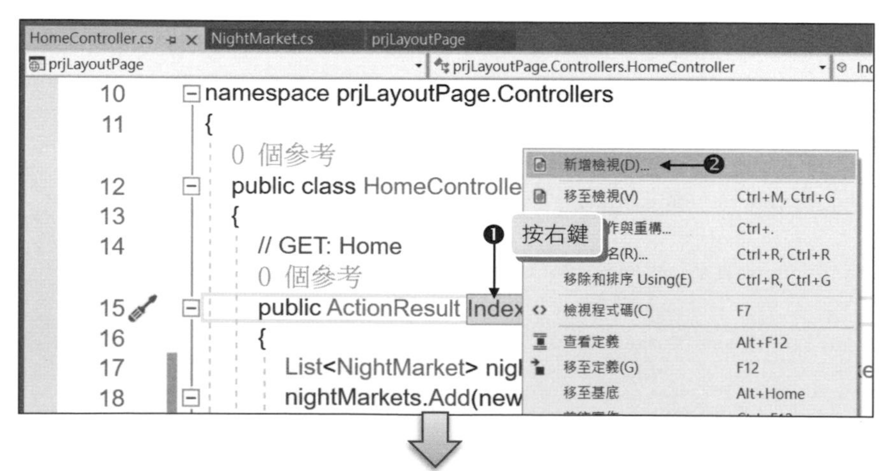

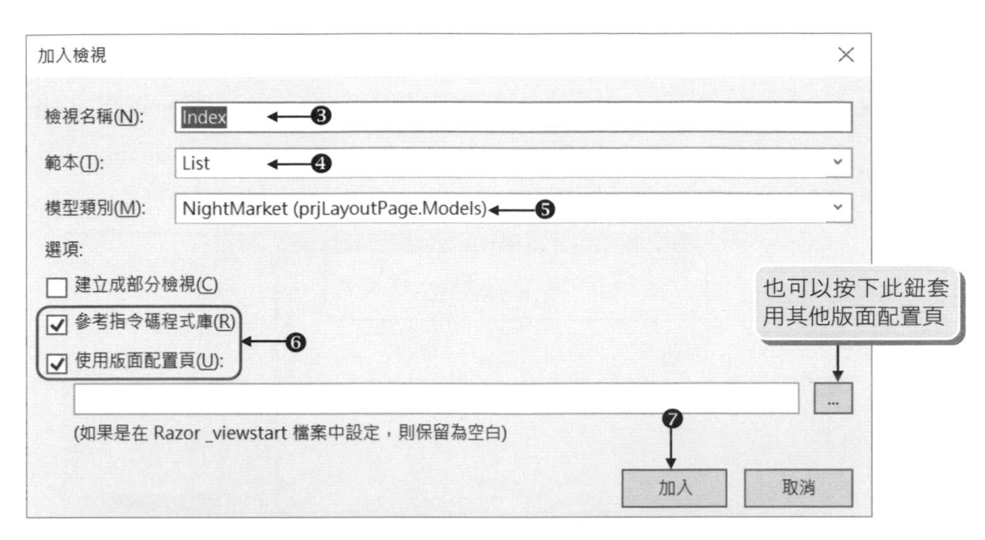

當按下 加入 按鈕後，方案總管的專案會產生新的資料夾和檔案，如下圖：

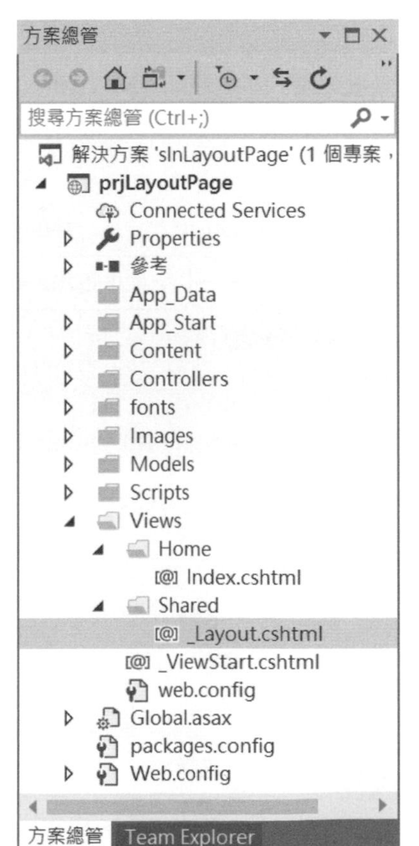

① Content、Script 資料夾：

內含 Bootstrap 與 jQuery 前端框架(CSS 與 JS)，適用於手機、平板、桌上型電腦等各種平台，在第一次新增檢視頁面時 ASP.NET MVC 專案會自動產生。

② Index.cshtml 檔案：

透過控制器的動作方法所產生的檢視頁面，放置於 Views/Home 資料夾下，對應到 HomeController 裡的 Index()動作方法。

③ _Layout.cshtml 檔案：

預設的版面配置頁，是 View 檢視頁面使用的範本母版。在第一次產生檢視頁面檔案時，會一併新增到 Views\Shared 資料夾下，在新增檢視視窗中可勾選 **使用版面配置頁(U)** 進行選擇欲使用的版面配置頁檔案。

④ _ViewStart.cshtml 檔案：

用來指定 Views 資料夾下的頁面預設要套用的版面配置頁。如下開啟 _ViewStart. cshtml 可發現預設檢視頁面指定套用 Views/Shared 資料夾下的 _Layout.cshtml 版面配置頁。

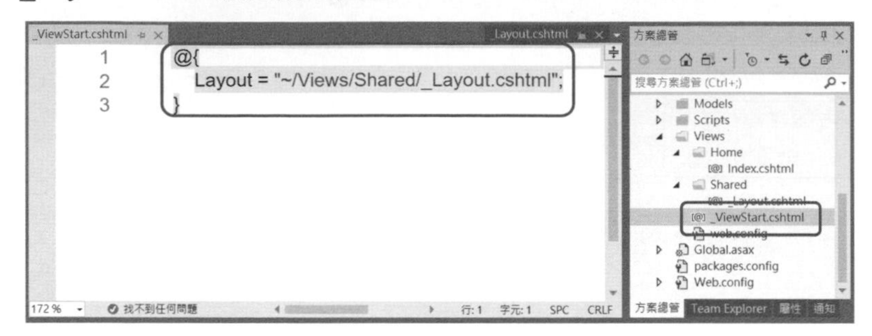

2. 在新增檢視使用「List」範本，即會自動產生列舉出模型資料的程式碼，請修改 Index.cshtml 檢視頁面灰底的程式碼：

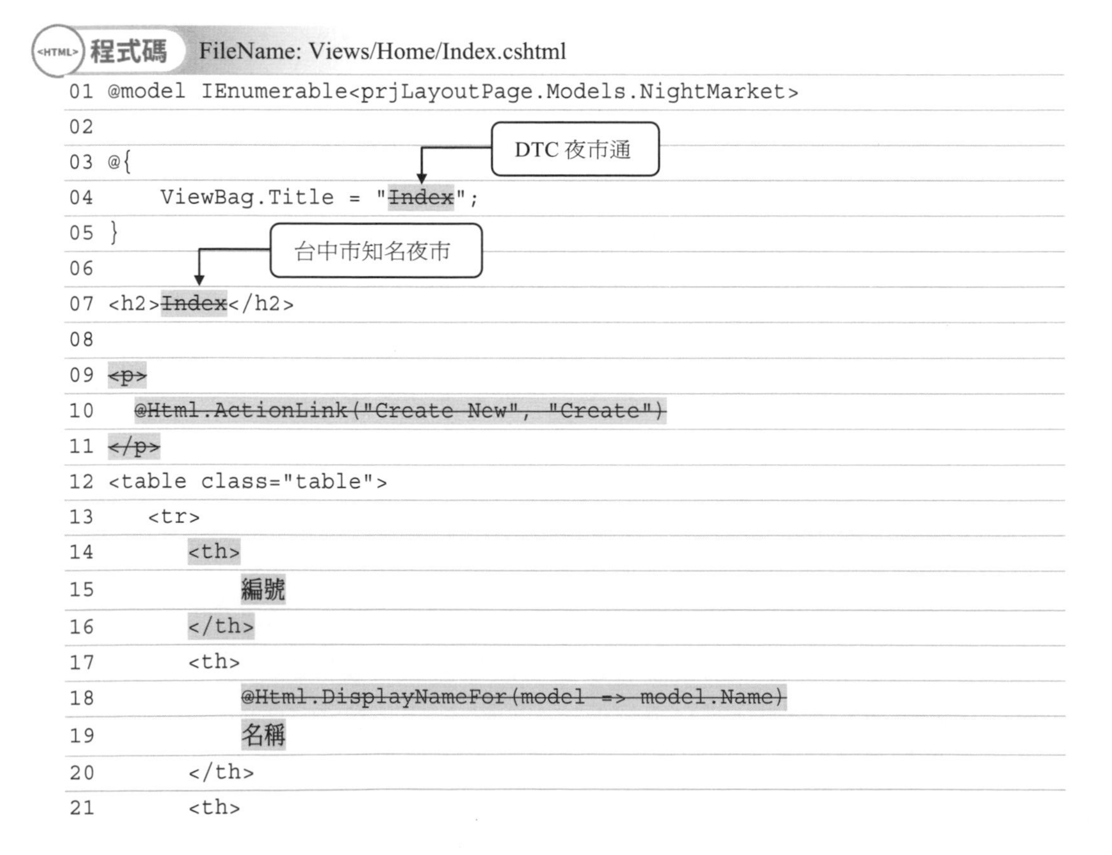

程式碼 FileName: Views/Home/Index.cshtml

```
01 @model IEnumerable<prjLayoutPage.Models.NightMarket>
02
03 @{
04     ViewBag.Title = "Index";
05 }
06
07 <h2>Index</h2>
08
09 <p>
10     @Html.ActionLink("Create New", "Create")
11 </p>
12 <table class="table">
13     <tr>
14         <th>
15             編號
16         </th>
17         <th>
18             @Html.DisplayNameFor(model => model.Name)
19             名稱
20         </th>
21         <th>
```

```
22            @Html.DisplayNameFor(model => model.Address)
23            地址
24        </th>
25        <th></th>
26    </tr>
27
28 @foreach (var item in Model) {
29        string imgName = item.Id + ".jpg";
30    <tr>
31        <td>
32            @item.Id
33        </td>
34        <td>
35            @Html.DisplayFor(modelItem => item.Name)<br />
36            <img src="~/Images/@imgName" width="150"
37                class="img-thumbnail" />
38        </td>
39        <td>
40             @Html.DisplayFor(modelItem => item.Address)
41        </td>
42        <td>
43            @Html.ActionLink("Edit", "Edit", new { id=item.Id }) |
44            @Html.ActionLink("Details", "Details", new { id=item.Id }) |
45            @Html.ActionLink("Delete", "Delete", new { id=item.Id })
46            <a href="https://www.google.com.tw/maps/place/@item.Address"
47                class="btn btn-info" target="_blank">路線規劃</a>
48        </td>
49    </tr>
50 }
51 </table>
```

說明

1) 第 1 行：宣告 View 使用的 Model 為 NightMarket 的集合物件。
2) 第 3~5 行：ViewBag.Title 設定在_Layout.cshtml 的<title>標籤，在此處指定 ViewBag.Title 屬性即是設定_Layout.cshtml 版面配置頁的網頁標題，因此網頁標題會顯示「DTC 夜市通」。
3) 第 28~50 行：利用 foreach 迴圈將 Model 中的夜市集合物件逐一顯示出來。

4) 第 29 行：將夜市物件 Id 屬性加上 .jpg 附檔名合併成圖檔名稱並指定給 imgName 變數。
5) 第 36~37 行：HTML 的<img>結合 Razor 的@imgName 變數，於網頁呈現夜市圖。
6) 第 46~47 行：HTML 的<a>結合 Razor 語言，將夜市地址合併 Google Map 導航連結。
7) 本專案_ViewStart.cshtml 指定 Views 資料夾下預設使用_Layout.cshtml 版面配置頁，故 Index.cshtml 預設會套用_Layout.cshtml。

3. 測試網頁

執行【**偵錯(D)/開始偵錯(S)**】指令測試網頁執行結果。執行結果可以看到_Layout.cshtml 版面配置頁和 Index.cshtml 內容檢視頁面進行合併。

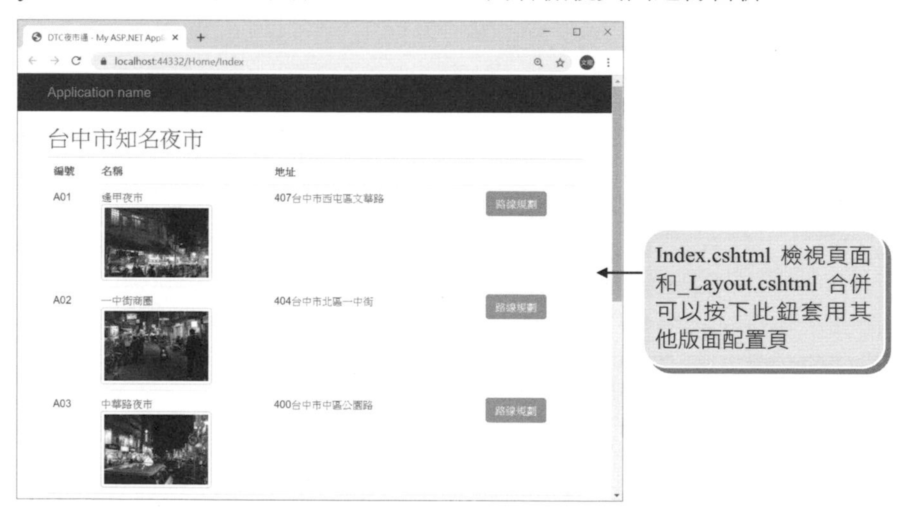

4. 修改_Layout.cshtml 版面配置頁如下灰底處的程式碼：

程式碼 FileName: Views/Shared/_Layout.cshtml

```
01 <!DOCTYPE html>
02 <html>
03 <head>
04     <meta charset="utf-8" />
05     <meta name="viewport" content="width=device-width, initial-scale=1.0">
06     <title>@ViewBag.Title - My ASP.NET Application</title>
```

大才全資訊科技

```
07     <link href="~/Content/Site.css" rel="stylesheet" type="text/css" />
08     <link href="~/Content/bootstrap.min.css" rel="stylesheet"
09        type="text/css" />
10     <script src="~/Scripts/modernizr-2.8.3.js"></script>
11  </head>
12  <body>
13     <div class="navbar navbar-inverse navbar-fixed-top">
14         <div class="container">
15             <div class="navbar-header">
16                 <button type="button" class="navbar-toggle"
17                     data-toggle="collapse" data-target=".navbar-collapse">
18                     <span class="icon-bar"></span>
19                     <span class="icon-bar"></span>
20                     <span class="icon-bar"></span>
21                 </button>
22                 @Html.ActionLink("Application name", "Index", "Home",
23                     new { area = "" }, new { @class = "navbar-brand" })
24             </div>
25             <div class="navbar-collapse collapse">
26                 <ul class="nav navbar-nav">
27                 </ul>
28             </div>
29         </div>
30     </div>
31
32     <div class="container body-content">
33         @RenderBody()
34         <hr />
35         <footer>
36             <p>&copy; @DateTime.Now.Year - My ASP.NET Application</p>
37         </footer>
38     </div>
39
40     <script src="~/Scripts/jquery-3.4.1.min.js"></script>
41     <script src="~/Scripts/bootstrap.min.js"></script>
42  </body>
43  </html>
```

DTC 夜市通

大才全資訊科技版權所有

說明

1) 第 7~10 行：套用 Bootstrap 套件的 CSS 樣式。
2) 第 40 行：套用 jQuery 函式。
3) 第 41 行：套用 Bootstrap 函式。
4) 第 13~30 行：為 Bootstrap 套件的導覽列，待下一章介紹。
5) 第 32~38 行：為 Bootstrap 容器 container，具自適應寬跟高的效果，可配合網頁佈局使用。
6) 第 33 行：@RenderBody() 區塊是版面配置頁(_Layout.cshtml)用來放置內容檢視頁面的內容；當程式執行時會將 Index.cshtml 內容放置在此處。

Step 06 測試網頁

執行【偵錯(D)/開始偵錯(S)】指令測試網頁執行結果。

06 View(二) - Bootstrap 與 HTML Helper

學習目標

View 的使用相當多元，本章將介紹使用 Bootstrap 自適應框架來建置 RWD 響應式網頁，並學習 Html Helper 產出通用的 HTML 標籤，同時配合 helper 輔助方法與 Partial View 部份檢視來建置重複使用的網頁區域，研讀本章有助於設計更具美感與豐富的 View 檢視頁面。

因為凡從神生的，就勝過世界；使我們勝了世界的，就是我們的信心。(約翰一書 5:4)

6.1 使用 Bootstrap 美化網頁

6.1.1 Bootstrap 簡介

Bootstrap 是基於 HTML、CSS、JavaScript 所開發的一種前端網頁框架套件，主要用來快速開發網站或 Web 應用程式，是一套具備自適應功能(RWD)的框架，不需自行調整螢幕解析度，意思是不管在任何裝置上都能完整呈現畫面，在 ASP.NET MVC 框架中，會自動導入此前端網頁框架，共使用多達十幾種的組件，包括下拉式清單、導覽列及許多動態網頁功能，供開發人員透過套件快速開發兼具美觀及實用性的前端網頁。下圖為 Bootstrap 框架首頁(https://getbootstrap.com/)，網頁中有詳細介紹及如何使用豐富的功能來開發網站：

ASP.NET MVC 預設使用的 _Layout.cshtml 版面配置頁會套用 Bootstrap，讓剛接觸 MVC 的新手們可以快速進行套用，製作出版面排序整齊且具有豐富功能性的網頁，因此 Bootstrap 在前端網頁設計中扮演非常重要的角色，可開啟_Layout.cshtml 版面配置頁，預設</head>和</body>標籤內會使用 Bootstap 套件的 JavaScript 和 CSS 樣式檔。如下灰底的程式碼：

```
<!DOCTYPE html>
<html>
<head>
```

```
    <meta charset="utf-8" />
    <meta name="viewport" content="width=device-width, initial-
scale=1.0">
    <title>@ViewBag.Title - 大才全資訊科技</title>
    <link href="~/Content/Site.css" rel="stylesheet" type="text/css" />
    <link href="~/Content/bootstrap.min.css" rel="stylesheet"
        type="text/css" />
    <script src="~/Scripts/modernizr-2.8.3.js"></script>
  </head>
  <body>
    ……
    ……
    <script src="~/Scripts/jquery-3.4.1.min.js"></script>
    <script src="~/Scripts/bootstrap.min.js"></script>
  </body>
  </html>
```

ASP.NET MVC 專案預設套用的是 Bootstrap 3 版本，若想要套用更新的版本，只要將最新版本放入專案內，並修改上述灰底程式碼指定新版的 Bootstrap 套件即可。

6.1.2 Bootstrap 常用元件

MVC 專案預設使用 Bootstrap 3 套件，因此本節介紹常用 Bootstrap 3 的表格、表單、按鈕、圖片、導覽列、縮圖元件與面板的使用，至於其它 Bootstrap 元件或更新版的語法可參考《跟著實務學習 Bootstrap 4、JavaScript：第一次設計響應式網頁就上手-MTA 試題增強版》書籍。

Ex 01 導覽列的使用

如下是版面配置頁預設提供的導覽列語法，其說明如下：

```
<div class="navbar navbar-inverse navbar-fixed-top"> ❶
  <div class="container"> ❷
    <div class="navbar-header"> ❸
      <button type="button" class="navbar-toggle" ❹
          data-toggle="collapse" data-target=".navbar-collapse">
        <span class="icon-bar"></span>
        <span class="icon-bar"></span>
        <span class="icon-bar"></span>
      </button>
```

```
            <a href="#" class="navbar-brand">網站名稱</a> ❺
        </div>
        <div class="navbar-collapse collapse"> ❻
            <ul class="nav navbar-nav">
                <li><a href="#">頁面連結 1</a></li>
                <li><a href="#">頁面連結 2</a></li>
                ....略....
                <li><a href="#">頁面連結 N</a></li>
            </ul>
        </div>
    </div>
</div>
```

1. navbar 樣式為 Bootstrap 的導覽列，標準的導覽列會搭配 navbar-default 來設定背景顏色(navbar-default 為灰底色，navbar-inverse 為黑底灰字)，第三個 navbar-fixed-top 樣式的意思是將導覽列固定在頁面最上方。(此處談的樣式代表的是 CSS 串接樣式表的 class 屬性)
2. container 樣式為 Bootstrap 格線系統中的自適應寬度的容器，意思是在此標籤中的內容可以隨著視窗的大小進行變化，保持內容的完整。
3. navbar-header 樣式為導覽列中的標頭，內容可以存放文字、按鈕、超連結。
4. navbar-toggle 樣式讓此<button>標籤在視窗寬度小於 768px 時會顯示 ☰ 按鈕(漢堡選單)，而按鈕中的圖示則是由三個類別為 icon-bar 的一字圖示所結合而成。而 data-target 與 data-toggle 屬性為 Bootstrap 用來製作動畫效果事件，在這裡屬性的值是綁定下拉式清單內容(<ul>標籤)，當 data-target 與 data-toggle 搭配使用時，按下按鈕會將樣式為 navbar-collapse 的目標以 collapse 方式進行顯示。
5. 此處超連結用來指定網站名稱，也就是網站首頁連結的位置。
6. 設定導覽列的項目，navbar-nav 為選項樣式。

導覽列背景為灰底色，網站名稱為"大才全電子商務"，連結選單為"註冊"、"登入"、"產品查詢"、"購物車"，其寫法如下：

```
<div class="navbar navbar-default navbar-fixed-top">
    <div class="container">        ← 指定導覽列背景為灰底樣式
        <div class="navbar-header">
            <button type="button" class="navbar-toggle"
                data-toggle="collapse" data-target=".navbar-collapse">
                <span class="icon-bar"></span>
```

```
            <span class="icon-bar"></span>
            <span class="icon-bar"></span>
        </button>
        <a href="#" class="navbar-brand">大才全電子商務網</a>
    </div>
    <div class="navbar-collapse collapse">
        <ul class="nav navbar-nav">
            <li><a href="#">註冊</a></li>
            <li><a href="#">登入</a></li>
            <li><a href="#">產品查詢</a></li>
            <li><a href="#">購物車</a></li>
        </ul>
    </div>
  </div>
</div>
```

執行結果如下圖，當瀏覽器視窗大於 768px 時，網站連結選單會直接呈現。

如下圖，當瀏覽器視窗小於 768px 時，網站連結選單會以下拉式清單呈現。

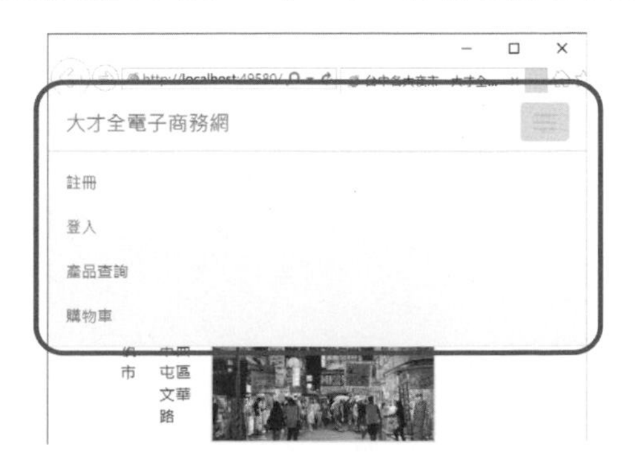

Ex 02 表格的使用

表格在網頁設計中是常用的編排技巧，HTML 可使用<table>標籤定義表格，<table>可使用 border 屬性設定表格框線的粗細。至於<table>是由一個或多個<tr>、<th>以及<td>標籤所組成，其中<tr>標籤定義表格中的一行，<th>標籤定義一個表格標題其文字會加粗呈現，<td>標籤定義一個儲存格。

表格中含有兩筆產品記錄，其中每一行記錄有編號、品名、單價以及數量四個欄位(儲存格)，其寫法如下：

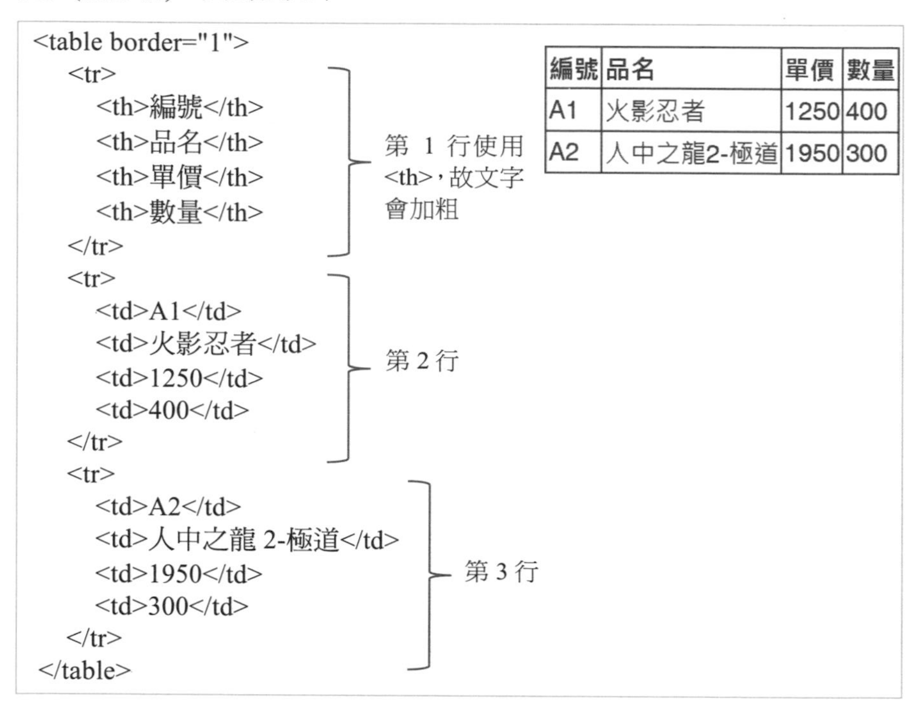

```
<table border="1">
  <tr>
    <th>編號</th>
    <th>品名</th>
    <th>單價</th>
    <th>數量</th>
  </tr>
  <tr>
    <td>A1</td>
    <td>火影忍者</td>
    <td>1250</td>
    <td>400</td>
  </tr>
  <tr>
    <td>A2</td>
    <td>人中之龍 2-極道</td>
    <td>1950</td>
    <td>300</td>
  </tr>
</table>
```


編號	品名	單價	數量
A1	火影忍者	1250	400
A2	人中之龍2-極道	1950	300

HTML 預設表格不美觀，因此開發人員可透過 Bootstrap 為<table>標籤提供的類別樣式來進行美化。如下即是常用的類別樣式說明：

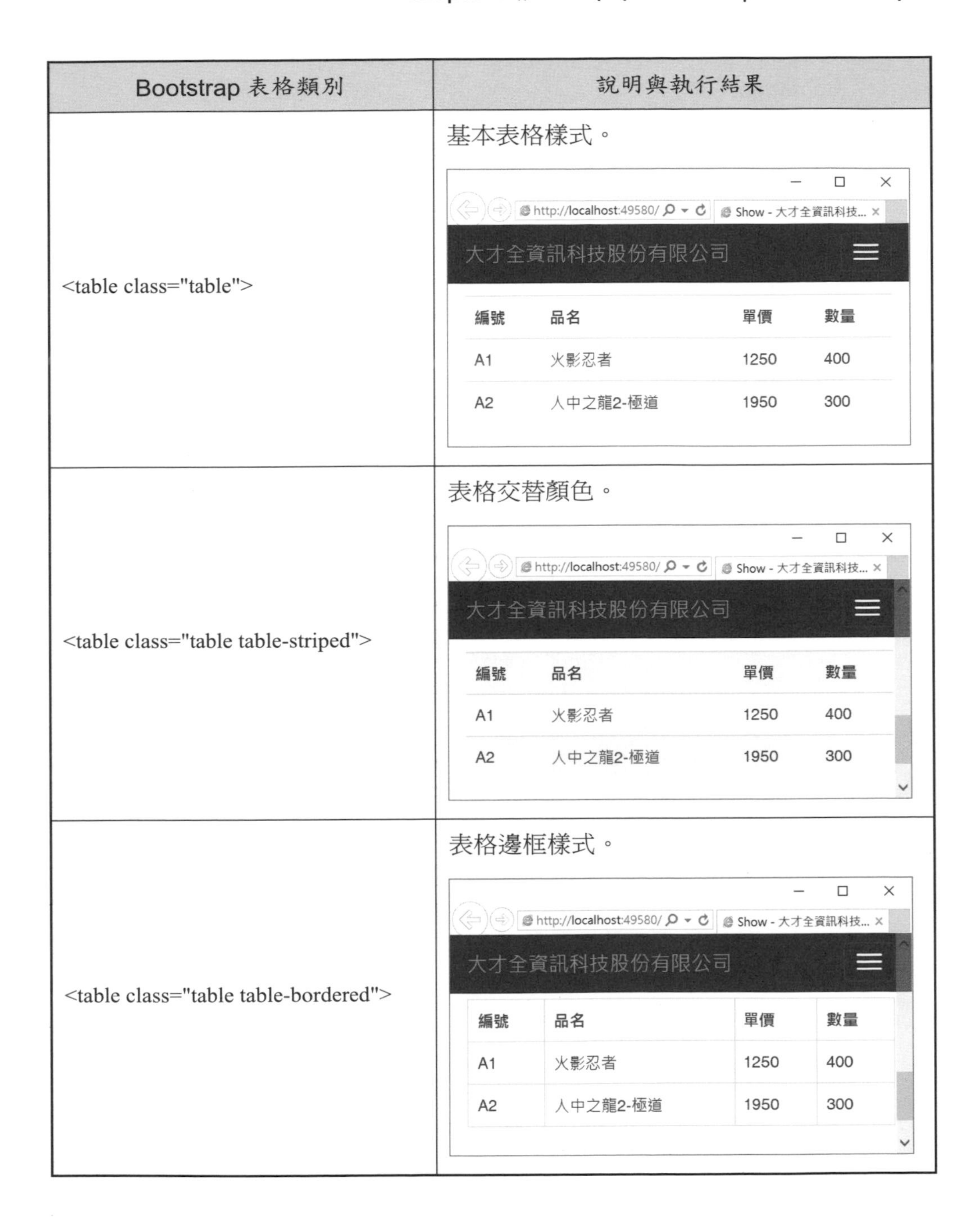

Bootstrap 表格類別	說明與執行結果
<table class="table">	基本表格樣式。
<table class="table table-striped">	表格交替顏色。
<table class="table table-bordered">	表格邊框樣式。

Bootstrap 表格類別	說明與執行結果
<table class="table table-condensed">	表格緊縮樣式。
<table class="table table-hover">	滑鼠滑入表格列變換顏色。
<table class="table table-responsive ">	響應式表格樣式。當螢幕寬度小於 768px 時表格並不會自動縮小，而是會出現水平捲軸讓使用者使用。

Ex 03 表單的使用

表單是 Web 應用程式提供使用者進行輸出入操作的介面，是由<form>定義網頁的表單，在<form>標籤中使用<input>標籤定義出各類型的輸出入介面，如文字方塊、日期清單、選項鈕、核取方塊或檔案上傳元件等等。Bootstrap 提供<input>標籤使用 .form-control 類別樣式，使<input>欄位具有輸入提示和響應式功能。

Bootstrap 使用<div class="form-group">定義出表單欄位的群組，該標籤內含<label>標籤用來顯示欄位名稱，<input>定義出欄位類型。如下寫法在表單中定義帳號和密碼欄位：

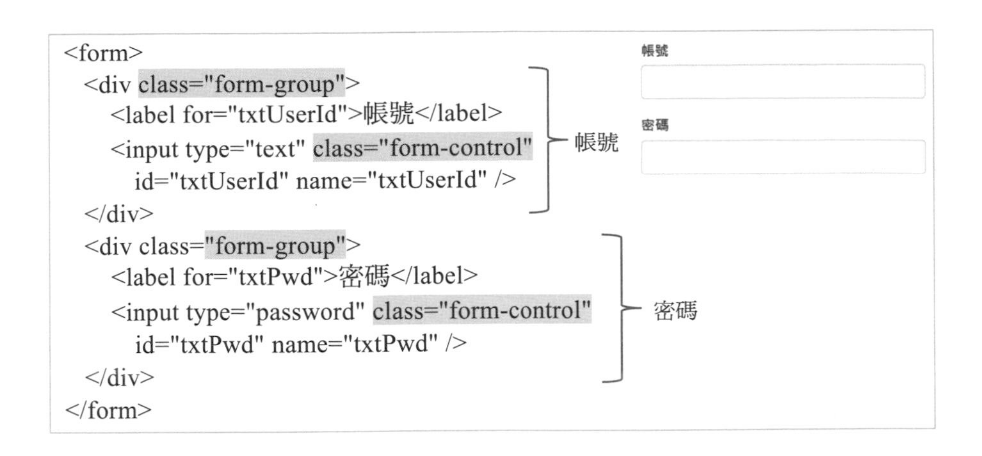

```
<form>
  <div class="form-group">
    <label for="txtUserId">帳號</label>
    <input type="text" class="form-control"
      id="txtUserId" name="txtUserId" />
  </div>
  <div class="form-group">
    <label for="txtPwd">密碼</label>
    <input type="password" class="form-control"
      id="txtPwd" name="txtPwd" />
  </div>
</form>
```


Ex 04 按鈕的使用

按鈕是 Web 應用程式讓使用者進行確認的輸入介面，Bootstrap 幫助開發人員在不同的情境下設計了不同樣式讓按鈕使用。而在 Bottstrap 提供的按鈕樣式可以讓<button>、<input type="button">、<input type="submit">以及<a>標籤使用。Bootstrap 常用按鈕樣式說明如下：

Bootstrap 按鈕類別	說明
class="btn btn-default"	預設按鈕樣式。(按鈕背景色淺灰色)
class="btn btn-primary"	主要功能按鈕。(按鈕背景色深藍色)
class="btn btn-success"	呈現具有成功資訊的按鈕。(按鈕背景色淺綠色)
class="btn btn-info"	呈現具有資訊提示的按鈕。(按鈕背景色淺藍色)
class="btn btn-warning"	呈現具有警告提醒的按鈕。(按鈕背景色橘黃色)
class="btn btn-danger"	呈現具有危險作用的按鈕。(按鈕背景色紅色)
class="btn btn-link"	呈現超連結文字樣式。

使用上表的按鈕樣式配合<a>標籤設計不同情境下使用的按鈕，其寫法如下：

default primary success info warning danger link

```
<a href="#" class="btn btn-default">default</a>
<a href="#" class="btn btn-primary">primary</a>
<a href="#" class="btn btn-success">success</a>
<a href="#" class="btn btn-info">info</a>
<a href="#" class="btn btn-warning">warning</a>
<a href="#" class="btn btn-danger">danger</a>
<a href="#" class="btn btn-link">link</a>
```

Ex 05 圖片的使用

以往設計網頁圖片時，如設計圓角圖片，或幫圖片加上框線…等，都要先使用 Photoshop 先後置處理圖片；當然也可以使用 CSS 設計相關圖片樣式，但撰寫 CSS 少說也要十幾行程式碼。現在透過 Bootstrap，<img>標籤只要透過下表的類別樣式，就可以輕鬆達成各種圖片外觀設計。

Bootstrap 圖片類別	說明
class="img-responsive"	以響應式方式呈現，圖片會隨瀏覽器視窗大小進行縮放。
class="img-rounded"	呈現圓角圖片。
class="img-circle"	呈現圓形圖片。
class="img-thumbnail"	呈現縮圖，含有 1px 灰色的圓角框線。

<div>若加上 img-thumbnail 類別樣式，該區域會變成含有圓角框線的縮圖元件，縮圖元件除了可以放置圖片，還可以加入標題、按鈕或其他元素等等，如果能善用，即能編排出專業具美感的網頁。

Ex 06 面板的使用

Bootstrap 3 的面板(Panel)元件可用來做元件的群組設定，面板包含頁首、主體、頁尾三個區塊，其中主體是必要的，至於頁首和頁尾則可以選擇性加入，其寫法如下所示：

```
<div class="panel panel-default ">
  <div class="panel-heading">頁首</div>
  <div class="panel-body">主體</div>
  <div class="panel-footer">頁尾</div>
</div>
```

指定 .panel-default 樣式表示面板色彩為淺灰色，即頁首呈現淺灰色；至於頁尾只要設定面板色彩其顏色皆呈現淺灰色。上述寫法會建立下圖面板元件：

面板另外提供 .panel-default(淺灰色)、.panel-primary(深藍色)、.panel-success(淺綠色)、.panel-info(淺藍色)、.panel-warning(橘黃色)以及 .panel-danger(紅色)樣式可指定面版色彩。若指定<div>的 class 為 "panel panel-success " 即表示面板色彩為淺綠色，若指定<div>的 class 為"panel panel-warning" 即表示面板色彩為橘黃色，其它以此類推。

使用面板元件設定風景介紹之網頁介面，其中頁首為深藍色，頁尾為淺灰色，寫法如下：

```
<div class="panel panel-primary">
   <div class="panel-heading"><h4>萬金天主堂</h4></div>
   <div class="panel-body">
      <p>
         <img src="~/Images/萬金天主堂.JPG" class="img-responsive" />
      </p>
```

```
        <p>
            萬金天主堂，是位於臺灣屏東縣萬巒鄉萬金村的天主教.......。
        </p>
    </div>
    <div class="panel-footer">大才全資訊科技股份有限公司設計</div>
</div>
```

萬金天主堂

萬金天主堂，是位於臺灣屏東縣萬巒鄉萬金村的天主教會宗座聖殿，其堂區建立歷史可追溯至1861年，現有教堂建物則在1870年啟用，是臺灣現存最古老的教堂建築，在1985年11月27日列為三級古蹟，後改為縣定古蹟。堂區內附設有道明會無玷之母會院及一座教友中心。

大才全資訊科技股份有限公司設計

在 Bootstrap 4 中的面板使用卡片(Card)元件來取代，面板和卡片的使用方式類似，皆有提供頁首、主體與頁尾三個區塊。

Ex 07 裝置螢幕分欄

Bootstrap 提供裝置螢幕分欄進行響應式的網頁佈局。例如在網頁閱讀文章或圖片，在電腦上閱覽沒問題很清楚，但在手持裝置上閱覽，卻發生圖文擠在一起，等比例縮小的狀況，所以在這時候尺寸選項就派上用場了，區塊可以依照設定的尺寸斷點，將區塊寬度改變成滿欄(12 欄)的方式呈現資訊。

如下圖官方範例所示，當使用「col-數字」時，不管裝置螢幕如何縮放，都只能非等比縮小，而在上面的「col-螢幕尺寸-數字」則可以依照不同裝置大小，形成較為適當的排列方式。

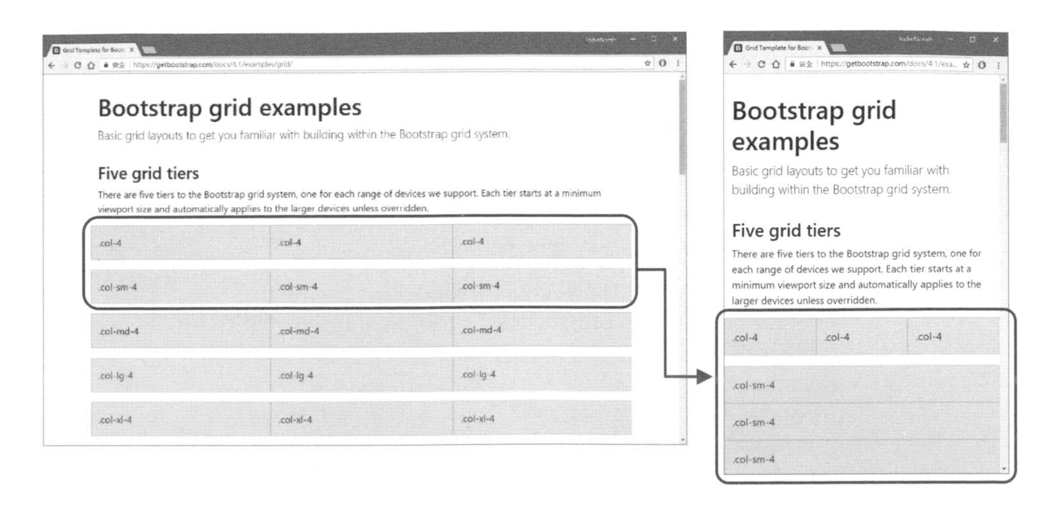

以下為裝置螢幕尺寸斷點區分表詳細說明，當螢幕尺寸小於該斷點後，將把每個欄位寬度變成 12，意思即為占滿一行：

寫法	尺寸斷點
.col-數字	依官方文件說明指示，當螢幕寬度小於 576px 時會進行設定，適用於手機等超小型設備使用。此為預設值設定。
.col-sm-數字	當螢幕寬度大於等於 576px 時會進行設定，適用於平板電腦等小型設備使用。
.col-md-數字	當螢幕寬度大於等於 768px 時會進行設定，適用於桌上型電腦等螢幕設備使用。
.col-lg-數字	當螢幕寬度大於等於 992px 時會進行設定，適用於大型螢幕設備使用。
.col-xl-數字	當螢幕寬度大於等於 1200px 時會進行設定，適用於超大型螢幕設備使用。

Ex 08 縮圖元件的使用

設定<div>欄 class 樣式為 col-12 col-md-4，表示若為手機畫面時，則每一區塊即佔一列，若為桌上型電腦螢幕大小，即三個區塊佔用一行，每一個區塊使用 img-thumbnail 類別樣式，以便呈現縮圖元件，並搭配圖片、文字與超連結按鈕豐富該區塊內容，寫法如下：

```
<div class="container" >
  <div class="row">
    <div class="col-12 col-md-4">
      <div class="img-thumbnail">
        <img src="images/ad01.jpg" />
        <h3>健保無限加</h3>
        <p>解決藥局行政作業的好工具</p>
        <p><a href="https://goo.gl/c8FBAw"
              class="btn btn-success">google play</a></p>
      </div>
    </div>
    <div class="col-12 col-md-4">
      <div class="img-thumbnail">
        <img src="images/ad02.jpg" />
        <h3>教育訓練</h3>
        <p>雲端、App、網站開發優質訓練</p>
        <p><a href="#contact"
              class="btn btn-success">聯絡我們</a></p>
      </div>
    </div>
    <div class="col-12 col-md-4">
      <div class="img-thumbnail">
        <img src="images/ad03.jpg" />
        <h3>MVC 書籍</h3>
        <p>最佳入門 ASP.NET MVC，無痛上手</p>
        <p><a href="http://www.dtc-tech.com.tw/pdf/02.pdf"
              class="btn btn-success">試讀章節</a></p>
      </div>
    </div>
  </div>
</div>
```

第一個縮圖元件

第二個縮圖元件

第三個縮圖元件

範例 slnSB 方案

定義 Product 產品類別擁有 Id 編號、Name 品名、Price 單價屬性，並使用 Product 類別建立 6 筆書籍記錄，同時使用 Bootstrap 製作暢銷好書的縮圖元件介面，當按下書籍的 更多資訊 鈕會開啟新網頁並連結到碁峰資訊網站該書籍詳細介紹頁面。如左下圖當瀏覽器視窗大於等於 768px 時縮圖元件會呈現三欄；否則如右下圖縮圖元件只呈現一欄。

執行結果

上機練習

Step 01 建立 Visual C# 的 ASP.NET Web 應用程式專案

在「C:\MVC\ch06」資料夾下建立名稱為「slnBS」方案，專案名稱命名為「prjBS」，專案範本為「空白」，核心參考為「MVC」。

Step 02 在專案的 Images 資料夾中加入書籍圖檔

將 ch06 資料夾下的 Images 資料夾拖曳到 prjBS 專案下，結果專案中的 Images 資料夾會擁有如下書籍圖檔。

AEL019800.jpg

AEL021400.jpg

AEL022131.jpg

AEL022231.jpg

AEL022500.jpg

AEL022600.jpg

Step 03 建立 Product.cs 類別檔：

1. 在方案總管 Models 資料夾按滑鼠右鍵，並執行快顯功能表的【加入(D)/新增項目(W)...】指令開啟「新增項目」視窗，接著透過該視窗新增名稱為「Product.cs」類別檔。

2. 定義 Product 產品類別有 Id 編號、Name 品名以及 Price 單價，程式碼如下：

C# 程式碼 FileName: Models/Product.cs

```
01 namespace prjBS.Models
02 {
03     public class Product
04     {
05         public string Id { get; set; }          // Id   編號屬性
06         public string Name { get; set; }        // Name 品名屬性
07         public int Price { get; set; }          //Price 單價屬性
08     }
09 }
```

Step 04 建立 Home 控制器

在方案總管的 Controllers 資料夾按滑鼠右鍵，並執行快顯功能表的【加入(D)/控制器(T)...】指令新增「HomeController.cs」控制器檔案，控制器類別會繼承自 Controller 類別，該控制器內含 Index()動作方法(Action Method)。

Step 05 撰寫 HomeController 控制器的 Index()動作方法

當執行「http://localhost/Home/Index」時會執行 HomeController 的 Index()動作方法，該動作方法會將 6 筆書籍串列物件傳給 View 檢視頁面。其中書籍的編號與圖檔名稱同名。

C# 程式碼 FileName: Controllers/HomeController.cs

```
01 using prjBS.Models;
02
03 namespace prjBS.Controllers
04 {
05     public class HomeController : Controller
06     {
07         // GET: Home
08         public ActionResult Index()
09         {
10             List<Product> products = new List<Product>();
11             products.Add(new Product { Id = "AEL019800",
12                 Name= "跟著實務學習 ASP.NET MVC 5", Price=540 });
13             products.Add(new Product { Id = "AEL021400",
14                 Name = "跟著實務學習網頁設計", Price = 500 });
15             products.Add(new Product { Id = "AEL022231",
16                 Name = "跟著實務學習 Bootstrap 與 JS", Price = 540 });
17             products.Add(new Product { Id = "AEL022131",
18                 Name = "Python 基礎必修課-第二版", Price = 450 });
19             products.Add(new Product { Id = "AEL022500",
20                 Name = "Java SE 12 基礎必修課", Price = 540 });
21             products.Add(new Product { Id = "AEL022600",
22                 Name = "Visual C# 2019 基礎必修課", Price = 530 });
23             return View(products);
24         }
25     }
26}
```

Step 06 建立 Index.cshtml 的 View 檢視頁面

1. 在 HomeController 控制器中的 Index()動作方法處按滑鼠右鍵，執行功能表的【新增檢視(D)...】指令開啟「加入檢視」視窗。

2. 在「加入檢視」視窗新增 Index.cshtml 的 View 檢視頁面。請設定 檢視名稱(N) 是「Index」、範本(T) 是「Empty (沒有模型)」、勾選「使用版面配置頁」。

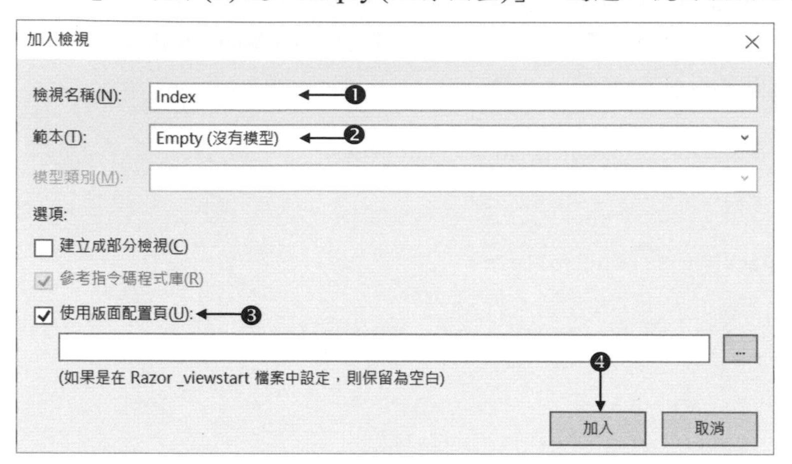

3. 撰寫 Index.cshtml 檢視的程式碼：

程式碼 FileName: Views/Home/Index.cshtml

```
01 @model IEnumerable<prjBS.Models.Product>
02
03 @{
04     ViewBag.Title = "首頁";
05 }
06
07 <h2>暢銷好書</h2>
08
09 <div class="row">
10     @foreach (var item in Model)
11     {
12         string imgName = item.Id + ".jpg";
13         <div class="col-12 col-md-4" style="margin-top:10px;">
14             <div class="img-thumbnail">
15                 <img src="~/Images/@imgName" class="img-responsive" />
16                 <h4>@item.Name</h4>
17                 <p>NT：@item.Price 元</p>
18                 <p><a href="http://books.gotop.com.tw/v_@item.Id"
19                     class="btn btn-info" target="_blank">更多資訊</a></p>
20             </div>
21         </div>
```

```
22      }
23 </div>
```

說明

1) 第 1 行：宣告 View 使用的 Model 模型為 Product 的集合物件。
2) 第 10~22 行：使用 foreach 將 Model 中的所有書籍以縮圖元件顯示出來。
3) 第 13 行：指定縮圖元件在手機裝置佔滿 12 欄的畫面；在桌機畫面時佔滿 4 欄畫面(即桌機畫面一行顯示 3 筆記錄)。

Step 07 依需求修改_Layout.cshtml 版面配置頁中的網頁標題或導覽列；此步驟後面將不在提示說明，若無需求此步驟可省略。

Step 08 測試網頁

執行【**偵錯(D)/開始偵錯(S)**】指令測試網頁執行結果。

6.2 如何使用 HTML Helper

6.2.1 HTML Helper 的使用

HTML Helper 是 View 中重要的一部分，提供簡單的方式在檢視頁面中呈現 HTML，靈活運用此方法在開發上可以節省不少時間。以下以@Html.ActionLink()的 HTML Helper 來說明寫法：

```
               ❶              ❷         ❸        ❹
@Html.ActionLink("首頁", "Index","Home",
        ❺new { num = 1 },
        ❻new { @style = "background:black "})
```

Helper 撰寫時的重點如下：

1. 為 HTML 的 Helper 方法名稱，此 Helper 為 ActionLink()方法可以快速產生超連結。

2. 連結標籤顯示的名稱。
3. 連結標籤的href屬性，此處代表網頁欲導向的動作方法(Action Method)名稱。
4. 連結標籤的 href 屬性，此處代表網頁欲導向的控制器(Controller)名稱。以本例來說會連結到 Home/Index。
5. 連結標籤連結時夾帶的 routeValues 參數，可將資料傳遞至控制器。此處代表傳送 URL 參數 num 的資料為 1。
6. 指定連結標籤的屬性，此處使用 style 屬性將背景變成黑色。

上面的@Html.ActionLink()方法執行時會轉換成如下 HTML 語法，兩者的執行效果是一樣的

```
<a href="/Home/Index?num=1" style="background:black">首頁</a>
```

所以 HTML Helper 在執行時會進行編譯，編譯成瀏覽器可讀取的 HTML 語法，因此透過 HTML Helper 可讓 View 的設計更加快速簡單，也可以減少 HTML 語法撰寫時的錯誤。HTML Helper 和 HTML 語法在 View 使用中是可以共存的，下表是常用 HTML Helper 與產生對應的 HTML：

HTML Helper 方法	產生的 HTML
@Html.ActionLink()	<a href="…"></a>
@Html.Raw()	傳回不是 HTML 編碼的標記。也就是說將包含有 HTML 標籤的字串能正常的讓瀏覽器閱讀解譯。
@Html.BeginForm()	<form action="…" method="…"></form>
@Html.Label()	<label>...</label>
@Html.DropDownList()	<select> <option>項目 1</option> <option>項目 2</option> …… </select>
@Html.CheckBox()	<input type="checkbox">
@Html.RadioButton()	<input type="radio">

HTML Helper 方法	產生的 HTML
@Html.Hidden()	<input type="hidden">
@Html.TextBox()	<input type="text">
@Html.Password()	<input type="password">
@Html.TextArea()	<textarea>…</textarea>

下面簡例介紹 HTML Helper 的使用寫法：

Ex 01 @Html.TextBox(名稱 , 預設值 , 屬性)

產生 id 識別名稱與欄位名稱為 txtName，且欄位提示文字呈現 "請輸入姓名" 的文字方塊，其寫法如下：

```
@Html.TextBox("txtName" , null , new{ placeholder = "請輸入姓名" })
```

上面敘述產生的 HTML 如下：

```
<input id="txtName" name="txtName" type="text"
   placeholder="請輸入姓名" value="" />
```

請輸入姓名

Ex 02 @Html.CheckBox(名稱, 預設勾選, 屬性)

產生學生、上班族的 CheckBox 核取方塊，其 id 識別名稱與 name 欄位名稱依序指定為 chk01 和 chk02，且學生核取方塊預設勾選，其寫法如下：

```
<p>@Html.CheckBox("chk01", true , null) 學生</p>
<p>@Html.CheckBox("chk02", false , null) 上班族</p>
```

學生
上班族

上面敘述產生的 HTML 如下，可以發現一個核取方塊會產生一個對應的 hidden 隱藏欄位，該隱藏欄位用來記錄該核取方塊被勾選的值。

```
<p><input checked="checked" id="chk01" name="chk01"
      type="checkbox" value="true" />
    <input name="chk01" type="hidden" value="false" /> 學生</p>
<p><input id="chk02" name="chk02" type="checkbox"
      value="true" />
    <input name="chk02" type="hidden" value="false" /> 上班族</p>
```

Ex 03 @Html.BeginForm(動作方法名稱 , 控制器名稱 , 請求方法 , 屬性)

此 Helper 用來產生表單，可將表單資料上傳至控制器，較特殊的是此 HTML Helper 有一個參數為請求方法，需帶入表單要對控制器發出什麼樣子的請求，如果為 POST 請求，控制器的動作方法上方則需要標註[HttpPost]，代表此動作方法使用 HTTP POST 請求 。

如下使用@Html.BeginForm()方法建立表單，表單內有姓名文字欄位、學生和上班族核取方塊，特別注意的是生日欄位是文字欄位型態，但使用 new 重新將 type 屬性指定為 "date"，文字欄即能使用日期清單來選取日期。也就是說透過此種方式可再指定文字欄位的 HTML 屬性。

```
@using (Html.BeginForm("Show", "Default", FormMethod.Post, null))
{
  <p>姓名：
      @Html.TextBox("txtName", null, new{ placeholder="請輸入姓名" })
  </p>
  <p>生日：@Html.TextBox("txtBirthday", null, new {type="date"})</p>
  <p>@Html.CheckBox("chk01", true, null) 學生</p>
  <p>@Html.CheckBox("chk02", false, null) 上班族</p>
  <input type="submit" value="傳送" />
}
```

上面產生的 HTML 如下：

```
<form action="/Default/Show" method="post">
  <p>姓名：<input id="txtName" name="txtName"
        placeholder="請輸入姓名" type="text" value="" /></p>
  <p>生日：<input id="txtBirthday" name="txtBirthday" type="date"
        value="" /></p>
  <p><input checked="checked" id="chk01" name="chk01"
        type="checkbox" value="true" />
      <input name="chk01" type="hidden" value="false" /> 學生</p>
  <p><input id="chk02" name="chk02" type="checkbox"
        value="true" />
      <input name="chk02" type="hidden" value="false" /> 上班族</p>
  <input type="submit" value="傳送" />
</form>
```

6.2.2 強型別 HTML Helper 的使用

撰寫 HTML Helper 的時候可以發現到，有些 HTML Helper 方法名稱的末端多出了 for 的字樣，而且在寫得時候也和一般 HTML Helper 撰寫方式有所不同，代表此方法為強型別 HTML Helper，強型別的出現主要是為了避免程式碼以無效的資料進行編譯或執行，所以在使用上主要是為了能明確表達執行時期變數的資料型別，以及同時能和 Model 模型中的屬性進行資料繫結。

HTML Helper 是 View 中重要的一部分，提供簡單的方式在檢視頁面中呈現 HTML，靈活運用此方法在開發上可以節省不少時間。以下以@Html.TextBoxFor 的 HTML Helper 來說明寫法：

```
                         ❶
@model prjHelper.Models.Member

                         ❷
   @Html.TextBoxFor(model => model.Name  ,         ❸
     new { @class="form-control"  , placeholder="請輸入姓名" } )
```

強型別 Helper 撰寫時的重點如下：

1. 需和 View 檢視頁面的 Model 搭配，且宣告@model 必須有明確的類別。例如本例的@model 的型別為 Member 會員類別。
2. HTML Helper 可與 Model 的類別屬性進行資料繫結，表示 HTML Helper 產生的表單欄位 id 識別名稱和 name 欄位名稱會和 Model 類別的屬性相同。
3. 用來重新指定標籤的屬性。本例文字欄位指定樣式為 form-control，浮水印提示文字顯示 "請輸入姓名"。

使用強型別 Helper 的優點如下：

1. 執行程式碼速度較快。
2. 容易除錯，當 Model 的屬性名稱更改時，欄位馬上會顯示紅色波浪，提醒修改。
3. 有 intellisense 輔助，撰寫程式碼時，會自動出現程式碼參考，快速完成撰寫。

下表是常用強型別 HTML Helper 與產生對應的 HTML：

強型別 HTML Helper 方法	產生的 HTML
@Html.LabelFor()	<label>...</label>
@Html.DropDownListFor()	<select> <option>項目 1</option> <option>項目 2</option> …… </select>
@Html.CheckBoxFor()	<input type="checkbox">
@Html.RadioButtonFor()	<input type="radio">
@Html.HiddenFor()	<input type="hidden">
@Html.TextBoxFor()	<input type="text">
@Html.PasswordFor()	<input type="password">
@Html.TextAreaFor()	<textarea>…</textarea>
@Html.EditFor()	依照物件模型屬性型別產生對應的<input>欄位
@Html.DisplayNameFor()	顯示物件模型屬性在 Metadata 定義中的名稱
@Html.DisplayTextFor()	顯示物件模型屬性要顯示資料內容

範例 slnHelper 方案

練習使用強型別的 HTML Helper 製作會員註冊表單，會員有帳號、密碼、姓名、生日、信箱五個欄位。執行結果如下：

執行結果

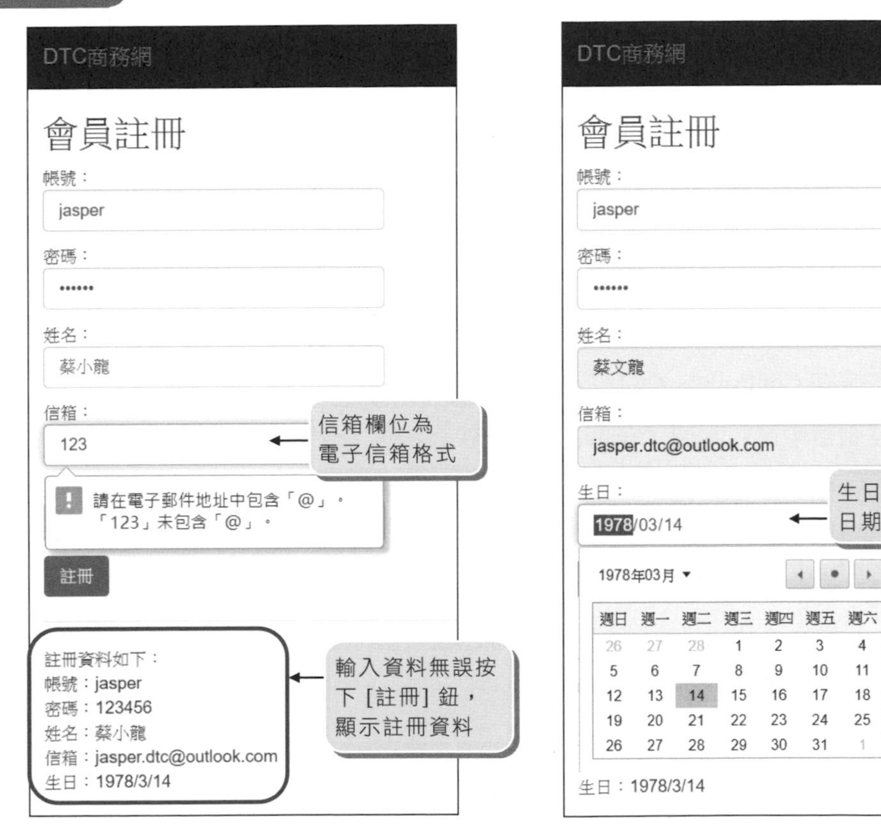

上機練習

Step 01 建立 Visual C# 的 ASP.NET Web 應用程式專案

在「C:\MVC\ch06」資料夾下建立名稱為「slnHelper」方案，專案名稱命名為「prjHelper」，專案範本為「空白」，核心參考為「MVC」。

Step 02 請在 Models 資料夾下新增 Member.cs 會員類別檔，完整程式碼如下：

定義 Member 會員類別有 UserId 帳號、Name 姓名、Pwd 密碼、Email 信箱以

及 BirthDay 生日屬性，其中 UserId、Name、Pwd、Email 屬性為字串型別，BirthDay 屬性為 DataTime 型別，完整程式碼如下：

C# 程式碼 FileName: Models/Member.cs

```
01 namespace prjHelper.Models
02 {
03     public class Member
04     {
05         public string UserId { get; set; }
06         public string Name { get; set; }
07         public string Pwd { get; set; }
08         public string Email { get; set; }
09         public DateTime BirthDay { get; set; }
10     }
11 }
```

Step 03 請在 Controllers 資料夾下新增 HomeController.cs 控制器檔案

該控制器中撰寫兩個 Create()多載動作方法，一個處理 Get 請求，一個處理 POST 請求，處理 POST 請求的 Create()動作方法可以接收 Member 物件，Member 物件的 UserId、Name、Pwd、Email、BirthDay 屬性會依序繫結到表單的 UserId、Name、Pwd、Email、BirthDay 欄位。完整程式碼如下：

C# 程式碼 FileName: Controllers/HomeController.cs

```
01 using prjHelper.Models;
02
03 namespace prjHelper.Controllers
04 {
05     public class HomeController : Controller
06     {
07         // GET: Home
08         public ActionResult Create()
09         {
10             return View();
11         }
12
13         [HttpPost]
14         public ActionResult Create(Member member)
15         {
```

```
16              string msg = "";
17              msg = $"註冊資料如下：<br>" +
18                  $"帳號：{member.UserId}<br>" +
19                  $"密碼：{member.Pwd}<br>" +
20                  $"姓名：{member.Name}<br>" +
21                  $"信箱：{member.Email}<br>" +
22                  $"生日：{member.BirthDay.ToShortDateString()}";
23              ViewBag.Msg = msg;
24              return View(member);
25          }
26      }
27 }
```

說明

1) 第 1 行：Member 類別置於 prjHelper 專案的 Models 資料夾下，使用該類別時請引用 prjHelper.Models 命名空間。
2) 第 8~11 行：此 Create()動作方法用來處理 GET 請求。
3) 第 13~25 行：指定 [HttpPost] Attribute，表示此 Create()動作方法用來處理 POST 請求。
4) 第 14 行：此動作方法的虛引數 member 會員物件的屬性會對應至表單同名的欄位，也就是說此動作方法的 member 會員物件的 UserId、Name、Pwd、Email、BirthDay 屬性可接收表單 UserId、Name、Pwd、Email、BirthDay 欄位的資料。
5) 第 17~22 行：將會員的註冊資料儲存在 ViewBag.Msg 中。
6) 第 24 行：傳回 member 物件，若 View 檢視的表單使用強型別 HTML Helper，則資料會自動繫結在表單欄位。

Step 04 新增會員註冊檢視頁面

1. 在 HomeController 控制器中的 Create()動作方法處按滑鼠右鍵，執行功能表的【新增檢視(D)...】指令開啟「加入檢視」視窗。
2. 在「加入檢視」視窗依圖示操作新增 Create.cshtml 的 View 檢視頁面，請設定檢視名稱(N) 是「Index」、範本(T) 是「Empty (沒有模型)」、勾選「使用版面配置頁」。

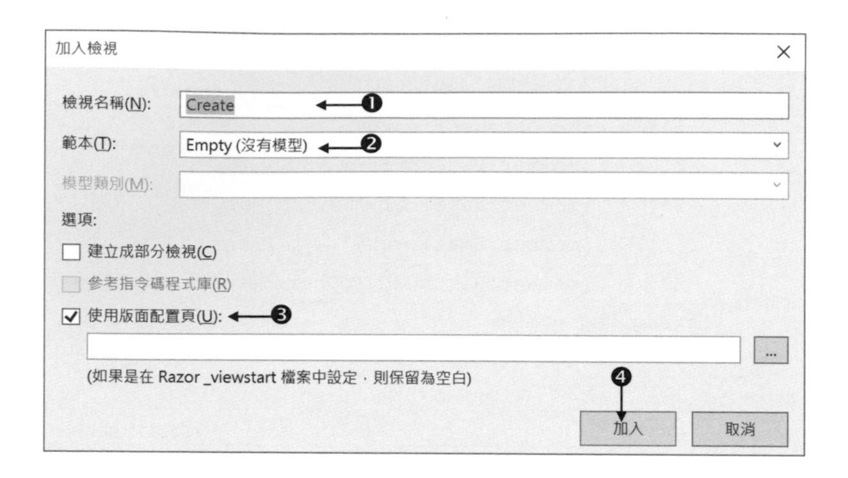

3. 撰寫 Create.cshtml 檢視頁面的程式碼：

程式碼 FileName: Views/Home/Create.cshtml

```
01 @model prjHelper.Models.Member
02
03 @{
04     ViewBag.Title = "會員註冊";
05 }
06
07 <h2>會員註冊</h2>
08
09 @using (Html.BeginForm())
10 {
11     <p>
12         帳號：@Html.TextBoxFor(model => model.UserId,
13             new { @class = "form-control", required="required" })
14     </p>
15     <p>
16         密碼：@Html.PasswordFor(m => m.Pwd,
17             new { @class = "form-control" })
18     </p>
19     <p>
20         姓名：@Html.TextBoxFor(m => m.Name,
21             new { @class = "form-control" })
22     </p>
23     <p>
24         信箱：@Html.TextBoxFor(m => m.Email,
```

```
25              new { @class = "form-control", type = "email" })
26      </p>
27      <p>
28          生日：@Html.TextBoxFor(m => m.BirthDay,
29              new { @class = "form-control", type = "date" })
30      </p>
31      <p><input type="submit" value="註冊" class="btn btn-success" /></p>
32      <hr />
33      <p>@Html.Raw(@ViewBag.Msg)</p>
34 }
```

說明

1) 第 1 行：宣告 View 檢視使用 Model 的型別為 Member 會員類別。
2) 第 9~34 行：使用@Html.BeginForm()方法建立表單。
3) 第 12~13 行：使用@Html.TextBoxFor()方法建立帳號欄位，同時指定帳號欄位繫結會員物件的 UserId 屬性，並指定 HTML 的 class 樣式屬性套用 "form-control"，由於 class 在 C#是保留字，所以在 Razor 語法中必須撰寫為「@class」，指定 required 設定帳號欄位為必填。
4) 第 24~25 行：使用@Html.TextBoxFor()方法建立信箱欄位，同時指定信箱欄位繫結會員物件的 Email 屬性，並指定 HTML 的 class 樣式屬性套用 "form-control"，欄位型態 type 屬性指定為 email 電子信箱格式。
5) 第 28~29 行：使用@Html.TextBoxFor()方法建立生日欄位，同時指定生日欄位繫結會員物件的 BirthDay 屬性，並指定 HTML 的 class 樣式屬性套用 "form-control"，欄位型態 type 屬性指定為 date 日期清單。
6) 第 33 行：使用@Html.Raw()方法將 ViewBag.Msg 的資料(包含 HTML 標籤)正確顯示在網頁上。若沒有使用@Htm.Raw()方法，則 HTML 標籤會被進行編碼，結果資料會顯示如下畫面。

```
註冊資料如下：<br>帳號：jasper<br>密碼：123456<br>姓名：蔡小龍<br>信箱：jasper.dtc@outlook.com<br>生日：1978/3/14
```

Step 05 測試網頁

執行【**偵錯(D)/開始偵錯(S)**】指令測試網頁執行結果。

6.2.3 @helper 輔助方法的使用

Razor 語法可將常用的部份內容變成獨立的@html 輔助方法，其好處可以簡化程式碼、包裝重複所需的輸出，降低 View 的複雜度，同時提升 View 的可讀性。如下說明未使用和使用@helper 輔助方法的差異：

Ex 01 未使用@helper 輔助方法：

以下範例為了顯示每個同學的數學、英文以及國文三科的平均成績及不及格，想要顯示結果必需將三科成績進行加總再除於 3 取得平均，最後判斷平均是否大於等於 60，若成立表示平均成績及格，否則成績不及格。由於三位同學的成績計算方式相同，因此計算成績的邏輯就必須重複撰寫三次。

```
<p>小美成績 :@{
int avg=(56 + 34 + 45)/3 ;
if(avg >= 60)
 {
   @ :及格
 }else{
   @ :不及格
 }
}</p>
```

```
<p>曉華成績 :@{
int avg=(90 + 84 + 95)/3 ;
if(avg >= 60)
 {
   @ :及格
 }else{
   @ :不及格
 }
}</p>
```

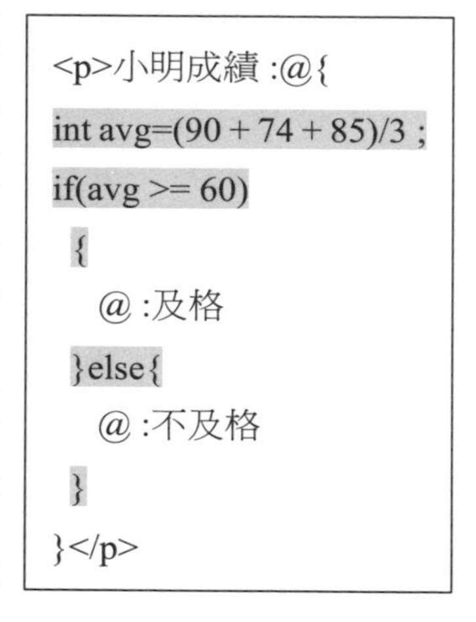

```
<p>小明成績 :@{
int avg=(90 + 74 + 85)/3 ;
if(avg >= 60)
 {
   @ :及格
 }else{
   @ :不及格
 }
}</p>
```

Ex 02 使用@helper 輔助方法：

有了@helper 輔助方法，就可以將輸出邏輯撰寫成一個@helper 輔助方法。如下寫法建立名稱為「ScoreLevel」的@helper 輔助方法，該方法會傳入數學、英文以及國文的三科成績，同時會計算三科平均成績並給予是否及格的評語，而當需要顯示平均成績是否及格，只要呼叫 ScoreLevel()方法並傳入三科成績即可。

```
@helper ScoreLevel(int math, int eng, int chi) {
    int avg = (math + eng + chi) / 3;
    if (avg >= 60){
      @:及格
    }else{
```

```
        @:不及格
    }
}
.....略....
<p>小美成績 :@ScoreLevel(56 , 34 , 45)
<p>曉華成績 :@ScoreLevel(90 , 84 , 95)
<p>小明成績 :@ScoreLevel(90 , 74 , 85)
```

執行結果：

```
小美成績: 不及格

曉華成績: 及格

小明成績: 及格
```

Ex 03 自訂整個專案共用的@helper 輔助方法：

@helper 輔助方法預設只能在定義的 View 檢視頁面中呼叫；若@helper 輔助方法移到專案的 App_Code 資料夾下 View 檢視頁面，此時該@helper 輔助方法即可讓專案的所有 View 檢視頁面呼叫，呼叫的寫法如下：

```
@檢視檔名.輔助方法名稱 ([引數串列])
```

若 GetSum()輔助方法撰寫於 App_Code 資料夾的 MyHelper.cshtml 檢視中。呼叫 GetSum()輔助方法的寫法如下：

```
@MyHelper.GetSum()
```

範例 slnHelper 方案

練習設計 PrintLevel()和 GetRealSalary()輔助方法，說明如下：

1. 定義 Employee 員工類別有 Id 編號、Name 姓名、Salary 薪資屬性，透過 Employee 類別建立五位員工並顯示在網頁中。
2. 定義 PrintLevel()方法可傳入薪資，依薪資顯示對應的儲存格背景。薪資 22000(含)以下為粉紅色，22001~50000 為亮黃色，50001 以上為亮綠色。
3. 定義 GetRealSalary()方法，此方法為整個專案使用，可傳入薪資和扣稅比率得到實領薪資，計算公式為 (薪資-餐費 3000)*(1-稅率)。

執行結果

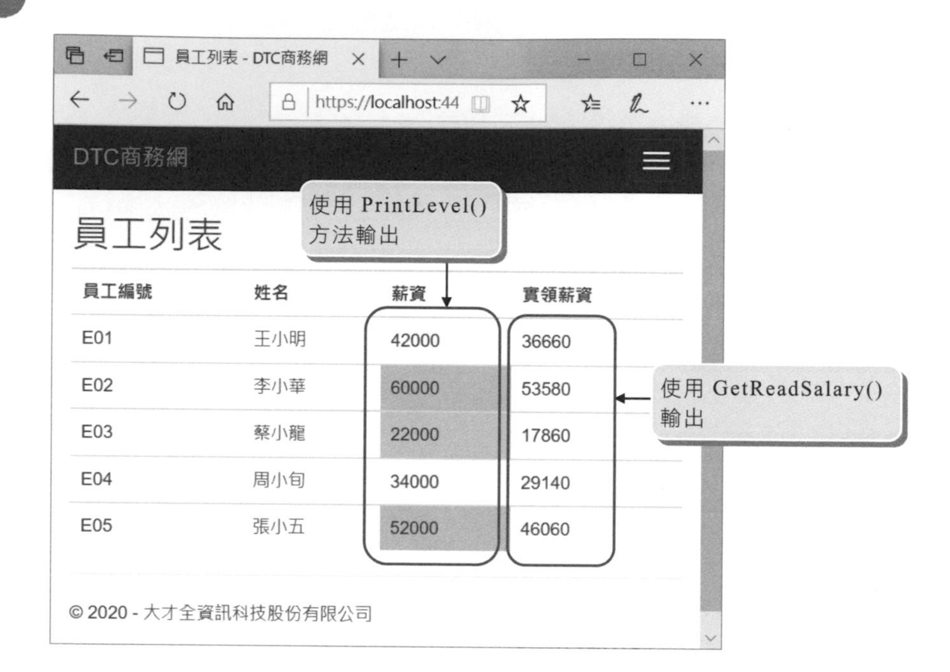

上機練習

Step 01 延續 slnHelper.sln 專案

Step 02 請在 Models 資料夾下新增 Employee.cs 員工類別檔，完整程式碼如下：

定義 Employee 員工類別有 Id 編號、Name 姓名、Salary 薪資屬性，完整程式碼如下：

C# 程式碼 FileName: Models/Employee.cs

```
01 namespace prjHelper.Models
02 {
03     public class Employee
04     {
05         public string Id { get; set; }
06         public string Name { get; set; }
07         public int Salary { get; set; }
08     }
09 }
```

Step 03 開啟 HomeController.cs 控制器檔案，撰寫 Index()動作方法

在 Index()動人方法中建立 employees 串列，接著建立五筆 Employee 員工物件並放 employees 串列內，最後使用 View()方法將 employees 串列傳到檢視。程式碼如下：

C# 程式碼 FileName: Controllers/HomeController.cs

```
01 using prjHelper.Models;
02
03 namespace prjHelper.Controllers
04 {
05     public class HomeController : Controller
06     {
07         public ActionResult Index()
08         {
09             List<Employee> employees = new List<Employee>();
10             employees.Add(new Employee { Id = "E01", Name = "王小明",
11                 Salary = 42000 });
12             employees.Add(new Employee { Id = "E02", Name = "李小華",
13                 Salary = 60000 });
14             employees.Add(new Employee { Id = "E03", Name = "蔡小龍",
15                 Salary = 22000 });
16             employees.Add(new Employee { Id = "E04", Name = "周小旬",
17                 Salary = 34000 });
18             employees.Add(new Employee { Id = "E05", Name = "張小五",
19                 Salary = 52000 });
20             return View(employees);
21         }
    ...略...
43     }
44 }
```

Step 04 建立整個專案共用的輔助方法

1. 在方案總管的專案名稱按滑鼠右鍵，執行快顯功能表的【加入(D)/加入 ASP.NET 資料夾(S)/App_Code(O)...】指令，在目前專案中加入 App_Code 資料夾。

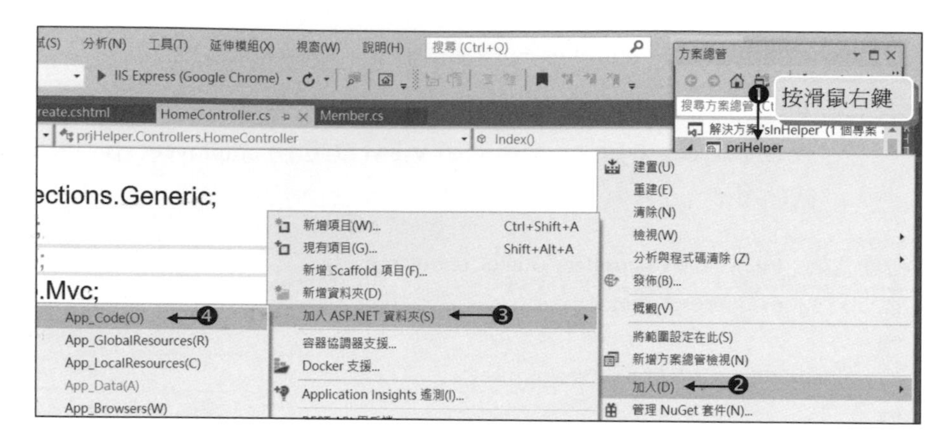

2. 在方案總管 App_Code 資料夾按滑鼠右鍵，並執行快顯功能表的【加入(D)/新增項目(W)...】指令開啟「新增項目」視窗，接著透過該視窗新增名稱為「MyHelper.cshtml」檢視頁面。

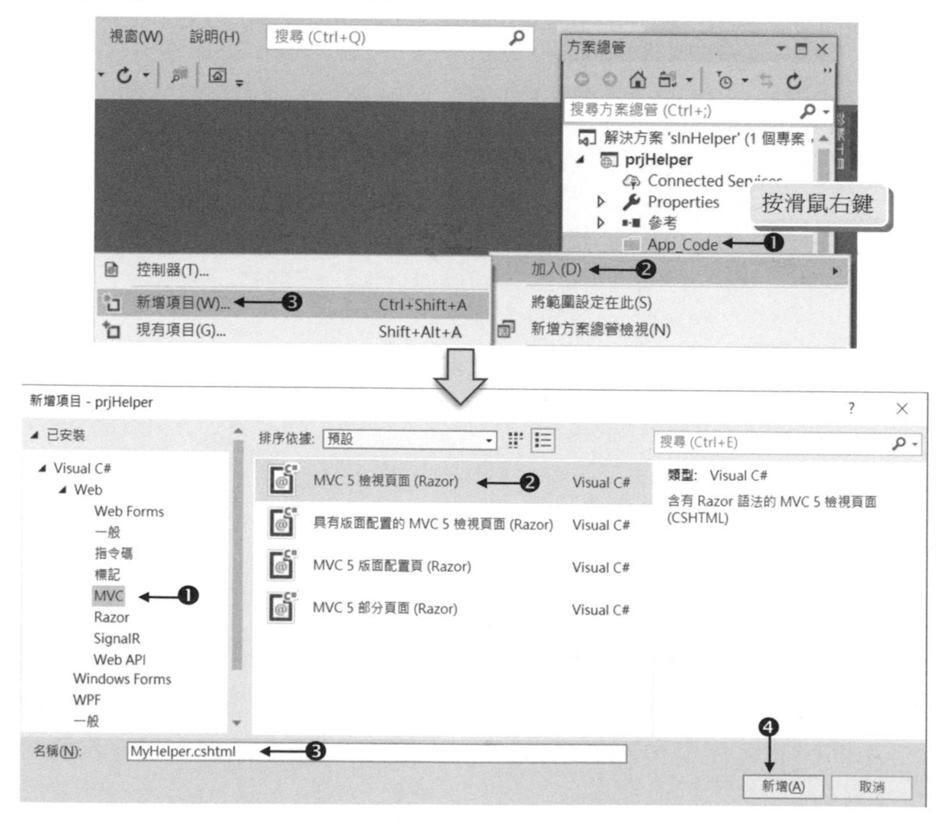

3. 在 MyHelper.cshtml 撰寫整個專案共用的 GetRealSalary()方法：

<HTML> 程式碼 FileName: App_Code/MyHelper.cshtml

```
01 @helper GetRealSalary(int salary, double tax) {
02    <span>@((salary - 3000) * (1.0 - tax)) </span>
03 }
```

Step 05 新增員工列表檢視頁面

1. 在 HomeController.cs 中的 Index()動作方法處按滑鼠右鍵，執行功能表的【新增檢視(D)…】指令開啟「加入檢視」視窗。

2. 在「加入檢視」視窗設定 檢視名稱(N) 是「Index」、 範本(T) 是「Empty (沒有模型)」、勾選「使用版面配置頁」。

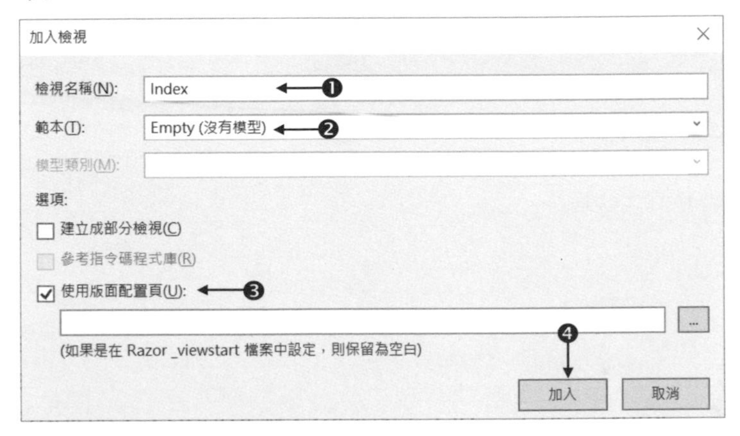

2. 撰寫 Index.cshtml 檢視頁面的程式碼：

<HTML> 程式碼 FileName: Views/Home/Index.cshtml

```
01 @model IEnumerable<prjHelper.Models.Employee>
02
03 @{
04    ViewBag.Title = "員工列表";
05 }
06
07 @helper PrintLevel(int salary)
08 {
09    if (salary <= 22000)
10    {
11        <td style="background-color:lightpink">
12            @salary
13        </td>
```

```
14      }
15      else if (salary > 22000 && salary <= 50000)
16      {
17          <td style="background-color:lightyellow">
18              @salary
19          </td>
20      }
21      else
22      {
23          <td style="background-color:lightgreen">
24              @salary
25          </td>
26      }
27  }
28
29  <h2>員工列表</h2>
30
31  <table class="table">
32      <tr>
33          <th>
34              員工編號
35          </th>
36          <th>
37              姓名
38          </th>
39          <th>
40              薪資
41          </th>
42          <th>
43              實領薪資
44          </th>
45      </tr>
46
47      @foreach (var item in Model)
48      {
49          <tr>
50              <td>
51                  @Html.DisplayFor(modelItem => item.Id)
52              </td>
53              <td>
```

```
54                  @Html.DisplayFor(modelItem => item.Name)
55              </td>
56                  @PrintLevel(item.Salary)
57              <td>
58                  @MyHelper.GetRealSalary(item.Salary, 0.06)
59              </td>
60          </tr>
61      }
62
63  </table>
```

說明

1) 第 1 行：宣告 View 使用的 Model 模型為 Employee 的集合物件。
2) 第 47~61 行：使用 foreach 將 Model 中的所有員工並以表格排版顯示出來。
3) 第 56, 7~27 行：呼叫 PrintLevel()輔助方法，並依傳入薪資顯示對應的儲存格顏色。薪資 22000(含)以下為粉紅色，22001~50000 為亮黃色，50001 以上為亮綠色。
4) 第 58 行：呼叫整個專案共用的 GetRealSalary()方法取得實領薪資，此方法撰寫在 App_Code 資料夾下的 MyHelper.cshtml 中，呼叫時記得要指定@MyHelper。

Step 06 測試網頁

執行【偵錯(D)/開始偵錯(S)】指令測試網頁執行結果。

6.3 如何使用 Partial View 部份檢視

Partial View 部份檢視可以將功能複雜的網頁畫面切割成獨立的元件，以利網站重複套用，Partial View 也是檢視的一種，所以附檔名也是.cshtml。Partial View 若放在特定的 Views 資料夾下僅能提供該資料夾下的檢視使用；若放在 Views/Shared 資料夾下，則可讓所有 Views 資料夾下的檢視共用。

如下示意圖，可將顯示書籍的 HTML 設計成 Partial View 部份檢視，相當於是一個顯示產品的獨立畫面，當套用 Partial View 時，主要的 View 檢視的程式碼會變得非常精簡；而且 Partial View 也可以帶入不同的模型物件以呈現不同的資料。

呼叫 Partial View 可傳入 ViewData 或模型物件(Model)，常用寫法如下：

```
@Html.Partial("Partial View 檔名")
@Html.Partial("Partial View 檔名", ViewData)
@Html.Partial("Partial View 檔名", 模型物件)
```

範例 slnSB 方案

延續 slnSB 方案，練習將顯示書籍的區塊設計成 Partial View。

執行結果

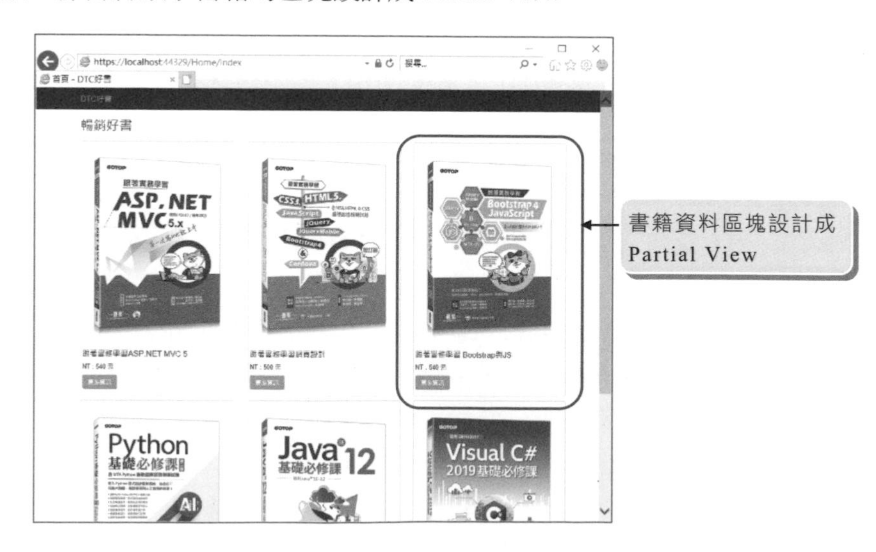

上機練習

Step 01 延續 slnSB.sln 專案

Step 02 專案 Images 資料夾的圖檔如下。若使用新專案請由書附範例 ch06/Images 資料夾進行複製。

AEL019800.jpg

AEL021400.jpg

AEL022131.jpg

AEL022231.jpg

AEL022500.jpg

AEL022600.jpg

Step 03 使用 Product.cs 類別檔；若使用新專案請在 Models 資料夾下建立 Product.cs 類別檔。程式碼如下

C# 程式碼 FileName: Models/Product.cs

```
01 namespace prjBS.Models
02 {
03     public class Product
04     {
05         public string Id { get; set; }          // Id  編號屬性
06         public string Name { get; set; }        // Name 品名屬性
07         public int Price { get; set; }          //Price 單價屬性
08     }
09 }
```

Step 04 建立專案可共用的 Partial View 部份檢視

1. 在方案總管的 Shared 資料夾按滑鼠右鍵，執行快顯功能表的【加入(D)/檢視(V)...】指令「加入檢視」視窗。

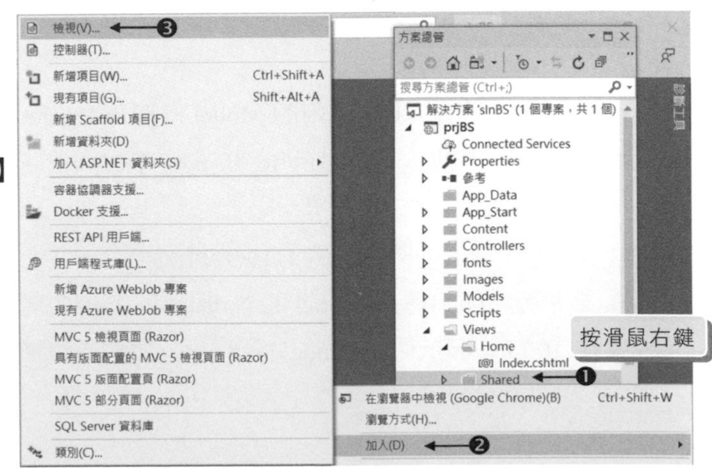

2. 在「加入檢視」視窗依圖示操作新增_ColPartial.cshtml 的 View 檢視頁面，請設定 檢視名稱(N) 是「_ColPartial」、範本(T) 是「Empty (沒有模型)」。

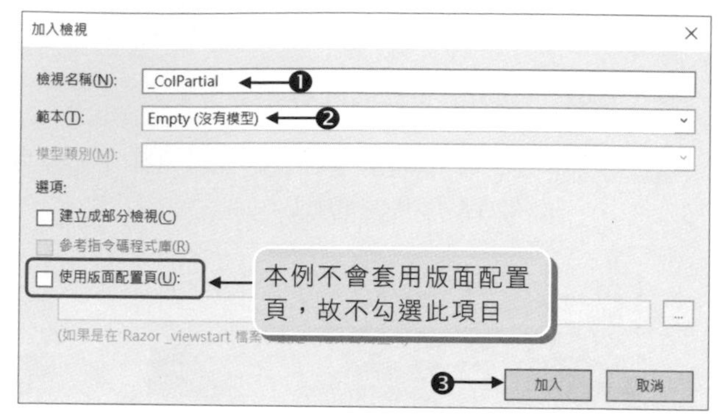

3. 撰寫_ColPartial.cshtml 部份檢視程式碼：

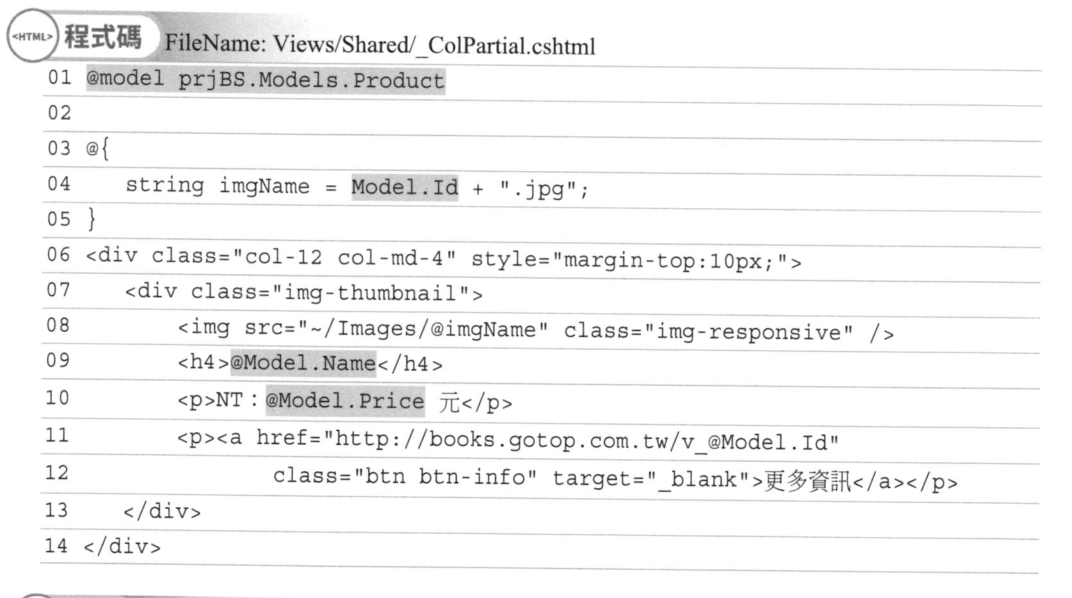

程式碼 FileName: Views/Shared/_ColPartial.cshtml

```
01 @model prjBS.Models.Product
02
03 @{
04     string imgName = Model.Id + ".jpg";
05 }
06 <div class="col-12 col-md-4" style="margin-top:10px;">
07     <div class="img-thumbnail">
08         <img src="~/Images/@imgName" class="img-responsive" />
09         <h4>@Model.Name</h4>
10         <p>NT：@Model.Price 元</p>
11         <p><a href="http://books.gotop.com.tw/v_@Model.Id"
12                class="btn btn-info" target="_blank">更多資訊</a></p>
13     </div>
14 </div>
```

說明

1) 第 1 行：宣告 View 使用的 Model 模型為 Product 物件。
2) 第 4 行：將傳入 Model 的 Id 與.jpg 合併成完整檔案名稱，並指定給 imgName 變數。
3) 第 6~14 行：縮圖元件的 HTML 排版。
4) 第 9 行：顯示傳入 Model 的 Name，即書籍名稱。
5) 第 10 行：顯示傳入 Model 的 Price，即書籍單價。

Step 05 建立 PartialViewController.cs 控制器檔案，撰寫 Index()動作方法

在 Index()動作方法中建立 products 串列，接著使用 Product 類別建立六筆書籍物件並放 products 串列內，最後使用 View()方法將 products 串列傳到檢視。程式碼如下：

C# 程式碼 FileName: Controllers/PartialViewController.cs

```
01 using prjBS.Models;
02
03 namespace prjBS.Controllers
04 {
05     public class PartialViewController : Controller
06     {
07         // GET: PartialView
08         public ActionResult Index()
09         {
10             List<Product> products = new List<Product>();
11             products.Add(new Product { Id = "AEL019800",
12                 Name = "跟著實務學習 ASP.NET MVC 5", Price = 540 });
13             products.Add(new Product { Id = "AEL021400",
14                 Name = "跟著實務學習網頁設計", Price = 500 });
15             products.Add(new Product { Id = "AEL022231",
16                 Name = "跟著實務學習 Bootstrap 與 JS", Price = 540 });
17             products.Add(new Product { Id = "AEL022131",
18                 Name = "Python 基礎必修課-第二版", Price = 450 });
19             products.Add(new Product { Id = "AEL022500",
20                 Name = "Java SE 12 基礎必修課", Price = 540 });
21             products.Add(new Product { Id = "AEL022600",
22                 Name = "Visual C# 2019 基礎必修課", Price = 530 });
23             return View(products);
24         }
25     }
26 }
```

Step 06 新增書籍列表 Index.cshtml 檢視頁面

1. 在 PartialViewController.cs 中的 Index()動作方法處按滑鼠右鍵，執行功能表的【新增檢視(D)...】指令開啟「加入檢視」視窗。
2. 在「加入檢視」視窗新增 Index.cshtml 的 View 檢視頁面。請設定 檢視名稱(N) 是「Index」、範本(T) 是「Empty (沒有模型)」、勾選「使用版面配置頁」。

3. 撰寫 Index.cshtml 檢視頁面的程式碼：

程式碼 FileName: Views/PartialView/Index.cshtml

```
01 @model IEnumerable<prjBS.Models.Product>
02
03 @{
04     ViewBag.Title = "首頁";
05 }
06 <h2>暢銷好書</h2>
07
08 <div class="row">
09    @foreach (var item in Model)
10    {
11        @Html.Partial("_ColPartial", item)
12    }
13 </div>
```

說明

1) 第 11 行：使用@Html.Partial()呼叫_ColPartial 並傳入 item(Product 類別物件，即 Product 模型)顯示指定的書籍縮圖元件。結果發現使用 Partial View 讓縮圖元件畫面的程式碼變得更精簡，可避免撰寫過多的 HTML 程式碼。

Step 07 測試網頁

執行【偵錯(D)/開始偵錯(S)】指令測試網頁執行結果。

6.4 如何使用前端資料驗證

資料驗證在網站開發中是非常重要的一個功能，可以預先判斷使用者資料是否有輸入正確，預防使用者隨意輸入及忘記填寫某一項資料而造成系統後續處理資料麻煩等問題；例如：欄位資料必填、必須指定數字、必須指定日期格式…等等。資料驗證分成前端驗證及後端驗證，前端資料驗證是在使用者表單送出前就先把有問題的部分挑出來並回報錯誤給使用者，而後端驗證即為伺服器驗證，當網站已經將表單送出至伺服器時，透過伺服器端將資料進行判斷並回傳錯誤訊息。

本節介紹 HTML 5 對表單的<input>標籤所新增的功能，透過這些功能當使用者按下 Submit 鈕 HTML5 會針對各種輸入類型進行前端資料驗證，驗證的同時會給予錯誤提示，讓開發人員完全不用撰寫 JavaScript 即可進行前端資料驗證，使用上相同方便。

下表介紹常用的 HTML 5 在 <input> 輸入欄位新增驗證的功能，說明如下：

<input>新增屬性	說明
type="email"	欄位必須輸入電子郵件地址。寫法如下：  <input type="email">
type="url"	欄位必須輸入網址。寫法如下：  <input type="url">
type="tel"	欄位必須填入電話號碼。寫法如下： <input type="tel">
type="number"	欄位必須填入數值，欄位改使用上下按鈕來調整數值，由於是數值資料，還可以使用 min 屬性來指定欄位最小值，使用 max 屬性來指定欄位最大值，使用 step 來指定每一次按上下鈕調整所增減的數值。寫法如下：  <input type="number">
type="range"	欄位必須填入數值，欄位改使用滑桿來調整數值，因為是數值，所以也可以使用 min、max 和 step 屬性。寫法如下： <input type="range"> 
type="date"	欄位必須填入日期，欄位使用日期清單讓使用者選擇。寫法如下：  <input type="date">

<input>新增屬性	說明
type="time"	欄位必須填入時間，欄位使用上下按鈕來調整時間。寫法如下： <input type="time"> 上午 02:55
required="required"	指定為必填欄位。 <input type="email" required="required"> 請填寫這個欄位。
placeholder="提示訊息"	當焦點未進入欄位內會顯示提示訊息。寫法如下： <input type="email" placeholder="請輸入電子信箱"> 請輸入電子信箱

ASP.NET MVC 提供的 HTML Helper 也可以使用上述屬性，做法就是使用 new 附加要新增或修改的 HTML 屬性即可。如下寫法是指定文字欄位繫結到模型的 Email 屬性、欄位必填、輸入格式為電子郵件地址、套用 Bootstrap 的.form-control 類別樣式，因為 class 為 C#保留字，必須改寫成「@class」才能編譯成 HTML 的 class 屬性。

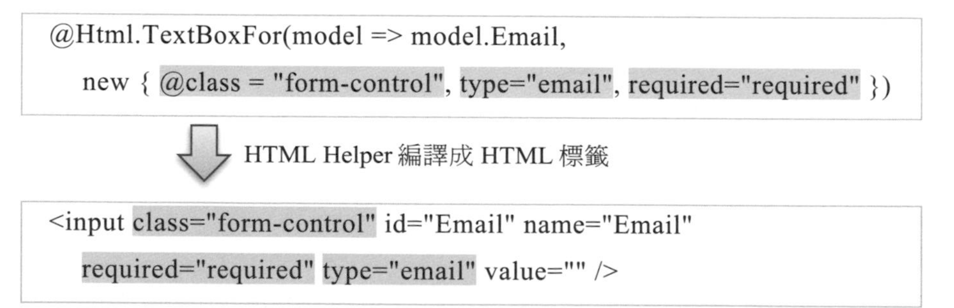

```
@Html.TextBoxFor(model => model.Email,
    new { @class = "form-control", type="email", required="required" })
```



```
<input class="form-control" id="Email" name="Email"
    required="required" type="email" value="" />
```

因為 HTML Helper 可以編譯成標準的 HTML，因此在 View 檢視可以直接使用 HTML 表單來設計，不一定要使用 HTML Helper。但建議還是使用強型別的 HTML Helper 來設計表單；其優點是執行程式碼速度較快、有 intellisense 輔助自動出現程式碼參考以及資料繫結等好處。

07 Model(一) - LINQ 與 Entity Framework

學習目標

LINQ 最大的特質是具備資料查詢的能力以及和 VB、C# 語言進行整合的能力，可同時配合 Entity Framework 來存取 SQL Server 資料來源。對於初學 ASP.NET MVC 的初學者而言，Model 最常使用的技術就是 Entity Framework。本章將詳細介紹如何使用 LINQ 與 Entity Framework 進行存取和操作陣列、集合以及 SQL Server 資料庫。

你的手製造我，建立我；求你賜我悟性，可以學習你的命令。(詩篇 119:73)

7.1 LINQ 資料查詢技術簡介

撰寫程式的過程當中，經常會需要在陣列、集合、DataSet 物件、XML 或 SQL Server 資料庫中查詢或排序資料，但在不同的資料來源欲進行查詢或排序，需要使用不同的查詢技術或資料結構方能達成。例如欲在陣列中搜尋資料，可透過循序搜尋法、二分搜尋法、二元樹搜尋法…或其他資料結構方能達成，或者透過 .NET Framework 的 Array 類別的 BinarySearch()方法來回傳陣列內欲搜尋元素的索引位置；如果想要查詢 DataSet 內 DataTable 的特定一筆資料列(DataRow)，可以使用 DataTable.Rows 集合的 Find()方法找出特定的資料列(DataRow)；查詢 XML 文件，則可以使用 XQuery；以 SQL Server 資料庫做為資料來源時，則可透過 SQL 語法進行查詢。當開發人員面對上述不同的資料來源時，需要學習與運用不同的資料查詢技術，才能取得特定所需的資料並且加以運用。在 2007 年隨著 .NET Framework 3.5 發布了 LINQ (全名為 Language-Integrated Query) 資料查詢技術，可讓開發人員使用一致性的語法來查詢不同的資料來源，例如查詢陣列、集合、DataSet 物件、XML、SQL Server 資料庫…等，讓開發人員不需要針對不同的資料來源學習不同的資料查詢技術。

LINQ 最大的特色是具備資料查詢的能力以及與程式語言進行整合的能力，它具備像 SQL 語法查詢的方式，也可以直接和 VB 和 C# 語法進行整合來獲得內建查詢功能 (VB 及 C# 必須是 2008 以上版本才能支援 LINQ)。LINQ 依使用對象可分為以下幾種技術類型：

1. LINQ to Objects
   或稱為 LINQ to Collection，可以查詢實作 IEnumerable 或 IEnumerable<T> 介面的集合物件，如查詢陣列、List、集合、檔案…等物件。

2. LINQ to XML
   使用於 XML 查詢技術的 API，透過 LINQ 查詢運算式可以不需要再額外學習 XPath 或 XQuery，就可以查詢或排序 XML 文件。

3. LINQ to DataSet
   透過 LINQ 查詢運算式，可以對記憶體內的 DataSet 或 DataTable 進行查詢。

4. LINQ to SQL

   可以對實作 IQueryable<T> 介面的物件做查詢，也可以直接對 SQL Server 和 SQL Server Express 資料庫進行查詢與編輯。此功能目前由 Entity Framework 與 LINQ to Entity 所取代，且 ASP.NET MVC 最常使用 Entity Framework 來當做 Model 技術，因此本書以 Entity Framework 與 LINQ to Entity 為主來作介紹。

另外，只要撰寫語言關鍵字或運算子，即可針對強型別物件集合來撰寫查詢。如下圖所示使用 LINQ 查詢 SQL Server 資料庫，不論是使用 VB 或 C# 在 LINQ 中都支援 IntelliSense 和完整的型別檢查，讓開發人員在撰寫程式上更加方便。

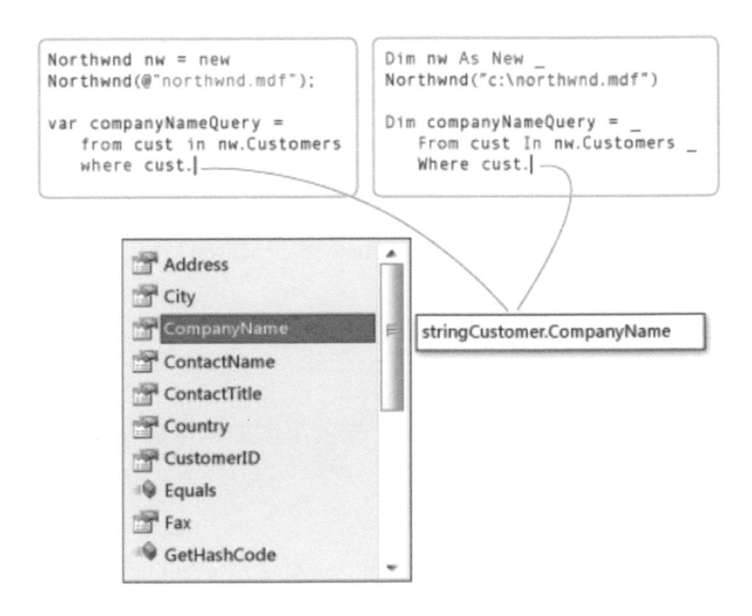

7.2 LINQ 查詢運算式

LINQ 查詢運算式 (Query Expression) 先透過 from 關鍵字來指定欲查詢的資料集合以及進行資料逐一處理時所需使用的變數名稱和型別，類似使用 foreach 迴圈的方式，將集合內查詢出來的物件逐一取出並放置到區域變數中進行比對，語法中可以進一步使用 where 條件來過濾資料，然後再使用 orderby 來指定符合條件物件的排序方式，最後使用 select 子句來指定每次比對後所要得到的查詢結果，或使用

select new 指定要取得的新物件並且同時指定該物件之屬性，最後再將整個 LINQ 的查詢結果儲存到一個指定的變數。LINQ 查詢語法如下：

```
var 變數 = from [資料型別] 範圍變數 in 集合
          where <條件>
          orderby 欄位名稱 1 [ascending | descending] [, 欄位名稱 2[...]]
          select new {[ 別名 1=] 欄位名稱 1 [, [ 別名 2=] 欄位名稱 2 [...] ]};
```

如下舉例 LINQ 查詢運算式的用法：

1. 查詢 score 整數陣列大於等於 60 資料。

```
int[] score = new int[]{90, 12, 56, 80, 90};
var result = from m in score
             where m >= 60
             select m;
```

2. 查詢 uid 字串陣列中，內容等於 "Jasper" 的所有字串。

```
string[] uid = new string[]{"Anita", "Jasper", "Marco", "Tom"};
var result = from m in name
             where m == "Jasper"
             select m;
```

3. 查詢「產品」資料表中的所有記錄，先依單價做遞增排序，再依庫存量做遞減排序。

```
var product =  from m in 產品
               orderby m.單價 ascending, m.庫存量 descending
               select m;
```

4. 查詢「客戶」資料表公司地址是在 "忠明南路" 的記錄。

```
var company = from m in 客戶
              where m.地址.Contains("忠明南路")
              select m;
```

5. 查詢「產品」資料表中數量大於等於 200 的記錄，並依單價做遞減排序，最後傳回查詢結果的產品物件只有產品編號、品名、單價三個欄位。

```
var products =     from m in 產品
               orderby m.單價 descending
               where m.數量 >= 200
               select new
               {
                   m.產品編號, m.品名, m.單價
               };
```

7.3 LINQ 方法

撰寫 LINQ 查詢時可以使用前面所介紹的查詢運算式(Query Expression)和方法語法(Fluent Syntax)。LINQ 方法之語法基本上是以擴充方法和 Lambda 表達式來建立查詢。查詢運算式與方法語法兩者執行結果雖然相同，但大部份的情況使用 LINQ 方法在寫法上會比較簡潔，若是查詢運算式語法過多(例如使用 Join 來進行合併)，則使用方法語法會比較不容易撰寫，因此開發人員可視實際情況來選擇 LINQ 查詢運算式或是 LINQ 方法語法。LINQ 方法語法如下：

```
var 變數 = 集合.LINQ 擴充方法(Lamdba 運算式);
```

下表列出常用的 LINQ 方法：

方法	說明
Average	傳回結果平均。
Count	傳回結果總筆數。
Max	傳回結果最大值。
Min	傳回結果最小值。
Sum	傳回結果加總。
Where	傳回指定條件的記錄。
Take	傳回特定筆數的記錄。
Skip	跳過指定的筆數。

方法	說明
OrderBy	設定遞增排序，必須在 Take 和 Skip 方法之前使用。
OrderByDescending	設定遞減排序，必須在 Take 和 Skip 方法之前使用。
ThenBy	指定後續遞增排序。
ThenByDescending	指定後續遞減排序。
FirstOrDefault	傳回第一筆記錄，若沒有記錄則傳回預設值。
SingleOfDefault	傳回單一筆記錄，若沒有記錄則傳回預設值。
ToList	將傳回的結果轉成 List 資料型別。

範例 slnLinq 方案

練習使用 LINQ 查詢運算式與 LINQ 擴充方法對陣列、物件集合進行查詢、排序等處理。

上機練習

Step 01 建立方案名稱為 slnLinq、專案名稱為 slnLinq 的空白 MVC 專案。

Step 02 在 Controllers 資料夾下建立 DefaultController.cs 控制器，並練習使用 LINQ 查詢、排序與資料處理。

Step 03 在 DefaultController.cs 控制器中撰寫 ShowArrayDesc()動作方法，該動作方法可傳回 score 陣列遞減排序和總和的結果，程式碼如下：

C# 程式碼 FileName: Controllers/DefaultController.cs

```
01 namespace prjLinq.Controllers
02 {
03     public class DefaultController : Controller
04     {
05
06         // 整數陣列遞減排序
07         public string ShowArrayDesc()
08         {
09             int[] score = new int[] { 78, 99, 20, 100, 66 };
10             string show = "";
```

```
11            //Linq 擴充方法寫法
12            var result = score.OrderByDescending(m=>m);
13            //Linq 查詢運算式寫法
14            //var result = from m in score
15            //             orderby m descending
16            //             select m;
17            show = "遞減排序：";
18            foreach (var m in result)
19            {
20                show += m + ",";
21            }
22            show += "<br />";
23            show += "總和：" + result.Sum();
24            return show;
25        }
26    }
27 }
```

說明

1) 第 12 行：使用 LINQ 的 OrderByDescending()方法將 score 陣列進行遞減排序。
2) 第 14~16 行：使用 LINQ 查詢運算式將 score 陣列進行遞減排序，並將結果指定給 result。功能同第 12 行。
3) 第 23 行：使用 LINQ 的 Sum()方法將 score 陣列進行加總。

執行程式，在瀏覽器網址列輸入「http://localhost/Default/ShowArrayDesc」，即執行 Default 控制器的 ShowArrayDesc()的動作方法，結果如下圖：

https://localhost:44337/Defaul
localhost:44337/Default/ShowArrayDesc

遞減排序：100,99,78,66,20,
總和：363

Step 04 在 DefaultController.cs 控制器中撰寫 ShowArrayAsc()動作方法，該動作方法可傳回 score 陣列遞增排序和平均的結果，寫法如下：

C# 程式碼 FileName: Controllers/DefaultController.cs

```
01 namespace prjLinq.Controllers
02 {
```

```
03    public class DefaultController : Controller
04    {
05
 ............略............
26        // 整數陣列遞增排序
27        public string ShowArrayAsc()
28        {
29            int[] score = new int[] { 78, 99, 20, 100, 66 };
30            string show = "";
31            //Linq 擴充方法寫法
32            var result = score.OrderBy(m => m);
33            //Linq 查詢運算式寫法
34            //var result = from m in score
35            //             orderby m ascending
36            //             select m;
37            show = "遞增排序：";
38            foreach (var m in result)
39            {
40                show += m + ",";
41            }
42            show += "<br />";
43            show += "平均：" + result.Average();
44            return show;
45        }
46    }
47 }
```

說明

1) 第 32 行：使用 LINQ 的 OrderBy()方法將 score 陣列進行遞增排序。
2) 第 34~36 行：使用 LINQ 查詢運算式將 score 陣列進行遞增排序，並將結果指定給 result。功能同第 32 行。
3) 第 43 行：使用 LINQ 的 Average()方法將 score 陣列進行平均運算。

執行程式，在瀏覽器網址列輸入「http://localhost/Default/ShowArrayAsc」，即執行 Default 控制器的 ShowArrayAsc()的動作方法，結果如下圖：

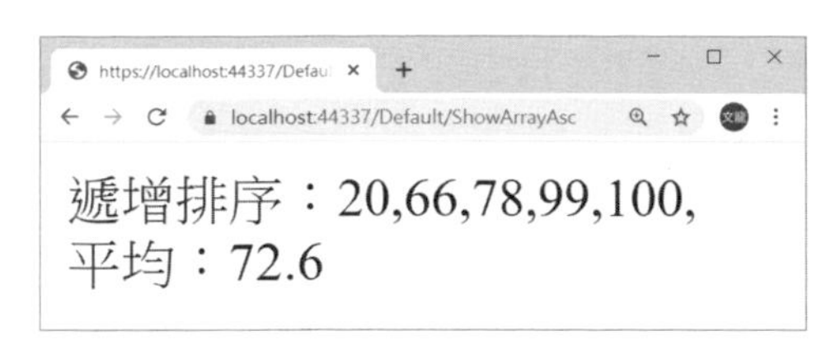

Step 05 此步驟練習使用 LINQ 查詢 Member 會員串列物件：

1. 在 Models 資料夾下新增 Member.cs 會員類別檔，同時定義 Member 會員類別有 UserId 帳號、Name 姓名、Pwd 密碼，完整程式碼如下：

C# 程式碼 FileName: Models/Member.cs

```
01 namespace prjLinq.Models
02 {
03     public class Member
04     {
05         public string UserId { get; set; }
06         public string Pwd { get; set; }
07         public string Name { get; set; }
08     }
09 }
```

2. 在 Default 控制器中撰寫 LoginMember()動作方法，該動作方法可取得 URL 的 uid 和 pwd 參數，並透過 uid 帳號及 pwd 密碼來判斷是否為會員。

C# 程式碼 FileName: Controllers/DefaultController.cs

```
01 using prjLinq.Models;   //使用 Member 類別必須引用此命名空間
02 namespace prjLinq.Controllers
03 {
04     public class DefaultController : Controller
05     {
06
 ............略............
46         //查詢 members 會員串列的帳號與密碼
47         public string LoginMember(string uid, string pwd)
48         {
49             //members 串列放入三筆會員資料
50             List<Member> members = new List<Member>();
51             members.Add(new Member { UserId = "tom", Pwd = "123",
```

```
52                  Name = "湯姆" });
53              members.Add(new Member { UserId = "jasper", Pwd = "456",
54                  Name = "賈思伯" });
55              members.Add(new Member { UserId = "mary", Pwd = "789",
56                  Name = "瑪麗" });
57              //Linq 擴充方法寫法
58              var result = members
59                  .Where(m => m.UserId == uid && m.Pwd == pwd)
60                  .FirstOrDefault();
61              //Linq 查詢運算式寫法
62              //var result = (from m in members
63              //               where m.UserId==uid && m.Pwd==pwd
64              //               select m).FirstOrDefault();
65              string show = "";
66              if (result != null)
67              {
68                  show = result.Name + "歡迎進入系統";
69              }
70              else
71              {
72                  show = "帳號密碼錯誤！";
73              }
74              return show;
75          }
76      }
77  }
```

說明

1) 第 47 行：呼叫此動作方法時會傳入 URL 的 uid 帳號和 pwd 密碼參數。
2) 第 49~56 行：建立 members 串列物件，串列內有三筆 Member 會員物件。
3) 第 58~60 行：使用 LINQ 的 Where()方法驗證 URL 傳入的 uid 和 pwd 參數是否為會員帳號和密碼，接著再透過 FirstOrDefault()方法取得符合的會員物件，若沒有符合的會員物件，則 FirstOrDefault()方法會傳回 null。
4) 第 62~64 行：使用 LINQ 查詢運算式驗證 URL 傳入的 uid 和 pwd 參數是否為會員，再透過 FirstOrDefault()方法取得符合的會員物件，若沒有取得符合的會員物件，則 FirstOrDefault()方法會傳回 null。功能同 58-60 行。

執行程式，在瀏覽器網址列輸入「http://localhost/Default/LoginMember?uid=jasper& pwd=456」，此時會執行 DefaultController 的 LoginMember()動作方法，同時傳入 uid 參數值為 jasper，pwd 參數值為 456，LoginMember()動作方法會驗證 "jasper" 和 "456" 是否為會員的帳密，若是會員則出現下圖：

若在瀏覽器網址列輸入「http://localhost/Default/LoginMember?uid=anita&pwd=756」，表示傳入 URL 的 uid 參數值為 anita，pwd 參數值為 765，經過動作方法驗證 "anita" 和 "765 " 並不是會員的帳號和密碼，此時會出現下圖：

7.4 ADO .NET Entity Framework

7.4.1 Entity Framework 簡介

Entity Framework 是 ADO.NET 中的開發框架，也是在 .NET Framework 中的一套程式庫，如果要使用 Entity Framework 則電腦必須安裝 .NET Framework 3.5 SP1 以上版本。有了 Entity Framework 之後，開發人員在操作資料時可以使用比傳統 ADO.NET 應用程式更少的程式碼來建立及維護資料庫資料。下圖所示為 Entity Framework 的架構圖，存取資料來源的底層一樣是使用 ADO.NET Data Provider (Connection、Command、DataAdapter…)，開發人員只要以物件導向程式設計配合 LINQ 查詢就可以存取資料來源。

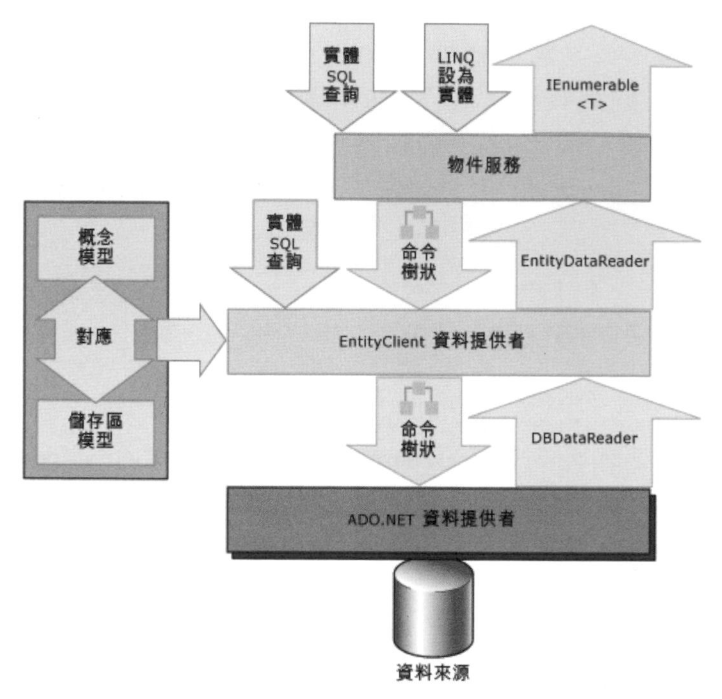

資料來源：https://i-msdn.sec.s-msft.com/dynimg/IC372856.jpeg

在 dbEmployee.mdf 的 tEmployee 員工資料表中新增一筆員工記錄，記錄中指定 fEmpId 員工編號為 "E01"、fName 姓名欄位為 "王小明"、fSalary 薪資欄位為 40000。若使用 ADO.NET 就必須使用 SqlConnection、SqlCommand 物件並配合 SQL 語法才能達成，使用上不直覺。寫法如下：

```
SqlConnection cn = new SqlConnection();
cn.ConnectionString =@"Data Source=(LocalDB)\MSSQLLocalDB;" +
   "AttachDbFilename=|DataDirectory|dbEmployee.mdf;" +
   "Integrated Security=True";
cn.Open();
SqlCommand cmd = new SqlCommand();
cmd.Connection = cn;
cmd.CommandText =
   "INSERT INTO tEmployee(fEmpId,fName,fSalary)VALUES" +
   "N'E01',N'王小明',40000)";
cmd.ExecuteNonQuery();
db.Close();
```

若使用 Entity Framework 與 LINQ 方法，上面的程式碼就可以改寫如下：

```
//建立資料庫連接物件 db
dbEmployeeEntities db = new dbEmployeeEntities();
tEmployee emp = new tEmployee();          //建立 tEmployee 員工物件 emp
emp.fEmpId="E01";                         //設定員工編號
emp.fName="王小明";                        //設定員工姓名
emp.fSalary=40000;                        //設定員工薪資
db.tEmployee.Add(emp); //新增 emp 員工記錄到 tEmpoyee
db.SaveChanges();          //執行 SaveChanges()方法進行更新作業
```

7.4.2 實體資料模型設計工具的使用

VS 提供實體資料模型設計工具(Entity Designer)可以讓開發人員使用工具拖曳的方式動態產生 Entity 類別，該 Entity 類別會直接對應至 SQL Server 的資料表，此時開發人員就可以使用物件導向程式設計的方式，配合 LINQ 查詢運算式來存取 SQL Server。

範例 slnLinq 方案

延續上例，使用實體資料模型設計工具建立 Northwind.mdf 資料庫的 Entity，並練習使用 LINQ 查詢運算式或 LINQ 方法顯示產品資料、客戶、員工資料表的記錄。

上機練習

Step 01 延續上例，開啟 slnLinq.sln 方案。

Step 02 在專案的 App_Data 資料夾加入 Northwind.mdf 資料庫

將書附範例資料庫資料夾下的 Northwind.mdf 資料庫拖曳到專案的 App_Data 的資料夾下。

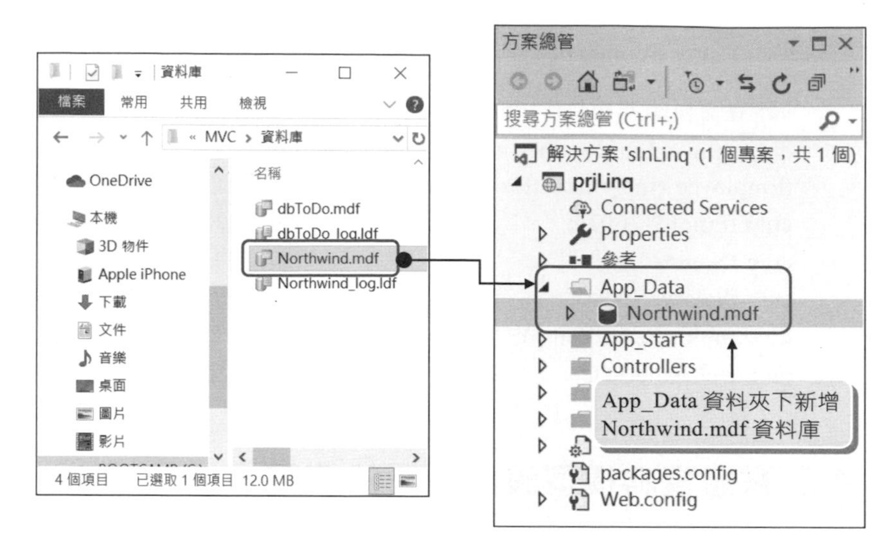

Step 03 建立可存取 Northwind.mdf 資料庫的 Model(ADO.NET 實體資料模型)

1. 在方案總管的 Models 資料夾按滑鼠右鍵，並執行快顯功能表的【加入(D)/新增項目(W)...】指令新增「ADO.NET 實體資料模型」，將該檔名設為「NorthwindModel.edmx」。(.edmx 副檔名可省略不寫，該檔是用來記錄資料庫所對應的實體模型)

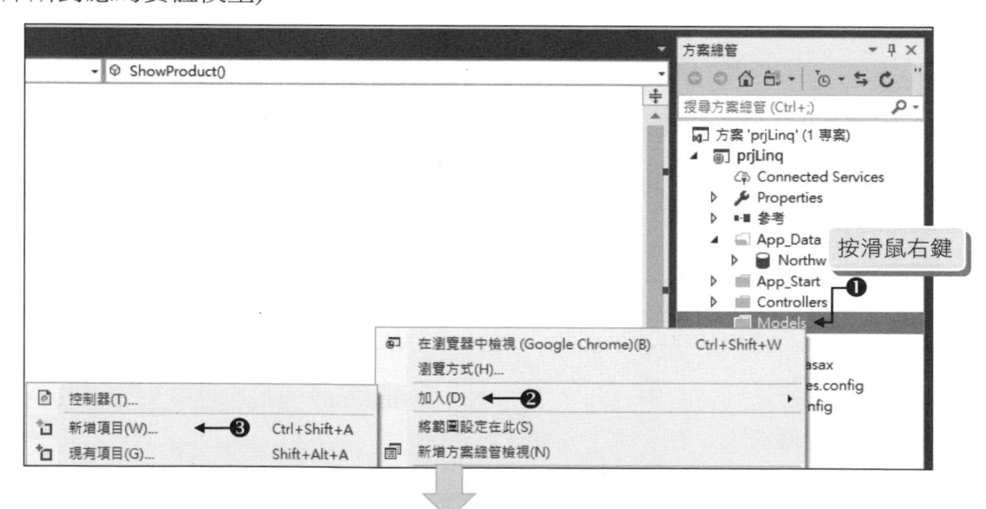

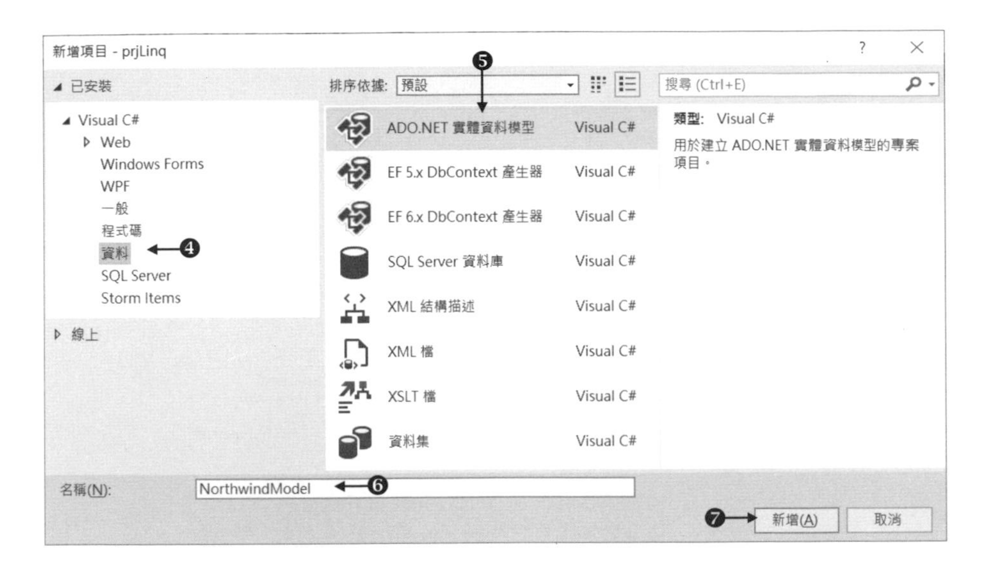

2. 當新增 NorthwindModel.edmx 的 ADO.NET 實體資料模型後，即會開啟「實體資料模型精靈」視窗，該視窗會一步步指引使用者完成模型。

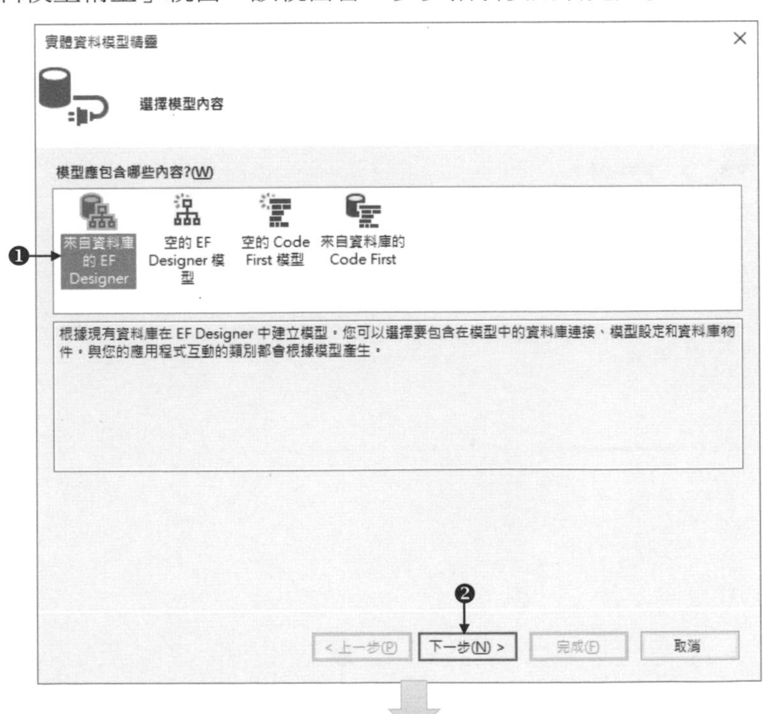

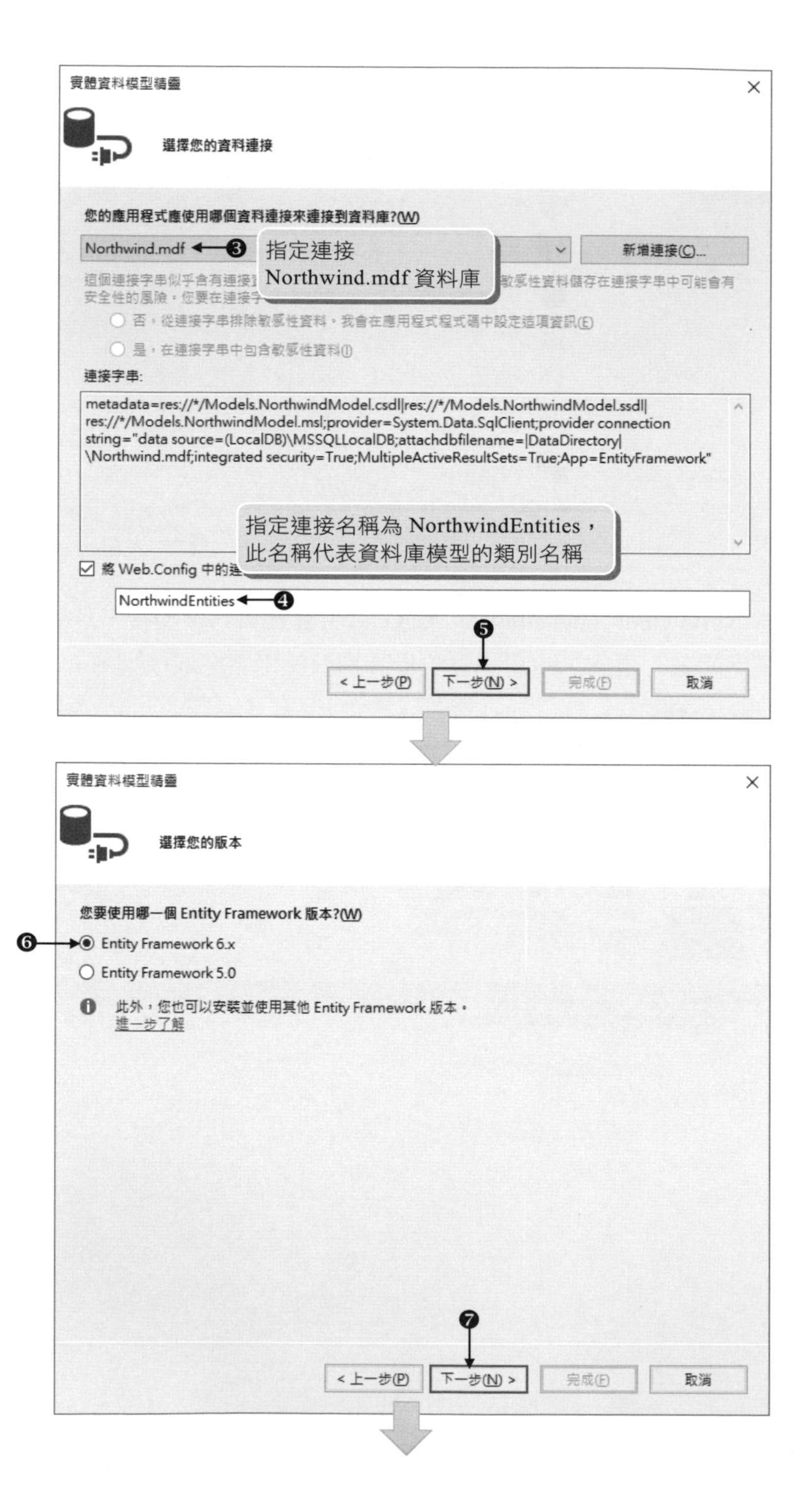
實體資料模型精靈
選擇您的資料連接
您的應用程式應使用哪個資料連接來連接到資料庫?(W)
Northwind.mdf
3
指定連接
Northwind.mdf 資料庫
新增連接(C)...
這個連接字串似乎含有連接資料庫所需的敏感性資料(例如密碼)。將敏感性資料儲存在連接字串中可能會有安全性的風險。您要在連接字串中包含此敏感性資料嗎?
否，從連接字串排除敏感性資料。我會在應用程式程式碼中設定這項資訊(E)
是，在連接字串中包含敏感性資料(I)
連接字串:
metadata=res://*/Models.NorthwindModel.csdl|res://*/Models.NorthwindModel.ssdl|res://*/Models.NorthwindModel.msl;provider=System.Data.SqlClient;provider connection string="data source=(LocalDB)\MSSQLLocalDB;attachdbfilename=|DataDirectory|\Northwind.mdf;integrated security=True;MultipleActiveResultSets=True;App=EntityFramework"
指定連接名稱為 NorthwindEntities，
此名稱代表資料庫模型的類別名稱
將 Web.Config 中的連接設定儲存為:
NorthwindEntities
4
5
< 上一步(P)
下一步(N) >
完成(F)
取消
實體資料模型精靈
選擇您的版本
您要使用哪一個 Entity Framework 版本?(W)
6
Entity Framework 6.x
Entity Framework 5.0
此外，您也可以安裝並使用其他 Entity Framework 版本。
進一步了解
7
< 上一步(P)
下一步(N) >
完成(F)
取消

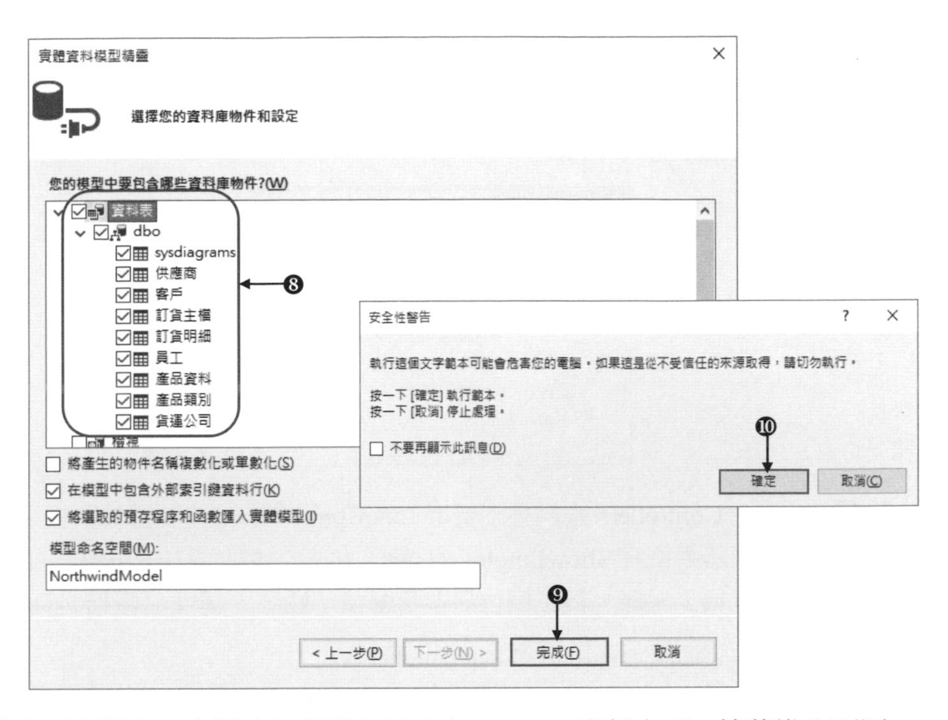

3. 完成上面步驟後，實體資料模型會建立在 Models 資料夾下。接著進入下圖 Entity Designer 實體資料模型設計工具的畫面，可以發現設計工具內含 Northwind.mdf 資料庫的實體資料模型(即資料表對應的類別)。

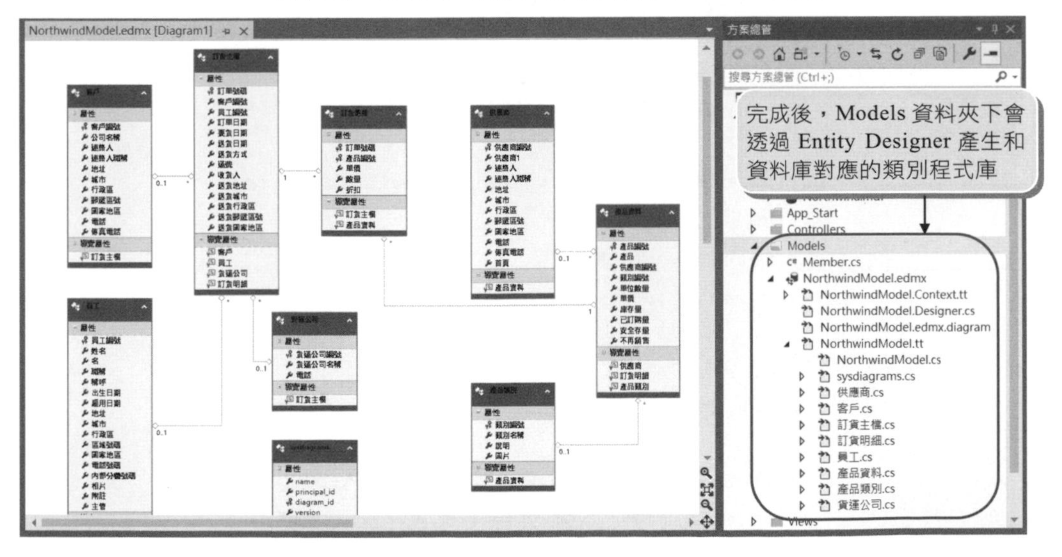

4. 請選取方案總管視窗的專案名稱(prjLinq)，並按滑鼠右鍵執行快顯功能表的【建置(U)】指令編譯整個專案，此時就可以使用 Entity Framework 來存取 Northwind.mdf 資料庫。

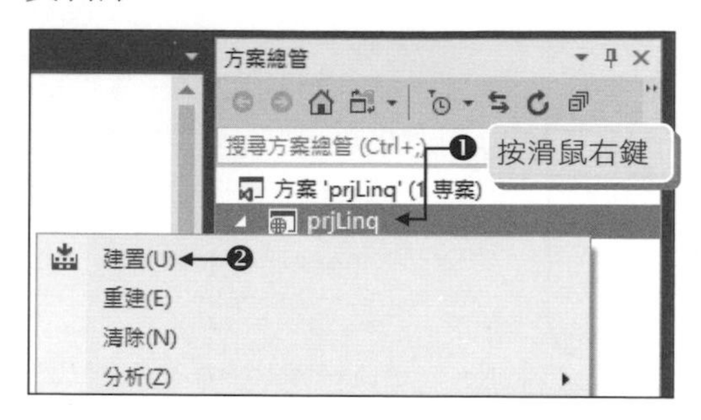

Step 04 在 Controllers 資料夾下新增 LinqController.cs 控制器類別檔，接著在該控制器中撰寫 ShowEmployee()動作方法，該動作方法可傳回員工資料表所有員工記錄，員工欄位只顯示編號、姓名、稱呼、職稱。寫法如下：

C# 程式碼 FileName: Controllers/LinqController.cs

```
01 using prjLinq.Models;
02
03 namespace prjLinq.Controllers
04 {
05     public class LinqController : Controller
06     {
07         // 查詢所有員工記錄
08         public string ShowEmployee()
09         {
10             NorthwindEntities db = new NorthwindEntities();
11             //Linq 擴充方法寫法
12             var result = db.員工;
13             //var result = from m in db.員工
14             //             select m;
15             string show = "";
16             foreach (var m in result)
17             {
18                 show += $"編號：{m.員工編號}<br />";
19                 show += $"姓名：{m.姓名 + m.稱呼}<br />";
20                 show += $"職稱：{m.職稱}<hr>";
21             }
```

```
22              return show;
23          }
24      }
25  }
```

說明

1) 第 1 行：透過 ADO.NET 實體資料模型的 Model 建立於 prjLinq.Models 命名空間下，因此請引用「prjLinq.Models」命名空間。
2) 第 10 行：建立 NorthwindEntities 類別的 db 物件，該物件可連接 Northwind.mdf 資料庫。
3) 第 12 行：使用 LINQ 方法寫法取得員工所有記錄並指定給 result，功能同 13~14 行。
4) 第 16~21 行：使用 foreach 迴圈將 result 取得員工記錄的編號、姓名、稱呼以及職稱合拼在 show 變數中。
5) 第 22 行：將 show 變數結果傳至用戶端顯示。

執行程式，在瀏覽器網址列輸入「http://localhost/Linq/ShowEmployee」，即執行 LinqController 的 ShowEmploee()動作方法顯示員工記錄，結果如下圖：

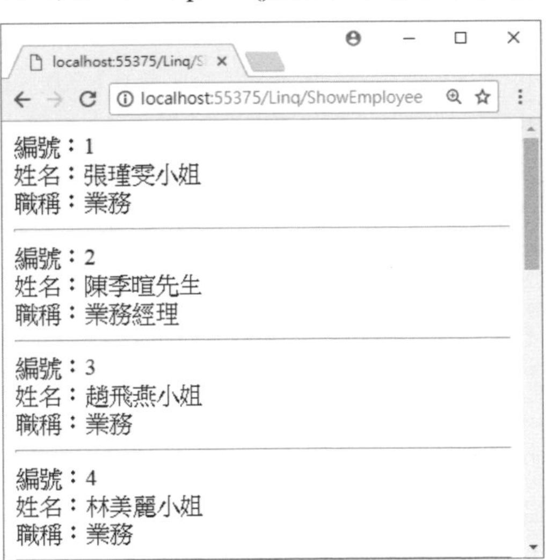

Step 05 在 LinqController 控制器中撰寫 ShowCustomerByAddress()動作方法，該動作方法可取得 URL 參數 keyword，並查詢地址含有 keyword 關鍵字的客戶記錄。寫法如下：

C# 程式碼 FileName: Controllers/LinqController.cs

```
01 using prjLinq.Models;
02
03 namespace prjLinq.Controllers
04 {
05     public class LinqController : Controller
06     {
............略............
24         //找出客戶地址中含有 keyword 關鍵字的客戶記錄
25         public string ShowCustomerByAddress(string keyword)
26         {
27             NorthwindEntities db = new NorthwindEntities();
28             //Linq 擴充方法寫法
29             var result = db.客戶.Where(m => m.地址.Contains(keyword));
30             //Linq 查詢運算式寫法
31             //var result = from m in db.客戶
32             //             where m.地址.Contains(keyword)
33             //             select m;
34             string show = "";
35             foreach (var m in result)
36             {
37                 show += $"公司：{m.公司名稱}<br />";
38                 show += $"姓名：{m.連絡人}{m.連絡人職稱}<br />";
39                 show += $"地址：{m.地址}<hr>";
40             }
41             return show;
42         }
43     }
44 }
```

說明

1) 第 25 行：呼叫此動作方法可取得 URL 的 keyword 參數值。
2) 第 29 行：使用 LINQ 的 Where()方法查詢客戶地址內含 keyword 資料的記錄，功能同 31~33 行。

執行程式，在瀏覽器網址列輸入「http://localhost/Linq/ShowCustomerByAddress?keyword=台北」，即顯示住在「台北」的客戶，結果如下圖：

執行程式，在瀏覽器網址列輸入「http://localhost/Linq/ShowCustomerByAddress?keyword=中山路」，即顯示住在「中山路」的客戶，結果如下圖：

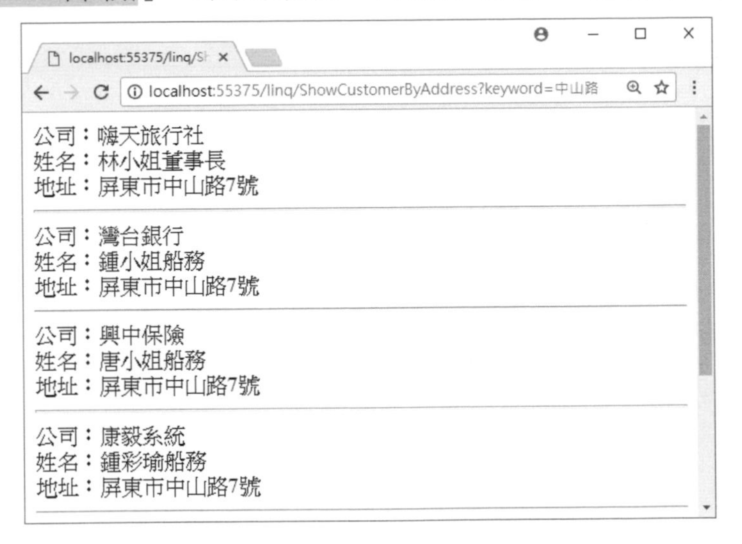

Step 06 在 LinqController.cs 中撰寫 ShowProduct()動作方法，該動作方法可查詢單價大於 30 的產品，並依單價做遞增排序，庫存量做遞減排序。寫法如下：

C# 程式碼 FileName: Controllers/LinqController.cs

```
01 using prjLinq.Models;
02
03 namespace prjLinq.Controllers
04 {
05     public class LinqController : Controller
```

```
06    {
............略............
43        // 查詢單價大於 30 的產品，並依單價做遞增排序，庫存量做遞減排序
44        public string ShowProduct()
45        {
46            NorthwindEntities db = new NorthwindEntities();
47            //Linq 擴充方法寫法
48            var result = db.產品資料
49                .Where(m => m.單價 > 30)
50                .OrderBy(m => m.單價)
51                .ThenByDescending(m => m.庫存量);
52            //Linq 查詢運算式寫法
53            //var result = from m in db.產品資料
54            //             where m.單價 > 30
55            //             orderby m.單價 ascending, m.庫存量 descending
56            //             select m;
57            string show = "";
58            foreach (var m in result)
59            {
60                show += $"產品：{m.產品}<br />";
61                show += $"單價：{m.單價}<br />";
62                show += $"庫存：{m.庫存量}<hr>";
63            }
64            return show;
65        }
66    }
67 }
```

說明

1) 第 48~51 行：使用 LINQ 的 Where()方法查詢單價大於 30 的產品，接著使用 OrderBy()方法依單價做遞增排序，最後再使用 ThenByDescending()方法依庫存量做遞減排序，功能同 53~56 行。

執行程式，在瀏覽器網址列輸入「http://localhost/Linq/ShowProduct」，結果顯示單價大於 30 的產品，產品會依單價做遞增排序，庫存量做遞減排序。如下圖：

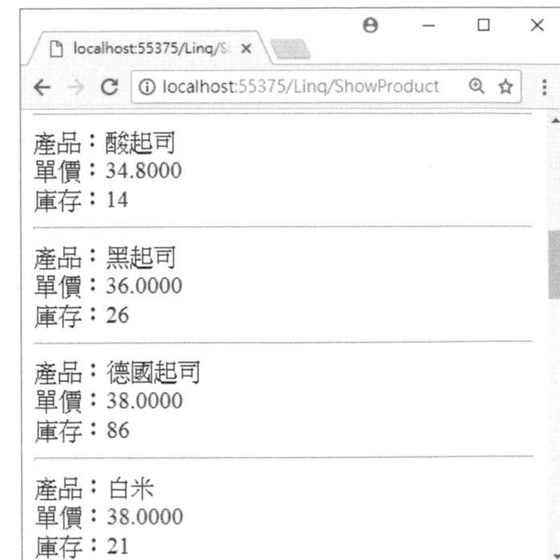

Step 07 在 LinqController 控制器中撰寫 ShowProductInfo()動作方法，該動作方法可查詢產品平均價、總合、筆數，最高價和最低價資訊。寫法如下：

C# 程式碼 FileName: Controllers/LinqController.cs

```
01 using prjLinq.Models;
02
03 namespace prjLinq.Controllers
04 {
05     public class LinqController : Controller
06     {
............略............
66         //查詢產品平均價、總和、筆數，最高價和最低價資訊
67         public string ShowProductInfo()
68         {
69             NorthwindEntities db = new NorthwindEntities();
70             //Linq 擴充方法寫法
71             var result = db.產品資料;
72             //Linq 查詢運算式寫法
73             //var result = from m in db.產品資料
74             //             select m;
75             string show = "";
76             show += $"單價平均：{result.Average(m => m.單價)}<br />";
77             show += $"單價總和：{result.Sum(m => m.單價)}<br />";
78             show += $"記錄筆數：{result.Count()}<br />";
79             show += $"單價最高：{result.Max(m => m.單價)}<br />";
80             show += $"單價最低：{result.Min(m => m.單價)}";
```

```
81            return show;
82        }
83    }
84 }
```

說明

1) 第 71 行：取得所有產品記錄並放入 result，功能同 73~74 行。
2) 第 76 行：使用 LINQ 的 Average()方法取得產品單價平均。
3) 第 77 行：使用 LINQ 的 Sum()方法取得產品單價總和。
4) 第 78 行：使用 LINQ 的 Count()方法取得產品總筆數。
5) 第 79 行：使用 LINQ 的 Max()方法取得產品的最高價。
6) 第 80 行：使用 LINQ 的 Min()方法取得產品的最低價。

執行程式，在瀏覽器網址列輸入「http://localhost/Linq/ShowProductInfo」，結果顯示產品平均價、總合、筆數，最高價和最低價資訊。如下圖：

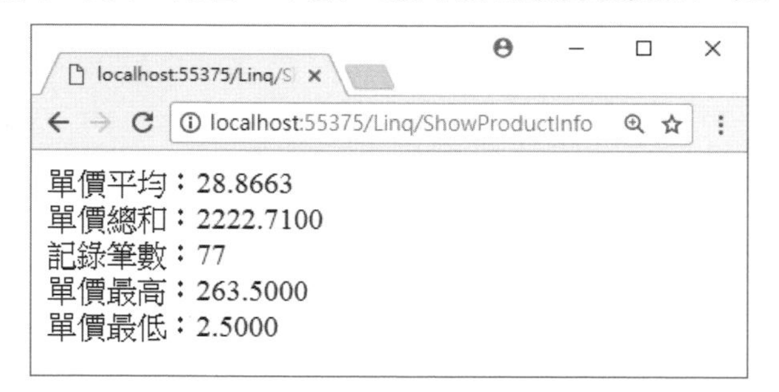

7.5 資料模型驗證

7.5.1 資料模型驗證的使用方式

資料驗證的好處即是幫助使用者在輸入資料時，只能輸入符合準則的資料內容，以確保資料的正確性。ASP.NET MVC 提供了 Model Validate(模型驗證)的方式讓開發人員進行資料驗證，Model Validate 是透過 .NET Framework 的 DataAnnotation 進行驗證，因此使用時必須引用「using System.ComponentModel;」和「using

System.ComponentModel.DataAnnotations;」命名空間。Model Validate 讓開發人員以附加屬性的方式，幫助模型加入驗證的規則，並提供用戶端和伺服器驗證檢查，可進行驗證的有：必填資料、輸入字串長度、驗證資料型別、電子郵件驗證...等等。

如下說明 Model Validate 的使用步驟：

Step 01 在類別的模型中加入驗證屬性，程式碼說明如下；

1. tStudent 學生類別中要使用 Model Validate 來進行驗證屬性，因此必須在程式的最開頭引用 System.ComponentModel 和 System.ComponentModel.DataAnnotations 的命名空間。
2. 設定 fStuId 的驗證屬性為：顯示欄位名稱為 "學號"；此欄位為必填，若未輸入資料則顯示 "學號不可空白"；且必須輸入 2-7 個字元，若不是則顯示"學號必須是 2-7 個字元" 的訊息。
3. 設定 fName 的驗證屬性為：顯示欄位名稱為 "姓名"；此欄位為必填，若未輸入資料則顯示 "姓名不可空白" 的訊息。
4. 設定 fEmail 的驗證屬性為：顯示欄位名稱為 "信箱"；欄位資料必須是電子信箱格式，若不是則顯示 "E-Mail 格式有誤" 的訊息。
5. 設定 fScore 的驗證屬性為：顯示欄位名稱為 "成績"；欄位資料必須是 0-100 之間的數值，若不是則顯示 "分數必須是 0-100" 的訊息。

完整程式碼如下：

```
namespace prjLinq.Models
{
    using System;
    using System.Collections.Generic;
    using System.ComponentModel;                        ❶
    using System.ComponentModel.DataAnnotations;

    public partial class tStudent
    {
        [DisplayName("學號")]
        [Required(ErrorMessage ="學號不可空白")]
        [StringLength(7,ErrorMessage="學號必須是 2-7 個字元",MinimumLength =2)]   ❷
        public string fStuId { get; set; }
```

```
        [DisplayName("姓名")]
        [Required(ErrorMessage = "姓名不可空白")]       ❸
        public string fName { get; set; }

        [DisplayName("信箱")]
        [EmailAddress(ErrorMessage = "E-Mail 格式有誤")]  ❹
        public string fEmail { get; set; }

        [DisplayName("成績")]
        [Range(0, 100, ErrorMessage = "分數必須是 0-100")]  ❺
        public Nullable<int> fScore { get; set; }
    }
}
```

Step 02 在控制器的動作方法中加入判斷驗證的程式碼，說明如下：

1. Create()動作方法會接收 tStudent 模型(學生類別)的 stu 物件，該物件會有 fStuId 學號、fName 姓名、fEmail 信箱、fScore 成績等屬性，也就是該物件屬性會繫結至網頁表單的 fStuId、fName、fEmail、fScore 等欄位。
2. 判斷網頁的 fStuId、fName、fEmail、fScore 欄位是否通過 tStudent 模型所附加驗證之後，若通過驗證則將 stu 學生記錄加到 tStudent 資料表，最後再轉向至 Index()動作方法。

程式碼如下：

```
namespace prjLinq.Controllers
{
    public class HomeController : Controller
    {
         .........略
        dbStudentEntities db = new dbStudentEntities();
        [HttpPost]
        public ActionResult Create(tStudent stu) ❶
        {
            if (ModelState.IsValid) ❷ ←── 欄位通過驗證 ModelState.IsValid
            {                               會傳回 true
                db.tStudent.Add(stu);
                db.SaveChanges();
                return RedirectToAction("Index");
            }
            return View(stu);
        }
    }
}
```

Step 03 在 View 檢視頁面設計輸入表單的程式碼，說明如下：

1. 使用 tStudent 的模型。
2. 使用 Html.LabelFor()方法顯示 tStudent 模型的 fStuId 屬性的欄位名稱，本例使用 [DisplayName] 定義 fStuId 屬性的欄位名稱為 "學號"。
3. 使用 Html.EditorFor()方法建立表單 fStuId 欄位，該欄位的驗證方式繫結到 tStudent 模型的 fStuId 屬性。
4. 使用 Html.ValidationMessage()方法顯示 fStuId 表單欄位驗證失敗的錯誤訊息。

   若 fStuId 學號欄位未填入資料即按 Submit 鈕，則該欄位出現下圖錯誤訊息。

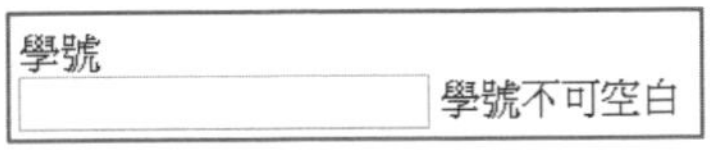

   學號
   學號不可空白

   若 fStuId 學號欄位未填入 2-7 個字元資料，則該欄位出現下圖錯誤訊息。

   學號
   1 學號必須是2-7個字元

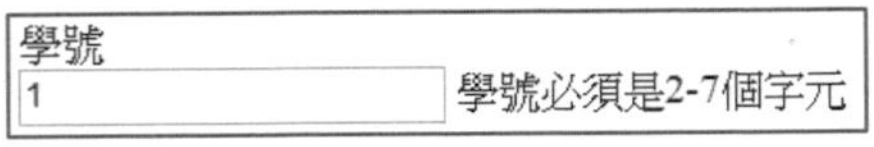

   程式碼如下：

```
@model prjLinq.Models.tStudent  ❶

<!DOCTYPE html>
<html>
<head>
    <meta name="viewport" content="width=device-width" />
    <title>學生新增</title>
</head>
<body>
    @using (Html.BeginForm())
    {
        <div>
            <h4>學生新增</h4>
            <hr />
            <div>
                @Html.LabelFor(model => model.fStuId) ❷
                <div>
                    @Html.EditorFor(model => model.fStuId) ❸
                    @Html.ValidationMessageFor(model => model.fStuId) ❹
                </div>
            </div>
```

學號
1 學號必須是2-7個字元

學號
學號不可空白

姓名

姓名不可空白

```
            <div>
                @Html.LabelFor(model => model.fName)
                <div>
                    @Html.EditorFor(model => model.fName)
                    @Html.ValidationMessageFor(model => model.fName)
                </div>
            </div>
```

信箱

jasper@11 E-Mail格式有誤

```
            <div>
                @Html.LabelFor(model => model.fEmail)
                <div>
                    @Html.EditorFor(model => model.fEmail)
                    @Html.ValidationMessageFor(model => model.fEmail)
                </div>
            </div>
```

成績

120 分數必須是0-100

```
            <div>
                @Html.LabelFor(model => model.fScore)
                <div>
                    @Html.EditorFor(model => model.fScore)
                    @Html.ValidationMessageFor(model => model.fScore)
                </div>
            </div>

            <div>
                <div>
                    <input type="submit" value="新增" />
                </div>
            </div>
        </div>
    }

    <div>
        @Html.ActionLink("返回列表", "Index")
    </div>
</body>
</html>
```

7.5.2 資料模型的驗證屬性

下表是模型常用的附加驗證屬性：

附加屬性名稱	說明
[DisplayName]	設定欄位的顯示名稱。
[DataType]	驗證欄位的資料型別。
[Required]	設定為必填欄位。
[Range]	設定欄位內容的數值範圍。
[Remote]	使用 AJAX 方式傳送到指定的 Action 方法進行驗證。
[CreditCard]	驗證欄位內容是否為信用卡卡號。
[Compare]	驗證另一個欄位是否與目前欄位的內容相同。
[EmailAddress]	驗證欄位內容是否為電子信箱格式。
[StringLength]	設定欄位中的字串內容可輸入的最大長度。
[URL]	驗證欄位內容是否為網址。
[FileExtension]	設定檔案的副檔名。
[RegularExpression]	設定欄位內容必須符合自訂的規則運算式。

資料模型驗證屬性簡例如下：

1. [DisplayName]

   此屬性可設定欄位的顯示名稱，若要使用此屬性必須引用 System.ComponentModel 命名空間。如下寫法，設定 fStuId 屬性在 View 頁面上顯示為 "學號"。

```
[DisplayName("學號")]
public string fStuId { get; set; }
```

2. [Required]

   此屬性可設定必填欄位，若要使用此屬性必須引用 System.ComponentModel.DataAnnotations 命名空間。如下寫法，設定 fName 屬性在 View 頁面中為必填欄位，當驗證失敗時會顯示 "學號不可空白" 的訊息。

```
[Required(ErrorMessage ="姓名不可空白")]
public string fName { get; set; }
```

3. [Range]

   此屬性可設定欄位內容的數值範圍，若要使用此屬性必須引用 System.ComponentModel.DataAnnotations 命名空間。如下寫法，驗證 fSalary 屬性在 View 頁面欄位的內容必須 22000~50000 之間，當驗證失敗時會顯示 "薪資必須介於 22000~50000" 的訊息。

```
[Range(22000, 50000,ErrorMessage="薪資必須介於 22000~50000")]
public int fSalary { get; set; }
```

4. [Compare]

   此屬性可驗證另一個欄位是否與目前欄位的內容相同，若要使用此屬性必須引用 System.Web.Mvc 命名空間。如下寫法，驗證 fPwd 和 fRePwd 兩個欄位是否相同，當驗證失敗時會顯示 "兩組密碼必須相同" 的訊息。

```
[Compare("fPwd", "fRePwd",ErrorMessage="兩組密碼必須相同")]
public string fPwd { get; set; }
public string fRePwd { get; set; }
```

5. [EmailAddress]

   此屬性可驗證欄位內容是否為電子信箱格式，若要使用此屬性必須引用 System.ComponentModel.DataAnnotations 命名空間。如下寫法，驗證 fEmail 屬性在 View 頁面欄位的內容必須是電子信箱格式，當驗證失敗時會顯示 "Email 格式有誤" 的訊息。

```
[EmailAddress(ErrorMessage="Email 格式有誤")]
public string fEmail { get; set; }
```

6. [StringLength]

   此屬性可設定欄位允許輸入字串的最大長度，若要使用此屬性必須引用 System.ComponentModel.DataAnnotations 命名空間。如下寫法，設定 fStuId 屬性在 View 頁面欄位的內容必須是 2-7 個字元，當驗證失敗時會顯示 "學號必須是 2-7 個字元" 的訊息。

```
[StringLength(7,ErrorMessage="學號必須是 2-7 個字元",MinimumLength =2)]
public string fStuId { get; set; }
```

7. [Url]

   此屬性可驗證欄位內容是否為網址格式，若要使用此屬性必須引用 System.ComponentModel.DataAnnotations 命名空間。如下寫法驗證 fUrl 屬性在 View 頁面欄位的內容必須是網址格式，當驗證失敗時會顯示 "資料內容必須為網址格式" 的訊息。

```
[Url(ErrorMessage="資料內容必須為網址格式")]
public string fUrl { get; set; }
```

7.6 員工管理系統 - 使用 Entity Framework

範例 slnEmp 方案

建立可新增、修改、刪除員工記錄的員工管理系統，員工記錄有員工編號、姓名、性別、信箱、薪資、雇用日期六個欄位。說明如下：

1. 執行 Home/Index 時會顯示下圖的員工列表。

2. 按下指定員工記錄 刪除 鈕，此時即會彈出訊息詢問是否確定要刪除該筆員工記錄，按下 [是] 鈕會連結到 Home/Index 並刪除該筆員工記錄。
3. 按下指定員工記錄 編輯 鈕，此時會連結到 Home/Edit 並顯示修改員工記錄的畫面，接著可修改員工指定的資料。
4. 按下導覽列的「員工新增」連結 Home/Create，並連結到如下員工新增的畫面，新增記錄時可進行員工欄位的資料驗證。欄位驗證說明如下：

① 員工編號欄位為必填，若未輸入資料則顯示 "員工編號不可空白"，必須輸入 4~7 個字元，若不是則顯示 "員工編號必須是 4~7 個字元" 的訊息。

② 姓名欄位為必填，若未輸入資料則顯示 "姓名不可空白" 的訊息。

③ 信箱欄位的資料內容必須是電子信箱格式，若不是則顯示 "E-Mail 格式有誤" 的訊息。

④ 薪資欄位的資料內容必須是 23000~65000 之間的數值，若不是則顯示 "薪資必須介於 23000~65000" 的訊息。

⑤ 雇用日期欄位的資料必須是日期資料，若不是則顯示 "雇用日期必須為日期格式" 的訊息。

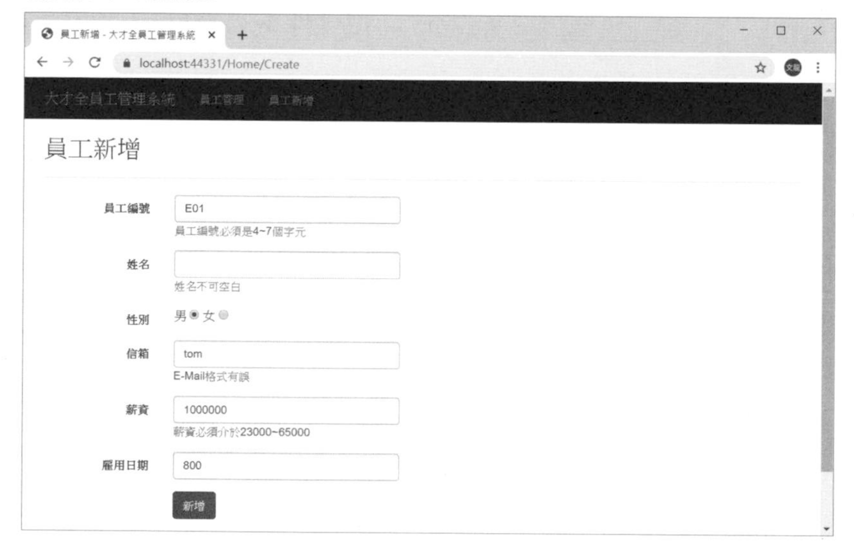

上機練習

Step 01 建立方案名稱為 slnEmp、專案名稱為 prjEmp 的空白 MVC 專案。

Step 02 在專案的 App_Data 資料夾加入 dbEmp.mdf 資料庫

將書附範例資料庫資料夾下的 dbEmp.mdf 資料庫拖曳到專案的 App_Data 的資料夾下。

Step 03 認識 tEmployee 資料表

本例 dbEmp.mdf 資料庫內含如下 tEmployee 資料表，該資料表記錄兩筆員工資料，tEmployee 資料表的欄位說明如下：

資料表名稱	tEmployee				
主鍵值欄位	fEmpId				
欄位名稱	資料型態	長度	允許 null	預設值	備註
fEmpId	nvarchar	50	否		員工編號 主索引鍵
fName	nvarchar	50	是		姓名
fGender	nvarchar	50	是		性別
fMail	nvarchar	50	是		電子信箱
fSalary	int		是		薪資
fEmploymentData	nvarchar	50	是		雇用日期

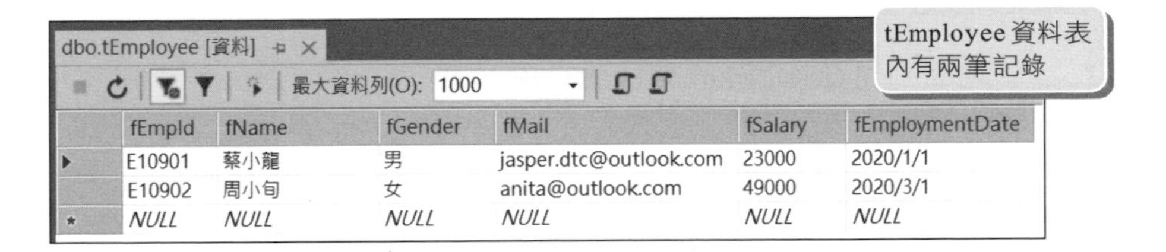

Step 04 建立可存取 dbEmp.mdf 資料庫的 Model(ADO.NET 實體資料模型)

1. 在方案總管的 Models 資料夾按滑鼠右鍵，並執行快顯功能表的【加入(D)/新增項目(W)...】指令新增「ADO.NET 實體資料模型」，將該檔名設為「dbEmpModel.edmx」。

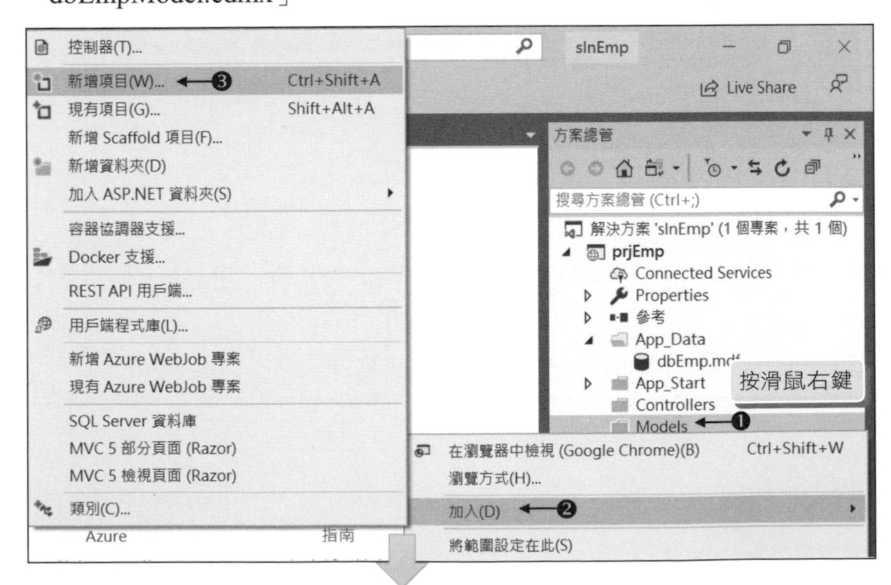

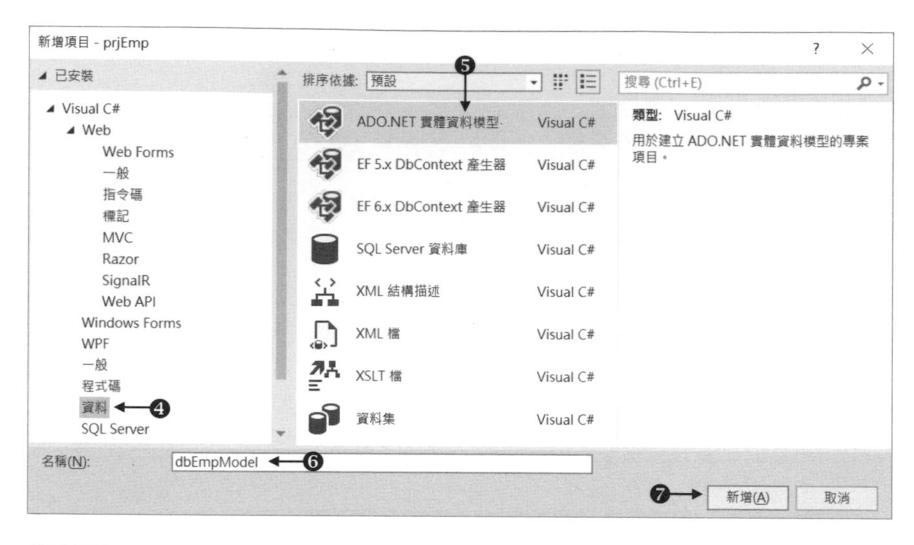

2. 當新增 dbEmpModel.edmx 的 ADO.NET 實體資料模型後，即會開啟「實體資料模型精靈」視窗，該視窗會一步步指引使用者完成模型。

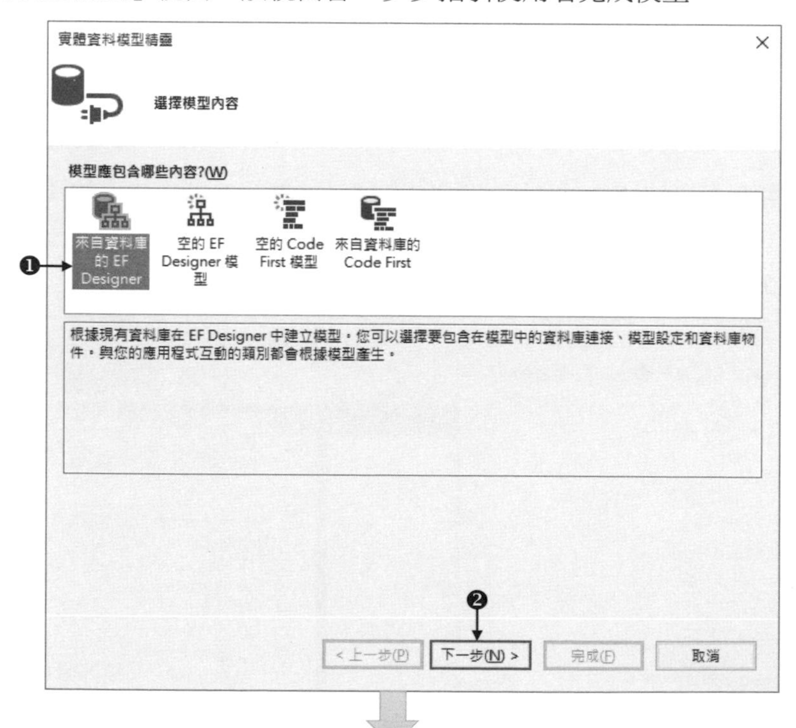

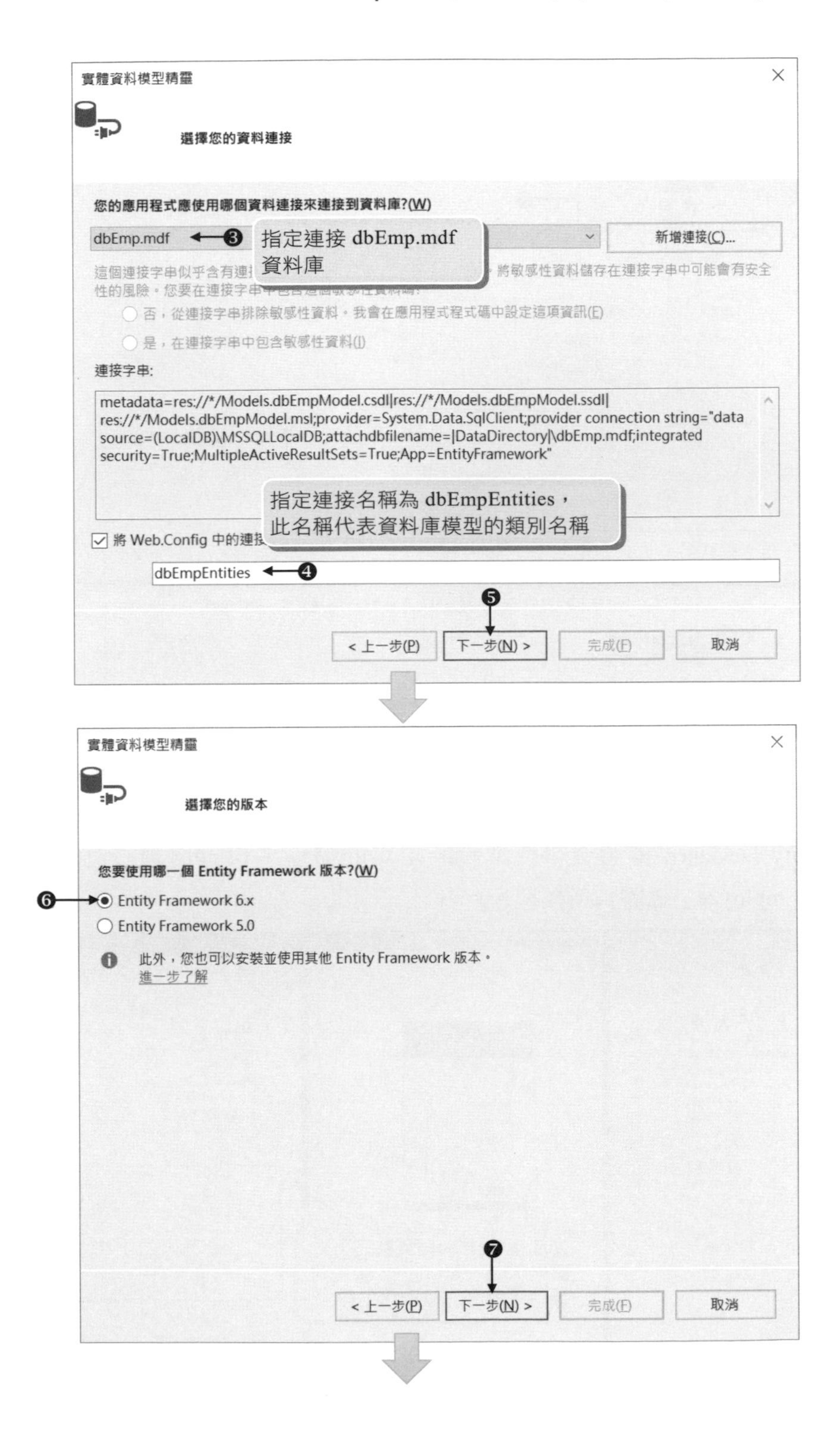
實體資料模型精靈
選擇您的資料連接
您的應用程式應使用哪個資料連接來連接到資料庫?(W)
dbEmp.mdf
❸
指定連接 dbEmp.mdf 資料庫
新增連接(C)...
否，從連接字串排除敏感性資料。我會在應用程式程式碼中設定這項資訊(E)
是，在連接字串中包含敏感性資料(I)
連接字串:
metadata=res://*/Models.dbEmpModel.csdl|res://*/Models.dbEmpModel.ssdl|res://*/Models.dbEmpModel.msl;provider=System.Data.SqlClient;provider connection string="data source=(LocalDB)\MSSQLLocalDB;attachdbfilename=|DataDirectory|\dbEmp.mdf;integrated security=True;MultipleActiveResultSets=True;App=EntityFramework"
指定連接名稱為 dbEmpEntities，此名稱代表資料庫模型的類別名稱
dbEmpEntities
❹
❺
< 上一步(P)
下一步(N) >
完成(F)
取消
實體資料模型精靈
選擇您的版本
您要使用哪一個 Entity Framework 版本?(W)
❻
Entity Framework 6.x
Entity Framework 5.0
此外，您也可以安裝並使用其他 Entity Framework 版本。
進一步了解
❼
< 上一步(P)
下一步(N) >
完成(F)
取消

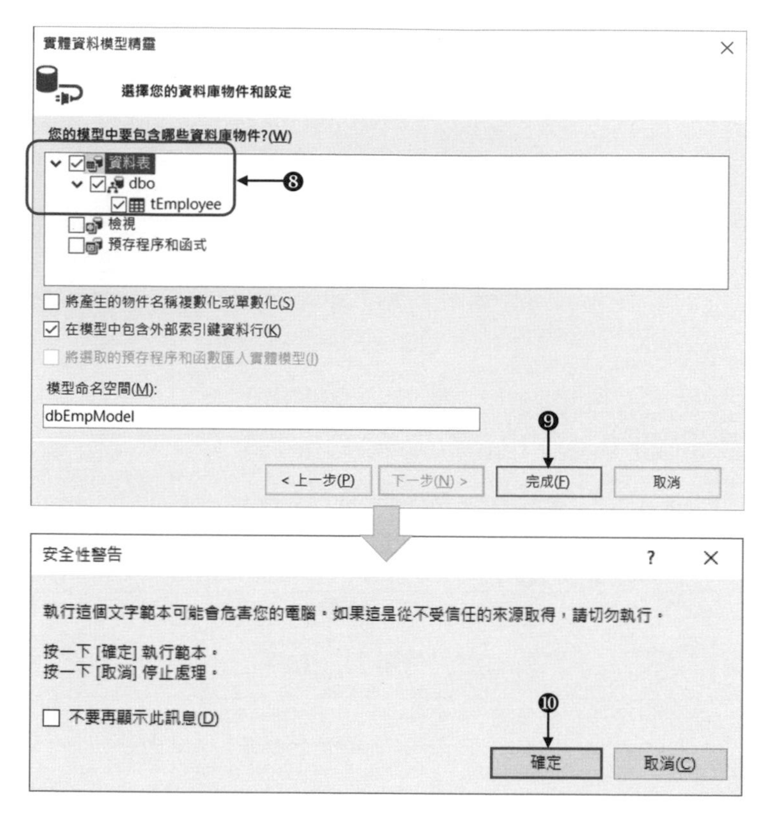

3. 完成上面步驟後，實體資料模型會建立在 Models 資料夾下。接著會進入下圖 Entity Designer 實體資料模型設計工具的畫面，可以發現設計工具內含「tEmployee」實體資料模型。

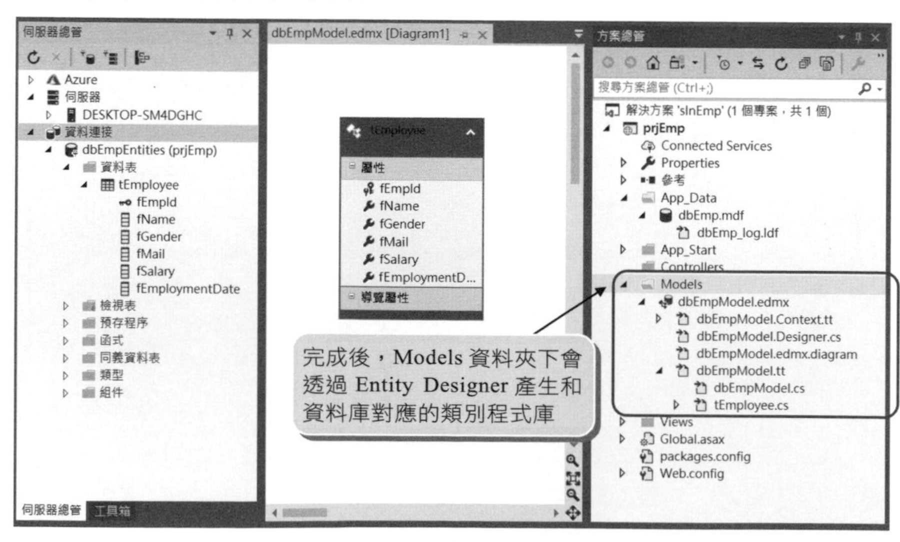

4. 請選取方案總管視窗的專案名稱，並按滑鼠右鍵執行快顯功能表的【建置(U)】指令編譯整個專案，此時就可以使用 Entity Framework 來存取 tEmp.mdf 資料庫。

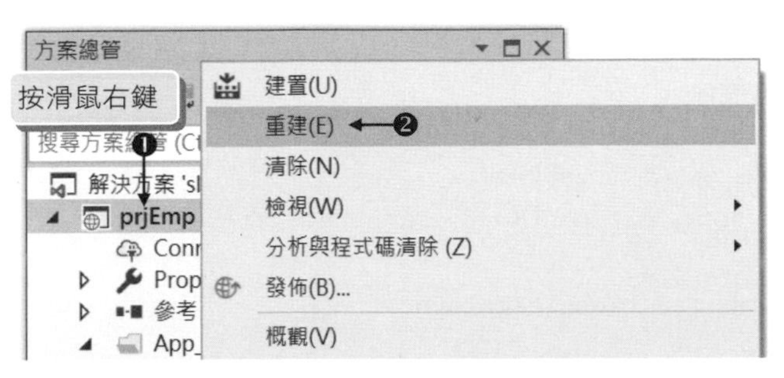

Step 05 附加資料模型的驗證屬性

1. 開啟 Models 資料夾下的 tEmployee.cs 類別檔，此檔是上述步驟產生的，是屬於 tEmployee 資料表對應的 Entity(實體)類別。

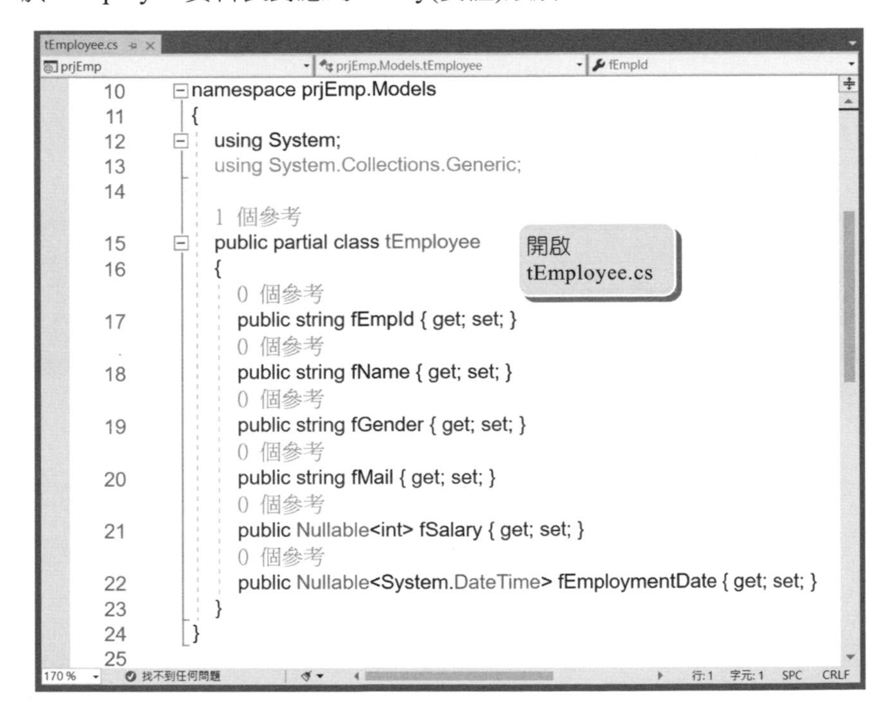

2. 請撰寫 tEmployee.cs 類別的資料模型驗證屬性，如下灰底程式碼：

C# 程式碼 FileName: Models/dbEmpModel.tt/tEmployee.cs

```
01 namespace prjEmp.Models
02 {
03     using System;
04     using System.Collections.Generic;
05     using System.ComponentModel;
06     using System.ComponentModel.DataAnnotations;
07
08     public partial class tEmployee
09     {
10         [DisplayName("員工編號")]
11         [Required(ErrorMessage = "員工編號不可空白")]
12         [StringLength(7, ErrorMessage = "員工編號必須是 4~7 個字元",
13            MinimumLength = 4)]
14         public string fEmpId { get; set; }
15
16         [DisplayName("姓名")]
17         [Required(ErrorMessage = "姓名不可空白")]
18         public string fName { get; set; }
19
20         [DisplayName("性別")]
21         public string fGender { get; set; }
22
23         [DisplayName("信箱")]
24         [EmailAddress(ErrorMessage = "E-Mail 格式有誤")]
25         public string fMail { get; set; }
26
27         [DisplayName("薪資")]
28         [Range(23000, 65000, ErrorMessage = "薪資必須介於 23000~65000")]
29         public Nullable<int> fSalary { get; set; }
30
31         [DisplayName("雇用日期")]
32         [DataType(DataType.Date)]
33         public Nullable<System.DateTime> fEmploymentDate { get; set; }
34     }
35 }
```

Step 06 在 Controllers 資料夾下新增 Home 控制器

1. 在方案總管的 Controllers 資料夾下按滑鼠右鍵，再執行功能表的【加入(D)/控制器(T)...】指令新增「HomeController」控制器，完成後 Controllers 資料夾下會新增 HomeController.cs 控制器類別檔。

2. 在 HomeController.cs 檔撰寫 Index()、Create()、Edit()、Delete()的動作方法：

C# 程式碼 FileName: Controllers/HomeController.cs

```
01 using prjEmp.Models;
02
03 namespace prjEmp.Controllers
04 {
05     public class HomeController : Controller
06     {
07         dbEmpEntities db = new dbEmpEntities();
08         // GET: Home
09         public ActionResult Index()
10         {
11             var employees = db.tEmployee.ToList();
12             return View(employees);
13         }
14
15         public ActionResult Create()
16         {
17             return View();
18         }
19
20         [HttpPost]
21         public ActionResult Create(tEmployee employee)
22         {
23             if (ModelState.IsValid)
24             {
25                 ViewBag.Error = false;
26                 var temp = db.tEmployee
27                     .Where(m => m.fEmpId == employee.fEmpId)
28                     .FirstOrDefault();
29                 if (temp != null)
30                 {
31                     ViewBag.Error = true;
```

```
32                  return View(employee);
33              }
34              db.tEmployee.Add(employee);
35              db.SaveChanges();
36              return RedirectToAction("Index");
37          }
38          return View(employee);
39      }
40
41      public ActionResult Edit(string fEmpId)
42      {
43          var employee = db.tEmployee
44              .Where(m => m.fEmpId == fEmpId).FirstOrDefault();
45          return View(employee);
46      }
47
48      [HttpPost]
49      public ActionResult Edit(tEmployee employee)
50      {
51          if (ModelState.IsValid)
52          {
53              var temp = db.tEmployee
54                  .Where(m => m.fEmpId == employee.fEmpId)
55                  .FirstOrDefault();
56              temp.fName = employee.fName;
57              temp.fSalary = employee.fSalary;
58              temp.fMail = employee.fMail;
59              temp.fGender = employee.fGender;
60              temp.fEmploymentDate = employee.fEmploymentDate;
61              db.SaveChanges();
62              return RedirectToAction("Index");
63          }
64          return View(employee);
65      }
66
67      public ActionResult Delete(string fEmpId)
68      {
69          var employee = db.tEmployee
70              .Where(m => m.fEmpId == fEmpId).FirstOrDefault();
71          db.tEmployee.Remove(employee);
```

```
72              db.SaveChanges();
73              return RedirectToAction("Index");
74          }
75      }
76 }
```

說明

1) 第 1 行：引用 prjEmp.Models 命名空間，才能使用簡短的名稱使用 dbEmpEntities 類別物件
2) 第 9~13 行：執行 Index()動作方法會將所有員工記錄傳入 Index.cshtml 檢視頁面。
3) 第 15~18 行：執行 Create()動作方法會顯示 Create.cshtml 檢視頁面，後面步驟會建立新增員工記錄表單的 Create.cshtml 檢視頁面。
4) 第 20~39 行：在 Create.cshtml 按下 Submit 鈕時會以 POST 傳送方式執行此 Create()動作方法，此時會將表單欄位對應到 tEmployee 物件的屬性；若通過資料驗證，則進行新增員工記錄，完成新增後會轉向執行 Index()動作方法顯示所有學生記錄。
5) 第 26~28 行：找出使用者輸入的員工編號 employee.fEmpId 的員工記錄，接著再指定給 temp 變數。
6) 第 29~33 行：當 temp 不等於 null 時即表示員工編號重複，此時執行 30,31 行將 ViewBag.Err 設為 true，後面步驟當 Create.cshtml 檢視頁面執行到 ViewBag.Err 等於 true，此時會顯示 Bootstrap alert 警告框 UI 提示 "員工編號重複" 的訊息。
7) 第 41~46 行：執行 Edit()方法會傳入網址的 fEmpId 參數，接著由 fEmpId 參數值找出欲修改的員工記錄，接著將該員工記錄顯示在 Edit.cshtml 檢視頁面。
8) 第 48~65 行：在 Edit.cshtml 按下 Submit 鈕時會以 POST 傳送方式執行此 Edit()動作方法，此時會將表單欄位對應到 tEmployee 物件的屬性，接著找出欲修改的員工記錄並執行更新，完成更新後會轉向執行 Index()動作方法顯示所有學生記錄。
9) 第 67~74 行：執行 Delete()動作方法會傳入網址的 fEmpId 參數，接著由 fEmpId 參數值找出欲刪除的員工記錄並進行刪除，完成刪除後會轉向執行 Index()動作方法顯示所有學生記錄。

Step 07 建立員工列表功能頁面

1. 建立 Index.cshtml 的 View 檢視頁面：

   在 Index()方法處按滑鼠右鍵，執行功能表的【新增檢視(D)...】指令開啟「加入檢視」視窗，依圖示操作新增 Index.cshtml 檢視頁面，請設定 **檢視名稱(N)** 是「Index」、**範本(T)** 是「List」、**模型類別(M)** 是「tEmployee」，資料內容類別是「dbEmpEntities」，再勾選**參考指令碼程式庫(R)**與**使用版面配置頁(U)**選項。當建立 Indx.cshtml 檢視的預設程式碼可依需求再自行修改。

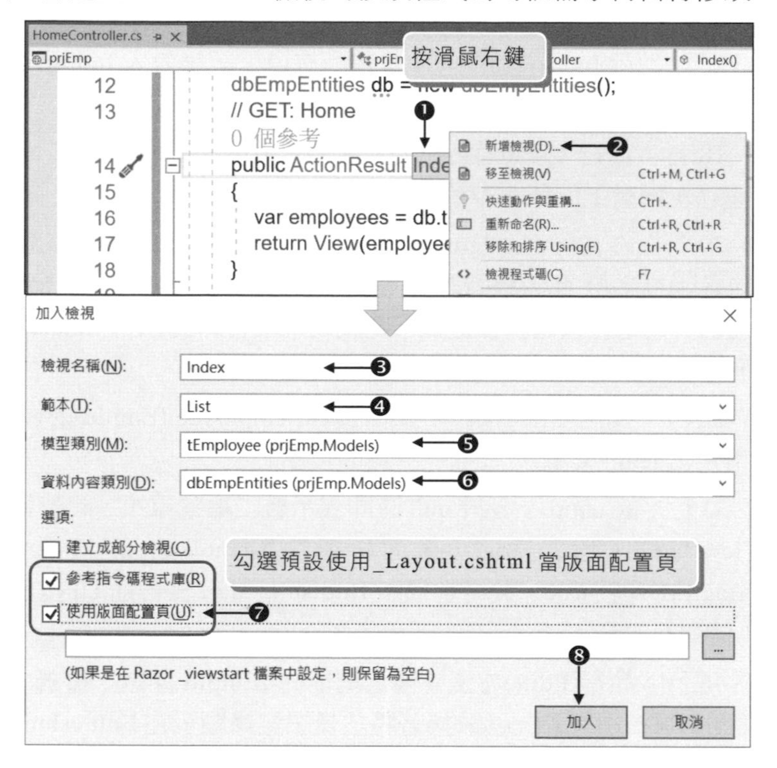

   完成之後，接著專案會產生 Content 資料夾、Script 資料夾、Index.cshtml(置於 Views/Home 資料夾下)和_Layout.cshtml 版面配置頁(置於 Views/Shared 資料夾下)，Content 和 Script 資料夾為 Bootstrap 的前端套件，_Layout.cshtml 版面配置頁可讓所有 Views 下所有的檢視頁面進行套用。(此例專注說明 Index.cshtml、Create.cshtml 與 Edit.cshtml 檢視頁面，讀者可自行編修_Layout.cshtml 版面配置頁)

2. 撰寫 Index.cshtml 檢視頁面的程式碼：

程式碼 FileName: Views/Home/Index.cshtml

```
01 @model IEnumerable<prjEmp.Models.tEmployee>
02
03 @{
04     ViewBag.Title = "員工管理";
05 }
06
07 <h2>員工管理</h2>
08
09 @if (Model.Count() == 0)
10 {
11     <div class="alert alert-info">
12         <strong>無員工記錄</strong>
13     </div>
14 }
15 else
16 {
17     <table class="table">
18         <tr>
19             <th>
20                 @Html.DisplayNameFor(model => model.fEmpId)
21             </th>
22             <th>
23                 @Html.DisplayNameFor(model => model.fName)
24             </th>
25             <th>
26                 @Html.DisplayNameFor(model => model.fGender)
27             </th>
28             <th>
29                 @Html.DisplayNameFor(model => model.fMail)
30             </th>
31             <th>
32                 @Html.DisplayNameFor(model => model.fSalary)
33             </th>
34             <th>
35                 @Html.DisplayNameFor(model => model.fEmploymentDate)
36             </th>
37             <th></th>
38         </tr>
39
```

```
40        @foreach (var item in Model)
41        {
42            <tr>
43                <td>
44                    @Html.DisplayFor(modelItem => item.fEmpId)
45                </td>
46                <td>
47                    @Html.DisplayFor(modelItem => item.fName)
48                </td>
49                <td>
50                    @Html.DisplayFor(modelItem => item.fGender)
51                </td>
52                <td>
53                    @Html.DisplayFor(modelItem => item.fMail)
54                </td>
55                <td>
56                    @Html.DisplayFor(modelItem => item.fSalary)
57                </td>
58                <td>
59                    @Html.DisplayFor(modelItem => item.fEmploymentDate)
60                </td>
61                <td>
62                    <a href="@Url.Action("Edit")?fEmpId=@item.fEmpId"
63                        class="btn btn-warning">編輯</a>
64                    <a href="@Url.Action("Delete")?fEmpId=@item.fEmpId"
65                       class="btn btn-danger"
66    onclick="return confirm('確定要刪除編號 @item.fEmpId 的員工記錄嗎？');">
67                        刪除
68                    </a>
69                </td>
70            </tr>
71        }
72    </table>
73 }
```

說明

1) 第 1 行：宣告 View 使用的 Model 模型為 tEmployee 的集合物件。
2) 第 9 行：判斷 Model 記錄的筆數是否等於 0，若為 0 則執行第 11~13 行，否則執行第 17~72 行。

3) 第 11~13 行：使用 Bootstrap alert 警告框 UI 提示 "無員工記錄" 的訊息。
4) 第 20,23,26,29,32,35 行：使用 Html.DisplayNameFor()方法顯示 tEmployee 類別 fEmpId、fName、fGender、fEmail、fSalary、fEmploymentDate 屬性對應要顯示的欄位名稱是編號、姓名、性別、信箱、薪資、雇用日期，這些欄位名稱用來當做儲存格標題。
5) 第 40~71 行：使用 foreach 將模型內所有員工的記錄顯示出來。
6) 第 44,47,50,53,56,59 行：使用 Html.DisplayFor()方法以強型別方式顯示 tEmployee 類別 fEmpId、fName、fGender、fEmail、fSalary、fEmploymentDate 屬性對應的編號、姓名、性別、信箱、薪資、雇用日期資料。使用此方法顯示資訊的好處會將該模型的屬性自動建立成對應的 HTML。例如：fEmail 信箱屬性會顯示電子信箱資訊並同時加上 HTML 信箱連結功能。
7) 第 62~63 行：建立「編輯」超連結可執行 HomeController 的 Edit()方法(連結到 Home/Edit)並傳送網址參數 fEmpId，fEmpId 參數值的內容為員工的 fEmpId 屬性值，並設定連結樣式為「btn btn-warning」的按鈕樣式。
8) 第 64~68 行：建立「刪除」超連結可執行 HomeController 的 Delete()方法(連結到 Home/Delete)並傳送網址參數 fEmpId，fEmpId 參數值的內容為員工的 fEmpId 屬性值，並設定連結樣式為「btn btn-danger」的按鈕樣式。

Step 08 修改_Layout.cshtml 版面配置頁

1. 修改如下_Layout.cshtml 版面配置頁灰底處程式碼，更新此頁面的導覽列與頁尾標題，同時在導覽列中加入「員工新增」與「員工列表」兩個連結項目。員工管理可執行 HomeController 的 Index()動作方法；員工新增可執行 HomeController 的 Create()動作方法。

<HTML> **程式碼** FileName: Views/Shared/_Layout.cshtml

```
01 <!DOCTYPE html>
02 <html>
03 <head>
04     <meta charset="utf-8" />
05     <meta name="viewport" content="width=device-width, initial-scale=1.0">
06     <title>@ViewBag.Title - 大才全員工管理系統</title>
07     <link href="~/Content/Site.css" rel="stylesheet" type="text/css" />
08     <link href="~/Content/bootstrap.min.css" rel="stylesheet"
09       type="text/css" />
```

```
10     <script src="~/Scripts/modernizr-2.8.3.js"></script>
11 </head>
12 <body>
13     <div class="navbar navbar-inverse navbar-fixed-top">
14         <div class="container">
15             <div class="navbar-header">
16                 <button type="button" class="navbar-toggle"
17                    data-toggle="collapse" data-target=".navbar-collapse">
18                     <span class="icon-bar"></span>
19                     <span class="icon-bar"></span>
20                     <span class="icon-bar"></span>
21                 </button>
22                 @Html.ActionLink("大才全員工管理系統", "Index", "Home",
23                    new { area = "" }, new { @class = "navbar-brand" })
24             </div>
25             <div class="navbar-collapse collapse">
26                 <ul class="nav navbar-nav">
27                    <li>@Html.ActionLink("員工管理", "Index", "Home")</li>
28                    <li>@Html.ActionLink("員工新增", "Create", "Home")</li>
29                 </ul>
30             </div>
31         </div>
32     </div>
33
34     <div class="container body-content">
35         @RenderBody()
36         <hr />
37         <footer>
38             <p>&copy; @DateTime.Now.Year - 大才全資訊科技股份有限公司</p>
39         </footer>
40     </div>
41
42     <script src="~/Scripts/jquery-3.4.1.min.js"></script>
43     <script src="~/Scripts/bootstrap.min.js"></script>
44 </body>
45 </html>
```

2. 按下執行程式 ▶ 鈕測試網頁執行結果，請執行 Home/Index 結果顯示下圖畫面，可按下 刪除 鈕測試是否可刪除指定的員工記錄。

Step 09 建立員工新增記錄頁面

1. 建立 Create.cshtml 檢視頁面，請設定 檢視名稱(N) 是「Create」、範本(T) 是「Create」、模型類別(M) 是「tEmployee」，資料內容類別是「dbEmpEntities」，再勾選參考指令碼程式庫(R)與使用版面配置頁(U)選項。此處一定要勾選參考指令碼程式庫(R)選項，此檢視頁面才會引用 jQuery 函式庫與模型進行資料驗證。當建立 Create.cshtml 檢視的預設程式碼可依需求再自行修改。

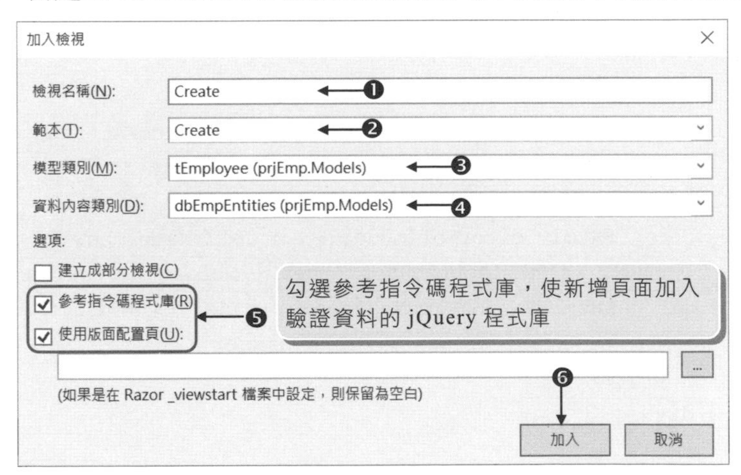

2. 在 Create.cshtml 檢視頁面修改灰底色程式碼：

程式碼 FileName: Views/Home/Create.cshtml

```
01 @model prjEmp.Models.tEmployee
02
03 @{
04     ViewBag.Title = "員工新增";
05 }
```

```
06
07 <h2>員工新增</h2>
08
09 @using (Html.BeginForm())
10 {
11     @Html.AntiForgeryToken()
12
13     <div class="form-horizontal">
14         <hr />
15         @Html.ValidationSummary(true, "", new { @class = "text-danger" })
16         <div class="form-group">
17             @Html.LabelFor(model => model.fEmpId, htmlAttributes:
18                 new { @class = "control-label col-md-2" })
19             <div class="col-md-10">
20                 @Html.EditorFor(model => model.fEmpId, new
21                     { htmlAttributes = new { @class = "form-control" } })
22                 @Html.ValidationMessageFor(model => model.fEmpId, "",
23                     new { @class = "text-danger" })
24             </div>
25         </div>
26
27         <div class="form-group">
28             @Html.LabelFor(model => model.fName, htmlAttributes:
29                 new { @class = "control-label col-md-2" })
30             <div class="col-md-10">
31                 @Html.EditorFor(model => model.fName, new
32                     { htmlAttributes = new { @class = "form-control" } })
33                 @Html.ValidationMessageFor(model => model.fName, "",
34                     new { @class = "text-danger" })
35             </div>
36         </div>
37
38         <div class="form-group">
39             @Html.LabelFor(model => model.fGender, htmlAttributes:
40                 new { @class = "control-label col-md-2" })
41             <div class="col-md-10">
42                 <span style="font-size:12pt">男</span>
43                     @Html.RadioButtonFor(model => model.fGender, "男",
44                         new { @checked = "checked" })
45                 <span style="font-size:12pt">女</span>
```

```
46                  @Html.RadioButtonFor(model => model.fGender, "女")
47              @Html.ValidationMessageFor(model => model.fGender, "",
48                  new { @class = "text-danger" })
49          </div>
50      </div>
51
52      <div class="form-group">
53          @Html.LabelFor(model => model.fMail, htmlAttributes:
54              new { @class = "control-label col-md-2" })
55          <div class="col-md-10">
56              @Html.EditorFor(model => model.fMail, new
57                  { htmlAttributes = new { @class = "form-control" } })
58              @Html.ValidationMessageFor(model => model.fMail, "",
59                  new { @class = "text-danger" })
60          </div>
61      </div>
62
63      <div class="form-group">
64          @Html.LabelFor(model => model.fSalary, htmlAttributes:
65              new { @class = "control-label col-md-2" })
66          <div class="col-md-10">
67              @Html.EditorFor(model => model.fSalary, new
68                  { htmlAttributes = new { @class = "form-control" } })
69              @Html.ValidationMessageFor(model => model.fSalary, "",
70                  new { @class = "text-danger" })
71          </div>
72      </div>
73
74      <div class="form-group">
75          @Html.LabelFor(model => model.fEmploymentDate,
76              htmlAttributes: new { @class = "control-label col-md-2" })
77          <div class="col-md-10">
78              @Html.EditorFor(model => model.fEmploymentDate, new
79                  { htmlAttributes = new { @class = "form-control"
80                  ,type = "text" } })
81              @Html.ValidationMessageFor(model => model.fEmploymentDate,
82                  "", new { @class = "text-danger" })
83          </div>
84      </div>
85
```

```
86          <div class="form-group">
87              <div class="col-md-offset-2 col-md-10">
88                  <input type="submit" value="新增" class="btn btn-primary" />
89              </div>
90          </div>
91      </div>
92 }
93
94 @if (ViewBag.Error == true)
95 {
96     <div class="alert alert-danger">
97         <strong>員工編號重複！</strong>
98     </div>
99 }
100
101 <script src="~/Scripts/jquery-3.4.1.min.js"></script>
102 <script src="~/Scripts/jquery.validate.min.js"></script>
103 <script src="~/Scripts/jquery.validate.unobtrusive.min.js"></script>
```

說明

1) 第 1 行：宣告 View 使用的 Model 模型為 tEmployee 類別物件。
2) 第 9~92 行：使用 Html.BeginForm()建立表單<form>~</form>標籤。
3) 第 17,18 行：使用 Html.LabelFor()方法顯示 tEmployee 類別 fEmpId 屬性對應要顯示欄位名稱為員工編號，資料套用 control-label col-md-2 樣式，此欄位名稱用來當做儲存格標題。fName、fGender、fMail、fSalary、fEmploymentDate 指定方式亦同。
4) 第 20~21 行：使用 Html.EditorFor()方法建立表單 fEmpId 欄位，上述欄位驗證方式會繫結到 tEmployee 模型的 fEmpId，並指定 fEmpId 欄位套用 form-control 樣式。fName、fMail、fSalary、fEmploymentDate 指定方式亦同。
5) 第 22~23 行：使用 Html.ValidationMessage()方法顯示 fEmpid 表單欄位驗證失敗的錯誤訊息，並指定上述訊息套用 text-danger 樣式。fName、fGender、fMail、fSalary、fEmploymentDate 指定方式亦同。
6) 第 43,44,46 行：使用 Html.RadioButtonFor()方法建立表單 fGender 欄位有男和女選項鈕，預設男選項鈕被選取。
7) 第 94~99 行：當 ViewBag.Err 等於 true 會顯示 Bootstrap alert 警告框提示 "員工編號重複" 的訊息。

8) 第 101~103 行：當「加入檢視」視窗的範本指定「Create」和「Edit」並勾選**參考指令碼程式庫(R)**選項，此時該檢視頁面會引用 jQuery 函式庫，使表單擁有模型資料驗證的功能。

3. 按下執行程式 ▶ 鈕測試網頁執行結果，請執行 Home/Create 測試表單新增與資料驗證的功能。

Step 10 建立員工修改記錄頁面

1. 建立 Edit.cshtml 檢視頁面，請設定 **檢視名稱(N)** 是「Edit」、**範本(T)** 是「Edit」、**模型類別(M)** 是「tEmployee」，資料內容類別是「dbEmpEntities」，再勾選**參考指令碼程式庫(R)**與**使用版面配置頁(U)**選項。此處一定要勾選**參考指令碼程式庫(R)**選項，此檢視頁面才會引用 jQuery 函式庫與模型進行資料驗證。當建立 Edit.cshtml 檢視的預設程式碼可依需求再自行修改。

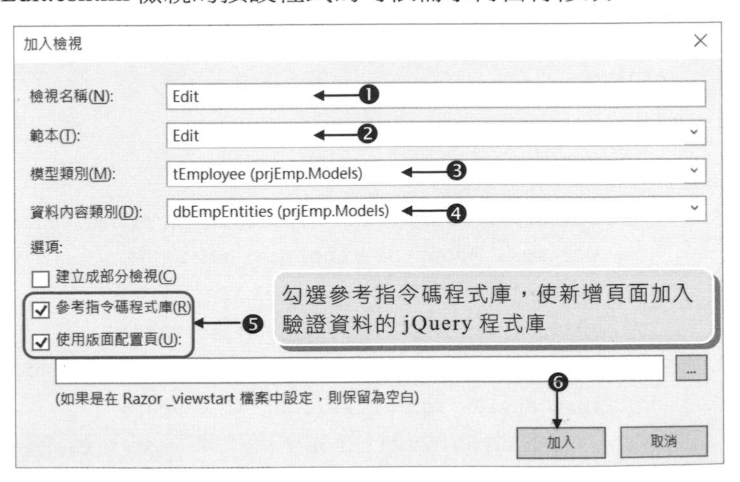

2. 在 Edit.cshtml 檢視頁面修改灰底色程式碼：

<HTML> 程式碼 FileName: Views/Home/Edit.cshtml

```
01 @model prjEmp.Models.tEmployee
02
03 @{
04     ViewBag.Title = "員工編輯";
05 }
06
07 <h2>員工編輯</h2>
08
09 @using (Html.BeginForm())
10 {
11     @Html.AntiForgeryToken()
12
13     <div class="form-horizontal">
14         <hr />
15         @Html.ValidationSummary(true, "", new { @class = "text-danger" })
16         @Html.HiddenFor(model => model.fEmpId)
17
18         <div class="form-group">
19             @Html.LabelFor(model => model.fName, htmlAttributes: new
20                 { @class = "control-label col-md-2" })
21             <div class="col-md-10">
22                 @Html.EditorFor(model => model.fName, new
23                     { htmlAttributes = new { @class = "form-control" } })
24                 @Html.ValidationMessageFor(model => model.fName, "", new
25                     { @class = "text-danger" })
26             </div>
27         </div>
28
29         <div class="form-group">
30             @Html.LabelFor(model => model.fGender, htmlAttributes: new
31                 { @class = "control-label col-md-2" })
32             <div class="col-md-10">
33                 <span style="font-size:12pt">男</span>
34                     @Html.RadioButtonFor(model => model.fGender, "男")
35                 <span style="font-size:12pt">女</span>
36                     @Html.RadioButtonFor(model => model.fGender, "女")
37                 @Html.ValidationMessageFor(model => model.fGender, "",
```

```
38                     new { @class = "text-danger" })
39             </div>
40         </div>
41
42         <div class="form-group">
43             @Html.LabelFor(model => model.fMail, htmlAttributes: new
44                 { @class = "control-label col-md-2" })
45             <div class="col-md-10">
46                 @Html.EditorFor(model => model.fMail, new
47                     { htmlAttributes = new { @class = "form-control" } })
48                 @Html.ValidationMessageFor(model => model.fMail, "",
49                     new { @class = "text-danger" })
50             </div>
51         </div>
52
53         <div class="form-group">
54             @Html.LabelFor(model => model.fSalary, htmlAttributes: new
55                 { @class = "control-label col-md-2" })
56             <div class="col-md-10">
57                 @Html.EditorFor(model => model.fSalary, new
58                     { htmlAttributes = new { @class = "form-control" } })
59                 @Html.ValidationMessageFor(model => model.fSalary, "",
60                     new { @class = "text-danger" })
61             </div>
62         </div>
63
64         <div class="form-group">
65             @Html.LabelFor(model => model.fEmploymentDate,
66                 htmlAttributes: new { @class = "control-label col-md-2" })
67             <div class="col-md-10">
68                 @Html.EditorFor(model => model.fEmploymentDate, new
69                     { htmlAttributes = new { @class = "form-control"
70                     ,type = "text" } })
71               @Html.ValidationMessageFor(model => model.fEmploymentDate,
72                     "", new { @class = "text-danger" })
73             </div>
74         </div>
75
76         <div class="form-group">
77             <div class="col-md-offset-2 col-md-10">
```

```
78                  <input type="submit" value="儲存" class="btn btn-warning" />
79                </div>
80            </div>
81        </div>
82 }
83
84 <script src="~/Scripts/jquery-3.4.1.min.js"></script>
85 <script src="~/Scripts/jquery.validate.min.js"></script>
86 <script src="~/Scripts/jquery.validate.unobtrusive.min.js"></script>
```

說明

1) Create.cshtml 和 Edit.cshtml 檢視頁面程式碼差不多。本例使用 Html.LabelFor()、Html.EditFor()、Html.RadioButtonFor()方法將 tEmployee 模型屬性的資料繫結到表單的標題或欄位中。

2) 第 16 行：使用 Html.HiddenFor()方法建立繫結到 tEmployee 類別 fEmpId 屬性的隱藏欄位，此欄位用來做修改員工記錄的依據。

3. 按下執行程式 ▶ 鈕測試網頁執行結果，請執行 Home/Index 結果顯示下圖畫面，可按下 編輯 鈕測試是否可顯示欲修改的員工記錄。

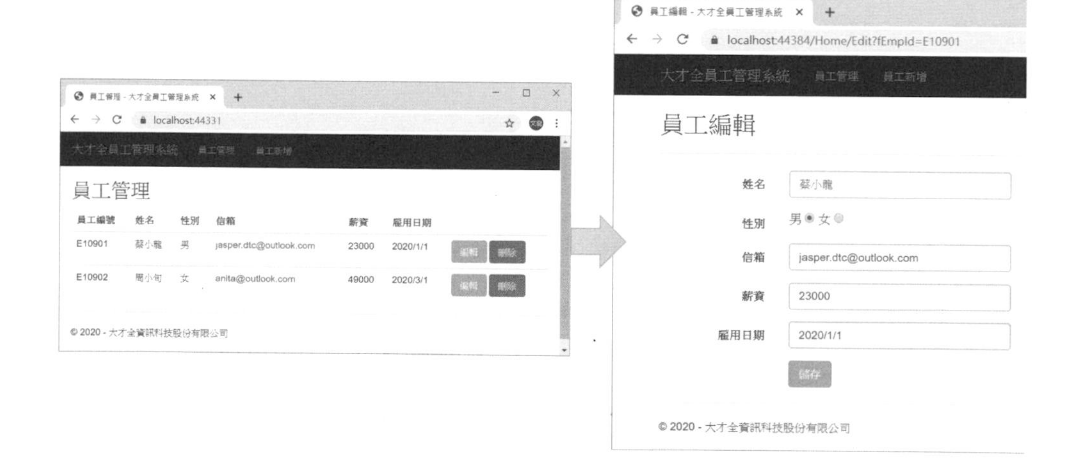

08 Model(二) - ADO.NET 資料存取技術

學習目標

ADO.NET 可讓開發人員使用一致的方式來存取資料來源，例如 Access、SQL Server 與 XML，以及透過 ODBC 或 OLEDB 所公開的資料來源。ADO.NET 是開發人員開發 .NET 應用程式的資料存取技術必備的技能之一。 本章介紹如何使用 ADO.NET 來連接 Access 和 SQL Server 資料來源，並且擷取、處理及編輯資料來源的資料。

門徒說：「我們這裡只有五個餅，兩條魚。」。耶穌說：「拿過來給我。」。於是吩咐眾人坐在草地上，就拿著這五個餅，兩條魚，望著天祝福，擘開餅，遞給門徒，門徒又遞給眾人。他們都吃，並且吃飽了；把剩下的零碎收拾起來，裝滿了十二個籃子。吃的人，除了婦女孩子，約有五千。(馬太福音 14:17-21)

8.1 ADO.NET

8.1.1 ADO.NET 簡介

ADO.NET 是微軟 .NET Framework 程式庫中存取和管理資料的存取架構，它是資料庫應用程式和資料來源間溝通的橋梁，主要提供一個物件導向的資料存取架構，可用來開發資料庫應用程式。ADO.NET 兩個主要元件是 .NET Framework Data Provider(.NET Framework 資料提供者)與 DataSet。如下圖：

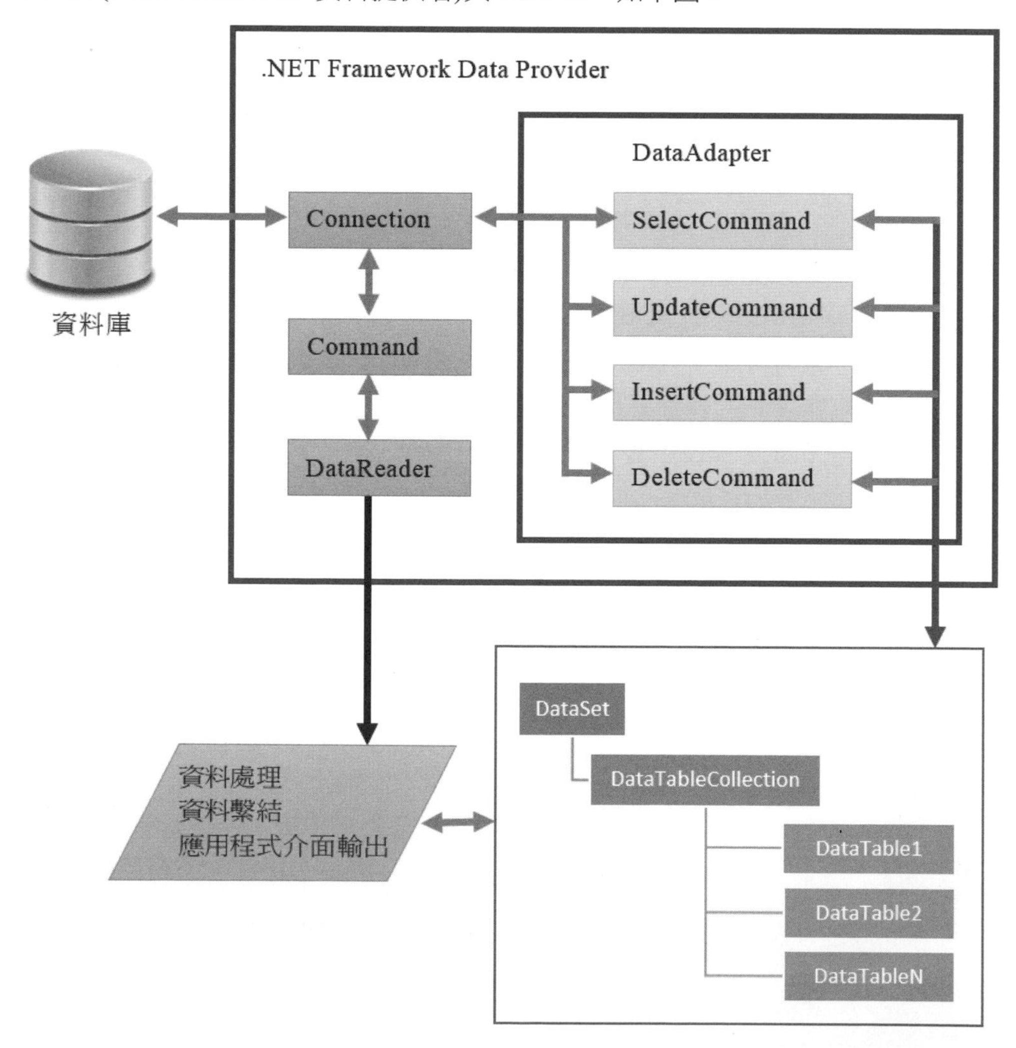

8.1.2 .NET Framework Data Provider 簡介

.NET Framework Data Provider 資料提供者是一組用來存取資料來源的類別程式庫，主要是為了統一各種不同類型資料庫的存取來源所設計出的一套高效能類別程式庫。下表列出 .NET Framework Data Provider 中所包含的四種物件：

物件	說明
Connection	提供特定資料來源建立連接功能。
Command	執行存取資料庫命令，提供傳送資料或修改資料的功能，例如執行 SQL 命令、預存程序等。
DataAdapter	作為 DataSet 物件和資料來源之間的橋梁。DataAdapter 使用四種 Command 物件來進行查詢、新增、修改、刪除的 SQL 命令，把資料載入 DataSet，或者把 DataSet 內的資料更新至資料來源。
DataReader	透過 Command 物件執行 SQL 查詢命令來取得資料流，以便進行高速、唯讀的資料讀取功能。

Connection 物件可以指定的資料庫進行連接；Command 物件可用來執行 SELECT、INSERT、UPDATE、DELETE 相關的 SQL 命令，用以讀取或異動資料庫中的資料內容。藉由 DataAdapter 物件內所提供的 Command 物件來進行離線式資料存取，Command 物件有四個，分別是：SelectCommand、InsertCommand、Update Command、DeleteCommand，當中 SelectCommand 用來將資料庫中的資料讀取出來並放至 DataSet 物件當中，以便進行離線式資料讀取，至於其他 InsertCommand、UpdateCommand、DeleteCommand 三個物件則用來將 DataSet 中的資料異動更新寫回資料庫中；藉由 DataAdapter 物件中的 Fill 方法可以將資料讀至 DataSet 中；藉由 Update 方法可以將 DataSet 物件的資料更新至指定的資料庫中。而 DataReader 物件可以從資料庫順向(Forward-only)逐筆讀取資料流中的資料列，由於並非一次將所有資料傳至用戶端的記憶體中，因此能降低系統負荷量以及提升應用程式的效能。

.NET Framework Data Provider 提供了.NET Framework Data Provider for SQL Server、.NET Framework Data Provider for OLE DB、.NET Framework Data Provider for ODBC 以及.NET Framework Data Provider for Oracle 四組資料提供者，分別可用來操作 SQL Server、OLE DB、ODBC 和 Oracle 資料來源，本書介紹常用的 .NET Framework Data Provider for SQL Server 以及 .NET Framework Data Provider for OLE DB。

一、.NET Framework Data Provider for SQL Server

.NET Framework Data Provider for SQL Server 支援 Microsoft SQL Server 7.0、2000、2005、2008、2012、2014、2016 以上版本，運用 SQL Server 原生的通訊協定並做最佳化，因此可以直接存取 SQL Server 資料庫而不必使用 OLE DB 或 ODBC (開放式資料庫連接層)介面，所以執行效率較佳。若使用 .NET Framework Data Provider for SQL Server，必須引用「using System.Data.SqlClinet」命名空間，使用的 ADO.NET 物件名稱前面都要加上「Sql」，例如：SqlConnection、SqlDataAdapter、SqlCommand、SqlDataReader 等。

二、.NET Framework Data Provider for OLEDB

.NET Framework Data Provider for OLE DB 可存取 Access、Excel、Oracle、Dbase 或 SQL Server…等各類型支援 OLE DB 介面的資料來源，使用該資料提供者必須引用「using System.Data.OleDb」命名空間，使用的 ADO.NET 物件名稱前面都要加上 OleDb，例如：OleDbConnection、OleDbDataAdapter、OledbCommand、OleDbData Reader 等。

.NET Framework Data Provider for SQL Server 和 .NET Framework Data Provider for OLE DB 的比較圖如下，可發現.NET Framework Data Provider for SQL Server 直接使用 SQL Server 原生的通訊協定直接存取 SQL Server 資料來源，因此執行效率較佳，而且可使用 SQL Server 特有的功能(如呼叫預存程序)。而 .NET Framework Data Provider for OLE DB 會呼叫 OLE DB Service Component (提供連接共用和交易服務)和 OLE DB Provider (提供資料來源)，因此可存取支援 OLE DB 介面的資料來源，如 Access、Excel、Oracle、Dbase 或 SQL Server 等資料來源。

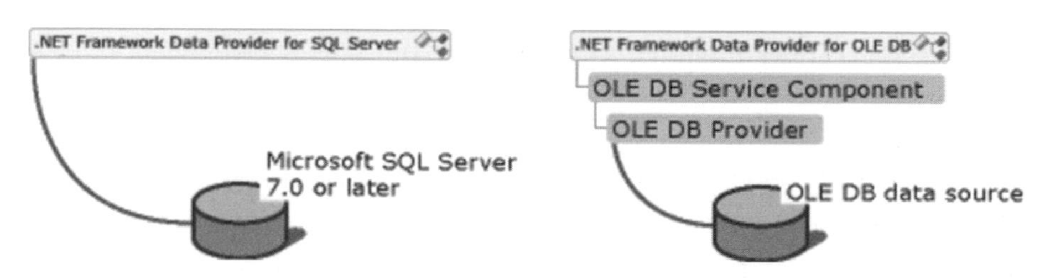

資料來源：https://msdn.microsoft.com/zh-tw/library/a6cd7c08(v=vs.110).aspx

8.1.3 DataSet 簡介

DataSet 是在 ADO.NET 當中離線資料存取架構的核心物件，使用時機主要是在記憶體中暫存並且處理各種來自資料來源中所取回的資料。DataSet 其實是一個存放於記憶體中的資料暫存區，需透過 DataAdapter 物件與資料庫之間做資料交換。在 DataSet 內部允許同時間存放一個或多個不同的 DataTable(資料表)物件。這些 DataTable 是由資料欄和資料列所組成，包含主索引鍵、外部索引鍵、資料表間的關聯(Relation)資訊，以及資料格式的條件限制(Constraint)。DataSet 就像是記憶體中的資料庫管理系統，資料存放於記憶體中，因此在離線時 DataSet 也能獨自完成資料的新增、刪除、修改、查詢等作業，不必侷限於一定要在資料庫連線時才能做資料維護工作。DataSet 還能用在存取多個不同的資料來源、XML 資料或者用於應用程式暫存系統狀態的暫存區。

由本節可了解 ADO.NET 是應用程式和資料庫來源之間溝通的橋梁。運用 ADO.NET 提供的物件，再搭配 SQL 語法(Structured Query Language 結構化查詢語言)就能用來存取資料庫內的資料，並且凡是經由 ODBC 或 OLEDB 介面所能存取的資料庫(例如：DBase、Access、Excel、SQL Server、Oracle…等)，也可藉由 ADO.NET 物件來存取。

8.2 使用 Connection 物件連接資料庫

Connection 物件主要用來連接資料來源，透過該物件的 ConnectionString 屬性可指定資料庫連接字串，Open()方法可連接資料來源，Close()方法可關閉連接資料來源。下面簡例介紹如何使用 Connection 物件進行開啟或關閉連接 SQL Server 和 Access 資料來源。

1. 連接 SQL Server Express 資料庫檔案

   如下寫法可連接 SQL Server Express 的「dbDTC.mdf」資料庫檔案：

```
using System.Data.SqlClient;        //引用 System.Data.SqlClient 命名空間
    ............
SqlConnection con = new SqlConnection(); //建立 SqlConnection 物件 con
con.ConnectionString =
        @"Data Source=(LocalDB)\MSSQLLocalDB;" +
```

```
        "AttachDbFilename=|DataDirectory|dbDTC.mdf;" +
        "Integrated Security=True"; //指定連接 dbDTC.mdf的連接字串
con.Open() ;        // 連接資料來源
    …………
con.Close() ;       // 關閉連接資料來源
```

2. 連接 SQL Server 資料來源

   如下寫法可連接本機的 SQL Server 資料庫伺服器：

```
using System.Data.SqlClient;        //引用 System.Data.SqlClient 命名空間
    …………
SqlConnection con = new SqlConnection(); //建立 SqlConnection 物件 con
//指定連接字串用來連接 SQL Server
//資料庫伺服器為本機 localhost, 資料庫名稱為 dbDTC
//資料庫伺服器帳號為 sa，資料庫伺服器為 1234567
con.ConnectionString =
        @"Server=localhost;database=dbDTC;uid=sa; pwd=1234567";
con.Open() ;        // 連接資料來源
    …………
con.Close() ;       // 關閉連接資料來源
```

3. 連接 Access 資料來源

   如下寫法可連接 C 磁碟的 dbDTC.mdb 的 Access 資料庫檔案：

```
using System.Data.OleDb;          //引用 System.Data.OleDb 命名空間
    …….
OleDbConnection con = new OleDbConnection();
//指定連接字串是連接 C 磁碟的 dbDTC.mdb 的 Access 資料庫
con.ConnectionString =
   "Provider=Microsoft.Jet.OLEDB.4.0;Data Source=C://dbDTC.mdb" ;
con.Open() ;        // 連接資料來源
    …………
con.Close() ;       // 關閉連接資料來源
```

   如果想要連接 Access 2007 或 Excel 2007 以上版本的資料來源，可將連接字串改成如下寫法：

```
con.ConnectionString =
  "Provider=Microsoft.ACE.OLEDB.12.0;Data Source=資料庫檔案路徑";
```

8.3 使用 DataAdapter 與 DataSet 讀取資料表

8.3.1 DataAdapter 與 DataSet 簡介

DataSet 物件是 ADO.NET 中的主要角色，像是記憶體中的資料庫，因此可以做到離線存取資料庫的資料。舉個例子：SQL Server 資料庫與存取其資料的應用程式分別安裝在不同的主機，當應用程式向 SQL Server 資料庫要求取得資料時，SQL Server 資料庫會根據應用程式要求將所要擷取的資料傳送到執行應用程式所在電腦的記憶體(DataSet)當中，此時可與資料庫中斷連線。當應用程式操作 DataSet 中的資料完畢後，如果需要將資料更新回 SQL Server 資料庫，此時再重新與資料庫進行連線，將資料全部一次更新到 SQL Server 資料庫中。DataSet 適用於多用戶端資料存取，因為在記憶體中存取因此執行效率佳，但會耗費較多的記憶體。在 DataSet 中可以包含一個以上的 DataTable 物件，DataTable 物件相當於記憶體中的一個資料表。而資料庫與 DataSet 之間溝通的橋梁則須依靠 DataAdapter 物件。下圖為.NET Framework Data Provider 與 DataSet 之間溝通的架構圖，由圖中可知 DataAdapter 物件運用 Command 物件執行 SQL 命令，來將資料庫所擷取的資料送至 DataSet，此時便可使用 DataTable 物件來間接存取 DataSet 物件中的資料表，將 DataSet 裡面的資料經過處理後再一次更新回資料庫。

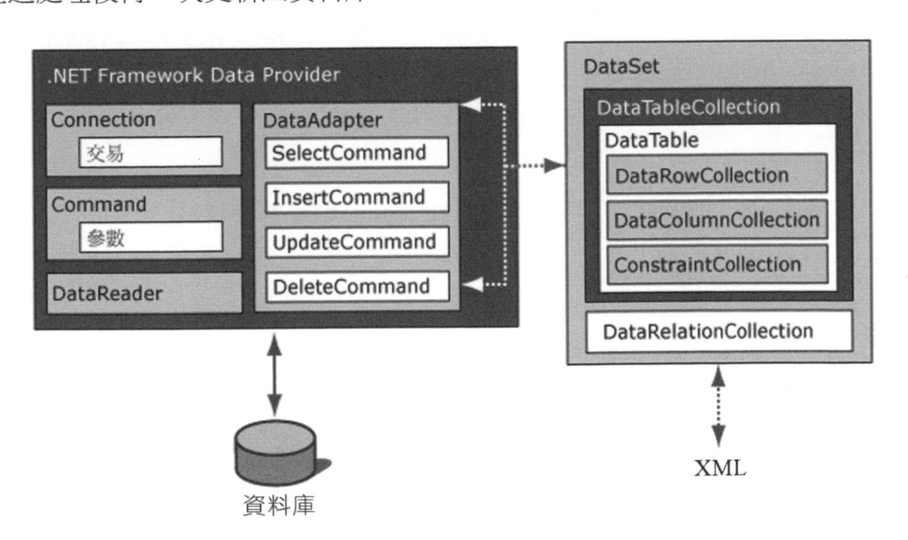

8.3.2 如何將資料庫填入 DataSet

如下步驟示範使用 DataAdapter 物件取得 Northwind.mdf 中「客戶」資料表記錄並填入 DataSet 物件中，此時 DataSet 中會有一個 DataTable 物件，該 DataTable 擁有客戶資料。

Step 01 使用 Connection 物件連接 Northwind.mdf

```
SqlConnection con = new SqlConnection();
con.ConnectionString =
        @"Data Source=(LocalDB)\MSSQLLocalDB;" +
        "AttachDbFilename=|DataDirectory|Northwind.mdf;" +
        "Integrated Security=True";
```

Step 02 建立 DataSet 類別物件 ds

```
DataSet ds = new DataSet();
```

Step 03 建立 DataAdapter 類別物件 daCustomer 可取得客戶資料表所有記錄

```
SqlDataAdapter daCustomer = new SqlDataAdapter
        ("SELECT * FROM 客戶", con);
```

Step 04 將 daCustomer 取得客戶資料表所有記錄一次填入 ds 物件中(DataSet)，可採用下面兩種寫法：

寫法一

```
daCustomer.Fill(ds);    //可使用 ds.Table[0] 來取得客戶資料
```

寫法二

```
//可使用 ds.Table[0] 或 ds.Table["客戶"] 來取得客戶資料
daCustomer.Fill(ds, "客戶");
```

使用 DataAdapter 物件的 Fill()方法不需要連接資料庫，其原因是當呼叫 Fill()方法時 DataAdapter 物件會自動連接資料庫。

DataSet 就像記憶體中的資料庫，DataTable 就像記憶體中的資料表，也就是說 DataSet 物件可以內含多個 DataTable 物件，例如：在 DataSet 物件中填入「員工」與「客戶」資料表，此時該 DataSet 物件會有兩個 DataTable，一個 DataTable 有「員工」資料，另一個 DataTable 有「客戶」資料。寫法如下：

```
SqlConnection con = new SqlConnection();
con.ConnectionString =
        @"Data Source=(LocalDB)\MSSQLLocalDB;" +
        "AttachDbFilename=|DataDirectory|Northwind.mdf;" +
        "Integrated Security=True";
SqlDataAdapter daEmployee = new SqlDataAdapter
        ("SELECT * FROM 員工", con);
SqlDataAdapter daCustomer = new SqlDataAdapter
        ("SELECT * FROM 客戶", con);
daEmployee.Fill(ds);    //可使用 ds.Table[0] 來取得員工資料
daCustomer.Fill(ds);    //可使用 ds.Table[1] 來取得客戶資料
```

daEmployee.Fill(ds) ; 和 daCustomer.Fill(ds) ; 也可以改用如下寫法：

```
//可使用 ds.Table[0] 或 ds.Table["員工"] 來取得員工資料
daEmployee.Fill(ds, "員工");
//可使用 ds.Table[1] 或 ds.Table["客戶"] 來取得客戶資料
daCustomer.Fill(ds, "客戶");
```

8.3.3 如何逐筆讀取 DataTable 的記錄

如下架構圖可知，DataSet 下包含了 DataTable、DataColumn、DataRow…等子類別。DataSet 物件是暫存於記憶體中的資料庫，可存放多個 DataTable 物件。而 DataTable 物件就像是暫存記憶體 DataSet 物件內的資料表，資料表內可用來存放多筆性質相同的紀錄資料，每一筆紀錄稱為 DataRow(資料列)、DataRow 的集合稱為 DataRowCollection；DataTable 包含 DataColumnCollection 集合，集合中的項目稱為 DataColumn(資料欄)，DataColumn 用來表示每一個欄位的資訊與資料型別。

資料來源：https://msdn.microsoft.com/zh-tw/library/zb0sdh0b(v=vs.110).aspx

由上面說明可知 DataTable 表示一個資料表，DataRows 表示一筆記錄，DataColumn 表示一個欄位，因此 DataTable 物件可以看成下圖：

	Columns[0]	Columns[1]	Columns[2]	Columns[3]
	統一編號	公司	電話	地址
Rows[0] →	61827263	大才全	04-23766198	台中市
Rows[1] →	87650912	雲揚	02-36985214	台北市
Rows[2] →	12345678	新冰樂	049-2369851	南投縣

假設上表「客戶」DataTable 置於 DataSet 物件 ds 中，將客戶 DataTable 物件中所有欄位讀取出來並放入 str 字串的寫法如下：

```
String str="" ;
//宣告 DataTable 物件 dt 用來存放 ds.Tables["客戶"]
DataTable dt = ds.Tables["客戶"];
//DataTable 物件的 Columns.Count 屬性可取得欄位總數
for (int i = 0; i<dt.Columns.Count ; i++)
{
   str += dt.Columns[i].ColumnName + ","; //ColumnName 可取得欄位名稱
}
```

若要取得客戶資料的 DataTable 物件所有記錄並放入 str 字串，可使用下面三種寫法：

寫法一

```
String str="" ;
//宣告 DataTable 物件 dt 用來存放 ds.Tables["客戶"]
DataTable dt = ds.Tables["客戶"];
//DataTable 物件的 Rows.Count 屬性可取得記錄總數
for(int i = 0; i < dt.Rows.Count; i++)
{
   //DataTable 物件的 Columns.Count 屬性可取得欄位總數
   for(int j = 0; j < dt.Columns.Count ; j++)
   {
      str += dt.Rows[i][j].ToString() + "," ;
   }
}
```

寫法二

```
String str="" ;
//宣告 DataTable 物件 dt 用來存放 ds.Tables["客戶"]
DataTable dt = ds.Tables["客戶"];
//DataTable 物件的 Rows.Count 屬性可取得記錄總數
for(int i = 0 ; i < dt.Rows.Count ; i++)
{
   str += dt.Rows[i]["統一編號"].ToString() + "," ;
   str += dt.Rows[i]["公司"].ToString() + "," ;
   str += dt.Rows[i]["電話"].ToString() + "," ;
   str += dt.Rows[i]["地址"].ToString() + "," ;
}
```

寫法三

```
String str="" ;
//宣告 DataTable 物件 dt 用來存放 ds.Tables["客戶"]
DataTable dt = ds.Tables["客戶"];
//逐一讀出每一筆 DataRow
foreach (DataRow row in dt.Rows)
{
  str +=  row["統一編號"] + ",";
  str +=  row["公司"] + ",";
```

```
    str +=  row["電話"] + ",";
    str +=  row["地址"] + ",";
}
```

範例 slnADODotNET 方案

練習使用ADO.NET資料存取技術來讀取Northwind.mdf資料庫中產品資料、員工、客戶等資料表的記錄。

上機練習

Step 01 建立方案名稱為 slnADODotNET、專案名稱為 prjADODotNET 的空白 MVC 專案。

Step 02 在專案的 App_Data 資料夾加入 Northwind.mdf 資料庫

將書附範例資料庫資料夾下的 Northwind.mdf 資料庫拖曳到專案的 App_Data 資料夾下。

Step 03 在 Controllers 資料夾下建立 HomeController.cs 控制器類別檔。

Step 04 在 HomeController.cs 中撰寫 ShowEmployee 動作方法，該動作方法取得所有員工記錄並存入 str 字串中，最後將 str 字串結果顯示出來，如下：

C# 程式碼 FileName: Controllers/HomeController.cs

```
01 using System.Data;
02 using System.Data.SqlClient;
03
04 namespace prjADODotNET.Controllers
05 {
06     public class HomeController : Controller
07     {
08         // GET: Home/ShowEmployee，查詢所有員工記錄
09         public String ShowEmployee()
10         {
11             SqlConnection con = new SqlConnection();
12             string constr = @"Data Source=(LocalDB)\MSSQLLocalDB;" +
13               "AttachDbFilename=|DataDirectory|Northwind.mdf;" +
14               "Integrated Security=True";
15             con.ConnectionString = constr;
```

```
16            string sql = "SELECT 員工編號, 姓名, 稱呼, 職稱 FROM 員工";
17            SqlDataAdapter adp = new SqlDataAdapter(sql, con);
18            DataSet ds = new DataSet();
19            adp.Fill(ds);
20            DataTable dt = ds.Tables[0];
21            string str = "";
22            //寫法一
23            for (int i = 0; i < dt.Rows.Count; i++)
24            {
25                str += $"編號：{dt.Rows[i]["員工編號"] }<br />";
26                str += $"姓名：{dt.Rows[i]["姓名"]}{dt.Rows[i]["稱呼"]}<br />";
27                str += $"職稱：{dt.Rows[i]["職稱"]}<hr>";
28            }
29            //寫法二
30            //foreach (DataRow row in dt.Rows)
31            //{
32            //    str += $"編號：{row["員工編號"]}<br />";
33            //    str += $"姓名：{row["姓名"]}{row["稱呼"] }<br />";
34            //    str += $"職稱：{row["職稱"]}<hr>";
35            //}
36            return str;
37        }
38    }
39 }
```

說明

1) 第 1~2 行：使用 ADO.NET 必須引用 System.Data 和 System.Data.SqlClient 命名空間。
2) 第 11~15 行：使用 SqlConnection 類別建立 con 物件連接 Northwind.mdf 資料庫。
3) 第 16 行：宣告字串變數 sql 用來指定 SELECT 的 SQL 語法，該語法可查詢員工資料表所有記錄，並指定查詢員工編號、姓名、稱呼、職稱欄位。
4) 第 17~19 行：使用 SqlDataAdapter 類別建立 dap 物件取得員工記錄並填入 DataSet 物件 ds。
5) 第 20 行：將 ds 物件中的第一個 DataTable 物件指定給 dt 物件。
6) 第 23~28 行：使用 for 迴圈逐一讀取 dt 物件(DataTable)中所有員工記錄，並指定讀取員工編號、姓名、稱呼、職稱等欄位資料。

7) 第 30~35 行：使用 foreach 迴圈逐一讀取 dt 物件(DataTable)中所有員工記錄，功能同第 23-28 行。

執行程式，在瀏覽器網址列輸入「http://localhost/Home/ShowEmployee」，即執行 HomController 的 ShowEmployee()動作方法，結果如下圖：

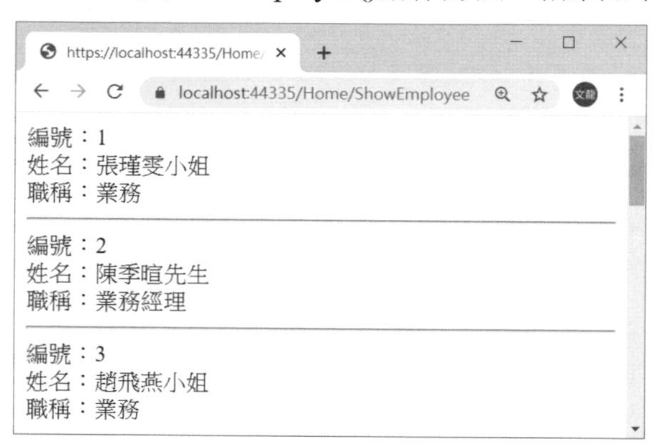

Step 05 在 HomeController.cs 中撰寫 ShowProduct()動作方法，該動作方法取得單價大於 30 的產品記錄，並依單價遞增排序，再依庫存量做遞減排序，並指定顯示產品、單價、庫存量欄位資料，最後將查詢產品的結果存入 str 字串中，接著再將 str 字串結顯示出來。寫法如下：

C# 程式碼 FileName: Controllers/HomeController.cs

```
01 using System.Data;
02 using System.Data.SqlClient;
03
04 namespace prjADODotNET.Controllers
05 {
06     public class HomeController : Controller
07     {
............略............
38         // 查詢單價大於 30 的產品，並依單價做遞增排序，庫存量做遞減排序
39         // GET: Home/ShowProduct
40         public string ShowProduct()
41         {
42             SqlConnection con = new SqlConnection();
43             string constr = @"Data Source=(LocalDB)\MSSQLLocalDB;" +
44               "AttachDbFilename=|DataDirectory|Northwind.mdf;" +
45               "Integrated Security=True";
```

```
46              con.ConnectionString = constr;
47              string sql = "SELECT 產品,單價,庫存量 FROM 產品資料 " +
48                "WHERE 單價>30 ORDER BY 單價 ASC, 庫存量 DESC";
49              SqlDataAdapter adp = new SqlDataAdapter(sql, con);
50              DataSet ds = new DataSet();
51              adp.Fill(ds);
52              DataTable dt = ds.Tables[0];
53              string str = "";
54              //寫法一
55              for (int i = 0; i < dt.Rows.Count; i++)
56              {
57                  str += $"產品：{dt.Rows[i]["產品"] }<br />";
58                  str += $"單價：{dt.Rows[i]["單價"] }<br />";
59                  str += $"庫存：{dt.Rows[i]["庫存量"] }<hr>";
60              }
61              //寫法二
62              //foreach (DataRow row in dt.Rows)
63              //{
64              //    str += $"產品：{row["產品"] }<br />";
65              //    str += $"單價：{row["單價"] }<br />";
66              //    str += $"庫存：{row["庫存量"]}<hr>";
67              //}
68              return str;
69          }
70      }
71  }
```

說明

1) 第 47~48 行：宣告 sql 字串用來存放 SQL 語法，該 SQL 語法要查詢產品資料表中單價大於 30 的產品記錄，顯示產品、單價、庫存量欄位資料，先依單價進行遞增排序，再依庫存量進行遞減排序。

執行程式，在瀏覽器網址列輸入「http://localhost/Home/ShowProduct」，即執行 HomeController 的 ShowProduct()動作方法，結果如下圖：

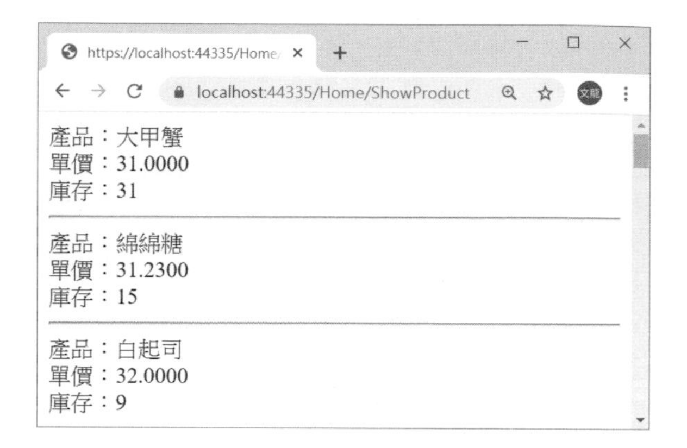

Step 06 在 HomeController.cs 中撰寫 ShowCustomerByAddress()動作方法，該動作方法可取得 URL 參數 keyword，並查詢地址含有 keyword 關鍵字的客戶記錄。寫法如下：

C# 程式碼 FileName: Controllers/DefaultController.cs

```
01 using System.Data;
02 using System.Data.SqlClient;
03
04 namespace prjADODotNET.Controllers
05 {
06     public class HomeController : Controller
07     {
............略............
70         //找出客戶地址中含有 keyword 關鍵字的客戶記錄
71         // GET: Home/ShowCustomerByAddress?keyword=中山路
72         public string ShowCustomerByAddress(string keyword)
73         {
74             SqlConnection con = new SqlConnection();
75             string constr = @"Data Source=(LocalDB)\MSSQLLocalDB;" +
76               "AttachDbFilename=|DataDirectory|Northwind.mdf;" +
77               "Integrated Security=True";
78             con.ConnectionString = constr;
79             string sql = "SELECT 公司名稱, 連絡人, 連絡人職稱, 地址 FROM 客戶" +
80               " WHERE 地址 LIKE N'%" + keyword.Replace("'", "''") + "%'";
81             SqlDataAdapter adp = new SqlDataAdapter(sql, con);
82             DataSet ds = new DataSet();
83             adp.Fill(ds);
84             DataTable dt = ds.Tables[0];
```

```
85              string str = "";
86              //寫法一
87              for (int i = 0; i < dt.Rows.Count; i++)
88              {
89                  str += $"公司：{dt.Rows[i]["公司名稱"] }<br />";
90              str+=$"姓名：{dt.Rows[i]["連絡人"]}{dt.Rows[i]["連絡人職稱"] }<br />";
91                  str += $"地址：{dt.Rows[i]["地址"] }<hr>";
92              }
93              //寫法二
94              //foreach (DataRow row in dt.Rows)
95              //{
96              //    str += $"公司：{row["公司名稱"]}<br />";
97              //    str += $"姓名：{row["連絡人"]}{ row["連絡人職稱"] }<br />";
98              //    str += $"地址：{row["地址"]}<hr>";
99              //}
100              return str;
101          }
102      }
103 }
```

說明

1) 第 72 行：呼叫此動作方法可取得網址的 keyword 參數值。
2) 第 79~80 行：宣告 sql 字串用來存放 SQL 語法，可用來查詢地址含有 keyword 關鍵字的客戶記錄，客戶記錄指定取得公司名稱、連絡人、連絡人職稱、地址的欄位資料。

執行程式，在瀏覽器網址列輸入「http://localhost/Home/ShowCustomerByAddress?keyword=台北」，即顯示住在台北的客戶，結果如下圖：

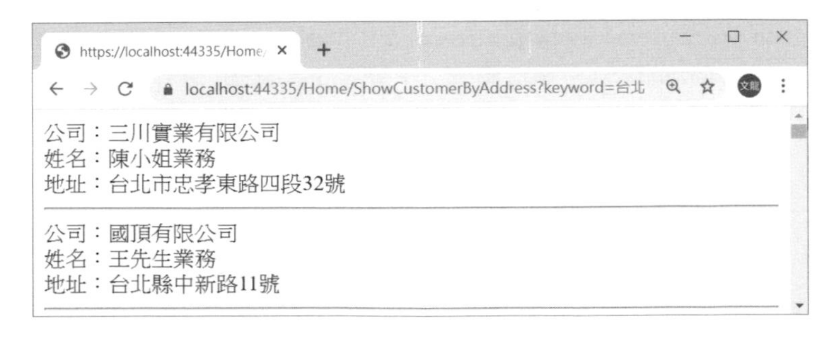

執行程式，在瀏覽器網址列輸入「http://localhost/Home/ShowCustomerByAddress?keyword=中山路」，即顯示住在中山路的客戶，結果如下圖：

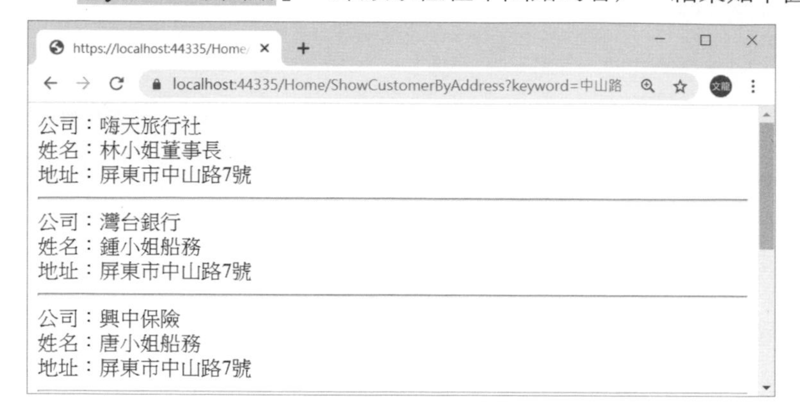

8.3.4 如何使用 Command 物件編輯資料表記錄

Command物件常用的有CommandText與Connection屬性，以及ExecuteNonQuery方法。首先使用 Connection 屬性指定要連接的資料來源，再使用 CommandText 屬指定新增(INSERT)、刪除(DELETE)、修改(UPDATE)資料的 SQL 語法，最後呼叫ExecuteNonQuery()方法來編輯資料表的資料。常用寫法如下兩種：

寫法一

```
//建立 SqlCommand 物件同時設定 SQL 語法和 Connection 物件
SqlCommand  cmd = new SqlCommand("SQL 語法", con );
con.Open();                      // 連接資料庫
cmd.ExecuteNonQuery(); // 呼叫 ExecuteNonQuery()方法編輯資料表
```

寫法二

```
SqlCommand cmd = new SqlCommand();  //  建立 Command 類別 con 物件
cmd.CommandText = "SQL 語法";   // 指定 SQL 語法
cmd.Connection = con;          // 使用 Connection 屬性指定要連接的 Connection
con.Open();                    // 開啟連接資料來源
cmd.ExecuteNonQuery();         // 呼叫 ExecuteNonQuery()方法編輯資料表
```

8.3.5 SQL 指令隱碼攻擊

SQL 指令隱碼攻擊(SQL injection)，簡稱隱碼攻擊，是發生於應用程式中資料庫層的安全漏洞。簡言之，是在惡意的程式碼夾帶在輸入的字串，在設計不良的程式當中忽略了檢查，這些夾帶進去的指令會被資料庫執行個體當作是正常的 SQL 指令而進行剖析和執行，因此遭到破壞或是入侵。最常見就是使用「'」單引號組合有害的 SQL 指令，說明如下：

例如下面是網站驗證會員帳號和密碼的 SQL 查詢指令，要注意的是 SQL 指令中被「'」單引號括住的資料會被視為字串，連續 2 個「''」單引號在 SQL 中被視為 1 個「'」單引號，而置於「--」符號後的資料被視為註解 。

```
String sql = "SELECT * FROM 會員 WHERE 帳號 = '"
    + uid + "' AND 密碼 = '"+ pwd +"'" ;
```

如果 uid 變數的值被惡意填入「1' OR 1=1 --」，pwd 變數不填，則 SQL 指令會變成如下：

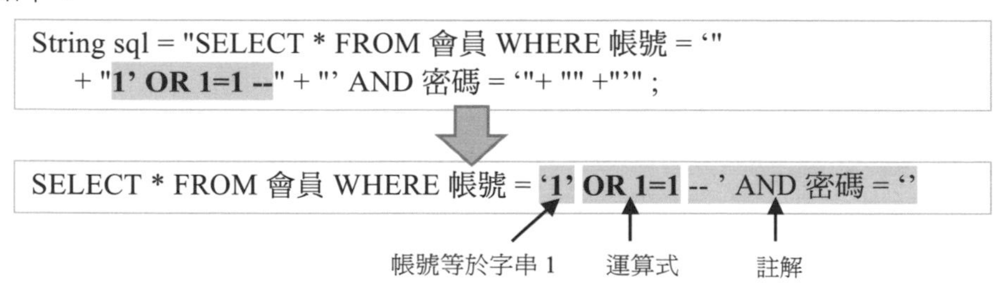

上面 SQL 指令「-- ' AND 密碼 = ''」會被視為註解，而剩下的 SQL 指令的意思就變成帳號等於字串 '1' 或者數值 1 等於 1，因為 1 一定等於 1，所以自然而然就通過會員驗證了。

要解決 SQL 指令隱碼攻擊最簡單的方式，就是字串在組合 SQL 指令時，將字串中有 1 個「'」單引號字元以連續 2 個「''」單引號字元取代。因此上述程式碼改寫如下即可解決：

```
String sql = "SELECT * FROM 會員 WHERE 帳號 = '"
    + uid.Replace("'","''") + "' AND 密碼 = '"
    + pwd.Replace("'","''") +"'" ;
```

同樣例子 uid 變數的值被惡意填入「1' OR 1=1 --」，pwd 變數不填，則 SQL 指令會變成正常的 SQL 指令，透過此方式可防止簡易的 SQL 指令隱碼攻擊。

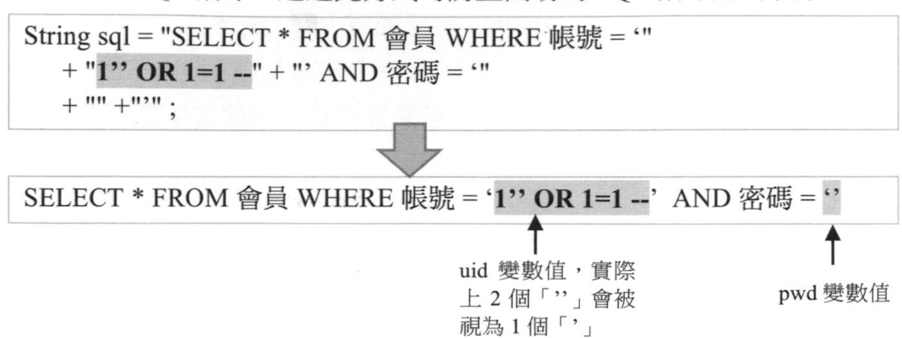

若要真正防範 SQL 指令隱碼攻擊，建議使用具名參數方式，關於具名參數下面小節會介紹。如果欄位資料存放的是 Unicode 字串資料，例如 nchar、nvarchar、ntext 這些資料型態，在 SQL 語法的字串資料前面必須加上「N」。例如會員的帳號和密碼欄位是 Unicode 字串資料，其寫法如下：

```
String sql = "SELECT * FROM 會員 WHERE 帳號 = N'"
    + uid.Replace("'","''") + "' AND 密碼 = N'"
    + pwd.Replace("'","''") +"'" ;
```

8.3.6 具名參數

為解決 SQL 指令隱碼攻擊可使用 SqlParameter 類別物件指定具名參數進行操作資料庫，好處有：檢查參數型別、檢查資料長度、輸入特別符號不會出現問題以及提高資料輸入的安全性等。具名參數使用步驟如下：

1. 建立 SqlCommand 類別物件 cmd

```
SqlCommand cmd = new SqlCommand();
```

2. 指定 SqlCommand 類別物件的 SQL 語法並設定參數名稱

   cmd 物件指定刪除客戶記錄的 SQL 語法，同時代入編號欄位的具名參數為 @CustId。其寫法如下：

```
cmd.CommandText =
        "DELETE FROM 客戶 WHERE 編號=@CustId ";
```

3. 指定具名參數的對應值

cmd 物件中指定@CustId 具名參數的資料型別為「SqlDbType. NVarChar」；同時指定@CustId 具名參數的值為 fCustId。其寫法如下：

```
cmd.Parameters.Add(new System.Data.SqlClient.SqlParameter
   ("@CustId", SqlDbType.NVarChar)).Value =fCustId;
```

8.4 員工管理系統 - 使用 ADO.NET

範例 slnEmp 方案

使用 ADO.NET 操作資料表，設計可新增、修改、刪除員工記錄的員工管理系統，本例所有功能和第 7 章員工管理系統相同。

上機練習

Step 01 建立方案名稱為 slnEmp、專案名稱為 prjEmp 的空白 MVC 專案。

Step 02 在專案的 App_Data 資料夾加入 dbEmp.mdf 資料庫

將書附範例資料庫資料夾下的 dbEmp.mdf 資料庫拖曳到專案的 App_Data 的資料夾下。

Step 03 認識 tEmployee 資料表

本例 dbEmp.mdf 資料庫內含如下 tEmployee 資料表，該資料表記錄兩筆員工資料，tEmployee 資料表的欄位說明如下：

資料表名稱	tEmployee				
主鍵值欄位	fEmpId				
欄位名稱	資料型態	長度	允許 null	預設值	備註
fEmpId	nvarchar	50	否		員工編號 主索引鍵
fName	nvarchar	50	是		姓名
fGender	nvarchar	50	是		性別
fMail	nvarchar	50	是		電子信箱
fSalary	int		是		薪資
fEmploymentData	nvarchar	50	是		雇用日期

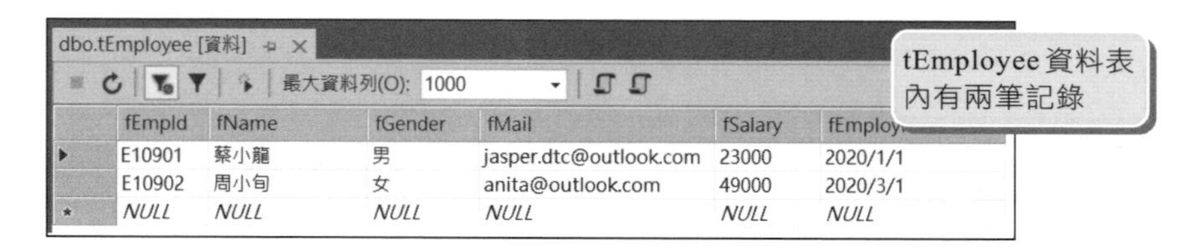

Step 04 建立與 tEmployee 資料表結構相同的 tEmployee.cs 類別檔(即 tEmployee 的 Entity 模型)

1. 在方案總管的 Models 資料夾按滑鼠右鍵，並執行快顯功能表的【加入(D)/新增項目(W)...】指令新增「類別」，將該檔名設為「tEmployee.cs」。

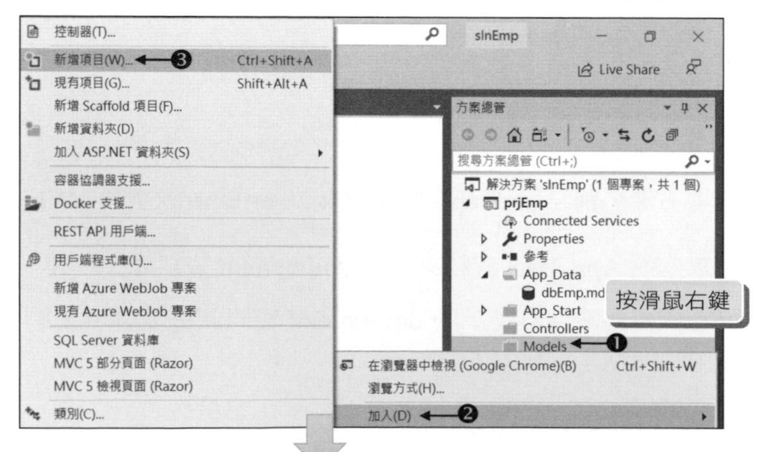

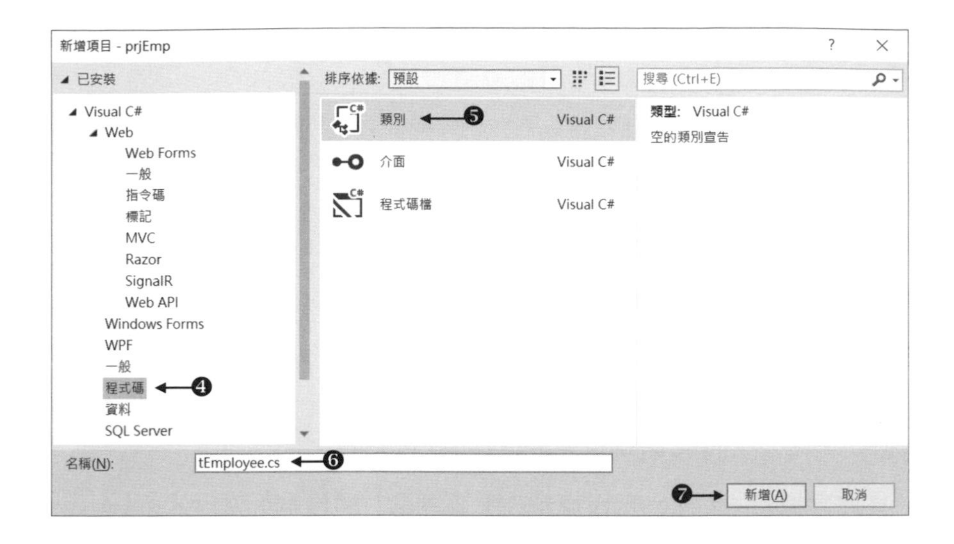

2. 請撰寫 tEmployee.cs 類別和資料模型驗證屬性，完整程式碼如下：

C# 程式碼 FileName: Models/tEmployee.cs

```
01 using System.ComponentModel;
02 using System.ComponentModel.DataAnnotations;
03 namespace prjEmp.Models
04 {
05     public class tEmployee
06     {
07         [DisplayName("員工編號")]
08         [Required(ErrorMessage = "員工編號不可空白")]
09         [StringLength(7, ErrorMessage = "員工編號必須是 4~7 個字元",
10             MinimumLength = 4)]
11         public string fEmpId { get; set; }
12
13         [DisplayName("姓名")]
14         [Required(ErrorMessage = "姓名不可空白")]
15         public string fName { get; set; }
16
17         [DisplayName("性別")]
18         public string fGender { get; set; }
19
20         [DisplayName("信箱")]
21         [EmailAddress(ErrorMessage = "E-Mail 格式有誤")]
22         public string fMail { get; set; }
```

```
23
24          [DisplayName("薪資")]
25          [Range(23000, 65000, ErrorMessage = "薪資必須介於 23000~65000")]
26          public Nullable<int> fSalary { get; set; }
27
28          [DisplayName("雇用日期")]
29          [DataType(DataType.Date, ErrorMessage = "雇用日期必須為日期格式")]
30          public Nullable<System.DateTime> fEmploymentDate { get; set; }
31      }
32  }
```

Step 05 在 Controllers 資料夾下新增 Home 控制器

1. 在方案總管的 Controllers 資料夾下按滑鼠右鍵再執行功能表的【加入(D)/控制器(T)...】指令新增「HomeController」控制器，完成後 Controllers 資料夾下會新增 HomeController.cs 控制器類別檔。

2. 在 HomeController.cs 檔撰寫 Index()、Create()、Edit()、Delete()的動作方法：

C# 程式碼 FileName: Controllers/HomeController.cs

```
01 using System.Data;
02 using System.Data.SqlClient;
03 using prjEmp.Models;
04
05 namespace prjEmp.Controllers
06 {
07     public class HomeController : Controller
08     {
09         // constr 連接字串指定連接 dbEmp.mdf 資料庫
10         string constr = @"Data Source=(LocalDB)\MSSQLLocalDB;" +
11           "AttachDbFilename=|DataDirectory|dbEmp.mdf;" +
12           "Integrated Security=True";
13
14         //GetEmployees()方法傳回 tEmployee 員工串列
15         private List<tEmployee> GetAllEmployee()
16         {
17             SqlConnection con = new SqlConnection();
18             con.ConnectionString = constr;
19             SqlDataAdapter adp = new SqlDataAdapter
20                 ("SELECT * FROM tEmployee", con);
```

```
21            DataSet ds = new DataSet();
22            adp.Fill(ds);
23            DataTable dt = ds.Tables[0];
24            List<tEmployee> employees = new List<tEmployee>();
25            for(int i=0; i<dt.Rows.Count; i++)
26            {
27                employees.Add(new tEmployee {
28                    fEmpId = dt.Rows[i]["fEmpId"].ToString(),
29                    fName = dt.Rows[i]["fName"].ToString(),
30                    fGender = dt.Rows[i]["fGender"].ToString(),
31                    fMail = dt.Rows[i]["fMail"].ToString(),
32                    fSalary = int.Parse( dt.Rows[i]["fSalary"].ToString()),
33                    fEmploymentDate = DateTime.Parse
34                        (dt.Rows[i]["fEmploymentDate"].ToString())
35                });
36            }
37            return employees;
38        }
39
40        private tEmployee GetEmployee(string fEmpId)
41        {
42            SqlConnection con = new SqlConnection();
43            con.ConnectionString = constr;
44            SqlCommand cmd = new SqlCommand
45                ("SELECT * FROM tEmployee WHERE fEmpId=@fEmpId", con);
46            cmd.Parameters.Add(new SqlParameter
47                ("@fEmpId", SqlDbType.NVarChar)).Value = fEmpId;
48            SqlDataAdapter adp = new SqlDataAdapter(cmd);
49            DataSet ds = new DataSet();
50            adp.Fill(ds);
51            DataTable dt = ds.Tables[0];
52            tEmployee emp = new tEmployee
53            {
54                fEmpId = dt.Rows[0]["fEmpId"].ToString(),
55                fName = dt.Rows[0]["fName"].ToString(),
56                fGender = dt.Rows[0]["fGender"].ToString(),
57                fMail = dt.Rows[0]["fMail"].ToString(),
58                fSalary = int.Parse(dt.Rows[0]["fSalary"].ToString()),
59                fEmploymentDate = DateTime.Parse
60                    (dt.Rows[0]["fEmploymentDate"].ToString())
```

```
61              };
62              return emp;
63          }
64
65          //executeCmd()方法可執行 SqlCommand 物件來輯編資料表
66          private void ExecuteCmd(SqlCommand cmd)
67          {
68              SqlConnection con = new SqlConnection();
69              con.ConnectionString = constr;
70              con.Open();
71              cmd.Connection = con;
72              cmd.ExecuteNonQuery();
73              con.Close();
74          }
75
76          // GET: Home
77          public ActionResult Index()
78          {
79              return View(GetAllEmployee());
80          }
81
82          public ActionResult Create()
83          {
84              return View();
85          }
86
87          [HttpPost]
88          public ActionResult Create(tEmployee employee)
89          {
90              if (ModelState.IsValid)
91              {
92                  ViewBag.Error = false;
93                  try
94                  {
95                      SqlCommand sqlCommand = new SqlCommand();
96                      sqlCommand.CommandText =
97 "INSERT INTO tEmployee(fEmpId,fName,fGender,fMail,fSalary,fEmploymentDate)" +
98   "VALUES(@fEmpId,@fName,@fGender,@fMail,@fSalary,@fEmploymentDate)";
99                      sqlCommand.Parameters.Add(new SqlParameter
```

```
100                     ("@fEmpId", SqlDbType.NVarChar)).Value =
101                     employee.fEmpId;
102                 sqlCommand.Parameters.Add(new SqlParameter
103                     ("@fName", SqlDbType.NVarChar)).Value =
104                     employee.fName;
105                 sqlCommand.Parameters.Add(new SqlParameter
106                     ("@fGender", SqlDbType.NVarChar)).Value =
107                     employee.fGender;
108                 sqlCommand.Parameters.Add(new SqlParameter
109                     ("@fMail", SqlDbType.NVarChar)).Value =
110                     employee.fMail;
111                 sqlCommand.Parameters.Add(new SqlParameter
112                     ("@fSalary", SqlDbType.Int)).Value =
113                     employee.fSalary;
114                 sqlCommand.Parameters.Add(new SqlParameter
115                     ("@fEmploymentDate", SqlDbType.Date)).Value =
116                     employee.fEmploymentDate;
117                 ExecuteCmd(sqlCommand);
118                 return RedirectToAction("Index");
119             }
120             catch (Exception ex)
121             {
122                 ViewBag.Error = true;
123                 return View(employee);
124             }
125         }
126         return View(employee);
127     }
128
129     public ActionResult Edit(string fEmpId)
130     {
131         return View(GetEmployee(fEmpId));
132     }
133
134     [HttpPost]
135     public ActionResult Edit(tEmployee employee)
136     {
137         if (ModelState.IsValid)
138         {
139             SqlCommand sqlCommand = new SqlCommand();
```

```
140                 sqlCommand.CommandText =
141    "UPDATE tEmployee SET fName=@fName, fGender=@fGender, fMail=@fMail, " +
142    "fSalary=@fSalary, fEmploymentDate=@fEmploymentDate WHERE fEmpId=@fEmpId";
143                 sqlCommand.Parameters.Add(new SqlParameter
144                     ("@fEmpId", SqlDbType.NVarChar)).Value =
145                     employee.fEmpId;
146                 sqlCommand.Parameters.Add(new SqlParameter
147                     ("@fName", SqlDbType.NVarChar)).Value =
148                     employee.fName;
149                 sqlCommand.Parameters.Add(new SqlParameter
150                     ("@fGender", SqlDbType.NVarChar)).Value =
151                     employee.fGender;
152                 sqlCommand.Parameters.Add(new SqlParameter
153                     ("@fMail", SqlDbType.NVarChar)).Value =
154                     employee.fMail;
155                 sqlCommand.Parameters.Add(new SqlParameter
156                     ("@fSalary", SqlDbType.Int)).Value =
157                     employee.fSalary;
158                 sqlCommand.Parameters.Add(new SqlParameter
159                     ("@fEmploymentDate", SqlDbType.Date)).Value =
160                     employee.fEmploymentDate;
161                 ExecuteCmd(sqlCommand);
162                 return RedirectToAction("Index");
163             }
164             return View(employee);
165         }
166
167         public ActionResult Delete(string fEmpId)
168         {
169             SqlCommand sqlCommand = new SqlCommand();
170             sqlCommand.CommandText =
171               "DELETE FROM tEmployee WHERE fEmpId=@fEmpId";
172             sqlCommand.Parameters.Add(new SqlParameter
173                 ("@fEmpId", SqlDbType.NVarChar)).Value = fEmpId;
173             ExecuteCmd(sqlCommand);
175             return RedirectToAction("Index");
176         }
177     }
178 }
```

說明

1) 第 1~2 行：引用 System.Data 和 System.Data.SqlClient 命名空間，才能使用簡短的名稱使用 ADO.NET 物件。
2) 第 3 行：引用 prjEmp.Models 命名空間，才能使用簡短的名稱使用 tEmployee 類別物件。
3) 第 10~12 行：指定連接 dbEmp.mdf 資料庫的連接字串，將此連接字串存入 constr 字串變數。
4) 第 15~38 行：定義 GetAllEmployee()方法，此方法可將 tEmployee 資料表的所有員工記錄轉成 tEmployee 串列物件並傳回。
5) 第 40~63 行：定義 GetEmployee()方法可傳入參數 fEmpId 編號，接著將指定的 fEmpId 編號的員工記錄傳回。
6) 第 66~74 行：定義 ExecuteCmd()方法可傳入 SqlCommand 類別物件 cmd，接著依傳入的 cmd 進行異動資料表。
7) 第 77~80 行：執行 Index()動作方法，透過 GetAllEmployee()取得 tEmployee 員工串列物件並傳入 Index.cshtml 檢視頁面進行顯示。
8) 第 82~85 行：執行 Create()動作方法會顯示 Create.cshtml 檢視頁面，後面步驟會設計新增員工記錄的 Create.cshtml 檢視頁面。
9) 第 87~127 行：在 Create.cshtml 按下 Submit 鈕時會以 POST 傳送方式執行 Create() 動作方法，此時會將表單各欄位對應到 Create()動作方法的 employee 員工物件的屬性，接著設定 INSERT 新增 SQL 命令並傳入 ExecuteCmd()方法進行新增員工記錄，完成新增後會轉向呼叫 Index()動作方法顯示所有員工記錄。
10) 第 96~98 行：指定 SqlCommand 類別物件的 INSERT 新增 SQL 語法和具名參數@fEmpId、@fName、@fGender、@fMail、@fSalary、@fEmploymentDate。
11) 第 99~116 行：指定@fEmpId、@fName、@fGender、@fMail、@fSalary、@fEmploymentDate 各參數對應的資料。
12) 第 129~132 行：執行 Edit()動作方法依 fEmpId 參數取得指定的 tEmployee 員工物件，接著將 tEmployee 員工物件傳入 Edit.cshtml 檢視頁面顯示，以進行檢視要修改的員工記錄。
13) 第 134~165 行：在 Edit.cshtml 按下 Submit 鈕時會以 POST 傳送方式執行 Edit()

動作方法，此時會將表單各欄位對應到 Edit()動作方法的 employee 員工物件的屬性，接著設定 UPDATE 修改 SQL 命令並傳入 ExecuteCmd()方法進行修改員工記錄，完成修改後會轉向呼叫 Index()動作方法顯示所有員工記錄。

14) 第 167~176 行：執行 Delete()動作方法會傳入網址的 fEmpId 參數，接著由 fEmpId 參數值找出欲刪除的員工記錄並進行刪除，完成刪除後會轉向執行 Index()動作方法顯示所有學生記錄。

接著後面步驟製作的_Layout.cshtml、Index.cshtml、Create.cshtml、Edit.cshtml 檢視頁面和第 7 章的員工管理系統相同，請依下面步驟建立。

Step 06 建立員工列表功能頁面

1. 建立 Index.cshtml 的 View 檢視頁面：
   在 Index()動作方法處按滑鼠右鍵，執行功能表的【新增檢視(D)...】指令開啟「加入檢視」視窗。

2. 依圖示操作新增 Index.cshtml 檢視頁面，請設定檢視名稱(N)是「Index」、範本(T)是「List」、模型類別(M)是「tEmployee」，再勾選參考指令碼程式庫(R)與使用版面配置頁(U)選項。

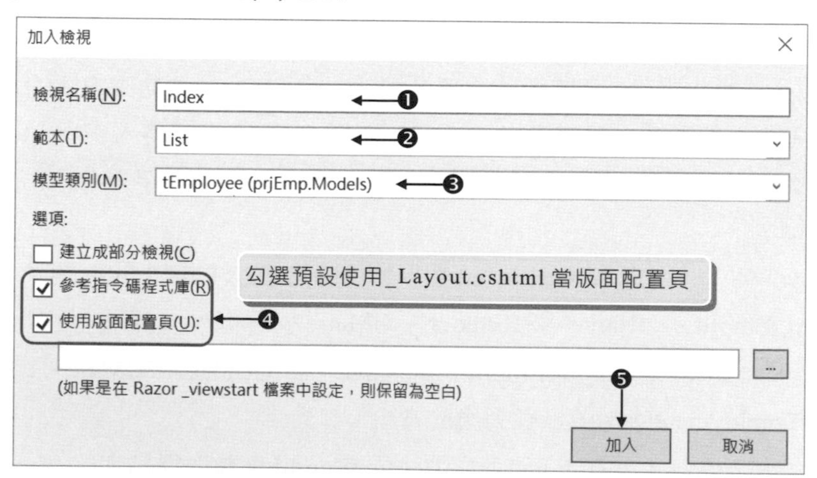

3. 撰寫 Index.cshtml 檢視頁面的程式碼，請依需求或修改灰底處的程式碼：

程式碼 FileName: Views/Home/Index.cshtml

```
01 @model IEnumerable<prjEmp.Models.tEmployee>
```

```
02
03 @{
04     ViewBag.Title = "員工管理";
05 }
06
07 <h2>員工管理</h2>
08
09 @if (Model.Count() == 0)
10 {
11     <div class="alert alert-info">
12         <strong>無員工記錄</strong>
13     </div>
14 }
15 else
16 {
17     <table class="table">
18         <tr>
19             <th>
20                 @Html.DisplayNameFor(model => model.fEmpId)
21             </th>
22             <th>
23                 @Html.DisplayNameFor(model => model.fName)
24             </th>
25             <th>
26                 @Html.DisplayNameFor(model => model.fGender)
27             </th>
28             <th>
29                 @Html.DisplayNameFor(model => model.fMail)
30             </th>
31             <th>
32                 @Html.DisplayNameFor(model => model.fSalary)
33             </th>
34             <th>
35                 @Html.DisplayNameFor(model => model.fEmploymentDate)
36             </th>
37             <th></th>
38         </tr>
39
40         @foreach (var item in Model)
41         {
```

```
42              <tr>
43                  <td>
44                      @Html.DisplayFor(modelItem => item.fEmpId)
45                  </td>
46                  <td>
47                      @Html.DisplayFor(modelItem => item.fName)
48                  </td>
49                  <td>
50                      @Html.DisplayFor(modelItem => item.fGender)
51                  </td>
52                  <td>
53                      @Html.DisplayFor(modelItem => item.fMail)
54                  </td>
55                  <td>
56                      @Html.DisplayFor(modelItem => item.fSalary)
57                  </td>
58                  <td>
59                      @Html.DisplayFor(modelItem => item.fEmploymentDate)
60                  </td>
61                  <td>
62                      <a href="@Url.Action("Edit")?fEmpId=@item.fEmpId"
63                          class="btn btn-warning">編輯</a>
64                      <a href="@Url.Action("Delete")?fEmpId=@item.fEmpId"
65                         class="btn btn-danger"
66      onclick="return confirm('確定要刪除編號 @item.fEmpId 的員工記錄嗎？');">
67                          刪除
68                      </a>
69                  </td>
70              </tr>
71          }
72      </table>
73  }
```

Step 07 修改_Layout.cshtml 版面配置頁

1. 修改如下_Layout.cshtml 版面配置頁灰底處程式碼，更新此頁面的導覽列與頁尾標題，同時在導覽列中加入「員工新增」與「員工列表」兩個連結項目。員工管理可執行 HomeController 的 Index()動作方法；員工新增可執行 HomeController 的 Create()動作方法。

程式碼 FileName: Views/Shared/_Layout.cshtml

```
01 <!DOCTYPE html>
02 <html>
03 <head>
04     <meta charset="utf-8" />
05     <meta name="viewport" content="width=device-width, initial-scale=1.0">
06     <title>@ViewBag.Title - 大才全員工管理系統</title>
07     <link href="~/Content/Site.css" rel="stylesheet" type="text/css" />
08     <link href="~/Content/bootstrap.min.css" rel="stylesheet"
09        type="text/css" />
10     <script src="~/Scripts/modernizr-2.8.3.js"></script>
11 </head>
12 <body>
13     <div class="navbar navbar-inverse navbar-fixed-top">
14         <div class="container">
15             <div class="navbar-header">
16                 <button type="button" class="navbar-toggle"
17                     data-toggle="collapse" data-target=".navbar-collapse">
18                     <span class="icon-bar"></span>
19                     <span class="icon-bar"></span>
20                     <span class="icon-bar"></span>
21                 </button>
22                 @Html.ActionLink("大才全員工管理系統", "Index", "Home",
23                     new { area = "" }, new { @class = "navbar-brand" })
24             </div>
25             <div class="navbar-collapse collapse">
26                 <ul class="nav navbar-nav">
27                     <li>@Html.ActionLink("員工管理", "Index", "Home")</li>
28                     <li>@Html.ActionLink("員工新增", "Create", "Home")</li>
29                 </ul>
30             </div>
31         </div>
32     </div>
33
34     <div class="container body-content">
35         @RenderBody()
36         <hr />
37         <footer>
38             <p>&copy; @DateTime.Now.Year - 大才全資訊科技股份有限公司</p>
39         </footer>
```

```
40     </div>
41
42     <script src="~/Scripts/jquery-3.4.1.min.js"></script>
43     <script src="~/Scripts/bootstrap.min.js"></script>
44 </body>
45 </html>
```

2. 按下執行程式 ▶ 鈕，請執行 Home/Index 測試網頁結果。

Step 08 建立員工新增記錄頁面

1. 建立 Create.cshtml 檢視頁面，請設定 **檢視名稱(N)** 是「Create」、**範本(T)** 是「Create」、**模型類別(M)** 是「tEmployee」，再勾選**參考指令碼程式庫(R)**與**使用版面配置頁(U)**選項。此處一定要勾選**參考指令碼程式庫(R)**選項，此檢視頁面才會引用 jQuery 函式庫與模型進行資料驗證。

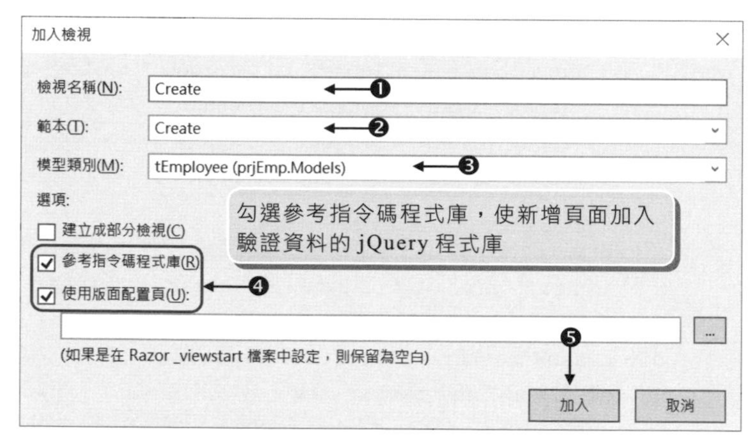

2. 在 Create.cshtml 檢視頁面修改灰底色程式碼：

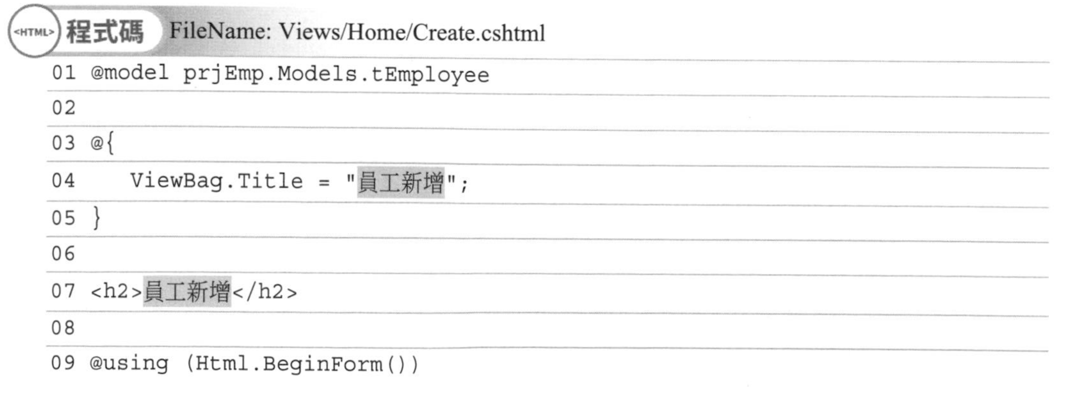

<HTML> **程式碼** FileName: Views/Home/Create.cshtml

```
01 @model prjEmp.Models.tEmployee
02
03 @{
04     ViewBag.Title = "員工新增";
05 }
06
07 <h2>員工新增</h2>
08
09 @using (Html.BeginForm())
```

```
10 {
11     @Html.AntiForgeryToken()
12
13     <div class="form-horizontal">
14         <hr />
15         @Html.ValidationSummary(true, "", new { @class = "text-danger" })
16         <div class="form-group">
17             @Html.LabelFor(model => model.fEmpId, htmlAttributes:
18                new { @class = "control-label col-md-2" })
19             <div class="col-md-10">
20                 @Html.EditorFor(model => model.fEmpId, new
21                     { htmlAttributes = new { @class = "form-control" } })
22                 @Html.ValidationMessageFor(model => model.fEmpId, "",
23                     new { @class = "text-danger" })
24             </div>
25         </div>
26
27         <div class="form-group">
28             @Html.LabelFor(model => model.fName, htmlAttributes:
29                new { @class = "control-label col-md-2" })
30             <div class="col-md-10">
31                 @Html.EditorFor(model => model.fName, new
32                     { htmlAttributes = new { @class = "form-control" } })
33                 @Html.ValidationMessageFor(model => model.fName, "",
34                     new { @class = "text-danger" })
35             </div>
36         </div>
37
38         <div class="form-group">
39             @Html.LabelFor(model => model.fGender, htmlAttributes:
40                new { @class = "control-label col-md-2" })
41             <div class="col-md-10">
42                 <span style="font-size:12pt">男</span>
43                     @Html.RadioButtonFor(model => model.fGender, "男",
44                         new { @checked = "checked" })
45                 <span style="font-size:12pt">女</span>
46                     @Html.RadioButtonFor(model => model.fGender, "女")
47                 @Html.ValidationMessageFor(model => model.fGender, "",
48                     new { @class = "text-danger" })
49             </div>
```

```
50          </div>
51
52          <div class="form-group">
53              @Html.LabelFor(model => model.fMail, htmlAttributes:
54                  new { @class = "control-label col-md-2" })
55              <div class="col-md-10">
56                  @Html.EditorFor(model => model.fMail, new
57                      { htmlAttributes = new { @class = "form-control" } })
58                  @Html.ValidationMessageFor(model => model.fMail, "",
59                      new { @class = "text-danger" })
60              </div>
61          </div>
62
63          <div class="form-group">

64              @Html.LabelFor(model => model.fSalary, htmlAttributes:
65                  new { @class = "control-label col-md-2" })
66              <div class="col-md-10">
67                  @Html.EditorFor(model => model.fSalary, new
68                      { htmlAttributes = new { @class = "form-control" } })
69                  @Html.ValidationMessageFor(model => model.fSalary, "",
70                      new { @class = "text-danger" })
71              </div>
72          </div>
73
74          <div class="form-group">
75              @Html.LabelFor(model => model.fEmploymentDate,
76                  htmlAttributes: new { @class = "control-label col-md-2" })
77              <div class="col-md-10">
78                  @Html.EditorFor(model => model.fEmploymentDate, new
79                      { htmlAttributes = new { @class = "form-control"
80                      ,type = "text" } })
81                  @Html.ValidationMessageFor(model => model.fEmploymentDate,
82                      "", new { @class = "text-danger" })
83              </div>
84          </div>
85
86          <div class="form-group">
87              <div class="col-md-offset-2 col-md-10">
88                  <input type="submit" value="新增" class="btn btn-primary" />
```

```
89              </div>
90          </div>
91      </div>
92  }
93
94  @if (ViewBag.Error == true)
95  {
96      <div class="alert alert-danger">
97          <strong>員工編號重複！</strong>
98      </div>
99  }
100
101 <script src="~/Scripts/jquery-3.4.1.min.js"></script>
102 <script src="~/Scripts/jquery.validate.min.js"></script>
103 <script src="~/Scripts/jquery.validate.unobtrusive.min.js"></script>
```

3. 按下執行程式 ▶ 鈕，請執行 Home/Create 測試網頁結果。

Step 09 建立員工修改記錄頁面

1. 建立 Edit.cshtml 檢視頁面，請設定 **檢視名稱(N)** 是「Edit」、**範本(T)** 是「Edit」、**模型類別(M)** 是「tEmployee」，再勾選**參考指令碼程式庫(R)**與**使用版面配置頁(U)**選項。此處一定要勾選**參考指令碼程式庫(R)**選項，此檢視頁面才會引用 jQuery 函式庫與模型進行資料驗證。

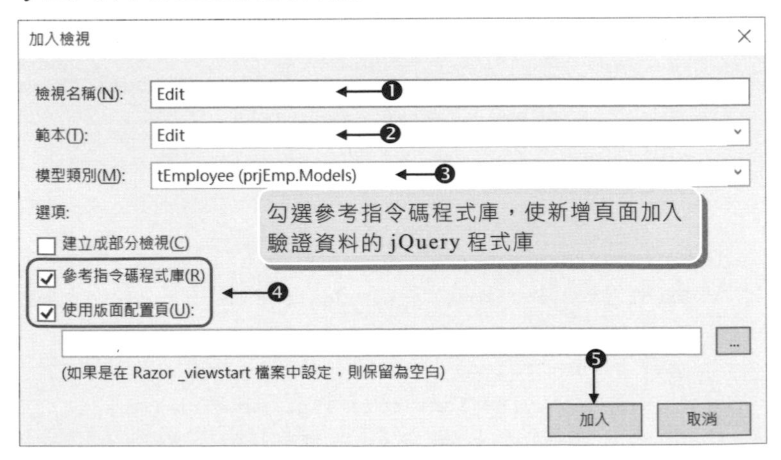

2. 在 Edit.cshtml 檢視頁面修改灰底色程式碼：

程式碼 FileName: Views/Home/Edit.cshtml

```
01 @model prjEmp.Models.tEmployee
02
03 @{
04     ViewBag.Title = "員工編輯";
05 }
06
07 <h2>員工編輯</h2>
08
09 @using (Html.BeginForm())
10 {
11     @Html.AntiForgeryToken()
12
13     <div class="form-horizontal">
14         <hr />
15         @Html.ValidationSummary(true, "", new { @class = "text-danger" })
16         @Html.HiddenFor(model => model.fEmpId)
17
18         <div class="form-group">
19             @Html.LabelFor(model => model.fName, htmlAttributes: new
20                 { @class = "control-label col-md-2" })
21             <div class="col-md-10">
22                 @Html.EditorFor(model => model.fName, new
23                     { htmlAttributes = new { @class = "form-control" } })
24                 @Html.ValidationMessageFor(model => model.fName, "", new
25                     { @class = "text-danger" })
26             </div>
27         </div>
28
29         <div class="form-group">
30             @Html.LabelFor(model => model.fGender, htmlAttributes: new
31                 { @class = "control-label col-md-2" })
32             <div class="col-md-10">
33                 <span style="font-size:12pt">男</span>
34                     @Html.RadioButtonFor(model => model.fGender, "男")
35                 <span style="font-size:12pt">女</span>
36                     @Html.RadioButtonFor(model => model.fGender, "女")
37                 @Html.ValidationMessageFor(model => model.fGender, "",
```

```
38                  new { @class = "text-danger" })
39              </div>
40          </div>
41
42          <div class="form-group">
43              @Html.LabelFor(model => model.fMail, htmlAttributes: new
44                  { @class = "control-label col-md-2" })
45              <div class="col-md-10">
46                  @Html.EditorFor(model => model.fMail, new
47                      { htmlAttributes = new { @class = "form-control" } })
48                  @Html.ValidationMessageFor(model => model.fMail, "",
49                      new { @class = "text-danger" })
50              </div>
51          </div>
52
53          <div class="form-group">
54              @Html.LabelFor(model => model.fSalary, htmlAttributes: new
55                  { @class = "control-label col-md-2" })
56              <div class="col-md-10">
57                  @Html.EditorFor(model => model.fSalary, new
58                      { htmlAttributes = new { @class = "form-control" } })
59                  @Html.ValidationMessageFor(model => model.fSalary, "",
60                      new { @class = "text-danger" })
61              </div>
62          </div>
63
64          <div class="form-group">
65              @Html.LabelFor(model => model.fEmploymentDate,
66                  htmlAttributes: new { @class = "control-label col-md-2" })
67              <div class="col-md-10">
68                  @Html.EditorFor(model => model.fEmploymentDate, new
69                      { htmlAttributes = new { @class = "form-control"
70                      ,type = "text" } })
71                 @Html.ValidationMessageFor(model => model.fEmploymentDate,
72                      "", new { @class = "text-danger" })
73              </div>
74          </div>
75
76          <div class="form-group">
77              <div class="col-md-offset-2 col-md-10">
```

```
78                  <input type="submit" value="儲存" class="btn btn-warning" />
79              </div>
80          </div>
81      </div>
82 }
83
84 <script src="~/Scripts/jquery-3.4.1.min.js"></script>
85 <script src="~/Scripts/jquery.validate.min.js"></script>
86 <script src="~/Scripts/jquery.validate.unobtrusive.min.js"></script>
```

3. 按下執行程式 ▶ 鈕測試網頁執行結果，請執行 Home/Index 結果顯示下圖畫面，可按下 編輯 鈕測試是否可顯示欲修改的員工記錄；或是進行新增或刪除員工記錄。

09 ASP.NET MVC 常用技巧

學習目標

本章主要介紹 Web 應用程式常見技巧，包含處理多個表格查詢、分頁瀏覽以及頁面操作的驗證與授權。應用時機如：依產品類別找出對應的產品資料；當資料量一大時，就必須將資料進行分頁處理，以方便使用者進行瀏覽；另外某些頁面必須登入才能進行操作瀏覽，就需要指定驗證或授權，常見應用為會員與管理者登入。

弟兄們，我不是以為自己已經得著了。我只有一件事，就是忘記背後，努力面前的，向著標竿直跑。
(腓立比書 3:13-14)

9.1 一對多資料表查詢

一對多的資料表查詢是 Web 應用程式最常使用的技巧。如下範例按下左邊的 tDepartment 部門資料表的記錄，接著右邊會顯示對應的員工。

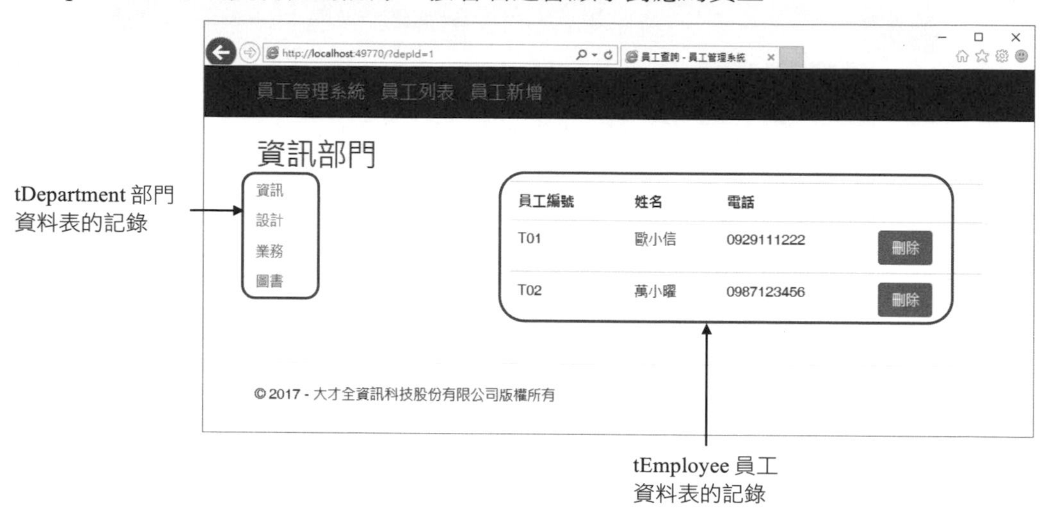

由前幾章的練習中可以發現，ASP.NET MVC 中，一個 View 的 Model 只能使用一種 Model 類別，但上面範例 View 的 Model 中使用了兩個 Model 類別(tDepartment 和 tEmployee)？其實上面範例的 View 的 Model 也是使用一個 Model 類別而已。

要如何在一個 Model 中放入兩個以上的 Model(資料表的實體類別)呢？其做法就是使用 ViewModel。ViewModel 是一種商業邏輯區塊，開發人員可實作 ViewModel 的商業邏輯，並使用公開屬性提供給 View 進行繫結(Binding)使用，簡單的說，ViewModel 就是專門給 View 呈現資料用的 Model。

範例 slnMultiTable 方案

練習一對多資料表查詢，使用 tDepartment 部門與 tEmployee 員工資料表進行依部門來查詢對應的員工。

執行結果

1. 點選左方的「資訊」部門右方會顯示該部門的員工；點選左方的「設計」部門右方會顯示該部門的員工。

2. 新增員工記錄的頁面中，部門欄位的資料會呈現 tDepartmart 資料表的部門名稱。

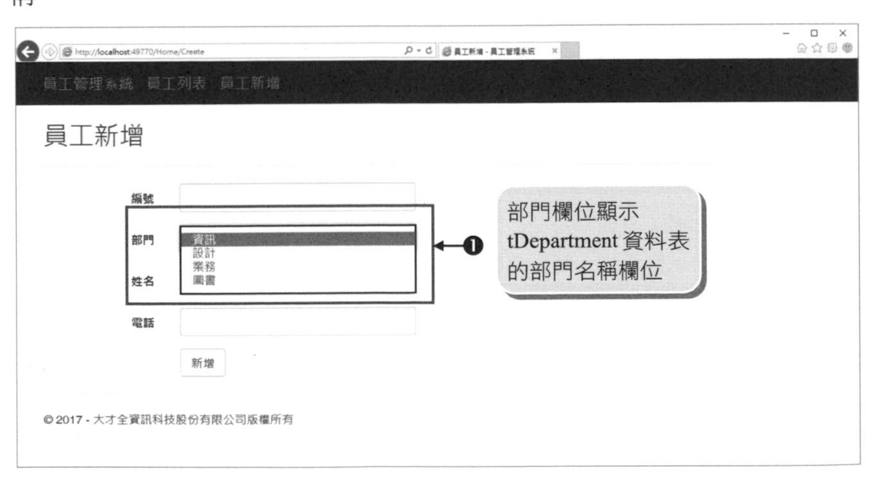

資料表

tDepartment 部門資料表的 fDepId 欄位為主鍵，與 tEmployee 員工資料的 fDepId 欄位參考鍵建立關聯，即一個部門會有多個員工，兩者的關係為一對多。

資料表名稱	tDepartment				
主鍵值欄位	fDepId				
欄位名稱	資料型態	長度	允許 null	預設值	備註
fDepId	int		否		部門編號, 自動編號 識別規格設為 True； 識別值種子為 1； 識別值增量為 1；
fDepName	nvarchar	50	是		圖示

資料表名稱	tEmployee				
主鍵值欄位	fEmpId				
參考鍵欄位	fDepId				
欄位名稱	資料型態	長度	允許 null	預設值	備註
fEmpId	nvarchar	10	否		員工編號
fName	nvarchar	30	是		姓名
fPhone	nvarchar	10	是		電話
fDepId	int		是		部門編號

上機練習

Step 01 建立方案名稱為 slnMultiTable、專案名稱為 prjMultiTable 的空白 MVC 專案。

Step 02 加入 dbEmployee.mdf 資料庫

本例的 Model 模型用來存取 dbEmployee.mdf 資料庫的 tDepartment 部門資料表與 tEmployee 員工資料表，請將書附範例「資料庫」資料夾下的 dbEmployee.mdf 拖曳到目前專案的 App_Data 資料夾下。

Step 03 建立可存取 dbEmployee.mdf 資料庫的 Model(ADO.NET 實體資料模型)

1. 在方案總管的 Models 資料夾按滑鼠右鍵，並執行快顯功能表的【加入(D)/新增項目(W)...】指令新增「ADO.NET 實體資料模型」，將該檔名設為「dbEmployeeModel.edmx」。(.edmx 副檔名可省略不寫，該檔是用來記錄資料庫所對應的實體模型)

2. 當新增 dbEmployeeModel.edmx 的 ADO.NET 實體資料模型後，即會開啟「實體資料模型精靈」視窗，該視窗會一步步指引使用者完成模型。

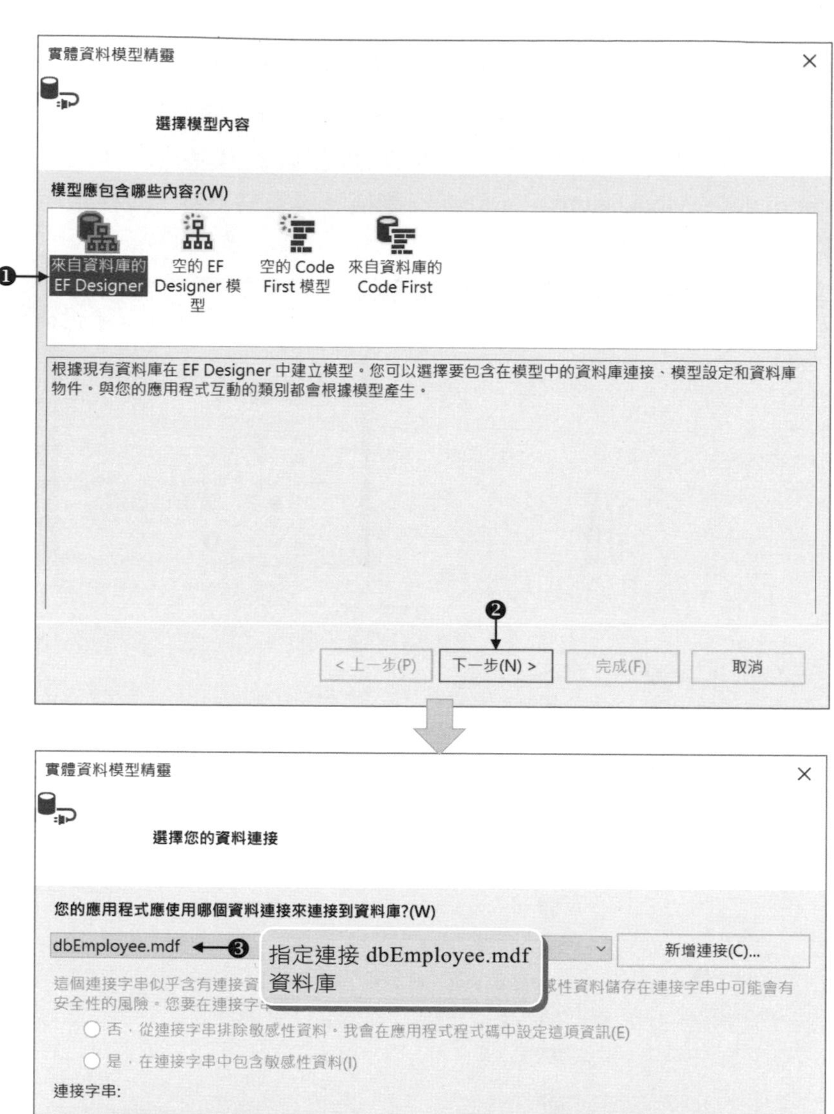

實體資料模型精靈
選擇模型內容
模型應包含哪些內容?(W)
來自資料庫的 EF Designer
空的 EF Designer 模型
空的 Code First 模型
來自資料庫的 Code First
根據現有資料庫在 EF Designer 中建立模型。您可以選擇要包含在模型中的資料庫連接、模型設定和資料庫物件。與您的應用程式互動的類別都會根據模型產生。
< 上一步(P)
下一步(N) >
完成(F)
取消

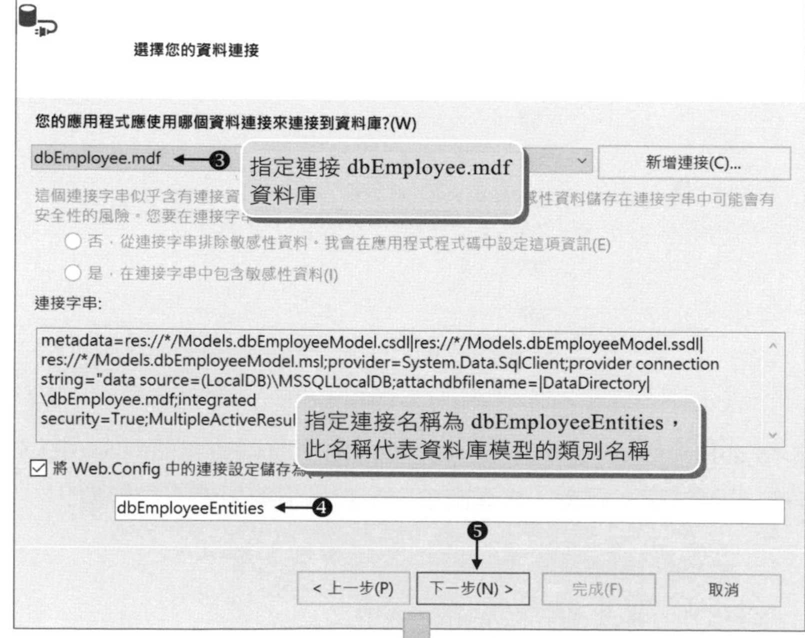

實體資料模型精靈
選擇您的資料連接
您的應用程式應使用哪個資料連接來連接到資料庫?(W)
dbEmployee.mdf
指定連接 dbEmployee.mdf 資料庫
新增連接(C)...
否，從連接字串排除敏感性資料。我會在應用程式程式碼中設定這項資訊(E)
是，在連接字串中包含敏感性資料(I)
連接字串:
metadata=res://*/Models.dbEmployeeModel.csdl|res://*/Models.dbEmployeeModel.ssdl|res://*/Models.dbEmployeeModel.msl;provider=System.Data.SqlClient;provider connection string="data source=(LocalDB)\MSSQLLocalDB;attachdbfilename=|DataDirectory|\dbEmployee.mdf;integrated security=True;MultipleActiveResul
指定連接名稱為 dbEmployeeEntities，此名稱代表資料庫模型的類別名稱
將 Web.Config 中的連接設定儲存為
dbEmployeeEntities
< 上一步(P)
下一步(N) >
完成(F)
取消

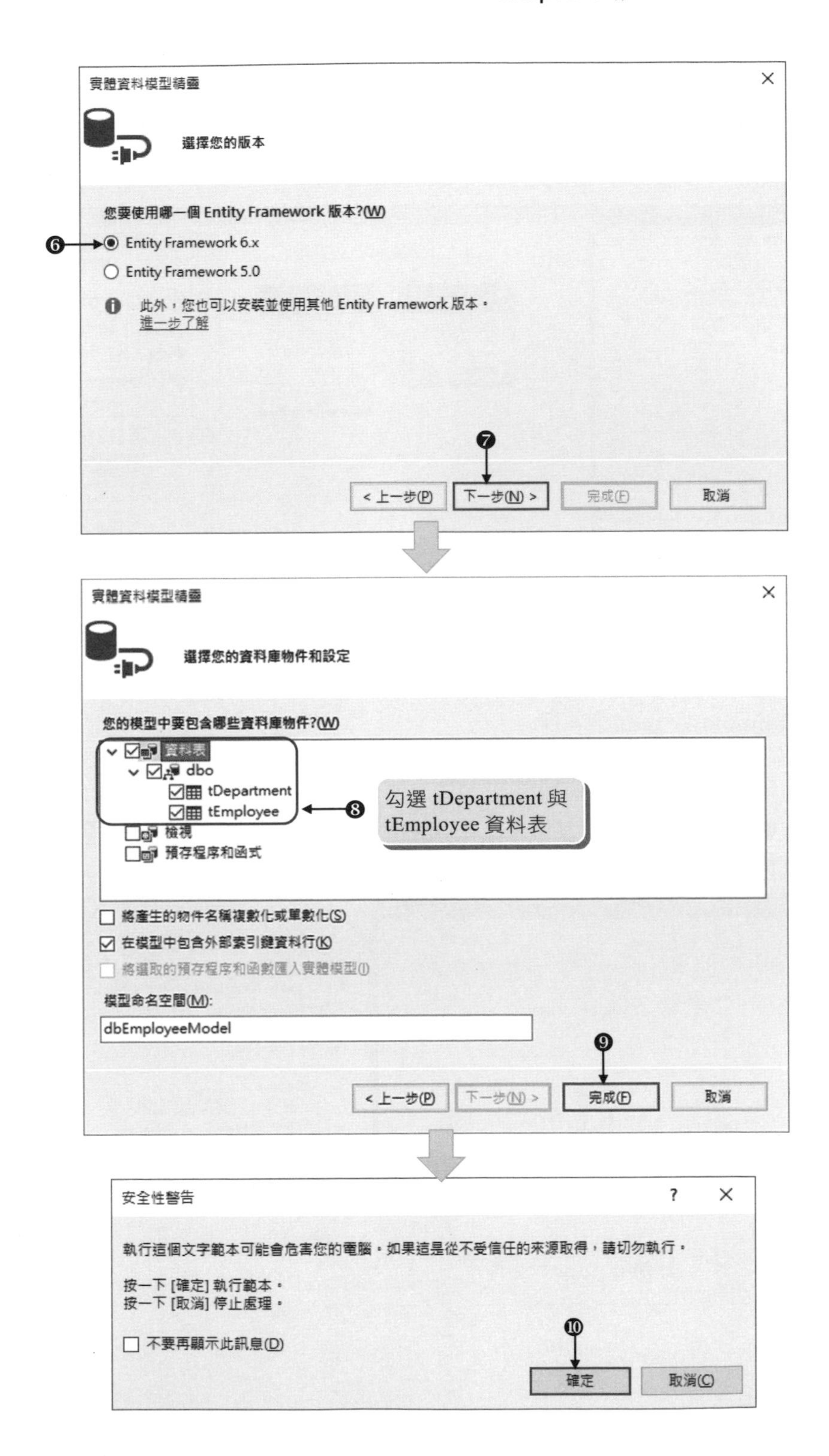
實體資料模型精靈
選擇您的版本
您要使用哪一個 Entity Framework 版本?(W)
Entity Framework 6.x
Entity Framework 5.0
此外，您也可以安裝並使用其他 Entity Framework 版本。
進一步了解
< 上一步(P)
下一步(N) >
完成(F)
取消
實體資料模型精靈
選擇您的資料庫物件和設定
您的模型中要包含哪些資料庫物件?(W)
資料表
dbo
tDepartment
tEmployee
檢視
預存程序和函式
勾選 tDepartment 與 tEmployee 資料表
將產生的物件名稱複數化或單數化(S)
在模型中包含外部索引鍵資料行(K)
將選取的預存程序和函數匯入實體模型(I)
模型命名空間(M):
dbEmployeeModel
< 上一步(P)
下一步(N) >
完成(F)
取消
安全性警告
執行這個文字範本可能會危害您的電腦。如果這是從不受信任的來源取得，請切勿執行。
按一下 [確定] 執行範本。
按一下 [取消] 停止處理。
不要再顯示此訊息(D)
確定
取消(C)

3. 完成上面步驟後，實體資料模型會建立在 Models 資料夾下。接著會進入下圖 Entity Designer 實體資料模型設計工具的畫面，可以發現設計工具內含「tDepartment」與「tEmployee」實體資料模型。

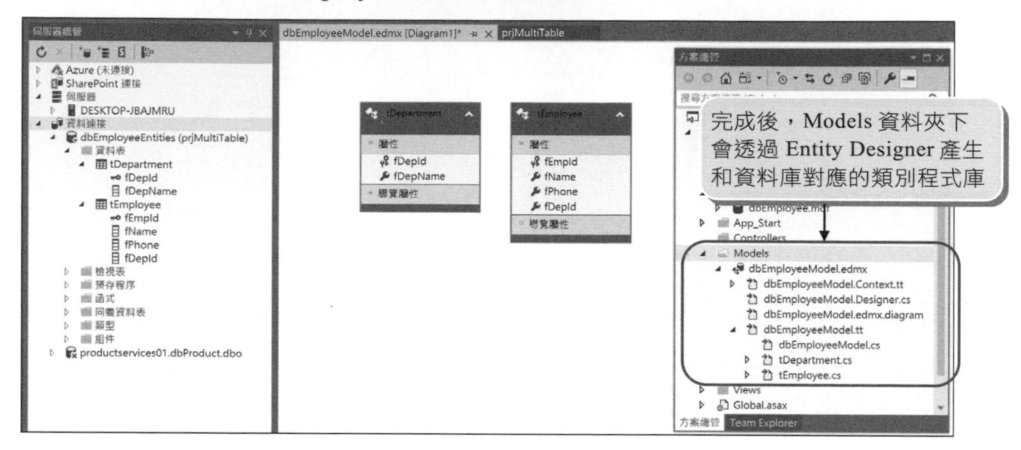

4. 請選取方案總管視窗的專案名稱(prjMultiTable)，並按滑鼠右鍵執行快顯功能表的【建置(U)】指令編譯整個專案，此時就可以使用 Entity Framework 來存取 dbEmployee.mdf 資料庫。

Step 04 建立 ViewModel 類別

在方案總管的 Models 資料夾按滑鼠右鍵，並執行快顯功能表的【加入(D)/新增項目(W)...】指令新增「CVMDepEmp.cs」類別檔案。

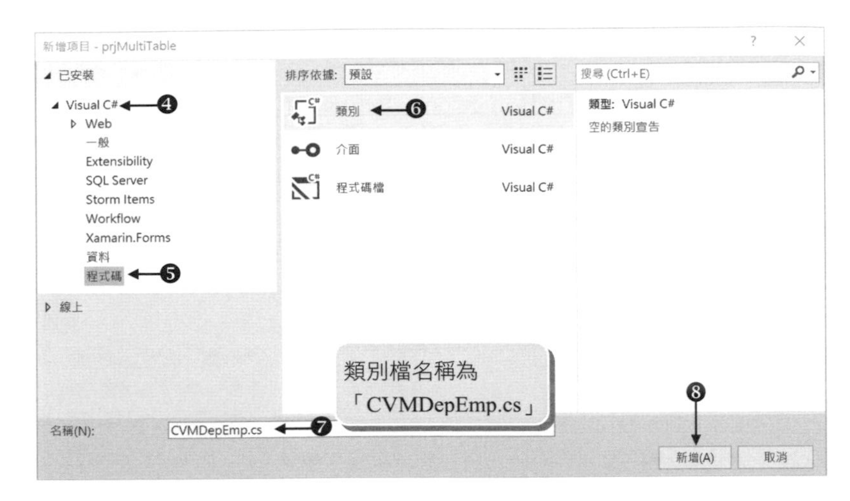

CVMDepEmp.cs 程式碼如下，ViewModel 類別用來放置 tDepartment 和 tEmployee 串列物件。

C# 程式碼 FileName: Models/CVMDepEmp.cs

```
01 namespace prjMultiTable.Models
02 {
03     public class CVMDepEmp
04     {
05         public List<tDepartment> department { get; set; }
06         public List<tEmployee> employee { get; set; }
07     }
08 }
```

說明

1) 第 3-7 行：定義 CVMDepEmp 類別。
2) 第 5 行：定義 CVMDepEmp 類別擁有 department 屬性，用來存放 tDepartment 的 List 串列物件。
3) 第 6 行：定義 CVMDepEmp 類別擁有 employee 屬性，用來存放 tEmployee 的 List 串列物件。

Step 05 建立 Home 控制器

在方案總管的 Controllers 資料夾按滑鼠右鍵，並執行快顯功能表的【加入(D)/控制器(T)...】指令新增「HomeController.cs」控制器檔案。

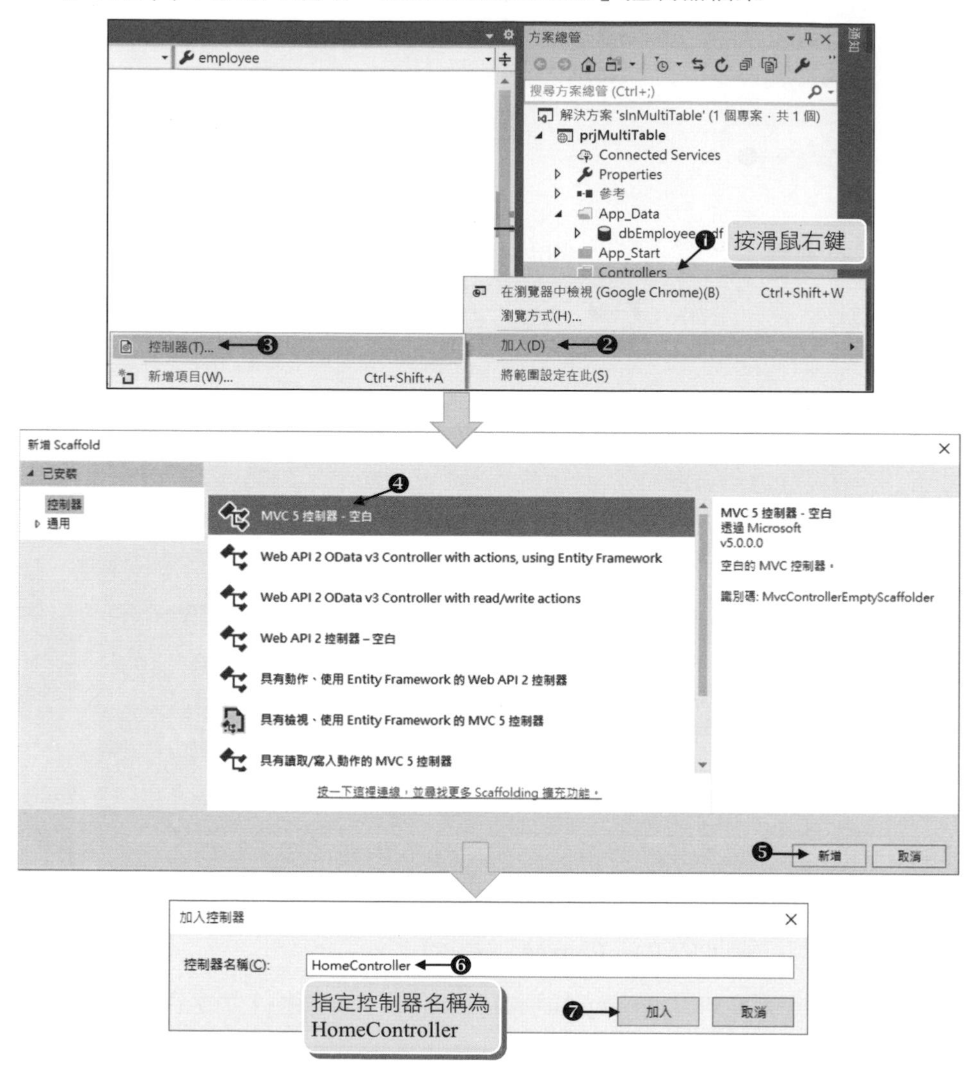

Step 06 撰寫 HomeController 控制器的動作方法

C# 程式碼 FileName: Controllers/HomeController.cs

```
01 using prjMultiTable.Models;
02
03     public class HomeController : Controller
```

```
04  {
05      // GET: Home
06      dbEmployeeEntities db = new dbEmployeeEntities();
07      public ActionResult Index(int depId = 1)
08      {
09          ViewBag.DepName = db.tDepartment
              .Where(m => m.fDepId == depId)
              .FirstOrDefault().fDepName + "部門";
10          CVMDepEmp vm = new CVMDepEmp()
11          {
12              department = db.tDepartment.ToList(),
13              employee = db.tEmployee
                  .Where(m => m.fDepId == depId).ToList()
14          };
15          return View(vm);
16      }
17      // GET: Home/Create
18      public ActionResult Create()
19      {
20          return View(db.tDepartment.ToList());
21      }
22      // POST: Home/Create
23      [HttpPost]
24      public ActionResult Create(tEmployee emp)
25      {
26          try
27          {
28              db.tEmployee.Add(emp);
29              db.SaveChanges();
30              return RedirectToAction
                  ("Index", new { depId = emp.fDepId });
31          }
32          catch (Exception ex)
33          { }
34          return View(emp);
35      }
36      // GET: Home/Delete?fEmpId=value
37      public ActionResult Delete(string fEmpId)
38      {
39          var emp = db.tEmployee.Where
```

```
                  (m => m.fEmpId == fEmpId).FirstOrDefault();
40              db.tEmployee.Remove(emp);
41              db.SaveChanges();
42              return RedirectToAction
                  ("Index", new { depId = emp.fDepId });
43          }
44      }
45  }
```

說明

1) 第 6 行：建立 dbEmployeeEntities 類別物件 db，可用來存取 dbEmployee.mdf 資料庫。
2) 第 7 行：指定 Index()動作方法的 depId 參數值預設為 1。
3) 第 9 行：依 depId 參數值取得部門名稱並指定給 ViewBag.DepName。
4) 第 10~14 行：建立 CVMDepEmp 的 ViewModel 物件 vm，並指定該物件的 department 屬性值為所有 tDepartment 資料表的所有記錄；指定 employee 屬性值為 depId 參數所對應的 tEmployee 資料表的所有記錄。
5) 第 15 行：將 ViewModel 物件 vm 傳到 Index 檢視。
6) 第 18~21 行：執行 Home/Create 連結呼叫 Create()動作方法，該方法會將 tDepartment 部門的串列物件傳送到 Create 檢視。
7) 第 23~35 行：在 Create 檢視按下 Submit 鈕時會呼叫此動作方法，該方法會將指定的 emp 員工物件新增到 tEmployee 資料表內。
8) 第 30 行：呼叫 Index()動作方法同時傳入 depId 參數值為 emp.fDepId，讓 Index()動作方法可取得到目前新增員工的部門，使 Index 檢視可顯示目前部門的員工資料。
9) 第 37~43 行：呼叫 Delete()動作方法同時傳入 fEmpId，並依 fEmpId 刪除 tEmployee 員工資料表中指定的記錄。

Step 07 建立 Index.cshtml 的 View 檢視頁面

1. 在 Index()動作方法上按滑鼠右鍵，並執行快顯功能表的【新增檢視(D)...】指令。

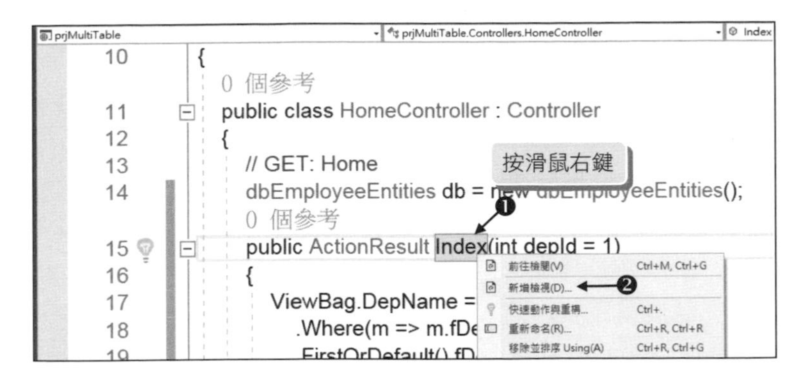

2. 在加入檢視視窗指定檢視名稱為「Index」；範本(T)為「Empty (沒有模型)」；並勾選使用版面配置頁(U)，最後按下 加入 鈕。結果方案總管的 Views/Home 資料夾下會新增 Index.cshtml 檢視頁面。

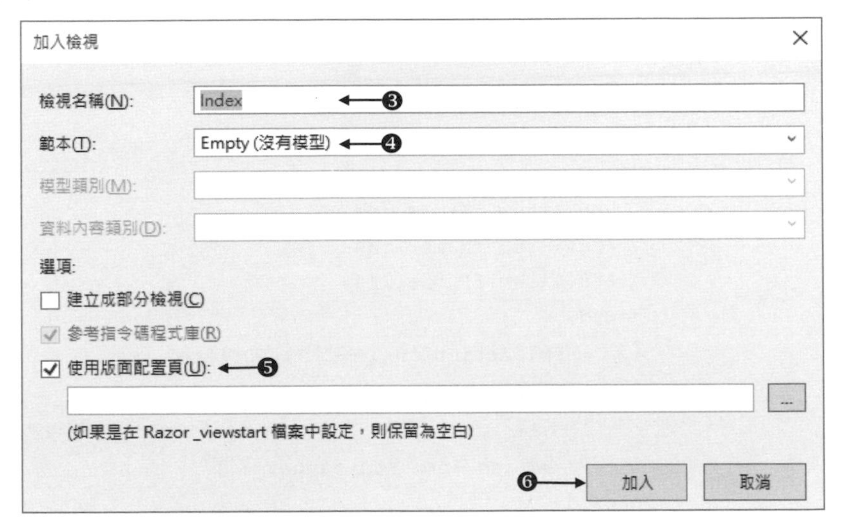

3. 撰寫 Index.cshtml 檢視頁面的程式碼：

程式碼 FileName:Views/Home/Index.cshtml

```
01 @model prjMultiTable.Models.CVMDepEmp
02
03 @{
04     ViewBag.Title = "員工查詢";
05 }
06
07 <h2>@ViewBag.DepName</h2>
08
```

```
09 <div class="row">
10     <div class="col-md-3">
11         @foreach (var item in Model.department)
12         {
13             <p>@Html.ActionLink(item.fDepName, "Index",
                        new { depId = item.fDepId })</p>
14         }
15     </div>
16     <div class="col-md-9">
17         <table class="table">
18             <tr>
19                 <th>員工編號</th>
20                 <th>姓名</th>
21                 <th>電話</th>
22                 <th></th>
23             </tr>
24             @foreach (var item in Model.employee)
25             {
26                 <tr>
27                     <td>@item.fEmpId</td>
28                     <td>@item.fName</td>
29                     <td>@item.fPhone</td>
30                     <td>
31                       @Html.ActionLink("刪除", "Delete",
                            new{ fEmpId = item.fEmpId },
                            new{ onclick = "return confirm('確定刪除嗎？');",
                            @class="btn btn-danger" })
32                     </td>
33                 </tr>
34             }
35         </table>
36     </div>
37 </div>
```

說明

1) 第 1 行：此處的 View 會使用 CVMDepEmp 的模型，即@model。因此 Model 內會有 department 和 employee 屬性，department 是部門所有資料，employee 是指定部門的員工資料。

2) 第 7 行：顯示部門名稱。
3) 第 11~14 行：使用 foreach 迴圈與@Html.ActionLink()方法逐一將 Model.department(即部門資料)的所有記錄製作成超連結文字，超連結會連結到 Home/Index 動作方法並傳送 URL 參數 depId(部門編號)。
4) 第 24~34 行：使用 foreach 迴圈逐一將 Model.employee(即員工資料)的所有記錄顯示出來。
5) 第 31 行：使用 HtmlHelper 的@Html.ActionLink()方法來指定超連結功能。當按下 [刪除] 鈕超連結即會執行 Home 控制器的 Delete()動作方法，並傳送 URL 參數 fEmpId(即員工編號)。

4. 按下執行程式 ▶ 鈕觀看網頁執行結果，請點選部門名稱連結進行查詢員工記錄。如下圖：

Step 08 建立 Create.cshtml 的 View 檢視頁面

1. 在 Create()動作方法上按滑鼠右鍵，並執行快顯功能表的【新增檢視(D)...】指令。

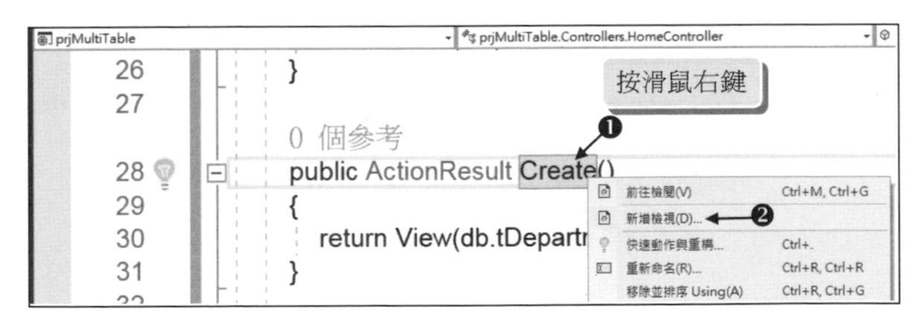

2. 在「加入檢視」視窗指定檢視名稱(N)為「Create」；範本(T)為「Empty (沒有模型)」；並勾選使用版面配置頁(U)，最後按下 加入 鈕。結果方案總管的 Views/Home 資料夾下會新增 Create.cshtml 檢視頁面。

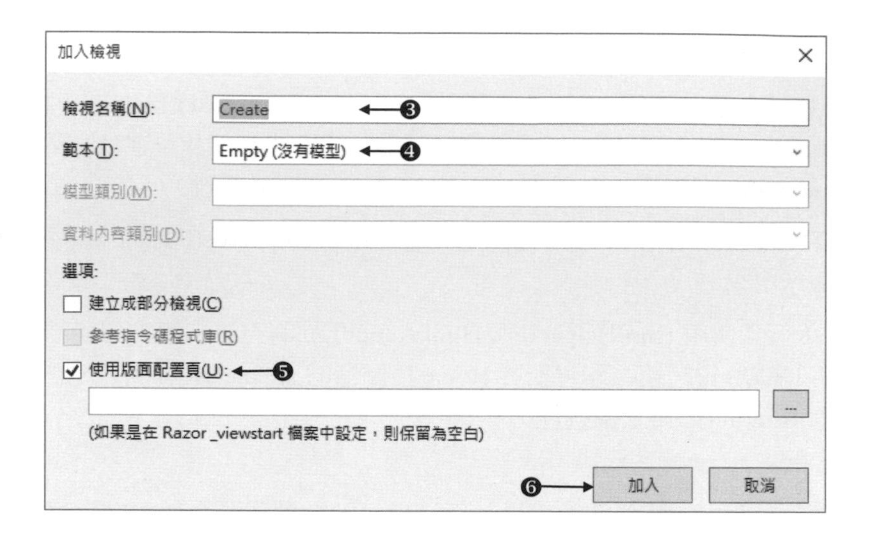

3. 撰寫 Create.cshtml 檢視頁面的程式碼：

程式碼 FileName:Views/Home/Create.cshtml

```
01 @model IEnumerable<prjMultiTable.Models.tDepartment>
02
03 @{
04     ViewBag.Title = "員工新增";
05 }
06
07 <h2>員工新增</h2>
08 <form method="post" action="@Url.Action("Create")">
09     <div class="form-horizontal">
10         <hr />
11         <div class="form-group">
12             <label for="fEmpId" class="control-label col-md-2">編號</label>
13             <div class="col-md-10">
14                 <input type="text" id="fEmpId" name="fEmpId"
                     class="form-control" required />
15             </div>
16         </div>
17
18         <div class="form-group">
19             <label for="fDepId" class="control-label col-md-2">部門</label>
20             <div class="col-md-10">
21                 <select id="fDepId" name="fDepId" class="form-control">
```

```
22                  @foreach (var item in Model)
23                  {
24                    <option value="@item.fDepId">@item.fDepName</option>
25                  }
26                </select>
27            </div>
28        </div>
29
30        <div class="form-group">
31          <label for="fName" class="control-label col-md-2">姓名</label>
32            <div class="col-md-10">
33                <input type="text" id="fName" name="fName"
                    class="form-control" required />
34            </div>
35        </div>
36
37        <div class="form-group">
38          <label for="fPhone" class="control-label col-md-2">電話</label>
39            <div class="col-md-10">
40                <input type="text" id="fPhone" name="fPhone"
                    class="form-control" required />
41            </div>
42        </div>
43
44        <div class="form-group">
45            <div class="col-md-offset-2 col-md-10">
46              <input type="submit" value="新增" class="btn btn-default" />
47            </div>
48        </div>
49    </div>
50 </form>
```

說明

1) 第 1 行：此處的 View 會使用 tDepartment 的模型，即@model。
2) 第 8,46 行：按下 Submit([新增])鈕即執行 Home/Create 動作方法。
3) 第 14,33,40 行：建立名稱為 fEmpId、fName、fPhone 文字欄位。
4) 第 21~26 行：建立名稱為 fDepId 的下拉式清單，下拉式清單的項目資料與值(value)使用 foreach 迴圈建立出來。

4. 可自行修改 Views/Shared/_Layout.cshtml 共用版面配置頁的巡覽連結。
5. 按下執行程式 ▶ 鈕觀看網頁執行結果。結果下拉式清單會顯示 tDepartmart 資料表的部門名稱，同時可測試新增員工記錄。

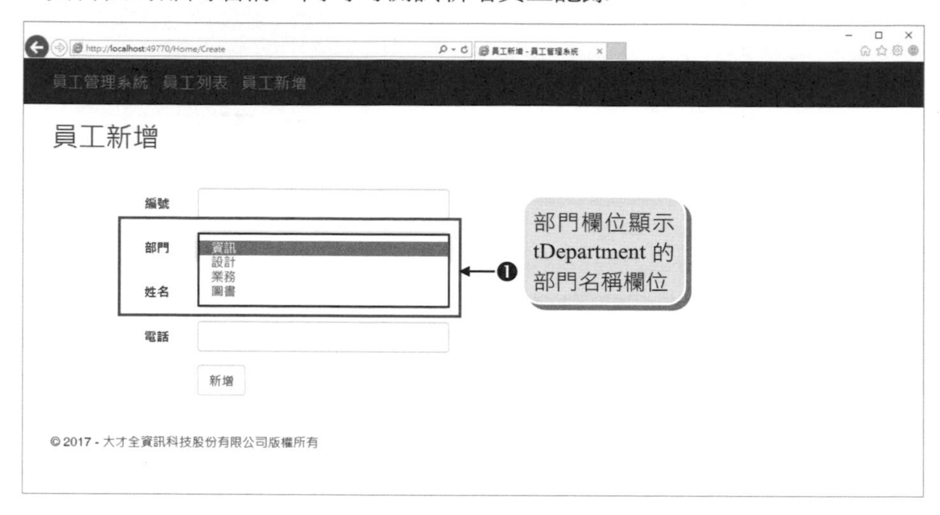

9.2 資料分頁瀏覽

資料分頁瀏覽在開發 Web 應用程式中是最基本的功能，由於 ASP.NET MVC 處理資料分頁瀏覽時，並沒有像 ASP.NET Web Form 擁有資料分頁的控制項可使用，所以有些開發人員就會自行撰寫分頁瀏覽的功能。這對於沒有經驗的開發人員撰寫分頁瀏覽功能的程式是一大痛苦，因此使用第三方套件即是最佳的選擇，本節將介紹使用 NuGet 套件的 PagedList.Mvc 來實作資料分頁的功能，使用上相當簡單。如下圖即是資料分頁瀏覽的網頁：

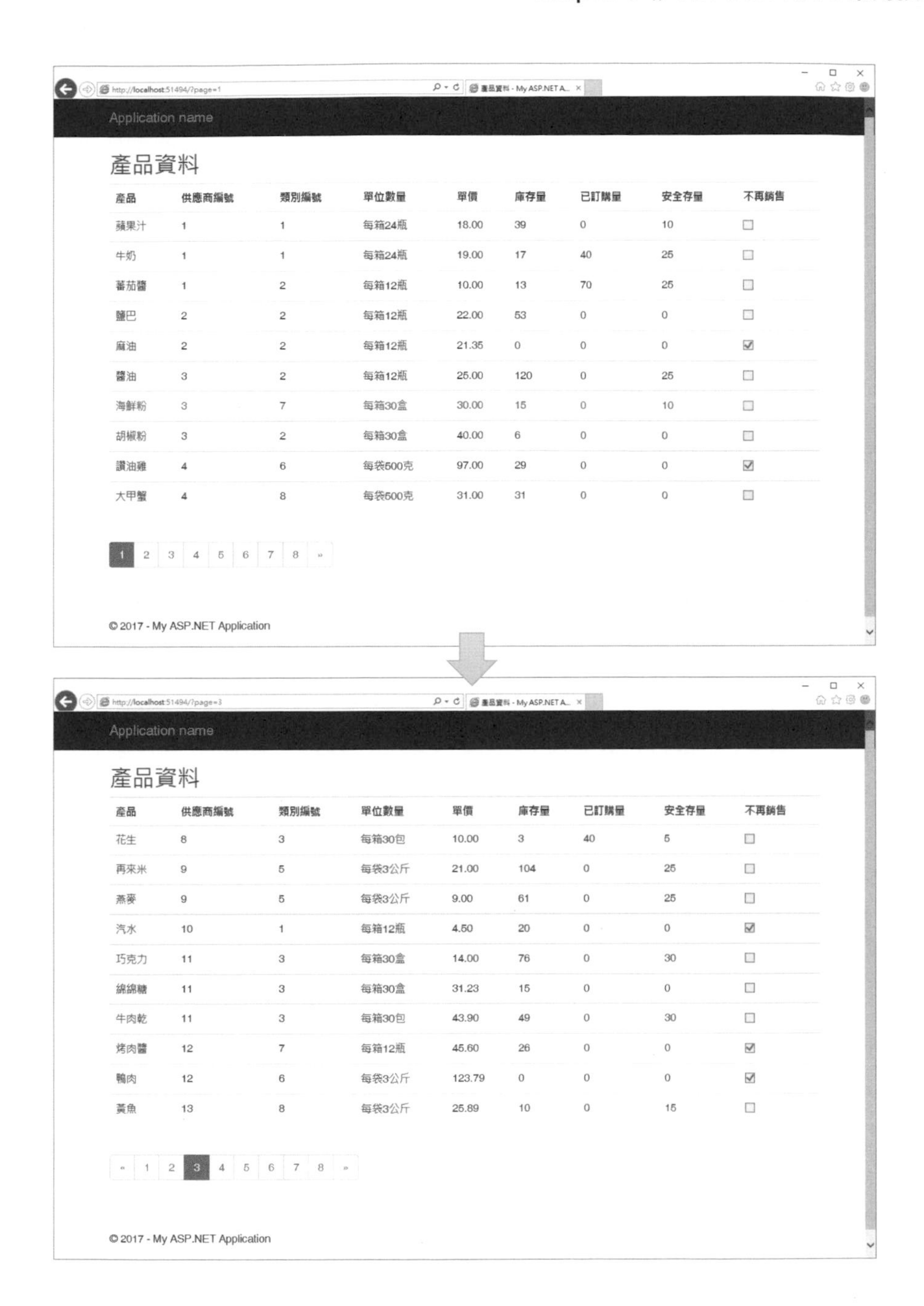
http://localhost:51494/?page=1
產品資料 - My ASP.NET A...
Application name
產品資料
產品 供應商編號 類別編號 單位數量 單價 庫存量 已訂購量 安全存量 不再銷售
蘋果汁 1 1 每箱24瓶 18.00 39 0 10
牛奶 1 1 每箱24瓶 19.00 17 40 25
蕃茄醬 1 2 每箱12瓶 10.00 13 70 25
鹽巴 2 2 每箱12瓶 22.00 53 0 0
麻油 2 2 每箱12瓶 21.35 0 0 0
醬油 3 2 每箱12瓶 25.00 120 0 25
海鮮粉 3 7 每箱30盒 30.00 15 0 10
胡椒粉 3 2 每箱30盒 40.00 6 0 0
讚油雞 4 6 每袋500克 97.00 29 0 0
大甲蟹 4 8 每袋500克 31.00 31 0 0
1 2 3 4 5 6 7 8 »
© 2017 - My ASP.NET Application
http://localhost:51494/?page=3
產品資料 - My ASP.NET A...
Application name
產品資料
產品 供應商編號 類別編號 單位數量 單價 庫存量 已訂購量 安全存量 不再銷售
花生 8 3 每箱30包 10.00 3 40 5
再來米 9 5 每袋3公斤 21.00 104 0 25
燕麥 9 5 每袋3公斤 9.00 61 0 25
汽水 10 1 每箱12瓶 4.50 20 0 0
巧克力 11 3 每箱30盒 14.00 76 0 30
綿綿糖 11 3 每箱30盒 31.23 15 0 0
牛肉乾 11 3 每箱30包 43.90 49 0 30
烤肉醬 12 7 每箱12瓶 45.60 26 0 0
鴨肉 12 6 每袋3公斤 123.79 0 0 0
黃魚 13 8 每袋3公斤 25.89 10 0 15
« 1 2 3 4 5 6 7 8 »
© 2017 - My ASP.NET Application

範例 slnPaging 方案

練習使用 PagedList.Mvc 將產品資料進行分頁瀏覽。執行結果如上面兩圖示：

上機練習

Step 01 建立 Visual C# 的 ASP.NET Web 應用程式專案

在「C:\MVC\ch09」資料夾下建立名稱為「slnPaging」方案，專案名稱命名為「prjPaging」，專案範本為「空白」，核心參考為「MVC」。

Step 02 將 Northwind.mdf 放入專案 App_Data 資料夾內

將書附範例「資料庫」資料夾下的 Northwind.mdf 資料庫拖曳到目前專案的 App_Data 資料夾下，本例要使用 Northwind.mdf 的產品資料表，該資料表有產品編號、產品、供應商編號、類別編號、單位數量、單價、庫存量、已訂購量 、安全存量、不再銷售等欄位。

Step 03 建立可存取 Northwind.mdf 資料庫的 Model(ADO.NET 實體資料模型)

1. 在方案總管的 Models 資料夾按滑鼠右鍵，並執行快顯功能表的【加入(D)/新增項目(W)...】指令新增「ADO.NET 實體資料模型」，將該檔名設為「NorthwindModel.edmx」。(.edmx 副檔名可省略不寫，該檔是用來記錄資料庫所對應的實體模型)

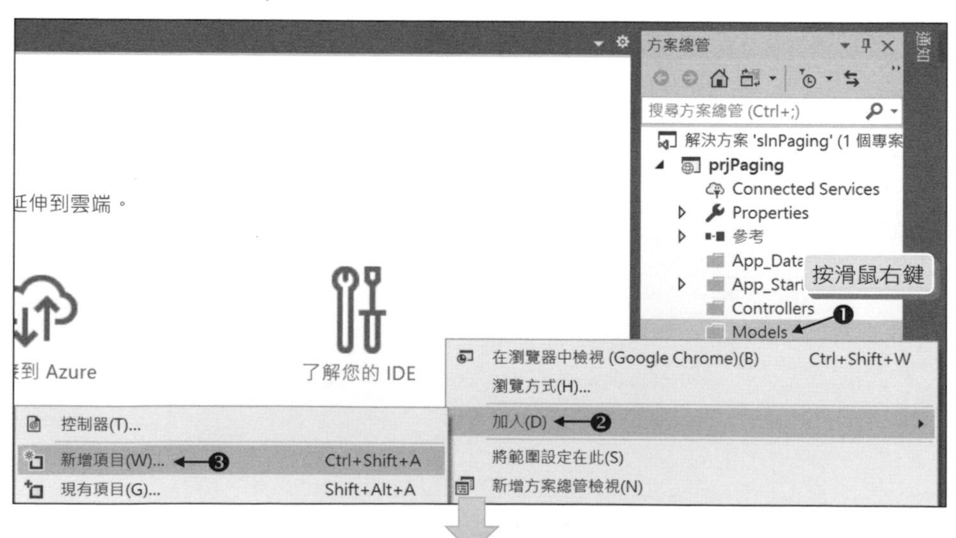

2. 當新增 NorthwindModel.edmx 的 ADO.NET 實體資料模型後，即會開啟「實體資料模型精靈」視窗，該視窗會一步步指引使用者完成模型。

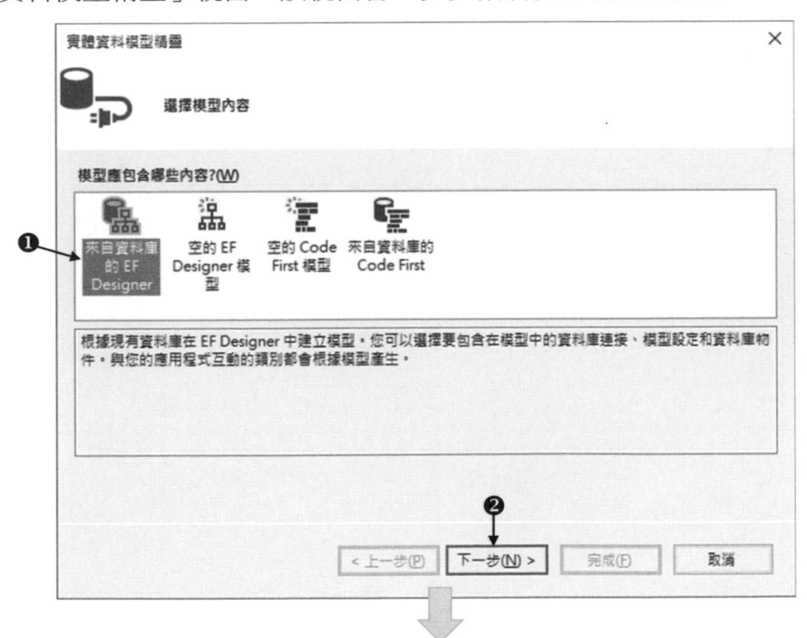

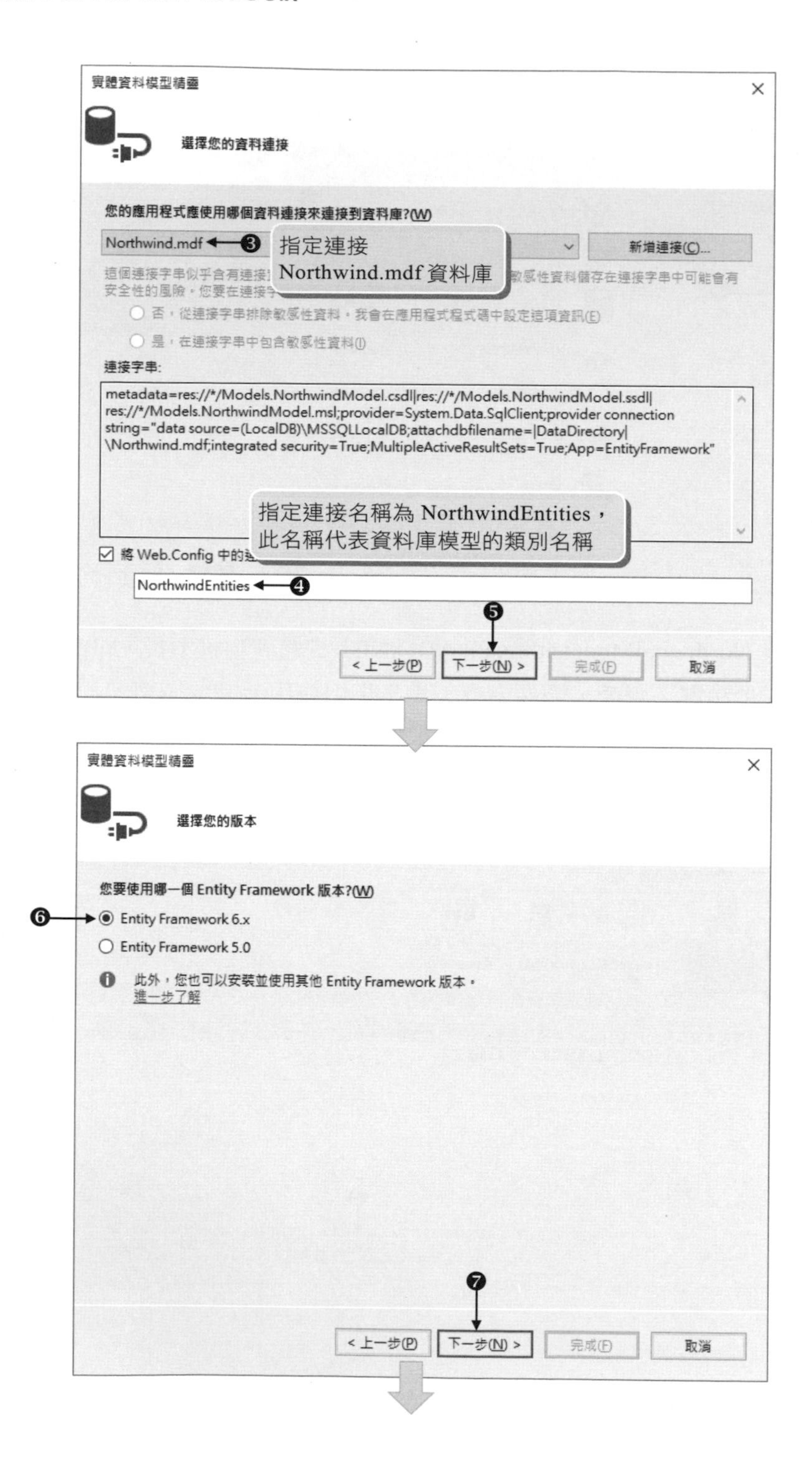
實體資料模型精靈
選擇您的資料連接
您的應用程式應使用哪個資料連接來連接到資料庫?(W)
Northwind.mdf
指定連接
Northwind.mdf 資料庫
新增連接(C)...
否，從連接字串排除敏感性資料，我會在應用程式程式碼中設定這項資訊(E)
是，在連接字串中包含敏感性資料(I)
連接字串:
metadata=res://*/Models.NorthwindModel.csdl|res://*/Models.NorthwindModel.ssdl|res://*/Models.NorthwindModel.msl;provider=System.Data.SqlClient;provider connection string="data source=(LocalDB)\MSSQLLocalDB;attachdbfilename=|DataDirectory|\Northwind.mdf;integrated security=True;MultipleActiveResultSets=True;App=EntityFramework"
指定連接名稱為 NorthwindEntities，
此名稱代表資料庫模型的類別名稱
將 Web.Config 中的
NorthwindEntities
< 上一步(P)
下一步(N) >
完成(F)
取消
實體資料模型精靈
選擇您的版本
您要使用哪一個 Entity Framework 版本?(W)
Entity Framework 6.x
Entity Framework 5.0
此外，您也可以安裝並使用其他 Entity Framework 版本。
進一步了解
< 上一步(P)
下一步(N) >
完成(F)
取消

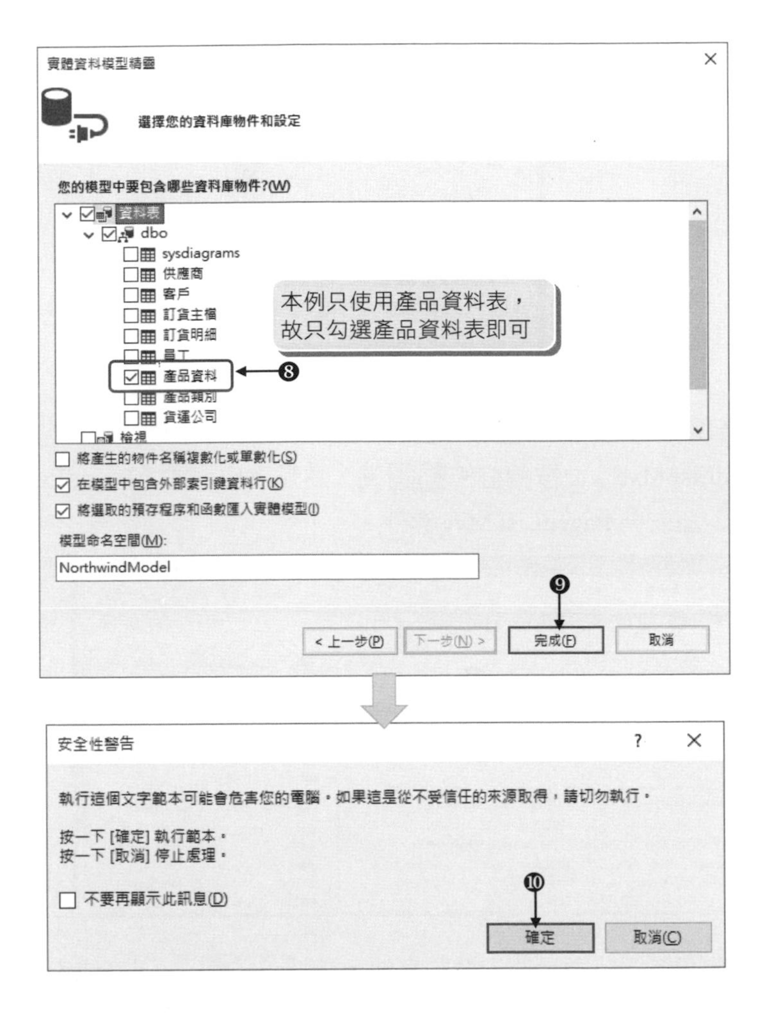

3. 完成上面步驟後，實體資料模型會建立在 Models 資料夾下，且 Entity Designer 實體資料模型設計工具畫面會內含「產品資料」實體資料模型。

4. 選取方案總管視窗的專案名稱(prjPaging)，並按滑鼠右鍵執行快顯功能表的【建置(U)】指令編譯整個專案，此時就可以使用 Entity Framework 來存取 Northwind.mdf 資料庫中的產品資料表。

Step 04 使用 NuGet 套件安裝 PagedList.Mvc

1. 在方案總管視窗的「參考」上按滑鼠右鍵，並執行快顯功能表的【管理 NuGet 套件 (N)...】指令。

2. 接著出現下圖的 NuGet 封裝管理員的瀏覽頁，請在查詢欄位中輸入「PagedList.Mvc」並按鍵盤的 Enter 鍵，請點選出現的「PagedList.Mvc」再按 安裝 鈕安裝 PagedList.Mvc 套件。

3. 出現預覽視窗同時顯示要安裝的套件，請按 確定 鈕完成安裝。

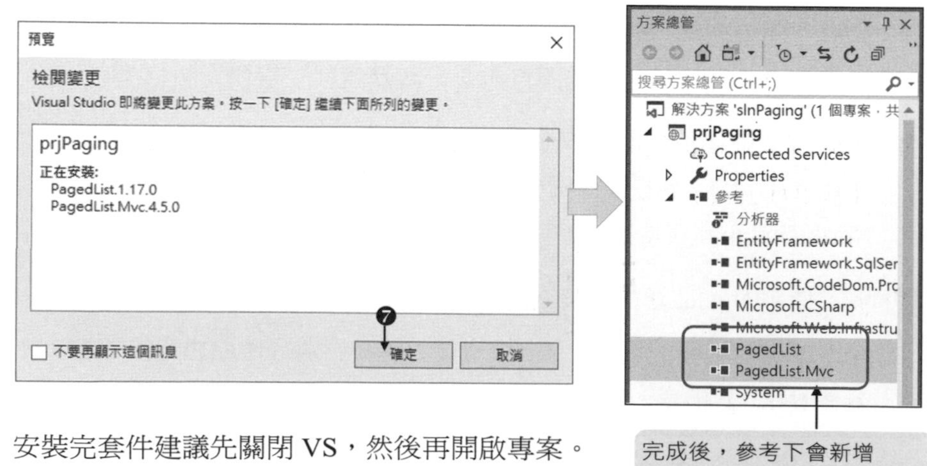

4. 安裝完套件建議先關閉 VS，然後再開啟專案。

Step 05 建立 Home 控制器

在方案總管的 Controllers 資料夾按滑鼠右鍵，並執行快顯功能表的【加入(D)/控制器(T)...】指令新增「HomeController.cs」控制器檔案，在該控制器撰寫如下程式碼。

C# 程式碼 FileName: Controllers/HomeController.cs

```
01 using PagedList;
02 using prjPaging.Models;
03
04 namespace prjPaging.Controllers
05 {
06     public class HomeController : Controller
07     {
08         NorthwindEntities db = new NorthwindEntities();
09
10         int pageSize = 10;
11
12         public ActionResult Index(int page = 1)
13         {
14             int currentPage = page < 1 ? 1 : page;
15             var products = db.產品資料.OrderBy(m=>m.產品編號).ToList();
16             var result = products.ToPagedList(currentPage, pageSize);
17             return View(result);
18         }
19     }
20 }
```

說明

1) 第 1 行：引用 using PagedList 分頁的命名空間。
2) 第 8 行：建立 NorthwindEntities 類別 db 物件。
3) 第 10 行：宣告 pageSize 用來存放一頁顯示的資料筆數，pageSize 設為 10，表示一頁顯示十筆記錄。
4) 第 12 行：Index()動作方法指定 page 參數預設值為 1，表示指定預設的分頁是顯示第一頁的分頁資料。
5) 第 14 行：若 page 參數小於 1 表示目前 currentPage 在第一頁，否則 page 參數值即是指定給目前 currentPage。

6) 第 15 行：取得分頁資料之前必須進行排序，否則分頁處理會出錯。

7) 第 16 行：使用 ToPagedList()方法設定產品資料要顯示第幾(currentPage)頁，以及一頁要顯示幾(pageSize)筆。

Step 06 建立 Index.cshtml 產品列表 View 檢視頁面

1. 在 Index()動作方法上按滑鼠右鍵，並執行快顯功能表的【新增檢視(D)...】指令。

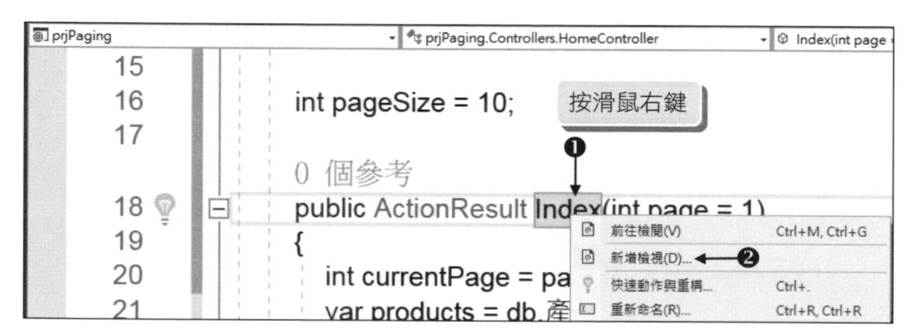

2. 在加入檢視視窗指定檢視名稱(N)為「Index」；範本(T)為「List」；模型類別(M)為「產品資料」；資料內容類別(D)為「NorthwindEntities」；並勾選「使用版面配置頁(U)」，最後按下 加入 鈕。結果方案總管的 Views/Home 資料夾下會新增 Index.cshtml 檢視頁面。

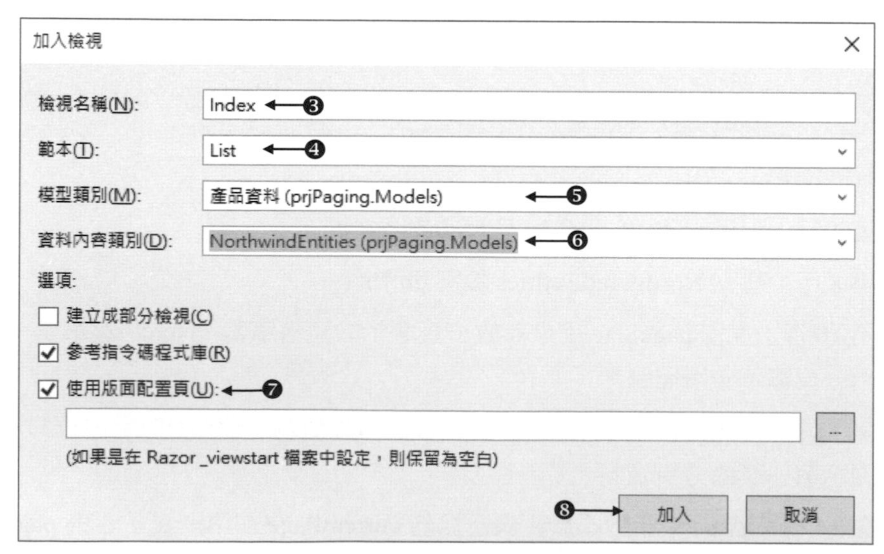

3. 在 Index.cshtml 中請修改和加入粗體字的程式碼。

<HTML> 程式碼 FileName:Views/Home/Index.cshtml

```
01 @using PagedList
02 @using PagedList.Mvc
03
04 @model IPagedList<prjPaging.Models.產品資料>
05
06 @{
07     ViewBag.Title = "產品資料";
08 }
09
10 <link href="~/Content/PagedList.css" rel="stylesheet" />
11
12 <h2>產品資料</h2>
13
14 <table class="table">
15     <tr>
16         <th>
17             @Html.DisplayNameFor(model => model.FirstOrDefault().產品)
18         </th>
19         <th>
20             @Html.DisplayNameFor(model => model.FirstOrDefault().供應商編號)
21         </th>
22         <th>
23             @Html.DisplayNameFor(model => model.FirstOrDefault().類別編號)
24         </th>
25         <th>
26             @Html.DisplayNameFor(model => model.FirstOrDefault().單位數量)
27         </th>
28         <th>
29             @Html.DisplayNameFor(model => model.FirstOrDefault().單價)
30         </th>
31         <th>
32             @Html.DisplayNameFor(model => model.FirstOrDefault().庫存量)
33         </th>
34         <th>
35             @Html.DisplayNameFor(model => model.FirstOrDefault().已訂購量)
36         </th>
```

```
37          <th>
38              @Html.DisplayNameFor(model => model.FirstOrDefault().安全存量)
39          </th>
40          <th>
41              @Html.DisplayNameFor(model => model.FirstOrDefault().不再銷售)
42          </th>
43      </tr>
44
45      @foreach (var item in Model)
46      {
47          <tr>
48              <td>
49                  @Html.DisplayFor(modelItem => item.產品)
50              </td>
51              <td>
52                  @Html.DisplayFor(modelItem => item.供應商編號)
53              </td>
54              <td>
55                  @Html.DisplayFor(modelItem => item.類別編號)
56              </td>
57              <td>
58                  @Html.DisplayFor(modelItem => item.單位數量)
59              </td>
60              <td>
61                  @Html.DisplayFor(modelItem => item.單價)
62              </td>
63              <td>
64                  @Html.DisplayFor(modelItem => item.庫存量)
65              </td>
66              <td>
67                  @Html.DisplayFor(modelItem => item.已訂購量)
68              </td>
69              <td>
70                  @Html.DisplayFor(modelItem => item.安全存量)
71              </td>
72              <td>
73                  @Html.DisplayFor(modelItem => item.不再銷售)
74              </td>
75          </tr>
```

```
76    }
77 </table>
78
79 @Html.PagedListPager(Model, page => Url.Action("Index", new { page }))
```

說明

1) 第 1~2 行：檢視頁面引用 PagedList 和 PagedList.Mvc 的命名空間，檢視頁面才能使用有關分頁的功能。

2) 第 4 行：Model 型別使用 IPagedList<T>。

3) 第 17,20,23,26,29,32,35,38,41 行：因為使用 IPagedList 來列舉出分頁的資料，所以請將原本的「model.xxx」改成「model.**FirstOrDefault()**.xxx」，讓欄位名稱只呈現一次。

4) 第 10 行：安裝 PagedList.Mvc 後，專案的 Content 資料夾下會新增 PagedList.css，此檔案是分頁列的樣式。因此請在檢視頁面使用此樣式檔。

5) 第 79 行：使用 HtmlHelper 的@Html.PagedListPager()方法顯示分頁列，此方法第一個參數指定要顯示 Model，第二個參數指定要連結的動作方法與 page 頁次。

4. 按下執行程式 ▶ 鈕觀看網頁執行結果。結果頁面上會顯示分頁列，點選分頁列對應的頁次會顯示該頁的資料。

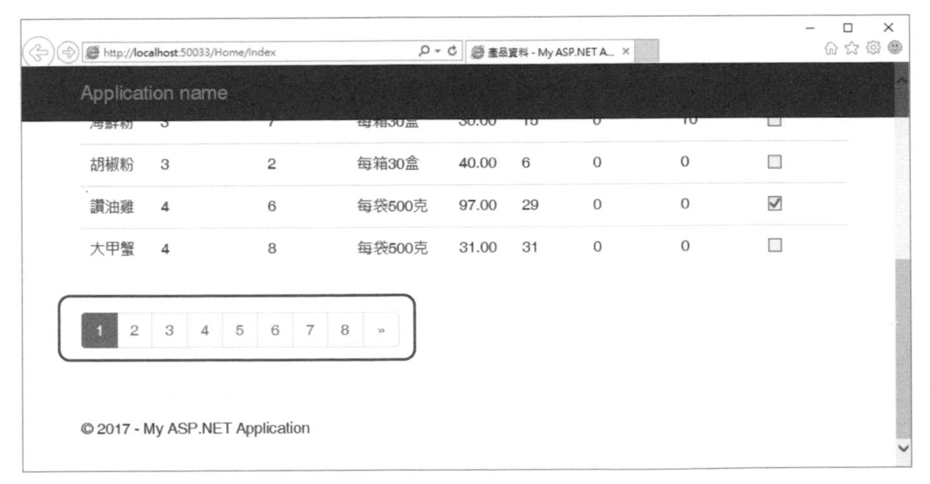

9.3 使用授權過濾器進行驗證登入

ASP.NET MVC 的動作過濾器(Action Filter)可在執行動作方法(Action Method)的前後進行一些特殊的邏輯處理，例如：系統日誌存取、異常處理或是用戶權限驗證等作業。本節即介紹最常使用的授權過濾器(Authorization Filters)，此類型過濾器可限制進入控制器或是限制執行控制器指定的方法，透過授權過濾器可實作出用戶權限驗證的功能，也就是一般所說的會員登入權限驗證的系統。

9.3.1 Authorize 與 AllowAnonymous Attribute

授權過濾器提供 Authorize Attribute 可指定哪些控制器或動作方法需要經過授權才能執行，同時提供 AllowAnonymous Attribute 可指定哪些動作方法可進行匿名存取。使用方式如下：

Ex 01 Home 控制器的 Index()動作方法允許所有用戶進行存取，而 Delete()動作方法附加 [Authorize]，因此 Delete()動作方法必須通過驗證才能執行(表單帳密驗證下節介紹)。如下寫法：

```
public class HomeController : Controller
{
   public ActionResult Index()
   {
     return View();
   }

   [Authorize]
   public ActionResult Delete()
   {
     // 刪除作業
     return View();
   }
}
```

Ex 02 [Authorize] 可限制特定的使用者名稱(帳號)才能執行指定的動作方法。例如 Edit()動作方法允許使用者名稱為 jasper 和 anita 才能執行，而 Delete()動作方法只允許 jasper 才能執行。寫法如下：

```
public class HomeController : Controller
{
  public ActionResult Index()
  {
    return View();
  }
  [Authorize(User="jasper, anita")]
  public ActionResult Edit()
  {
     // 編輯作業
     return View();
  }
  [Authorize(User="jasper")]
  public ActionResult Delete()
  {
     // 刪除作業
     return View();
  }
}
```

Ex 03 [Authorize] 若附加於控制器則表示該控制器的所有動作方法都必須經過授權才能執行。例如 Home 控制器的 Index()與 Delete()動作方法必須經過授權才能執行，寫法如下：

```
[Authorize]
public class HomeController : Controller
{
  public ActionResult Index()
  {
    return View();
  }
  public ActionResult Delete()
  {
     // 刪除作業
     return View();
  }
}
```

Ex 04 [AllowAnonymous] 可指定動作方法允許匿名存取，其使用時機是當控制器中僅有幾個動作方法需要匿名存取時使用。如下寫法 Home 控制器所有動作方法(Edit、Delet…)必須通過授權才能執行，而 Index()動作方法可以匿名存取。本例若逐一將 [Authorize] 附加於動作方法中，程式碼重複性高，將導致難以維護。

```
[Authorize]
public class HomeController : Controller
{
   [AllowAnonymous]
   public ActionResult Index()
   {
     return View();
   }
   public ActionResult Edit()
   {
      // 編輯作業
      return View();
   }
   public ActionResult Delete()
   {
      // 刪除作業
      return View();
   }
   ......
   ......
}
```

9.3.2 如何指定未通過授權所執行的動作方法

當用戶所執行的動作方法被授權過濾器(Authorization Filters)判斷為授權不足時，此時即會顯示如下 HTTP Error 401 的狀態畫面。

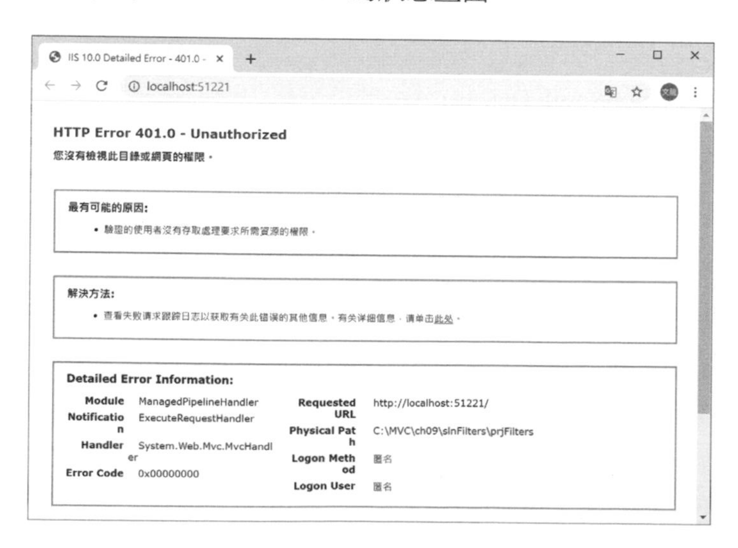

當用戶所執行的動作方法授權不足時，想要導向到指定的動作方法，即可在 Web.config 檔案的<system.web>內指定表單驗證(FormsAuthentication)模式，同時指定未通過授權時統一執行的動作方法。如下寫法，指定未通過授權會執行 Home 控制器的 Login()動作方法。

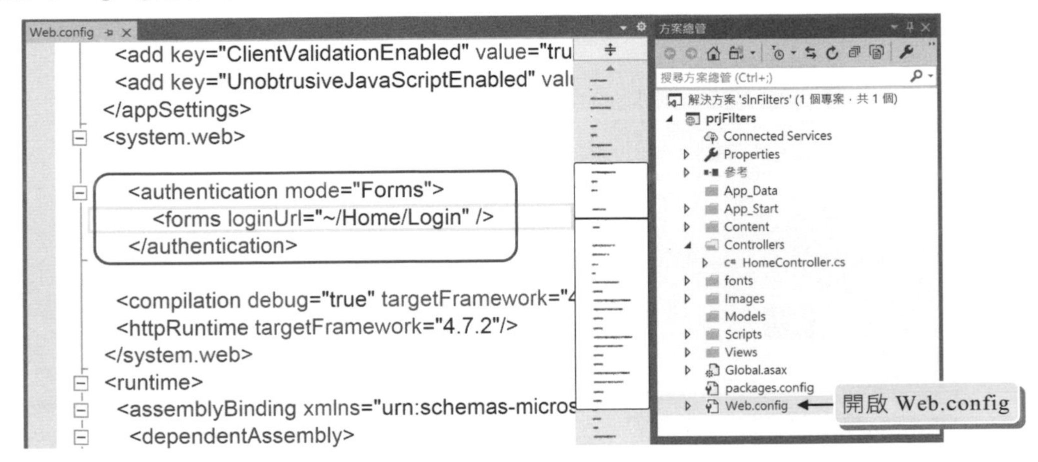

9.3.3 表單驗證的登入與登出

FormsAuthentication 類別可用來管理 ASP.NET Web 應用程式的表單驗證服務。此類別置於「System.Web.Security」命名空間下，可配合下面類別的屬性與方法來授權給使用者名稱(帳號)，讓用戶通過 Web 應用程式的驗證。

1. FormsAuthentication.RedirectFromLoginPage("帳號", 是否建立持久性 Cookie)
   指定使用者帳號通過驗證(即通過登錄驗證)並重新導向原來要求的 URL。

2. FormsAuthentication.SignOut()
   由瀏覽器移除表單驗證，即進行登出。

3. User.Identity.Name
   取得目前通過驗證的使用者名稱。

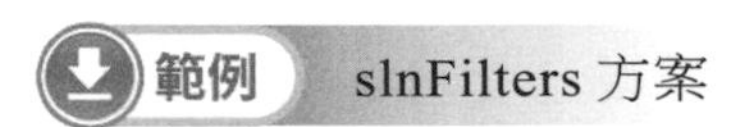

slnFilters 方案

練習以 9.3.1~9.3.3 節製作簡易的會員登入權限驗證系統。

執行結果

1. 當執行 Home 控制器的 Index()動作方法時，若未通過授權即會自動連結到 Home 控制器的 Login()動作方法並顯示如下畫面。

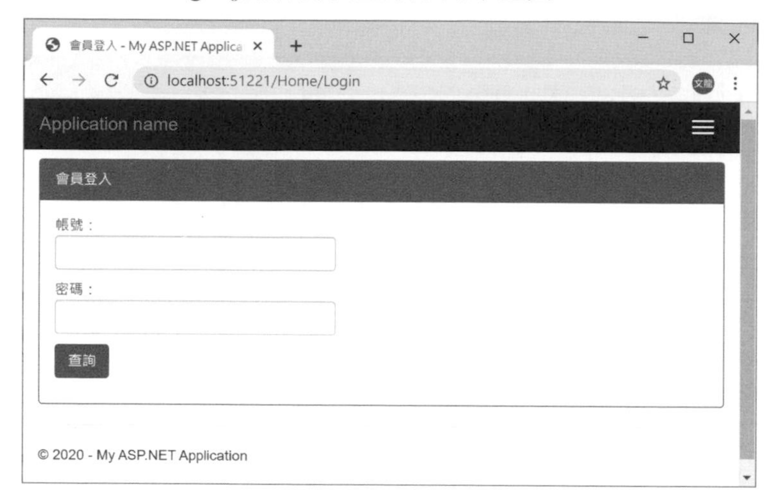

2. 系統中有如下三組帳密依序存放於 uidAry 和 pwdAry 字串陣列。

```
string[] uidAry = new string[] { "jasper", "anita", "tom" };
string[] pwdAry = new string[] { "123", "456", "789" };
```

本例僅只有帳號 "jasper"、"anita" 通過驗證可執行 Home 控制器 Index()動作方法，通過驗證顯示如下畫面。

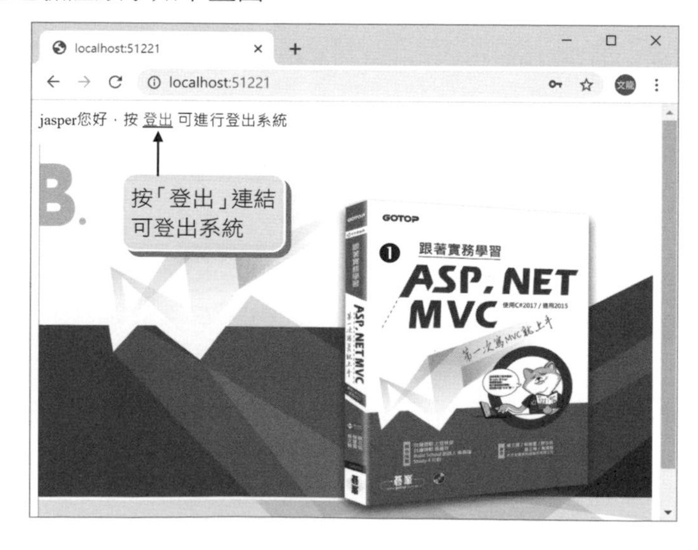

上機練習

Step 01 建立方案名稱為 slnFilters、專案名稱為 prjFilters 的空白 MVC 專案。

Step 02 放置 banner01.jpg 圖檔

在專案下新增「Images」資料夾，接著將書附範例 ch09 資料夾下的 banner01.jpg 放入專案的 Images 的資料夾中。

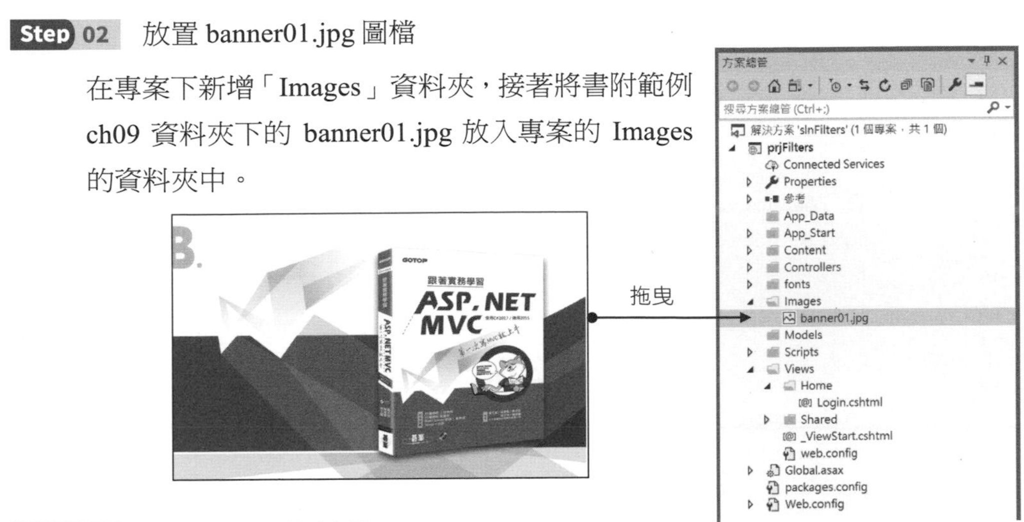

Step 03 建立 Home 控制器

在方案總管的 Controllers 資料夾按滑鼠右鍵，並執行快顯功能表的【加入(D)/控制器(T)...】指令新增「HomeController.cs」控制器檔案。

Step 04 撰寫 HomeController 控制器的動作方法

C# 程式碼 FileName: Controllers/HomeController.cs

```
01 using System.Web.Security;
02
03 namespace prjFilters.Controllers
04 {
05     [Authorize]
06     public class HomeController : Controller
07     {
08         // GET: Home
09         // [Authorize] 設定此屬性，則 jasper, anita, tom 都可執行 Index 動作方法
10         [Authorize(Users ="jasper, anita")]
11         public string Index()
12         {
13             return "<p>" + User.Identity.Name +
                 "您好，按 <a href='Home/Logout'>登出</a> 可進行登出系統<p>"+
```

```
            "<img src='../Images/banner01.jpg' width='100%'>";
14      }
15
16      public ActionResult Logout()
17      {
18          FormsAuthentication.SignOut();   // 登出
19          return RedirectToAction("Login");
20      }
21
22      [AllowAnonymous]
23      public ActionResult Login()
24      {
25          return View();
26      }
27
28      [AllowAnonymous]
29      [HttpPost]
30      public ActionResult Login(string txtUid, string txtPwd)
31      {
32          string[] uidAry = new string[] { "jasper", "anita", "tom" };
33          string[] pwdAry = new string[] { "123", "456", "789" };
34
35          // 循序搜尋法
36          int index = -1;
37          for (int i = 0; i < uidAry.Length; i++)
38          {
39              if (uidAry[i] == txtUid && pwdAry[i] == txtPwd)
40              {
41                  index = i;
42                  break;
43              }
44          }
45          if (index == -1)
46          {
47              ViewBag.Err = "帳密錯誤!";
48          }
49          else
50          {
51              // 表單驗證服務，授權指定的帳號
52              FormsAuthentication.RedirectFromLoginPage(txtUid, true);
```

```
53                return RedirectToAction("Index");
54            }
55            return View();
56        }
57    }
58 }
```

說明

1) 第 5 行：指定 Home 控制器所有的動作方法必須通過授權才能執行。
2) 第 10~14 行：指定 Index()動作方法只有 jasper 和 anita 兩個使用者名稱(帳號)通過授權才能執行。此動作方法傳回 HTML 字串用於顯示使用者名稱與 banner01.jpg 圖示。
3) 第 13 行：User.Identity.Name 可顯示通過驗證的使用者名稱。
4) 第 16~20 行：登出的動作方法。
5) 第 22~28 行：指定 Login()動作方法允許匿名存取。
6) 第 32~54 行：使用循序搜尋法查詢帳密是否存在。
7) 第 52 行：授權指定的使用者名稱並建立持久性的 cookie，此時該使用者即可執行 Index()動作方法。

Step 05 按下執行程式 ▶ 鈕觀看網頁執行結果，預設會執行 Home 控制器的 Index()動作方法，結果因為被授權過濾器(Authorization Filters)判斷授權不足，此時即會顯示如下 HTTP Error 401 的狀態畫面。

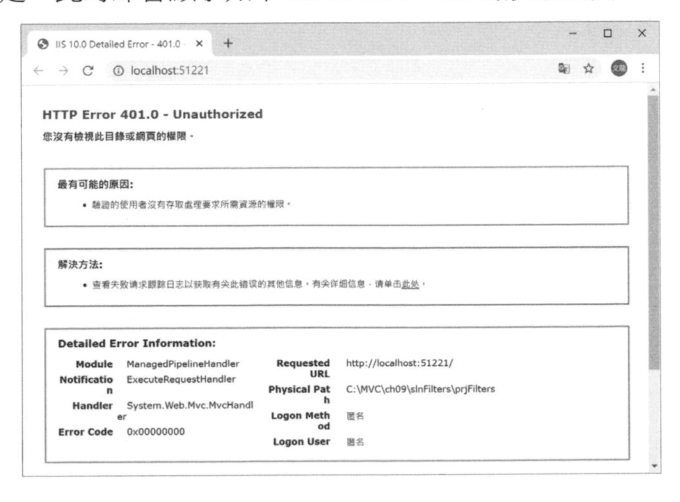

Step 06 開啟 Web.config 檔案，接著在<system.web>內指定表單驗證模式，並指定未通過授權時執行 Home 控制器的 Login()動作方法。

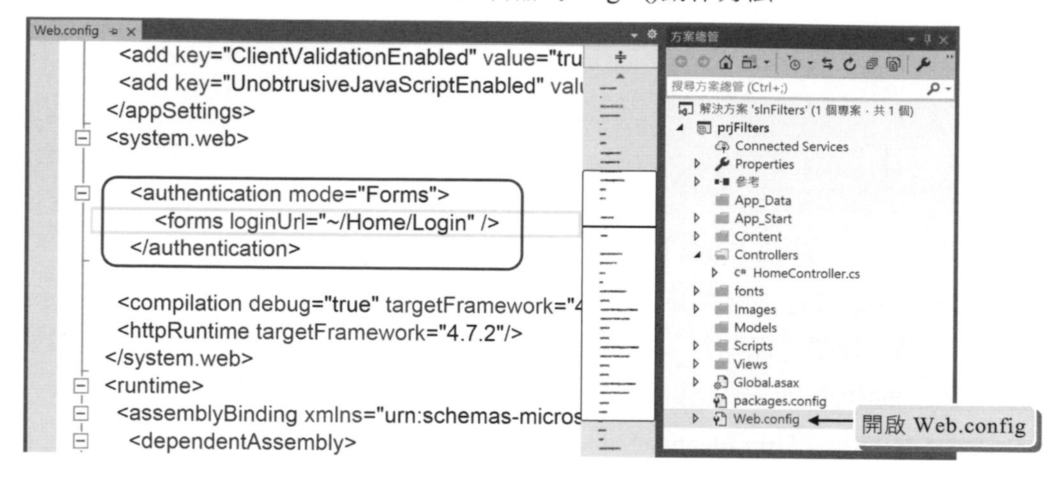

Step 07 繼續按下執行程式 ▶ 鈕觀看網頁執行結果，結果發現會導向到 Home 控制器的 Login()動作方法，此時即會顯示如下畫面找不到 Login 檢視。

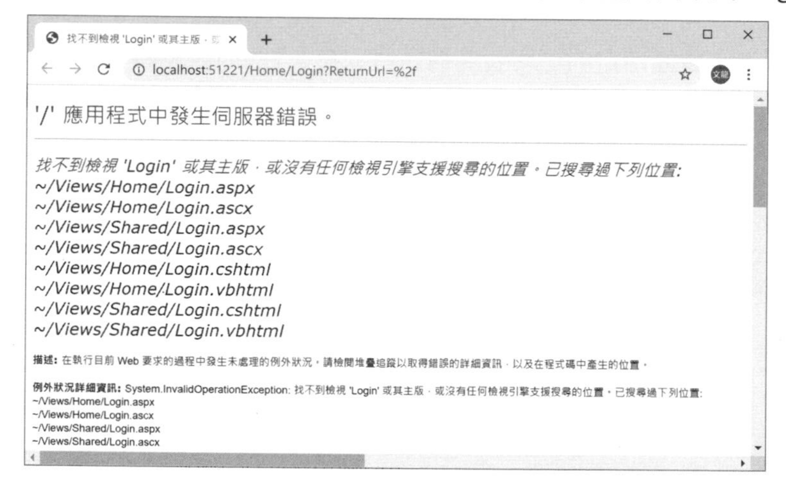

Step 07 建立 Login.cshtml 的 View 檢視頁面

1. 在 Login()動作方法上按滑鼠右鍵，並執行快顯功能表的【**新增檢視(D)...**】指令。

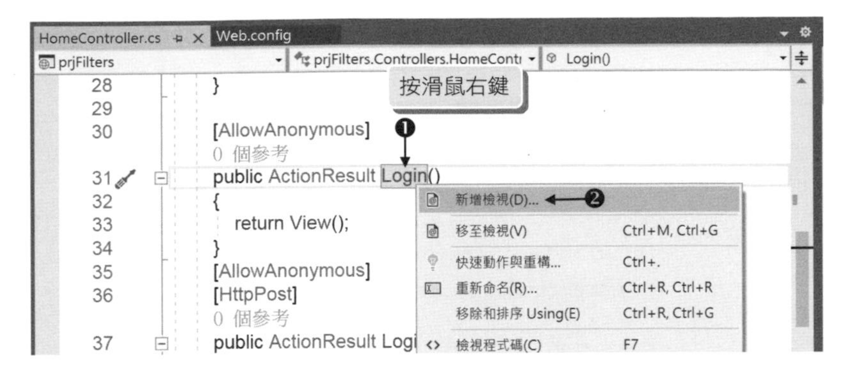

2. 在加入檢視視窗指定檢視名稱(N)為「Login」;範本(T)為「Empty (沒有模型)」;並勾選「使用版面配置頁(U)」，最後按下 加入 鈕。結果方案總管的 Views/Home 資料夾下會新增 Login.cshtml 檢視頁面。

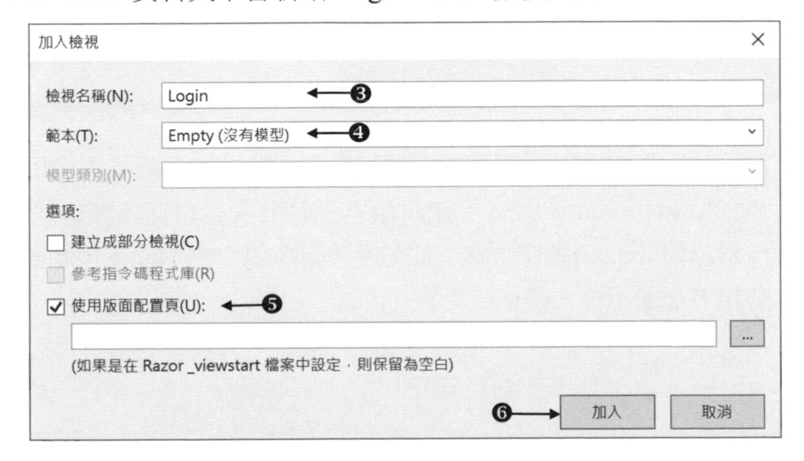

3. 撰寫 Login.cshtml 檢視頁面的程式碼：

程式碼 FileName:Views/Home/Login.cshtml

```
01 @{
02     ViewBag.Title = "會員登入";
03 }
04
05 <p></p>
06 <form method="post" action="@Url.Action("Login")">
07     <div class="panel panel-primary">
08         <div class="panel-heading">會員登入</div>
09         <div class="panel-body">
10             <p>
```

```
11                  帳號：
12                  <input type="text" class="form-control"
                      name="txtUid" required />
13              </p>
14              <p>
15                  密碼：
16                  <input type="password" class="form-control"
                      name="txtPwd" required />
17              </p>
18              <p>
                <input type="submit" class="btn btn-primary" value="查詢" />
19              </p>
20              <p class="text-danger">@ViewBag.Err</p>
21          </div>
22      </div>
23  </form>
```

Step 08 按下執行程式 ▶ 鈕測試網頁執行結果，結果如下圖發現使用 {"jasper" : "123"} 和{"anita" : "456"} 兩組帳密進行登入皆可通過驗證並執行 Home 控制器的 Index()動作方法；而未通過則會導向到 Home 控制器的 Login() 動作方法顯示登入畫面。

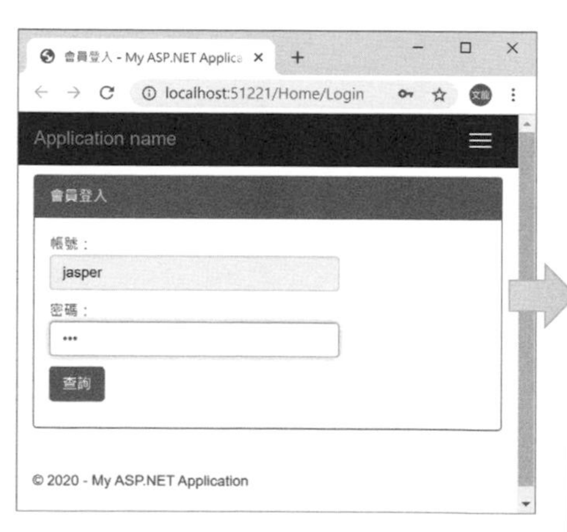

10 讀取 JSON 與網路服務 Web API

學習目標

本章教學內容先 Json.NET 與 jQuery 存取 JSON 開放資料，同時介紹如何使用 Web API 來搭配前端網頁進行客戶資料的 CRUD 作業，利用 Web API 處理前端網頁接收與發送資料，來完成新增、修改、刪除的功能，學習本章內容將有助於使網頁更具互動性。

驕傲只啟爭競，聽勸言的，卻有智慧。(箴言 13:10)

MVC 10.1 讀取 JSON 資料

10.1.1 JSON 簡介

JSON (JavaScript Object Notation)是以文字為基礎、一種輕量型的資料交換語言，其 MIME 類型是為 application/json，JSON 檔案的副檔名為*.json，其格式與程式語言無關，目前的程式語言都支援 JSON 資料建置和解析。

JSON 用於描述資料結構，其結構分為物件與陣列，說明如下：

1. 物件(object)：其物件結構表示是以鍵(key)和值(value)的方式來存取資料，鍵可視為屬性，值可視為屬性值，每組鍵和值之間使用「,」分隔，一個物件的表示以 { 開始，以 } 結束。

   ① 員工物件姓名(Name)為"王小明"，薪資(Salary)為"45000"，其 JSON 物件結構如下：

   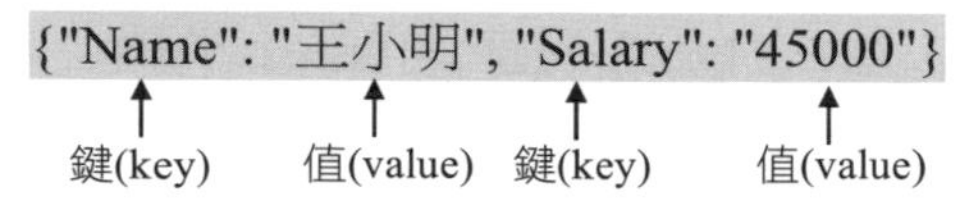

   ② 農業區景點物件編號(ID)為"01"，店名(Name)為"湖莓宴餐坊"，地址(Address)為"苗栗縣"，其 JSON 物件結構如下：

   `{"ID": "01", "Name": "湖莓宴餐坊", "Address": "苗栗縣"}`

2. 陣列 (array)：一個陣列或值的集合，一個陣列是以 [開始，以] 結束。物件或值之間使用「,」分隔。如下 JSON 陣列表示陣列存放兩筆農業區景點：

```
[
  {
    "ID": "01_100",
    "Name": "湖莓宴餐坊",
    "Address": "苗栗縣大湖鄉富興村八寮彎 2-7 號 4 樓"
  },
  {
    "ID": "01_101",
    "Name": "神雕邨複合式茶棧",
    "Address": "苗栗縣三義鄉廣盛村廣聲新城 38 鄰 2 巷 26 號"
  }
]
```

第一筆物件

第二筆物件

10.1.2 使用 Json.NET 讀取 JSON

Json.NET 是用於 .NET 技術中的高性能 JSON 框架，此框架可以輕鬆的將 JSON 字串反序列化為任何 .NET 類別物件，也可以將 .NET 類別物件序列化為 JSON 字串，可依下面範例練習。

範例 slnFarmAttractions 方案

使用農業開放資料服務平台的「全國休閒農業區旅遊資訊」的 JSON 資料集製作如下網頁，網頁中會介紹全國休閒農業區旅遊資訊，當按下某筆記錄的 地圖 鈕即可開啟該景點對應的 Google 地圖，讓使用者進行導航與查詢。

執行結果

上機練習

Step 01 取得「全國休閒農業區旅遊資訊」的 JSON 資料集載點(網址)

1. 連結到如下圖農業開放資料服務平台：https://agridata.coa.gov.tw/open.aspx，內有多種相關農業的開放資料，以供大家練習或加值使用。請先點選 農業旅遊 按鈕， 接著再點選出現「全國休閒農業區旅遊資訊」連結項目。

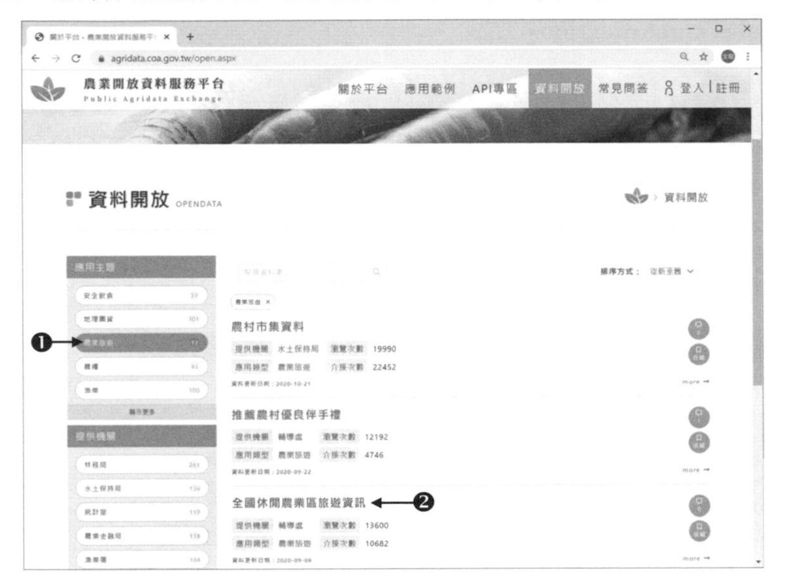

2. 接著出現下圖「全國休閒農業區旅遊資訊」的 JSON 資料集說明，請點選「https://data.coa.gov.tw/Service/OpenData/ODwsv/ODwsvAttractions.aspx」連結開啟此資料集，並觀察 JSON 資料集的鍵(key)與值(value)資訊。

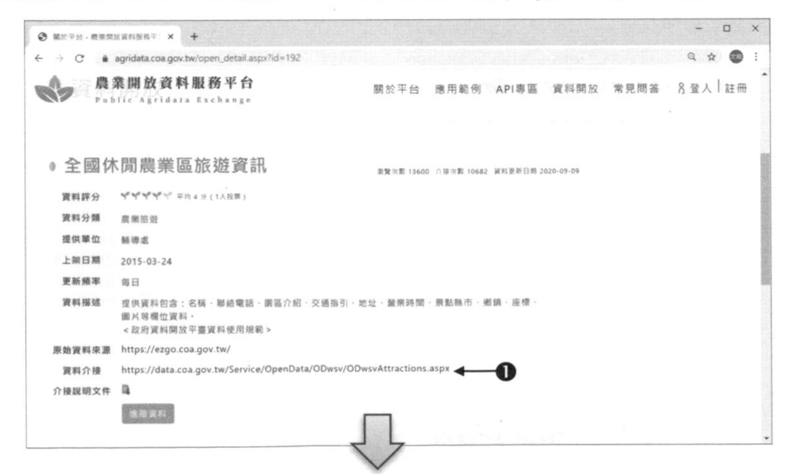

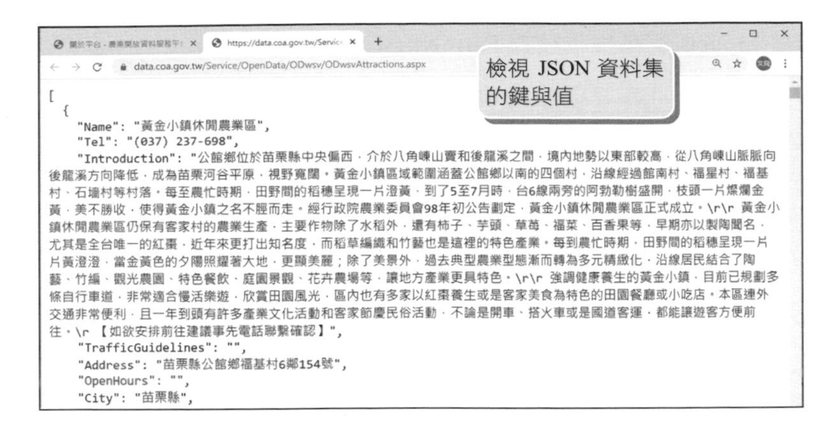

Step 02 建立方案名稱為 slnFarmAttractions、專案名稱為 prjFarmAttractions 的空白 MVC 專案。

Step 03 在方案總管的「參考」按滑鼠右鍵執行快顯功能表【管理 NuGet 套件(N)...】指令，接著依圖示操作安裝 Json.NET 套件 Newtonsoft.Json。

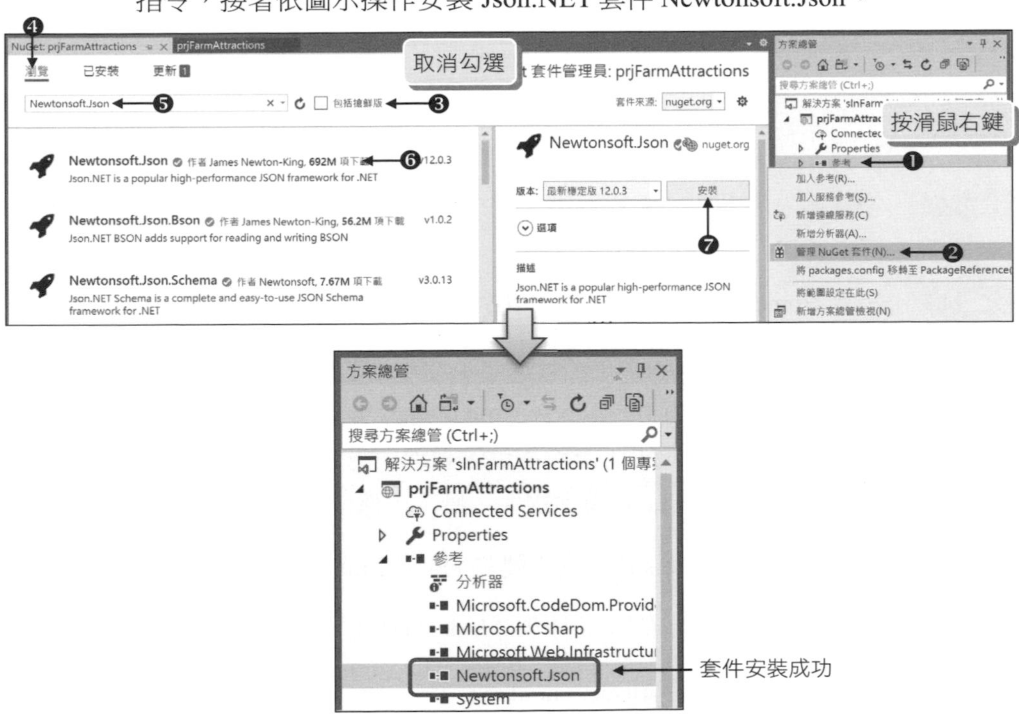

Step 04 在 Models 資料夾下建立 FarmAttractions.cs 類別檔

請將「全國休閒農業區旅遊資訊」JSON 資料集的鍵(key)依序建立對應至 FarmAttractions 類別的屬性。也就是說一筆 JSON 記錄對應至 FarmAttractions 物件。

C# 程式碼 FileName: Models/FarmAttractions.cs

```
01 namespace prjFarmAttractions.Models
02 {
03     public class FarmAttractions
04     {
05         public string Name { get; set; }
06         public string Tel { get; set; }
07         public string TrafficGuidelines { get; set; }
08         public string Address { get; set; }
09         public string OpenHours { get; set; }
10         public string City { get; set; }
11         public string Town { get; set; }
12         public string Coordinate { get; set; }
13         public string Photo { get; set; }
14     }
15 }
```

Step 05 在專案中加入 JSON 資料夾，用來存放下載的「全國休閒農業區旅遊資訊」JSON 資料集。

Step 06 撰寫 Home 控制器 Index()動作方法

用來下載「https://data.coa.gov.tw/Service/OpenData/ODwsv/ ODwsvAttractions.aspx」的 JSON 資料集，並轉存成 OdwsvAttractions.json 檔並儲存到專案的 JSON 資料夾下，接著使用 Json.NET 套件提供的類別與方法將農業區景點 JSON 資料反序列化成 FarmAttractions 串列物件，最後再傳至 View 進行顯示。

1. 在方案總管的 Controllers 資料夾下建立 HomeController.cs 控制器類別檔。
2. 在 HomeController.cs 控制器類別檔的 Index()動作方法撰寫如下程式碼。

C# 程式碼 FileName: Controllers/HomeController.cs

```
01 using System.IO;
02 using System.Net.Http;
03 using System.Threading.Tasks;
04 using Newtonsoft.Json;
```

```
05 using prjFarmAttractions.Models;
06
07 namespace prjFarmAttractions.Controllers
08 {
09     public class HomeController : Controller
10     {
11         // GET: Home
12         public async Task<ActionResult> Index()
13         {
14             // 下載全國休閒農業區旅遊資訊 JSON 開放資料
15             string url =
16               "https://data.coa.gov.tw/Service/OpenData/ODwsv/ODwsvAttractions.aspx";
17             HttpClient httpClient = new HttpClient();
18             httpClient.MaxResponseContentBufferSize = Int32.MaxValue;
19             var response = await httpClient.GetStringAsync(url);
20             string path =
21               $"{Server.MapPath("JSON").Replace("Home\\", "")}\\ODwsvAttractions.json";
22             FileInfo fileInfo = new FileInfo(path);
23             StreamWriter streamWriter =
24               new StreamWriter(path, false, System.Text.Encoding.UTF8);
25             streamWriter.WriteLine(response);
26             streamWriter.Close();
27             // 將全國休閒農業區旅遊資訊 JSON 資料反序列化成 FarmAttractions 陣列物件
28             StreamReader streamReader = new StreamReader(path);
29             FarmAttractions[] farmAttractions =
30                 JsonConvert.DeserializeObject<FarmAttractions[]>
31                 (streamReader.ReadToEnd());
32             // 將 FarmAttractions 陣列物件先依 City 縣市遞增排序，接著再依 Town 鄉鎮遞增排序
33             // 將排序後的 FarmAttractions 陣列物件傳送至 View 檢視頁面
34             return View(farmAttractions.OrderBy(m => m.City)
35                 .ThenBy(m => m.Town).ToList());
36         }
37     }
38 }
```

3. 本例使用 System.Net.Http 命名空間下的 HttpClient 物件進行讀入「https://data.coa.gov.tw/Service/OpenData/ODwsv/ODwsvAttractions.aspx」網頁資料(JSON 資料集)。因為 System.Net.Http 預設未安裝在專案內，因此請依下面步驟操作讓 VS 自動安裝套件。

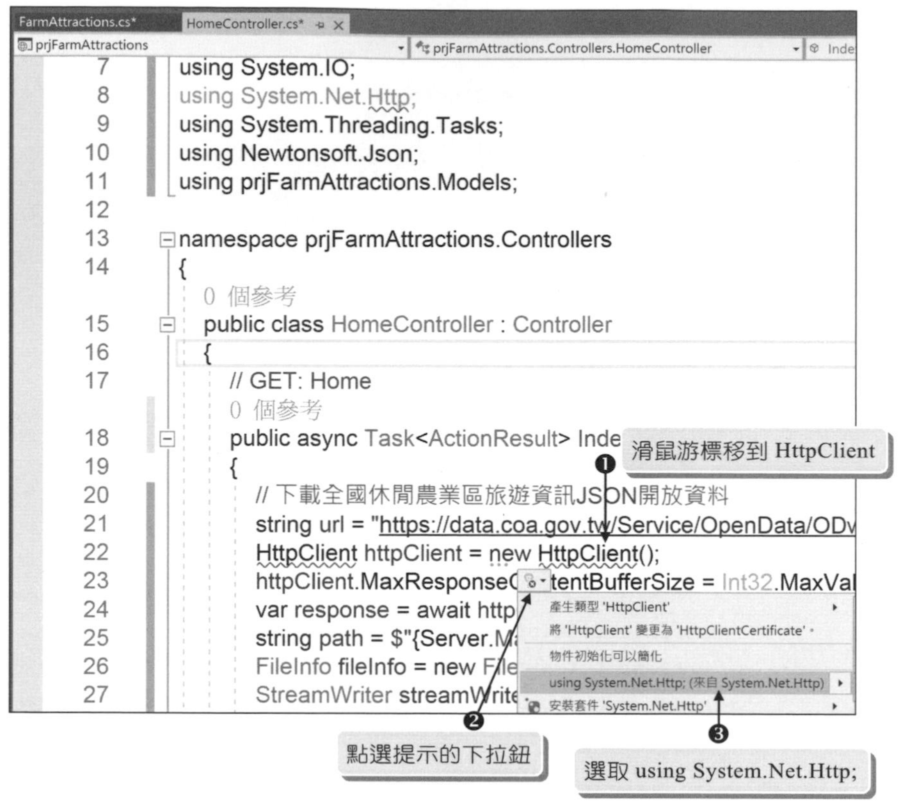

Step 07 建立 Index.cshtml 的 View 檢視頁面

1. 在 Index()動作方法上按滑鼠右鍵，並執行快顯功能表的【新增檢視(D)…】指令。
2. 在加入檢視視窗指定檢視名稱(N)為「Index」;範本(T)為「Empty (沒有模型)」;並勾選**使用版面配置頁(U)**，最後按下 加入 鈕。結果方案總管的 Views/Home 資料夾下會新增 Index.cshtml 檢視頁面。

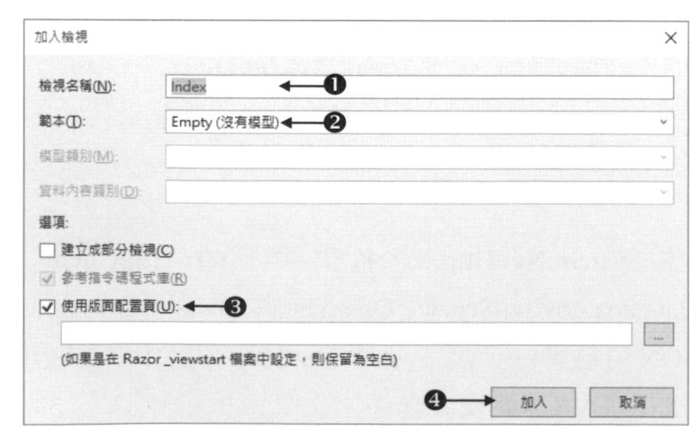

3. 撰寫 Index.cshtml 檢視的程式碼：

程式碼 FileName:Views/Home/Index.cshtml

```
01 @model IEnumerable<prjFarmAttractions.Models.FarmAttractions>
02
03 @{
04     ViewBag.Title = "全國休閒農業區旅遊資訊";
05 }
06
07 <h2>全國休閒農業區旅遊資訊</h2>
08
09 <div class="row">
10     @foreach (var item in Model)
11     {
12         <div class="col-12 col-md-4" style="margin-top:10px;">
13             <div class="img-thumbnail">
14                 <img src="@item.Photo" class="img-responsive"
15                     style="width:100%;height:210px;" />
16                 <h4>@item.City - @item.Town </h4>
17                 <p>電話：@item.Tel </p>
18                 <p>地址：@item.Name </p>
19                 <p>
20                     <a href="https://www.google.com/maps/place/@item.Address"
21                         class="btn btn-success" target="_blank">地圖</a>
22                 </p>
23             </div>
24         </div>
25     }
26 </div>
```

說明

1) 第 1 行： View 檢視使用 Model 為 FarmAttractions 農業區景點集合物件。

2) 第 10~25 行：使用 foreach 迴圈配合 Bootstrap 格線系統排版，將模型中所有的農業區景點記錄顯示出來。

Step 08 可依需求自行修改_Layout.cshtml 版面配置頁的頁首、頁尾或導覽列，最後可按下執行程式 ▶ 鈕觀看網頁執行結果。

10.1.3 使用 jQuery 的$.ajax()函式讀取 JSON

jQuery 是一套簡化 HTML 與 JavaScript 之間操作的 JavaScript 函式庫，透過 jQuery 可動態存取伺服器端資料，當 ASP.NET MVC 專案使用預設的版面配置頁，在專案的 Scripts 資料夾會自動產生 jquery-3.4.1.min.js，屬於 jQuery 函式庫 3.4.1 版。在 jQuery 中可使用 $.ajax() 函式來存取 JSON 資料或 Web API 服務。

$.ajax()函式可向伺服器端請求並取回資料，接著在用戶端透過 JavaScript 來處理伺服器端回應的資料，因為只取回需要的資料，所以伺服端的回應更快，而且可減少資料量的傳送。如下是$.ajax()函式的使用方式：

```
<!-- 含入版本 3.4.1 版的 jQuery 檔案-->
<script src="Script/jquery-3.4.1.min.js"></script>

<script>
    $(document).ready(function () {          //整份文件載入後才執行
         $.ajax({                            //呼叫$.ajax()函式
                url: "http://localhost/product", //指定伺服器位置或 json 檔
                type: "GET",                 //指定伺服器要執行的動作為 GET
                success: function (data) {   //存取成功會執行 success 函式
                      //處理回傳的資料，data 即是回傳的資料
                }
         });
    });
</script>
```

1. 使用$.ajax()函式前必須先含入 jQuery 函式庫 jquery-3.4.1.min.js，使網頁可以運行 jQuery 語法或相關函式。

2. 為了讓 jQuery 的函式可以正常取得網頁中的元素，建議將 jQuery 函式或相關 JavaScript 程式碼撰寫在 $(document).ready(function (){...})；文件載入就緒的事件內。

3. $.ajax() 函式可透過 HTTP 向伺服器傳送請求，其常用參數如下三種：
   ① url：指定伺服器端 Web API 的網址，或是欲讀取 json 或 xml 的 URL 路徑。
   ② type：指定要執行伺服器的動作，可指定 GET、POST、PUT 或 DELETE。

③ success：當伺服器端的資料存取成功會執行 success 函式，該函式中的 data 即是伺服器端傳回的資料，此時即可使用 JavaScript 將 data 的資料呈現在網頁上。

範例 slnTravelFood 方案

使用農業開放資料服務平台的「農村地方美食小吃特色料理」的 JSON 資料製作如下網頁，本例先使用 HttpClient 下載 JSON 檔，接著使用$.ajax()函式由用戶端取得 JSON 檔的資料，網頁中會介紹各地農村地方美食小吃，當按下某筆餐廳的 地圖 鈕即可開啟該店家對應的 Google 地圖，讓使用者進行導航與查詢。

執行結果

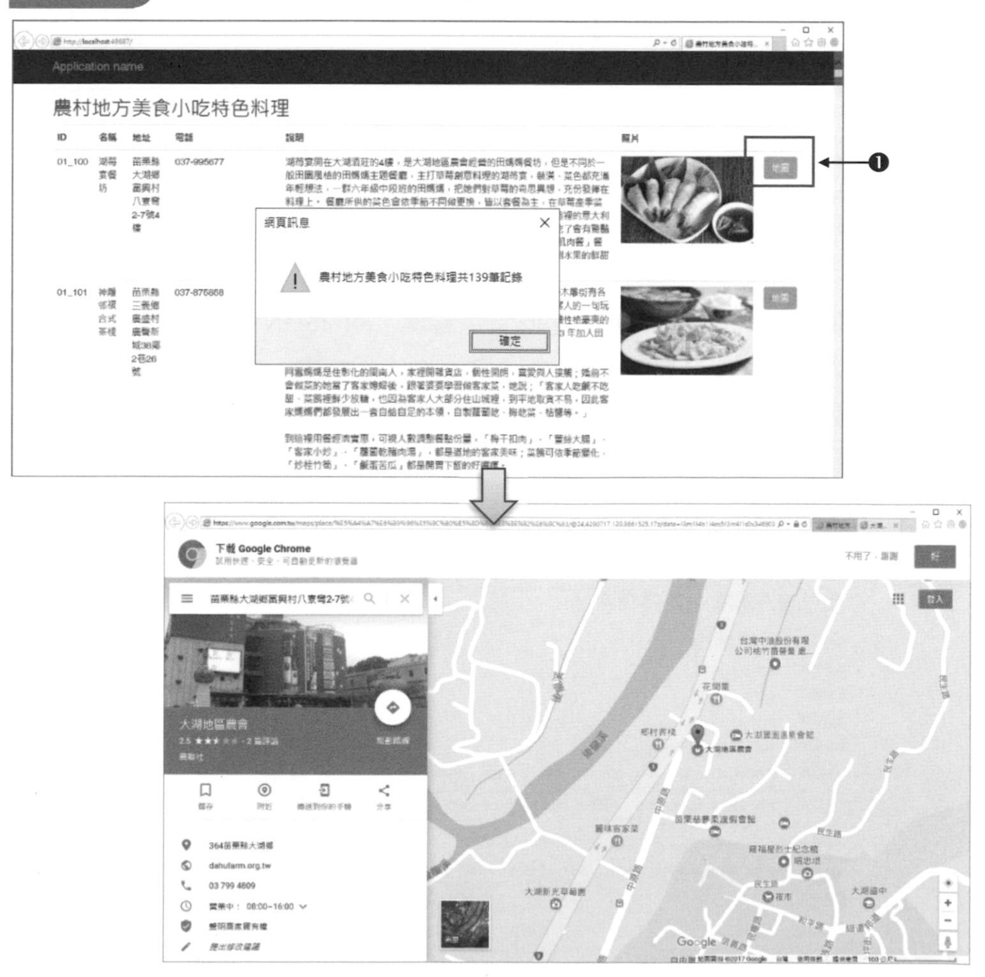

上機練習

Step 01 取得「農村地方美食小吃特色料理」的 JSON 資料集載點(網址)

1. 連接到如下圖農業開放資料服務平台：https://agridata.coa.gov.tw/open.aspx。請先在搜尋欄處輸入「農村地方」，接著會出現「農村地方美食小吃特色料理」連結項目，最後再點選「農村地方美食小吃特色料理」連結項目。

2. 接著出現下圖「農村地方美食小吃特色料理」的 JSON 資料集說明，請點選「https://data.coa.gov.tw/Service/OpenData/ODwsv/ODwsvTravelFood.aspx」連結開啟此資料集，並觀察 JSON 資料集的鍵(key)與值(value)資訊。

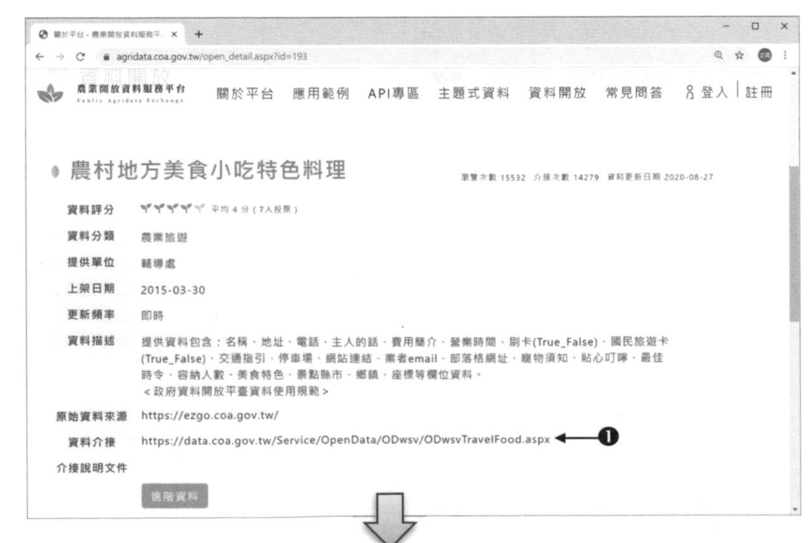

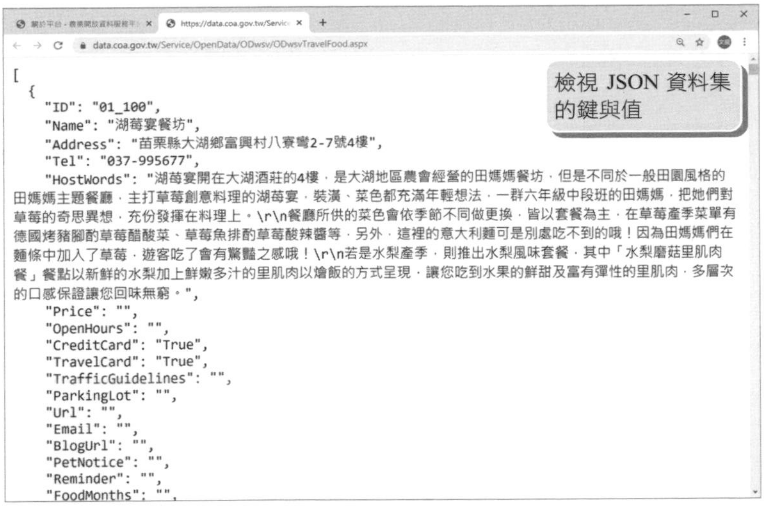

data.coa.gov.tw/Service/OpenData/ODwsv/ODwsvTravelFood.aspx

檢視 JSON 資料集的鍵與值


```
[
  {
    "ID": "01_100",
    "Name": "湖莓宴餐坊",
    "Address": "苗栗縣大湖鄉富興村八寮彎2-7號4樓",
    "Tel": "037-995677",
    "HostWords": "湖莓宴開在大湖酒莊的4樓，是大湖地區農會經營的田媽媽餐坊，但是不同於一般田園風格的田媽媽主題餐廳，主打草莓創意料理的湖莓宴，裝潢、菜色都充滿年輕想法，一群六年級中段班的田媽媽，把她們對草莓的奇思異想，充份發揮在料理上。\r\n餐廳所供的菜色會依季節不同做更換，皆以套餐為主，在草莓產季菜單有德國烤豬腳酌草莓醋酸菜、草莓魚排酌草莓酸辣醬等，另外，這裡的意大利麵可是別處吃不到的哦！因為田媽媽們在麵條中加入了草莓，遊客吃了會有驚豔之感哦！\r\n若是水梨產季，則推出水梨風味套餐，其中「水梨磨菇里肌肉餐」餐點以新鮮的水梨加上鮮嫩多汁的里肌肉以燴飯的方式呈現，讓您吃到水果的鮮甜及富有彈性的里肌肉，多層次的口感保證讓您回味無窮。",
    "Price": "",
    "OpenHours": "",
    "CreditCard": "True",
    "TravelCard": "True",
    "TrafficGuidelines": "",
    "ParkingLot": "",
    "Url": "",
    "Email": "",
    "BlogUrl": "",
    "PetNotice": "",
    "Reminder": "",
    "FoodMonths": "",
```


Step 02 建立方案名稱為 slnTravelFood、專案名稱為 prjTravelFood 的空白 MVC 專案。

Step 03 在專案中加入 JSON 資料夾，用來存放下載的「農村地方美食小吃特色料理」JSON 資料集。

Step 04 撰寫 Home 控制器 Index()動作方法

此步驟用來下載「https://data.coa.gov.tw/Service/OpenData/ODwsv/OdwsvTravelFood.aspx」的 JSON 資料集，並轉存成 ODwsvTravelFood.json 檔並儲存到專案的 JSON 資料夾下。在步驟 5 的 Index.cshtml 檢視會使用 jQuery 的 $.ajax()函式來讀取此資料集。

1. 在方案總管的 Controllers 資料夾下建立 HomeController.cs 控制器類別檔。
2. 在 HomeController.cs 控制器類別檔的 Index()動作方法撰寫如下程式碼。

C# 程式碼 FileName: Controllers/HomeController.cs

```
01 using System.IO;
02 using System.Net.Http;
03 using System.Threading.Tasks;
04
05 namespace prjTravelFood.Controllers
06 {
07     public class HomeController : Controller
```

```
08      {
09          // GET: Home
10          public async Task<ActionResult> Index()
11          {
12              // 下載農村地方美食小吃特色料理 JSON 開放資料
13              string url =
14                 "https://data.coa.gov.tw/Service/OpenData/ODwsv/ODwsvTravelFood.aspx";
15              HttpClient httpClient = new HttpClient();
16              httpClient.MaxResponseContentBufferSize = Int32.MaxValue;
17              var response = await httpClient.GetStringAsync(url);
18              string path =
19                $"{Server.MapPath("JSON").Replace("Home\\", "")}\\ODwsvTravelFood.json";
20              FileInfo fileInfo = new FileInfo(path);
21              StreamWriter streamWriter =
22                 new StreamWriter(path, false, System.Text.Encoding.UTF8);
23              streamWriter.WriteLine(response);
24              streamWriter.Close();
25              return View();
26          }
27      }
28  }
```

3. 本例使用 System.Net.Http 命名空間下的 HttpClient 物件進行讀入「https://data.coa.gov.tw/Service/OpenData/ODwsv/ODwsvTravelFood.aspx」網頁資料(JSON 資料集)。因為 System.Net.Http 預設未安裝在專案內，因此請依下面步驟操作讓 VS 自動安裝套件。

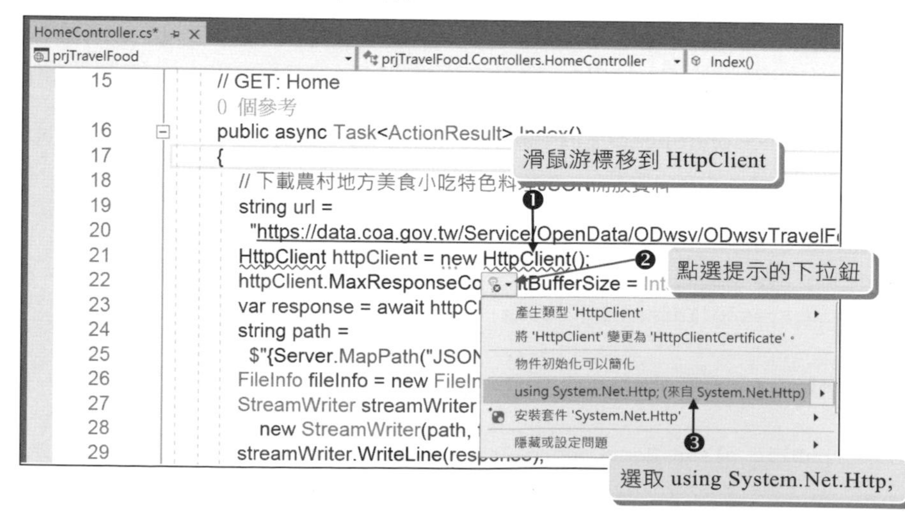

Step 05 建立 Index.cshtml 的 View 檢視頁面

1. 在 Index()動作方法上按滑鼠右鍵，並執行快顯功能表的【新增檢視(D)...】指令。
2. 在加入檢視視窗指定檢視名稱(N)為「Index」；範本(T)為「Empty (沒有模型)」；並勾選**使用版面配置頁**(U)，最後按下 加入 鈕。結果方案總管的 Views/Home 資料夾下會新增 Index.cshtml 檢視頁面。

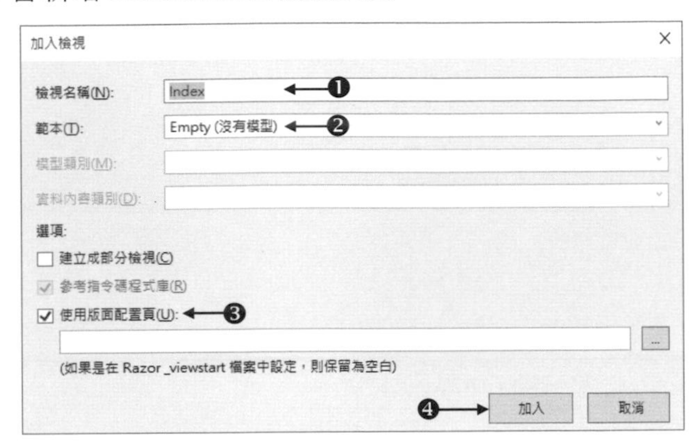

3. 撰寫 Index.cshtml 程式碼：

程式碼 FileName:Views/Home/Index.cshtml

此處的 port 通訊埠號請輸入實際執行的 port 號

```
01 @{
02     ViewBag.Title = "農村地方美食小吃特色料理";
03 }
04
05 <script>
06     $(document).ready(function () {
07         var dataurl = "http://localhost:51277/JSON/ODwsvTravelFood.json";
08         $.ajax({
09             url: dataurl,
10             type: 'GET',
11             success: function (data) {
12                 alert("農村地方美食小吃特色料理共" + data.length + "筆記錄");
13                 for (var i = 0; i < data.length; i++) {
14                     $("#tableshow").append
15                     (
16                         "<tr>" +
17                         "<td>" + data[i].ID + "</td>" +
18                         "<td>" + data[i].Name + "</td>" +
```

```
19                          "<td>" + data[i].Address + "</td>" +
20                          "<td>" + data[i].Tel + "</td>" +
21                          "<td>" + data[i].HostWords + "</td>" +
22                          "<td><img src='" + data[i].PicURL +
23                             "' style='width:200px;'></td>" +
24                          "<td><a href='https://www.google.com.tw/maps/place/"
25                          + data[i].Address +
26                          " 'target='_blank' class='btn btn-info'>地圖 </td>" +
27                          "</tr>"
28                      );
29                  }
30              }
31          });
32      });
33  </script>
34
35  <h2>農村地方美食小吃特色料理</h2>
36
37  <table class="table" id="tableshow">
38      <tr>
39          <th>ID</th>
40          <th>名稱</th>
41          <th>地址</th>
42          <th>電話</th>
43          <th>說明</th>
44          <th>照片</th>
45          <th></th>
46      </tr>
47  </table>
```

說明

1) 第 7 行：宣告 dataurl 用來存放目前專案下 ODwsvTravelFood.json 的 URL 路徑。
2) 第 8 行：呼叫$.ajax()函式進行非同步取得伺服器端的資料。
3) 第 11~30 行：當呼叫$.ajax()函式取得伺服器端的資料，所取回的資料放入 success 函式的 data 參數，接著使用 for 迴圈取出 JSON 物件的屬性並組成 HTML 的儲存格，最後將所有儲存格的結果放入 tableshow 表格內。

4) 第 12 行：顯示農村地方美食小吃特色料理資料的筆數。

5) 第 14 行：$("#id 識別名稱") 可取得 HTML 指定 id 的元素(DOM 物件)。此處 $("#tableshow") 會取得 id 識別名稱為 tableshow 的表格。

6) 第 17 行：取得第 i 筆 JSON 物件的 ID 屬性。

7) 第 18,19,20,21,22,25 行：執行方式同 17 行。

8) 第 37 行：指定表格的 id 識別名稱為 tableshow。

4. 按下執行程式 ▶ 鈕觀看網頁執行結果，如下圖結果出現找不到 jQuery 函式的錯誤：

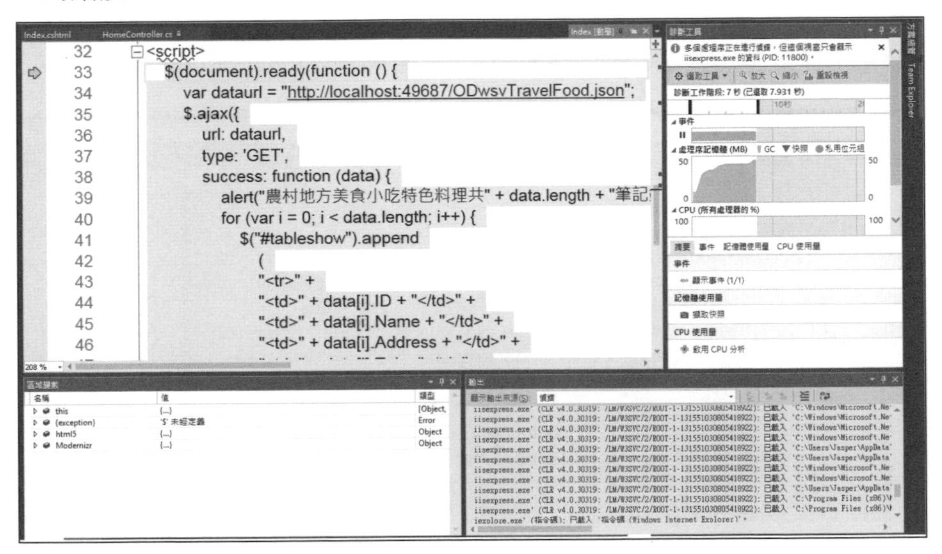

Step 06 調整版面配置頁預設 jQuery 函式庫的位置

MVC 專案預設的版面配置頁 Views/Shared/_Layout.cshtml 會將含入 jquery-3.4.1.min.js 函式庫置於@RenderBody()區域的下面，而導至 jQuery 函式還未載入就被內容頁面先行呼叫，因此會產生錯誤情形。

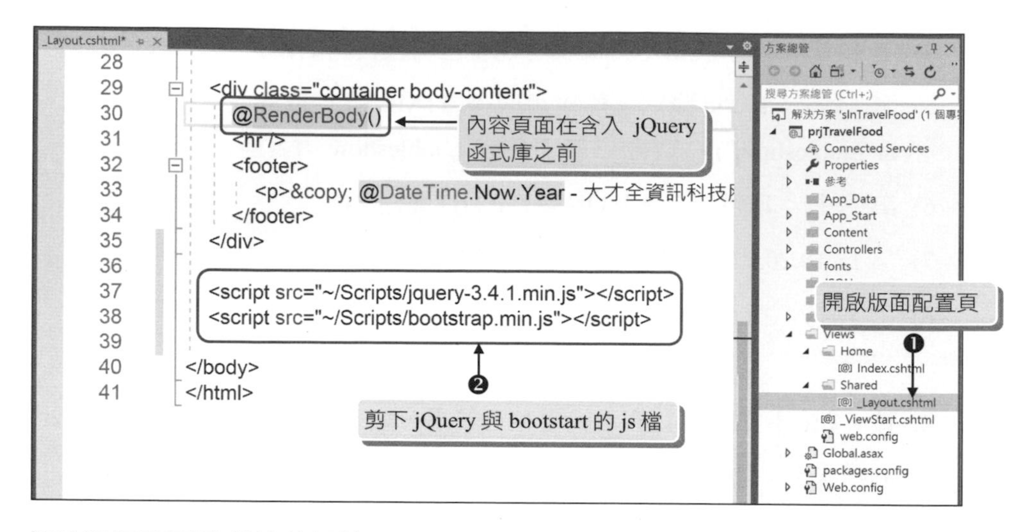

解決這個問題的做法就是將 jQuery 函式庫移到@RenderBody()區域的前面就可以了，因此請將 jQuery 函式庫複製到</head>之前。

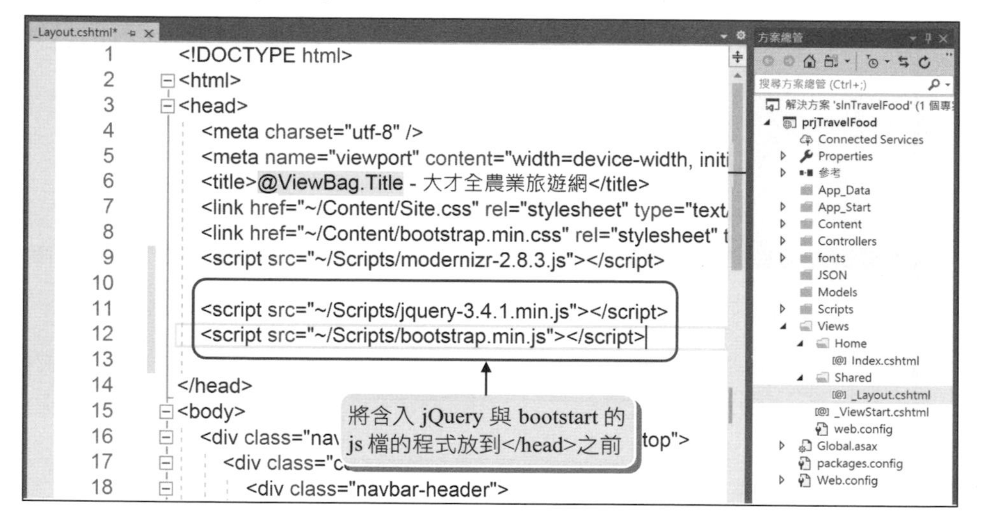

可依需求自行修改_Layout.cshtml 版面配置頁的頁首、頁尾或導覽列，最後再儲存檔案並按下執行程式 ▶ 鈕觀看網頁執行結果，結果發現網頁可正常讀取 JSON 資料夾下的 ODwsvTravelFood.json 的資料。

10.2 Web API 介紹

Web API 是個網路服務架構，也是一個理想平台，使用 .NET Framework 基礎建置 RESTful 應用程式，它可以用來建置 HTTP 服務並擴及廣大的用戶端範圍，包括瀏覽器和行動裝置皆可以使用此網路服務架構來存取資訊，Web API 是參考於 2000 年 Roy Thomas Fielding 博士在博士論文中提出來的一種全球資訊網軟體架構，REST (Representational State Transfer)中文稱為「具象狀態傳輸」，特別的是 REST 是一種設計風格而不是標準，此種風格在對資料的操作是由 URL 網址來指定的，操作行為包括讀取、新增、修改和刪除，正好與 HTTP 協議提供的 GET、POST、PUT 和 DELETE 方法對應。

REST (Representational State Transfer)具象狀態傳輸，名稱中的具象兩字解釋作具體的形象意旨於 URL 中所呈現的網址，意思是看的見的具體形象，用戶端透過網址的變換來改變服務端所應響應的狀態及內容，而 Web API 使用的正是此種 URL 路由機制，下方表格列出了在實現 Web API 時 HTTP 請求方法的典型用途。

URL 資源	http://dtcgo.com/product
GET	取得該網址資源中 product 資源的每個詳細資訊
PUT	將當前整組資料替換成指定的整組資料
POST	在當前 product 資料新增或追加一個新的資料
DELETE	刪除整組 product 資料

下方表格列出了使用 URL 取得 product 資料中搜尋 id 等於 1 的資料，並對指定的資料進行操作。

URL 資源	http://dtcgo.com/product?id=1
GET	尋找該 product 資源中符合 id 等於 1 的資料並列出詳細資訊
PUT	將 product 資源中符合 id 等於 1 的資料替換成指定的資料
POST	將 product 資源中符合 id 等於 1 的資料做為資源組，並新增或追加一個新的資料內容，而新增的內容屬於當前的資源組
DELETE	刪除 product 資源中符合 id 等於 1 的資料

10.3 AJAX 介紹

AJAX (Asynchronous JavaScript and XML)是瀏覽器端(用戶端)的技術，一套綜合了多項技術的瀏覽器端網頁開發技術，中文稱非同步的 JavaScript 與 XML。此技術由傑西・詹姆士・賈瑞特所設計，雖然名稱中包含 XML，但實際上資料格式可以由其他不同格式代替，例如：使用 JSON 可有效減少伺服器端與用戶端傳送的資料量，而此種技術主要是用來解決使用者體驗的問題。在 90 年代時的 HTML 網站，伺服器處理用戶每一個請求時都需要重新整理頁面，這樣的動作會造成當頁面元素更動時就會刷新一次，嚴重影響使用者體驗，故 AJAX 開發出一種可以僅向伺服器傳送並取回所須的資料並進行應用，與頁面元素以非同步的方式處理，這樣一來網頁就不需要重新整理，便可以向伺服器存取資料，而用戶端(瀏覽器端)主要採用 JavaScript 來處理伺服器的回應。

在網頁中常常可以看見 AJAX 的影子，我們天天使用來收發郵件的 Gmail 網站就是個很好的例子。如下圖，當我們登入帳號密碼後進入自己的郵件系統，當打開信件後可以發現網頁沒有進行重新整理換頁的動作，卻可以將信件內容顯示出來，由此可知 Gmail 在使用者開啟信件的同時，向伺服器端請求信件內容資訊，並透過 JavaScript 將信件的內容顯示出來。

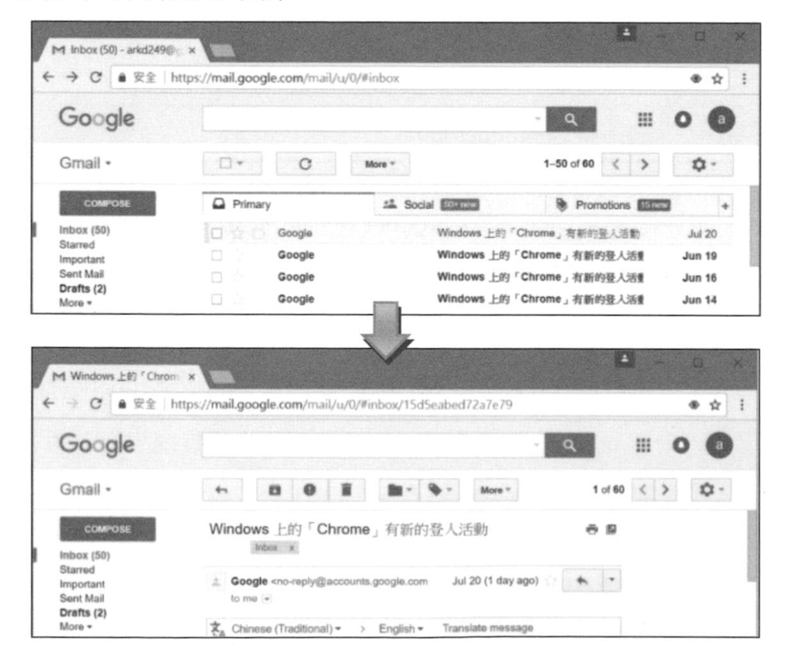

MVC 10.4 Web API 與 AJAX 非同步存取 JSON

10.4.1 Web API 簡介

ASP.NET Web API 架構是以 .NET Framework 基礎，可用來建置 RESTful 應用程式，也就是說可建置 HTTP 服務並提供給用戶端瀏覽器與行動裝置應用程式使用。Web API 相較於 Web Services 和 WCF 來說，Web Services 和 WCF 的資料內容不易辨識且傳送資料過於肥大，而 Web API 除了提供 XML 和 JSON 的傳輸格式，同時透過 HTTP 操作方法 GET、POST、PUT、DELETE 來操作服務，並提供輕量化與跨平台的特性，因此是目前 HTTP 服務的最佳選擇。如下是預設的 Web API 語法架構：

```
public class DefaultController : ApiController
{              ❶                  ❷
  // GET: api/Default
  public IEnumerable<string> Get() ❸
  {
    return new string[] { "value1", "value2" };
  }

  // GET: api/Default/5
  public string Get(int id) ❹
  {
    return "value";
  }

  // POST: api/Default
  public void Post([FromBody]string value)
  {              ❺
  }

  // PUT: api/Default/5
  public void Put(int id, [FromBody]string value)
  {              ❻
  }

  // DELETE: api/Default/5
  public void Delete(int id)
  {              ❼
  }
}
```

Web API 語法說明如下：

1. 此 Web API 的名稱為 Default。

2. Web API 必須繼承自 ApiController 類別。

3. public IEnumerable<string> Get()：
   在瀏覽器的網址列輸入「http://localhost/api/Default」，會對此 Web API 發出 GET 的請求，則此動作方法會傳回 IEnumerable<string>字串集合。

4. public string Get(int id)：
   在瀏覽器網址列輸入「http://localhost/api/Default?id=1」，會對此 Web API 發出 GET 的請求，同時 URL 網址中會夾帶 id 參數，其值為 1，則此 id 參數會被傳入動作方法中做為該方法的參數(Parameter)，以作為查詢資料的依據。

5. public void Post([FromBody]string value)
   當瀏覽器對此服務「http://localhost/api/Default」送出 POST 的請求後，Web API 將可取得用戶端的表單(Form)欄位資料，通常透過這樣來新增一筆記錄。

6. public void Put(int id, [FromBody]string value)
   當瀏覽器對此服務「http://localhost/api/Default」送出 PUT 的請求後，Web API 將可取得用戶端的表單(Form)欄位資料，通常透過這樣來修改一筆記錄。

7. public void Delete(int id)
   當瀏覽器對此服務「http://localhost/api/Default」送出 DELETE 的請求後，Web API 將可取得用戶端 id 參數的值，通常透過這樣的方式來刪除指定的記錄。

10.4.2 如何建立支援 CRUD 操作的 Web API - 客戶管理系統

範例 slnWebAPI 方案

練習建立支援 CRUD 操作的 Web API 服務，同時使用 jQuery 的$.ajax()函式來呼叫擁有 CRUD 功能的 Web API，建立包含新增、修改、刪除等功能的客戶管理系統。

執行結果

1. 網頁載入呼叫 Web API，取得資料庫中所有的客戶記錄並呈現於網頁上。

2. 輸入姓名、電話、信箱、地址按下 新增 鈕可呼叫 Web API 新增客戶記錄，客戶的編號為自動編號，故不用輸入。
3. 按 選取 鈕可呼叫 Web API 取得所選取的客戶記錄並顯示在表單上。
4. 按 修改 鈕可呼叫 Web API，修改目前表單的客戶記錄。
5. 按 刪除 鈕可呼叫 Web API，刪除目前表單的客戶記錄。
6. 上述操作皆以是 AJAX 非同步方式達成。

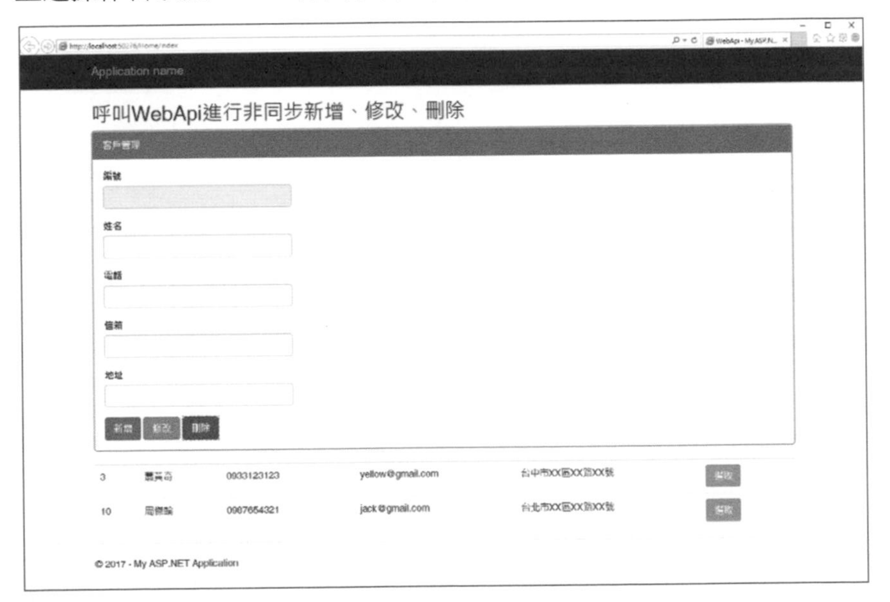

資料表

資料表名稱	tCustomer				
主鍵值欄位	fId				
欄位名稱	資料型態	長度	允許 null	預設值	備註
fId	int		否		編號 自動編號
fName	nvarchar	50	是		客戶姓名
fPhone	nvarchar	50	是		客戶電話
fEmail	nvarchar	50	是		客戶信箱
fAddress	nvarchar	50	是		客戶住址

上機練習

Step 02 建立方案名稱為 slnWebAPI、專案名稱為 prjWebAPI 的空白 MVC 專案，核心參考為 MVC 與 Web API。設定如下圖：

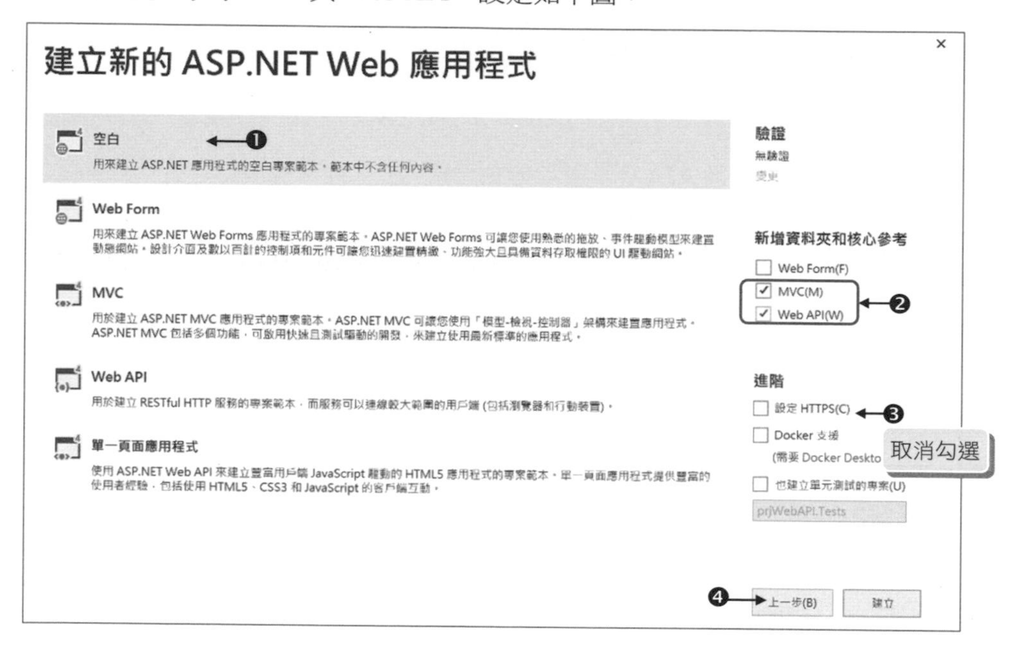

Step 02 加入使用的 dbCustomer.mdf 資料庫

本例的 Model 模型可以用來存取 dbCustomer.mdf 資料庫的 tCustomer 客戶資料表，請將書附範例資料庫資料夾下的 dbCustomer.mdf 拖曳到目前專案的 App_Data 資料夾下。

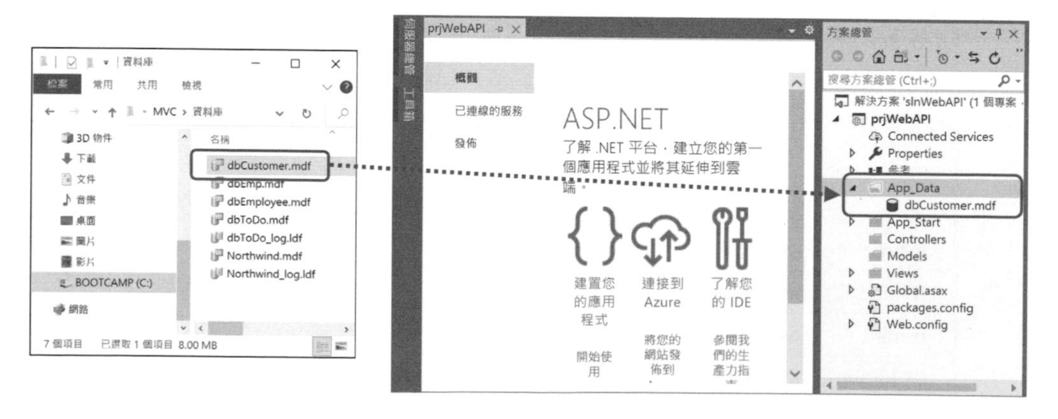

Step 03 建立可存取 dbCustomer.mdf 資料庫的 Model(ADO.NET 實體資料模型)

1. 在方案總管的 Models 資料夾按滑鼠右鍵，並執行快顯功能表的【加入(D)/新增項目(W)...】指令新增「ADO.NET 實體資料模型」，將該檔名設為「dbCustomerModel.edmx」。(.edmx 副檔名可省略不寫，該檔是用來記錄資料庫所對應的實體模型)

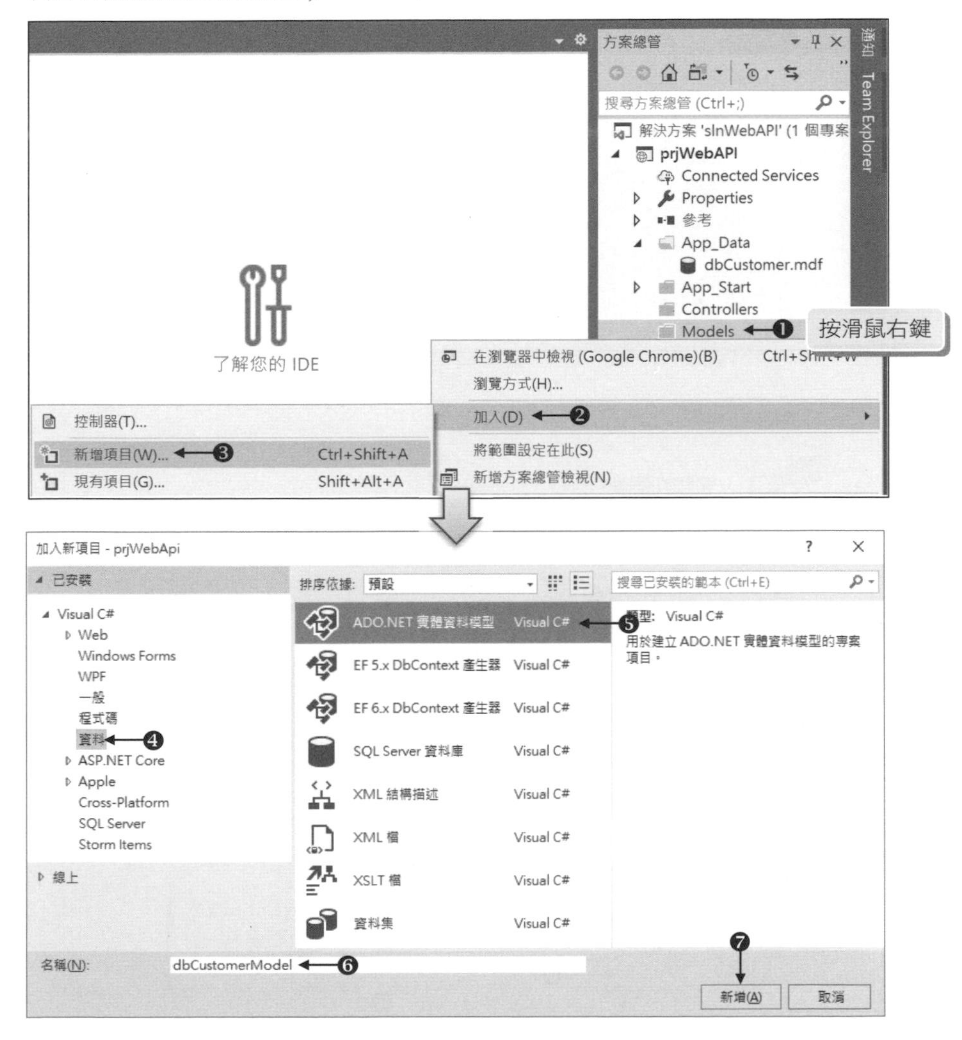

2. 當新增 dbCustomerModel.edmx 的 ADO.NET 實體資料模型後，即會開啟「實體資料模型精靈」視窗，該視窗會一步步指引使用者完成模型。

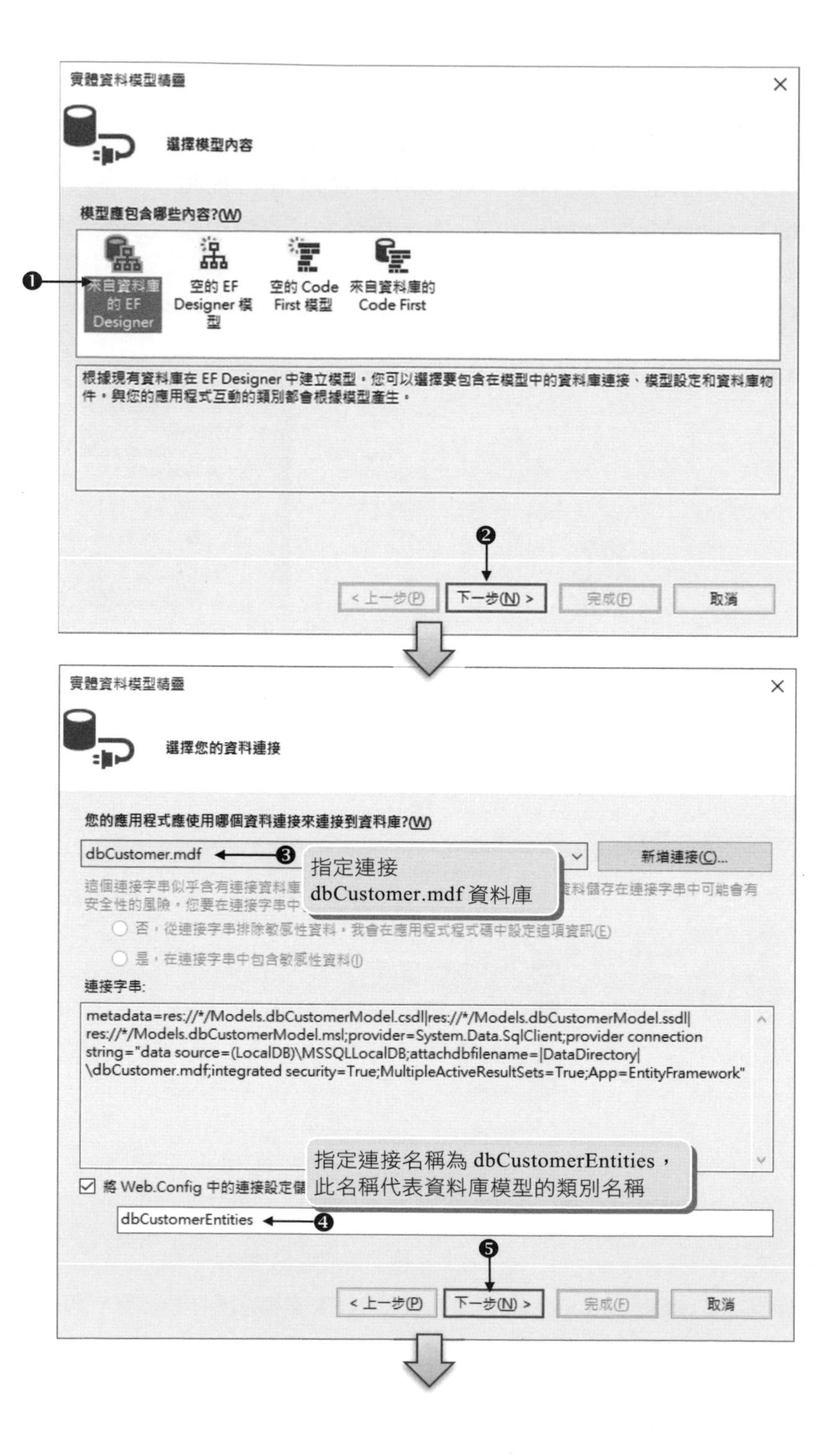
實體資料模型精靈
選擇模型內容
模型應包含哪些內容?(W)
來自資料庫的 EF Designer
空的 EF Designer 模型
空的 Code First 模型
來自資料庫的 Code First
根據現有資料庫在 EF Designer 中建立模型。您可以選擇要包含在模型中的資料庫連接、模型設定和資料庫物件。與您的應用程式互動的類別都會根據模型產生。
< 上一步(P)
下一步(N) >
完成(F)
取消
實體資料模型精靈
選擇您的資料連接
您的應用程式應使用哪個資料連接來連接到資料庫?(W)
dbCustomer.mdf
指定連接 dbCustomer.mdf 資料庫
新增連接(C)...
否，從連接字串排除敏感性資料，我會在應用程式程式碼中設定這項資訊(E)
是，在連接字串中包含敏感性資料(I)
連接字串:
metadata=res://*/Models.dbCustomerModel.csdl|res://*/Models.dbCustomerModel.ssdl|res://*/Models.dbCustomerModel.msl;provider=System.Data.SqlClient;provider connection string="data source=(LocalDB)\MSSQLLocalDB;attachdbfilename=|DataDirectory|\dbCustomer.mdf;integrated security=True;MultipleActiveResultSets=True;App=EntityFramework"
指定連接名稱為 dbCustomerEntities，此名稱代表資料庫模型的類別名稱
將 Web.Config 中的連接設定儲
dbCustomerEntities
< 上一步(P)
下一步(N) >
完成(F)
取消

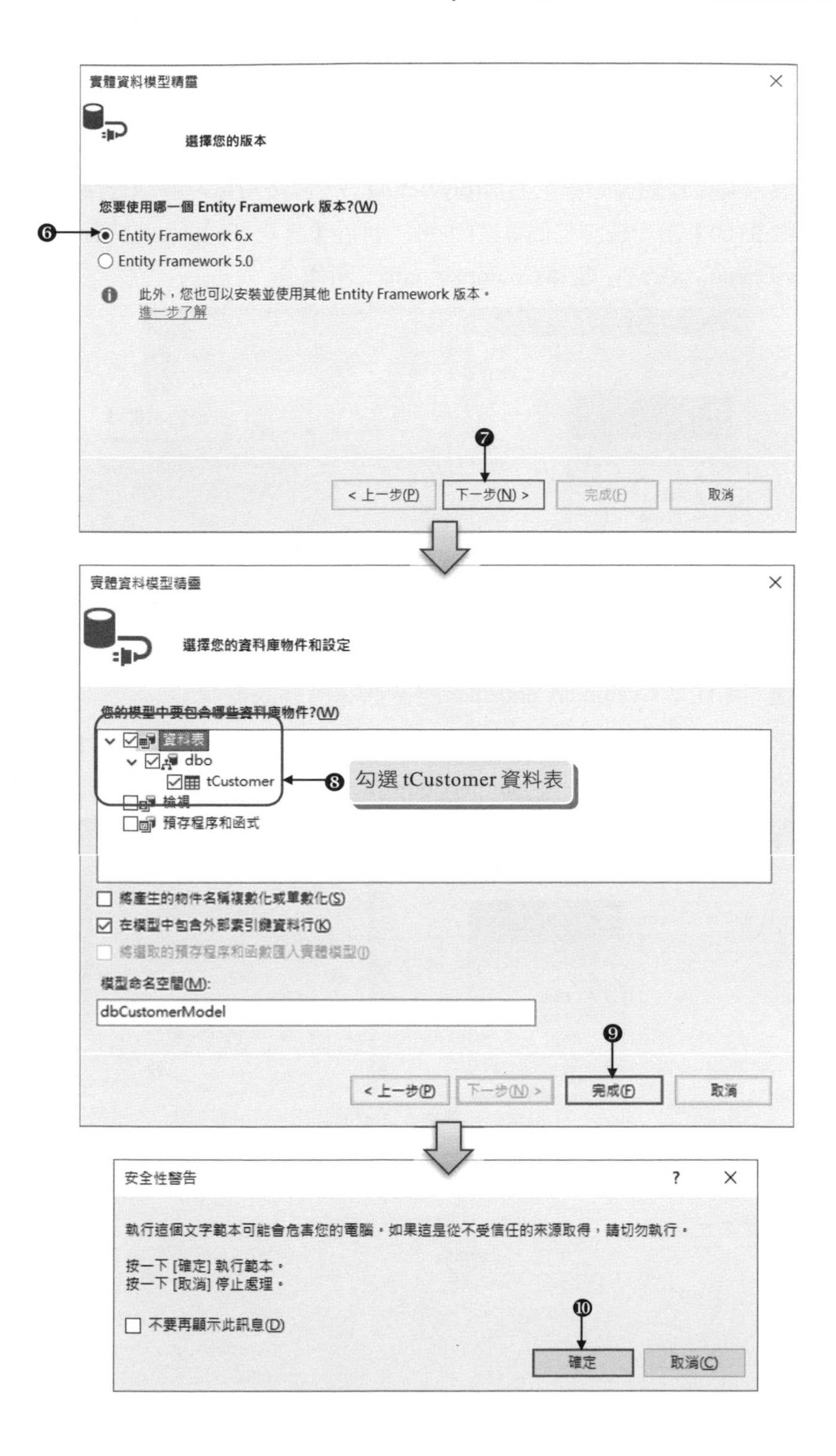
實體資料模型精靈
選擇您的版本
您要使用哪一個 Entity Framework 版本?(W)
Entity Framework 6.x
Entity Framework 5.0
此外，您也可以安裝並使用其他 Entity Framework 版本。
進一步了解
< 上一步(P)
下一步(N) >
完成(F)
取消
實體資料模型精靈
選擇您的資料庫物件和設定
您的模型中要包含哪些資料庫物件?(W)
資料表
dbo
tCustomer
檢視
預存程序和函式
勾選 tCustomer 資料表
將產生的物件名稱複數化或單數化(S)
在模型中包含外部索引鍵資料行(K)
將選取的預存程序和函數匯入實體模型(I)
模型命名空間(M):
dbCustomerModel
< 上一步(P)
下一步(N) >
完成(F)
取消
安全性警告
執行這個文字範本可能會危害您的電腦。如果這是從不受信任的來源取得，請切勿執行。
按一下 [確定] 執行範本。
按一下 [取消] 停止處理。
不要再顯示此訊息(D)
確定
取消(C)

3. 完成上面步驟後，實體資料模型會建立在 Models 資料夾下。此時 Entity Designer 實體資料模型設計工具會內含「tCustomer」實體資料模型。

4. 請選取方案總管視窗的專案名稱(prjWebAPI)，並按滑鼠右鍵執行快顯功能表的【建置(U)】指令編譯整個專案(也可以執行【重建(E)】)，此時就可以使用 Entity Framework 來存取 dbCoutomer.mdf 資料庫。

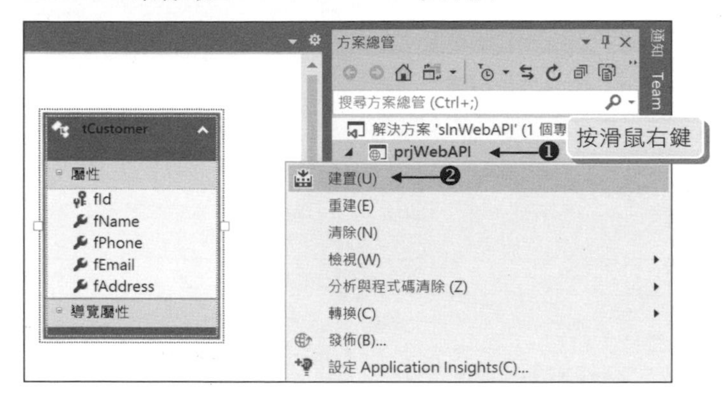

Step 04 建立名稱為 CustomerController 的 Web API 控制器

在方案總管的 Controllers 資料夾按滑鼠右鍵，並執行快顯功能表的【加入(D)/控制器(T)...】指令新增「CustomerController.cs」Web API 控制器檔案。

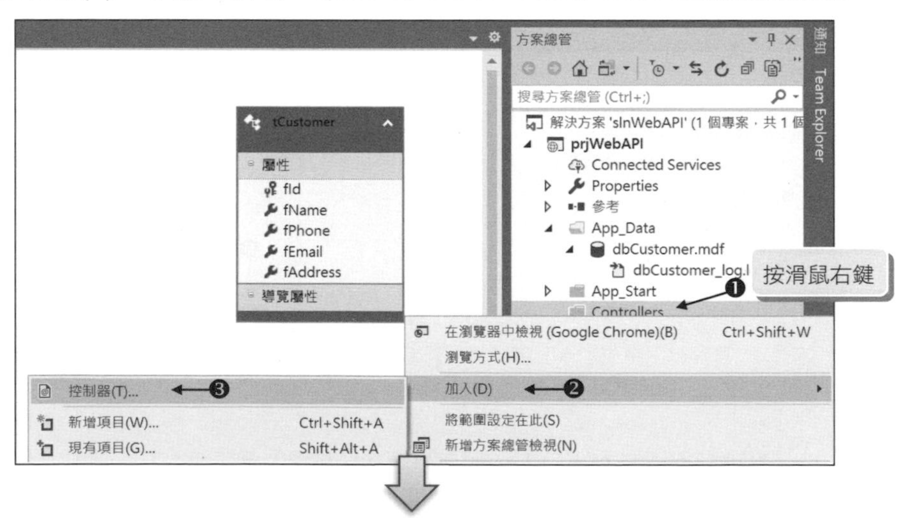

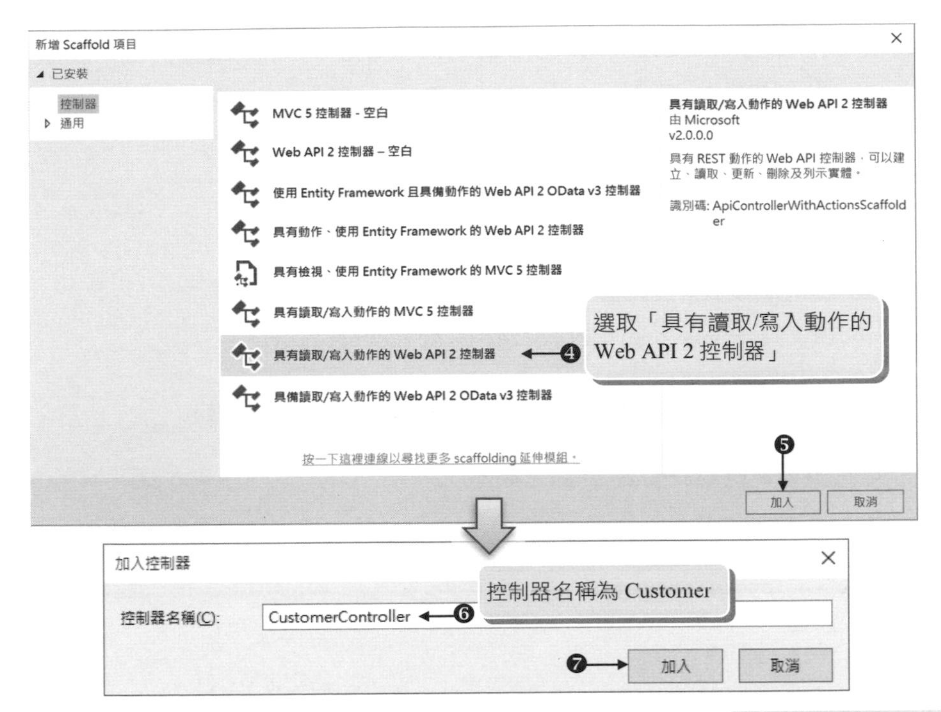

接著出現右圖「具有讀取/寫入動作的 Web API 2 控制器」，Web API 會繼承自 ApiController 類別，該程式會包含兩個 Get 以及 Post、Put、Delete，分別代表讀取、新增、修改以及刪除的動作。

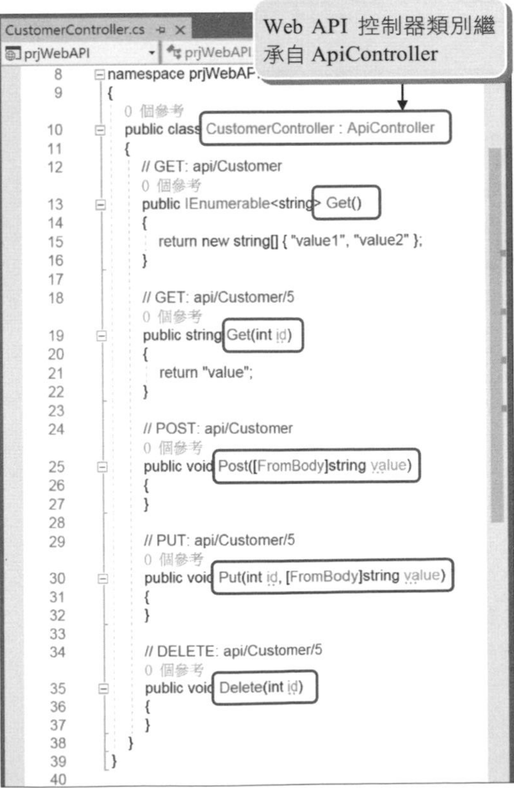

Step 05 撰寫 CustomerController 的 Web API 控制器的兩個 Get()方法，請撰寫如下灰底處的程式碼：

C# 程式碼 FileName: Controllers/CustomerController.cs

```
01 using prjWebAPI.Models;
02
03 namespace prjWebAPI.Controllers
04 {
05     public class CustomerController : ApiController
06     {
07         dbCustomerEntities db = new dbCustomerEntities();
08         // GET: api/Customer
09         public List<tCustomer> Get()
10         {
11             var customers = db.tCustomer;
12             return customers.ToList();
13         }
14
15         // GET: api/Customer/5
16         public tCustomer Get(int fid)
17         {
18             var customer = db.tCustomer
19                 .Where(m => m.fId == fid).FirstOrDefault();
20             return customer;
21         }
22
23         // POST: api/Customer
24         public void Post([FromBody]string value)
25         {
26         }
27         // PUT: api/Customer/5
28         public void Put(int id, [FromBody]string value)
29         {
30         }
31         // DELETE: api/Customer/5
32         public void Delete(int id)
33         {
34         }
35     }
36 }
```

說明

1) 第 7 行：建立 dbCustomerEntities 類別物件 db，可用來存取 dbCustomer.mdf 資料庫。
2) 第 9~13 行：當瀏覽器輸入網址「http://localhost/api/Customer」，會呼叫 Get 方法，將所有的 tCustomer 資料表的記錄轉成 List 串列物件並傳回。

   若使用 Chrome 瀏覽器則 tCustomer 資料表會呈現下圖 XML 文件；若是使用 IE 瀏覽器則會呈現 JSON 資料。

3) 第 16~21 行：當瀏覽器輸入網址「http://localhost/api/Customer?fid=3」，此時會呼叫 Get()方法並傳人 fid 參數值為 3，最後傳回 fid 等於 3 的 tCustomer 物件(客戶)記錄。結果如下圖：

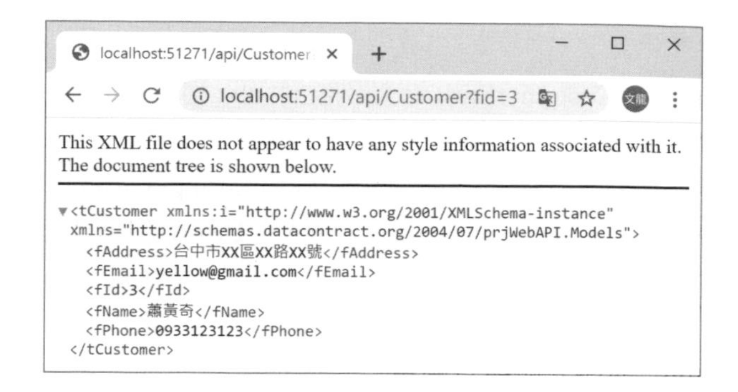

當瀏覽器輸入網址「http://localhost/api/Customer?fid=4」，表示查詢 fid 等於 4 的 tCustomer 物件(客戶)記錄。結果如下圖：

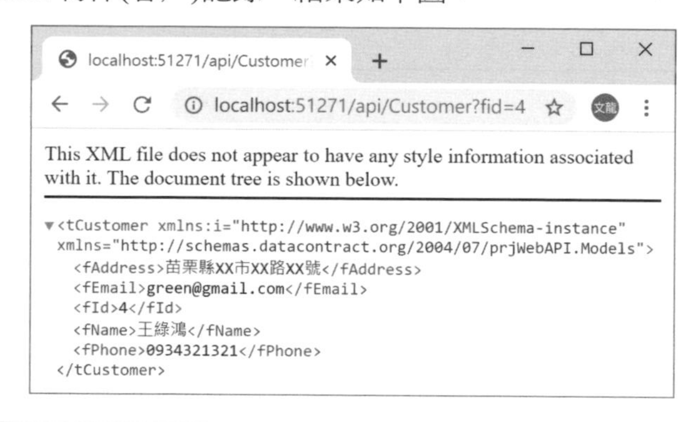

Step 06 撰寫 HomeController 控制器 Index()動作方法，此方法主要只是傳回 Index.cshtml 檢視。

C# 程式碼 FileName: Controllers/HomeController.cs

```
01 namespace prjWebAPI.Controllers
02 {
03     public class HomeController : Controller
04     {
05         // GET: Home
06         public ActionResult Index()
07         {
08             return View();
09         }
10     }
11 }
```

Step 07 建立 Index.cshtml 的 View 檢視頁面

1. 在 Index()動作方法上按滑鼠右鍵，並執行快顯功能表的【新增檢視(D)...】指令。

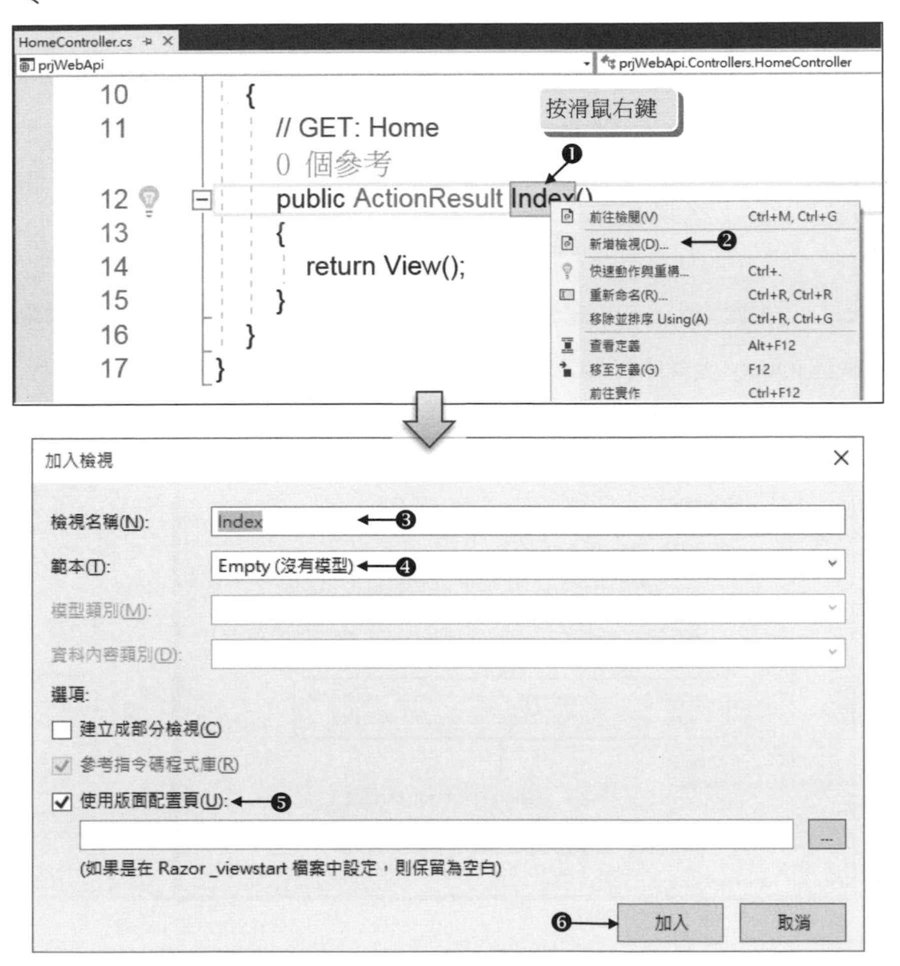

Step 08 調整版面配置頁預設 jQuery 函式庫的位置

本例使用$.ajax()的 jQuery 函式進行非同步存取 Web API，因此請將版面配置頁 Views/Shared/_Layout.cshtml 使用的 3.4.1 版的 jQuery 函式庫放到</head>之前，以方便 jQuery 函式先行載入，如此才能在內容頁面使用$.ajax()函式。

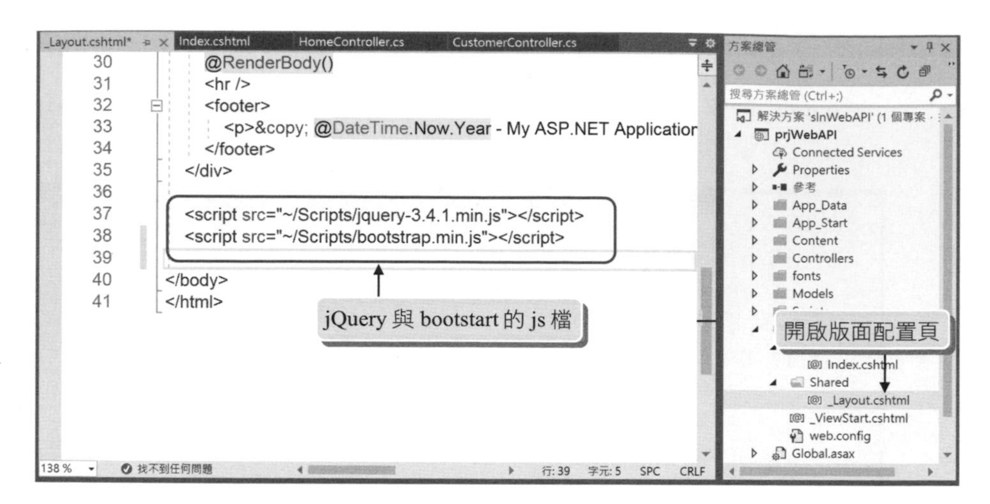

建議 jQuery 函式庫移到@RenderBody()區域的前面，因此請將 jQuery 函式庫複製到</head>之前。如下圖：

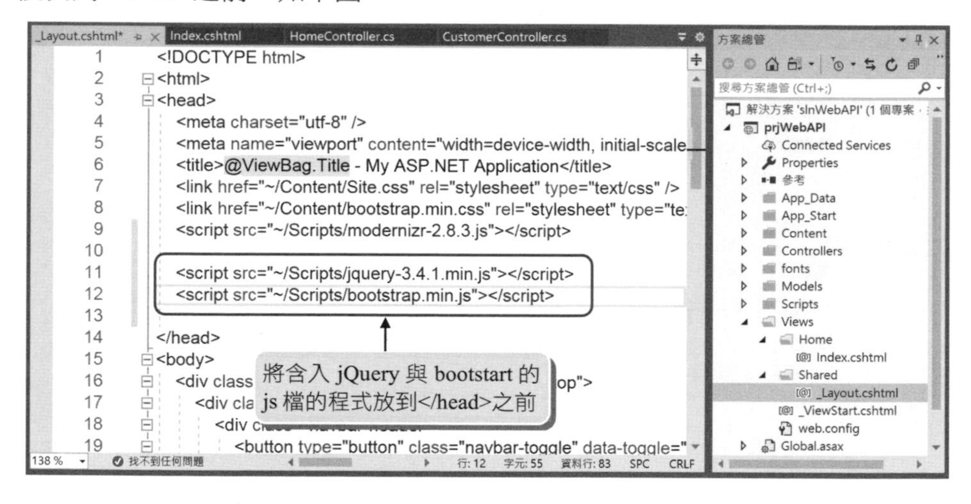

Step 09 撰寫 Index.cshtml 檢視的程式碼，使用$.ajax()函式呼叫「http://localhost/api/Customer」Web API 取得所有 tCustomer 資料表的記錄(客戶)。

程式碼 FileName:Views/Home/Index.cshtml

```
01 @{
02     ViewBag.Title = "呼叫 WebApi 進行非同步新增、修改、刪除";
03 }
04
05 <script>
06     $(document).ready(function () {
```

```
07
08        var apiurl = "http://localhost:51271/api/Customer";
09
10        fnLoadData();
11
12        function fnLoadData() {
13            $.ajax({
14                url: apiurl,
15                type: 'GET',
16                success: function (data) {
17                    $("#tableshow").empty();
18                    for (var i = 0; i < data.length; i++) {
19                        $("#tableshow").append
20                            (
21                              "<tr>" +
22                               "<td>" + data[i].fId + "</td>" +
23                               "<td>" + data[i].fName + "</td>" +
24                               "<td>" + data[i].fPhone + "</td>" +
25                               "<td>" + data[i].fEmail + "</td>" +
26                               "<td>" + data[i].fAddress + "</td>" +
27                              "</tr>"
28                            );
29                    }
30                }
31            });
32        }
33
34    });
35 </script>
36
37 <h2>呼叫 WebApi 進行非同步新增、修改、刪除</h2>
38
39 <table class="table">
40    <tr>
41        <th>編號</th>
42        <th>姓名</th>
43        <th>電話</th>
44        <th>信箱</th>
45        <th>地址</th>
46        <th></th>
```

```
47     </tr>
48     <tbody id="tableshow">
49     </tbody>
50 </table>
```

說明

1) 第 6~34 行：當文件全部載入時會執行 8~32 行。
2) 第 8 行：宣告 apiurl 用來存放 Web API 的位置。網址中的 port 請依自己的電腦環境指定。
3) 第 10 行：呼叫 fnLoadData()函式，取得 Web API 的所有客戶資料並放入 id 識別名稱為 tableshow 的表格主體<tbody>內。
4) 第 13~31 行：呼叫$.ajax()非同步呼叫 Web API，呼叫成功會執行 16-30 行，其中 data 變數會內含所傳回的所有客戶記錄。
5) 第 18~29 行：使用 for 迴圈將所有客戶資料放入 id 識別名稱為 tableshow 的表格主體<tbody>內。
6) 第 48~49 行：定義 id 識別名稱 tableshow 的表格主體<tbody>。

執行結果如下，可以發現客戶資料是使用$.ajax()函式呼叫 Web API 所取得的。

Step 10 繼續撰寫 CustomerController 的 Web API 控制器的新增、修改、刪除的 Post、Put 以及 Delete 方法，請撰寫如下灰底處的程式碼：

C# 程式碼 FileName: Controllers/CustomerController.cs

```
01 using prjWebAPI.Models;
02
03 namespace prjWebAPI.Controllers
04 {
05     public class CustomerController : ApiController
```

```
06    {
07        dbCustomerEntities db = new dbCustomerEntities();
08        // GET: api/Customer
09        public List<tCustomer> Get()
10        {
11            var customers = db.tCustomer;
12            return customers.ToList();
13        }
14
15        // GET: api/Customer/5
16        public tCustomer Get(int fid)
17        {
18            var customer = db.tCustomer
                  .Where(m => m.fId == fid).FirstOrDefault();
19            return customer;
20        }
21
22        // POST: api/Customer
23        public int Post
              (string fname, string fphone, string femail, string faddress)
24        {
25            int num = 0;
26            try
27            {
28                tCustomer customer = new tCustomer();
29                customer.fName = fname;
30                customer.fPhone = fphone;
31                customer.fEmail = femail;
32                customer.fAddress = faddress;
33                db.tCustomer.Add(customer);
34                num = db.SaveChanges();
35            }
36            catch (Exception ex)
37            {
38                num = 0;
39            }
40            return num;
41        }
42
43        // PUT: api/Customer/5
```

```
44        public int Put(int fid,
              string fname, string fphone, string femail, string faddress)
45        {
46            int num = 0;
47            try
48            {
49                var customer = db.tCustomer
                      .Where(m => m.fId == fid).FirstOrDefault();
50                customer.fName = fname;
51                customer.fPhone = fphone;
52                customer.fEmail = femail;
53                customer.fAddress = faddress;
54                num = db.SaveChanges();
55            }
56            catch (Exception ex)
57            {
58                num = 0;
59            }
60            return num;
61        }
62
63        // DELETE: api/Customer/5
64        public int Delete(int fId)
65        {
66            int num = 0;
67            try
68            {
69                var customer = db.tCustomer
                      .Where(m => m.fId == fId).FirstOrDefault();
70                db.tCustomer.Remove(customer);
71                num = db.SaveChanges();
72            }
73            catch (Exception ex)
74            {
75                num = 0;
76            }
77            return num;
78        }
79    }
80 }
```

說明

1) 第 23~41 行：當呼叫此 Web API 並進行 POST 方法會執行此處，此時會取得姓名 fname、電話 fphone、信箱 femail、地址 faddress 等資料進行新增客戶記錄。
2) 第 44~61 行：當呼叫此 Web API 並進行 PUT 方法會執行此處，此時會取得員工編號 fid、姓名 fname、電話 fphone、信箱 femail、地址 faddress 等資料，並根據 fid 的條件進行修改指定的客戶記錄。
3) 第 64~78 行：當呼叫此 Web API 並進行 DELETE 方法會執行此處，此時會取得員工編號 fid，並根據 fid 的條件進行刪除指定的客戶記錄。

Step 11 繼續撰寫 Index.cshtml 檢視的程式碼，使 Index.cshtml 具有完整非同步存取 Web API 的功能。請新增灰底處程式碼：

程式碼 FileName:Views/Home/Index.cshtml

```
01 @{
02     ViewBag.Title = "呼叫 WebApi 進行非同步新增、修改、刪除";
03 }
04
05 <script>
06     $(document).ready(function () {
07         var apiurl = "http://localhost:49712/api/Customer";
08
09         $("#btnCreate").on("click", fnCreate);
10         $("#btnEdit").on("click", fnEdit);
11         $("#btnDelete").on("click", fnDelete);
12
13         fnLoadData();
14
15         function fnLoadData() {
16             $.ajax({
17                 url: apiurl,
18                 type: 'GET',
19                 success: function (data) {
20                     $("#tableshow").empty();
21                     for (var i = 0; i < data.length; i++) {
```

```
22                          $("#tableshow").append
23                            (
24                              "<tr>" +
25                                "<td>" + data[i].fId + "</td>" +
26                                "<td>" + data[i].fName + "</td>" +
27                                "<td>" + data[i].fPhone + "</td>" +
28                                "<td>" + data[i].fEmail + "</td>" +
29                                "<td>" + data[i].fAddress + "</td>" +
30              "<td><input type='button' value='選取' id='btnSelect" + i +
                            "' class='btn btn-info' /></td>" +
31                              "</tr>"
32                            );
33                          $("#btnSelect" + i)
                            .on("click",{ fid: data[i].fId },
                                    fnSelectData);
34                      }
35                      $("#fid").val("");
36                      $("#fname").val("");
37                      $("#fphone").val("");
38                      $("#femail").val("");
39                      $("#faddress").val("");
40                  }
41              });
42          }
43
44          function fnSelectData(event) {
45              var fid = event.data.fid;
46              $.ajax({
47                  url: apiurl + "?fid=" + encodeURI(fid),
48                  type: 'GET',
49                  success: function (data) {
50                      $("#fid").val(data.fId);
51                      $("#fname").val(data.fName);
52                      $("#fphone").val(data.fPhone);
53                      $("#femail").val(data.fEmail);
54                      $("#faddress").val(data.fAddress);
55                  }
56              });
57          }
58
```

```
59      function fnCreate() {
60          var r = confirm("確定要新增嗎?");
61          if (r == true) {
62              var fname, fphone, femail, faddress;
63              fname = $("#fname").val();
64              fphone = $("#fphone").val();
65              femail = $("#femail").val();
66              faddress = $("#faddress").val();
67              var data = "?fname=" + fname + "&fphone=" + fphone
                        + "&femail=" + femail + "&faddress=" + faddress;
68              $.ajax({
69                  url: apiurl +  encodeURI(data),
70                  type: 'POST',
71                  success: function (result) {
72                      if (result != 0) {
73                          alert("新增成功");
74                          fnLoadData();
75                      } else {
76                          alert("新增失敗");
77                      }
78                  }
79              });
80          }
81      }
82
83      function fnEdit() {
84          var r = confirm("確定要修改嗎?");
85          if (r == true) {
86              var fid, fname, fphone, femail, faddress;
87              fid = $("#fid").val();
88              fname = $("#fname").val();
89              fphone = $("#fphone").val();
90              femail = $("#femail").val();
91              faddress = $("#faddress").val();
92              var data="?fid=" + fid + "&fname=" + fname + "&fphone="
            + fphone + "&femail=" + femail + "&faddress=" + faddress;
93              $.ajax({
94                  url: apiurl +  encodeURI(data),
95                  type: 'PUT',
```

```
96                      success: function (result) {
97                          if (result != 0) {
98                              alert("修改成功");
99                              fnLoadData();
100                         } else {
101                             alert("修改失敗");
102                         }
103                     }
104                 });
105             }
106         }
107
108         function fnDelete() {
109             var r = confirm("確定要刪除嗎?");
110             if (r == true) {
111                 var fid = $("#fid").val();
112                 $.ajax({
113                     url: apiurl + "?fid=" + encodeURI(fid),
114                     type: 'DELETE',
115                     success: function (result) {
116                         if (result != 0) {
117                             alert("刪除成功");
118                             fnLoadData();
119                         } else {
120                             alert("刪除失敗");
121                         }
122                     }
123                 });
124             }
125         }
126     });
127 </script>
128
129 <h2>呼叫 WebApi 進行非同步新增、修改、刪除</h2>
130
131 <div class="panel panel-primary">
132     <div class="panel-heading">客戶管理</div>
133     <div class="panel-body">
134         <div class="form-group">
```

```
135             <label for="fname">編號</label>
136             <input type="text" class="form-control" id="fid" readonly>
137         </div>
138         <div class="form-group">
139             <label for="fname">姓名</label>
140             <input type="text" class="form-control" id="fname"
                    required>
141         </div>
142         <div class="form-group">
143             <label for="fphone">電話</label>
144             <input type="text" class="form-control" id="fphone"
                    required>
145         </div>
146         <div class="form-group">
147             <label for="femail">信箱</label>
148             <input type="email" class="form-control" id="femail"
                    required>
149         </div>
150         <div class="form-group">
151             <label for="faddress">地址</label>
152             <input type="text" class="form-control" id="faddress"
                    required>
153         </div>
154         <input type="button" value="新增" id="btnCreate"
                    class="btn btn-primary" />
155         <input type="button" value="修改" id="btnEdit"
                    class="btn btn-success" />
156         <input type="button" value="刪除" id="btnDelete"
                    class="btn btn-danger" />
157     </div>
158 </div>
159
160 <table class="table">
161     <tr>
162         <th>編號</th>
163         <th>姓名</th>
164         <th>電話</th>
165         <th>信箱</th>
166         <th>地址</th>
```

```
167             <th></th>
168         </tr>
169         <tbody id="tableshow">
170         </tbody>
171 </table>
```

說明

1) 第 9 行：當按下 btnCreate 新增鈕時會執行第 59~81 行的 fnCreate()函式。btnCreate [新增] 鈕在 154 行建立。
2) 第 10 行：當按下 btnEdit 修改鈕時會執行第 83~106 行的 fnEdit()函式。btnEdit [修改] 鈕在 155 行建立。
3) 第 11 行：當按下 btnDelete 刪除鈕時會執行第 108~125 行的 fnDelete()函式。btnDelete [刪除] 鈕在 156 行建立。
4) 第 30 行：為了使每一筆客戶資料都可以被選取，因此此處使用 JavaScript 動態產生 [選取] 鈕，id 識別名稱依序是 btnSelect0~btnSelecti。
5) 第 33 行：當按下第 i 個選取鈕時(btnSelecti)皆會執行第 44~57 行的 fnSelectData 函式，同時會傳入該筆客戶的 fid 編號。
6) 第 44~57 行：使用$ajax()函式呼叫 Web API 並進行 GET 方法，依照 fid 員工編號取得指定的客戶記錄並放入 fid、fname、fphone、fmail、faddress 表單欄位內。
7) 第 59~81 行：使用$ajax()函式呼叫 Web API 進行 POST 方法，指定表單欄位的資料 fname、fphone、fmail、faddress 進行新增一筆客戶記錄。
8) 第 83~106 行：使用$ajax()函式呼叫 Web API 進行 PUT 方法，指定表單欄位的資料 fid、fname、fphone、fmail、faddress，並根據 fid 的條件進行修改指定的客戶記錄。
9) 第 108~125 行：使用$ajax()函式呼叫 Web API 進行 DELETE 方法，指定表單欄位的資料 fid，並根據 fid 的條件進行刪除指定的客戶記錄。
10) 第 136 行：建立 fid 表單文字欄位為唯讀狀態。
11) 第 140,144,148,152 行：建立 fname、fphone、fmail、faddress 表單文字欄位為必填欄位。

11 ASP.NET MVC 實例 - 線上購物商城

學習目標

本章實作主要介紹時下最流行的線上購物商城，讓初學者瞭解如何使用 ASP.NET MVC 架構來撰寫此系統。範例內容包含：會員系統、商品加入購物車、新增訂單以及查詢訂單功能的教學，練習本章範例有助於瞭解整合之前章節所學並實際發揮效用。

不但如此，就是在患難中，也是歡歡喜喜的。因為知道患難生忍耐。忍耐生老練。老練生盼望。
(羅馬書 5:3-4)

11.1 線上購物商城功能介紹

線上購物商城是常見的網站實務應用之一，從電腦 3C 商品・圖書、包包…等，只要您想到的任何商品，都可以透過線上購物商城來販售，而網友可以使用購物車來購買網站中的商品，這時當然也要留下一些網友的會員資料，而會員可以透過網站來查詢自己曾經購買過商品的歷史記錄，像這些都是一個線上購物商城基本具備的功能。因此本章將整合前面介紹的各種技巧，來實作擁有會員、購買商品以及訂單查詢功能的線上購物商城。

在開始進入範例實作之前，透過下列的功能描述，可讓讀者預先對本章範例有個概括的了解，避免陷入見樹不見林的窘境。專案功能說明如下：

1. 會員系統

   此功能包含兩個主要操作，「會員註冊」與「登入 / 登出系統」。會員的基本資料欄位，包含「帳號、密碼、姓名、信箱」，帳號和密碼欄位主要用來作為會員登入時，判別該會員是否已經註冊的依據。姓名與信箱則做為會員的聯絡資料，可以將優惠訊息或是重要通知寄至會員信箱。

2. 購物車

   購物車系統作為讓會員操作購物的使用者介面，在加入購買商品時，可以一次將多個商品加入購物車，會員若未登入只能進行瀏覽產品。

3. 建立訂單主檔與訂單明細

   結束購物流程後，透過「建立訂單」程序，依收件人姓名、收件人信箱、收件人地址或訂單日期等建立訂單主檔，同時將購物車裡的商品轉換成訂單明細並存入資料庫中。

4. 訂單查詢

   會員登入系統後，可以透過「訂單查詢」的功能取得個人在系統中的歷史交易紀錄資料。訂單顯示的資訊包含：訂單編號、帳號、收件人信箱、收件人姓名、收件人地址以及訂單日期。

11.2 線上購物商城執行流程

瞭解線上購物商城的功能之後，接著介紹網站系統的使用者介面操作，其操作分為會員未登入和登入系統兩種情境，看完使用者介面的操作介紹，將有助於將上述功能更具體的呈現出來。

會員未登入執行結果

會員未登入系統時其網站導覽列為黑底白字狀態，且只有 "產品列表"、"註冊"、"登入" 三個連結，功能架構、對應控制器與動作方法說明如下：

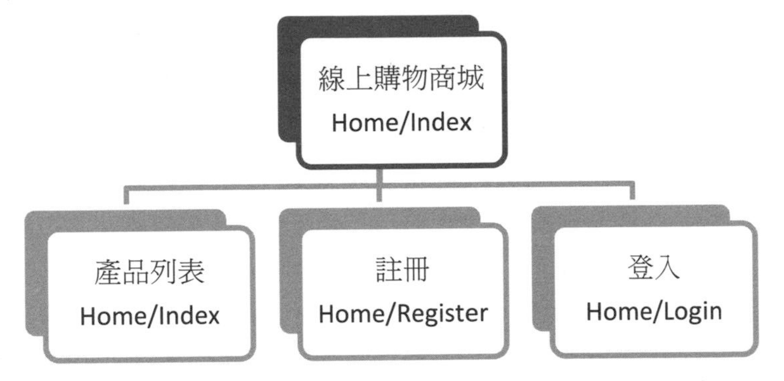

1. 產品列表

   網站一執行即顯示產品列表畫面，讓使用者瀏覽產品。若未登入系統按下 加入購物車 鈕則會連結到會員登入頁面。

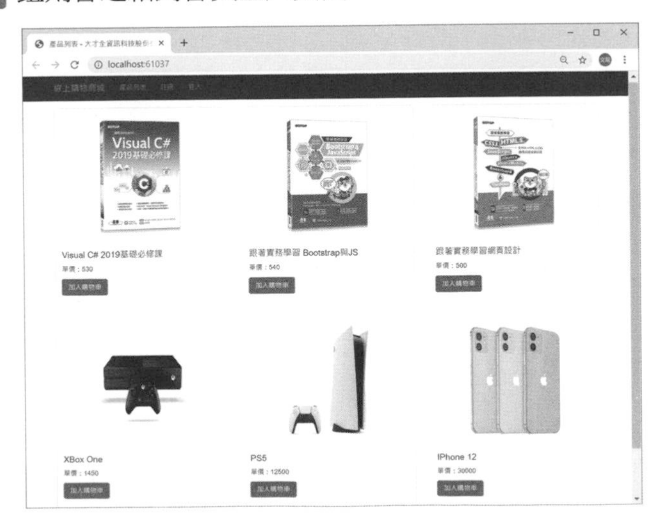

2. 會員註冊

   點選導覽列的 "註冊" 會連結到會員註冊頁面，註冊時必須填寫帳號、密碼、姓名和信箱四個欄位資料，完成會員註冊之後會跳到登入頁面。

3. 會員登入

   當會員註冊完成或點選導覽列的 "登入" 選項會連結到會員登入頁面，輸入正確的會員帳號與密碼即可登入系統進行購物。

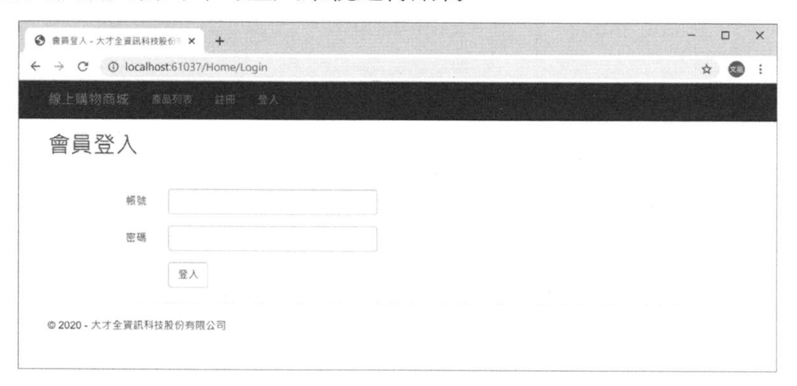

會員登入執行結果

會員登入購物系統後其網站導覽列為灰底狀態，且擁有 "產品列表"、"購物車"、"訂單" 以及 "登出" 四個連結選項，功能架構、對應控制器與動作方法說明如下：

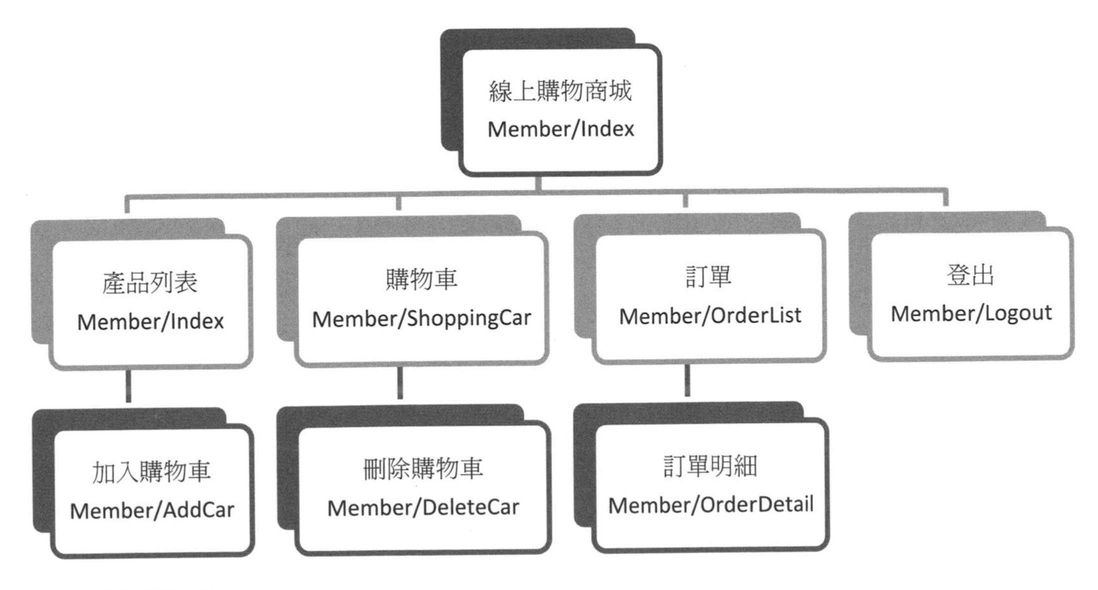

1. 產品列表

   會員登入購物系統後一樣會呈現產品列表頁面，按下產品的 加入購物車 鈕可讓使用者將該產品放入購物車內。

2. 購物車清單

   在上圖產品列表頁面中按下某筆產品的 加入購物車 鈕，此時該產品會變成購物車狀態，接著會連結到購物車清單頁面；若選購相同產品，則下圖購物車清單的訂購數量會加 1，若在購物車清單中按下某筆購物車產品的 刪除購物車 鈕，則將該筆購物車產品移除。

3. 確認訂單

   在上圖填寫訂單收件人的相關資料，如收件人姓名、收件人信箱、收件人地址後並按下 確認訂購 鈕，接著將收件人姓名、收件人信箱、收件人地址與目前日期時間放到訂單主檔，同時將購物車的產品放到訂單明細內，完成本次產品選購後會跳到訂單查詢的頁面。

4. 訂單查詢

   當按下導覽列的 "訂單" 連結選項或完成購物時會顯示訂單主檔頁面，此頁面顯示目前會員的訂單主檔，若按下 訂單明細 鈕則會顯示該筆訂單主檔的訂單明細。

5. 登出系統

當按下導覽列的 "登出" 連結時，則回到產品列表的頁面，此時會員為登出狀態，網站導覽列呈現黑底白字且只有 "產品列表"、"註冊"、"登入" 三個連結選項。

11.3 線上購物商城實作

上機練習

Step 01 建立方案名稱為 slnShoppingCar、專案名稱為 prjShoppingCar 的空白 MVC 專案。

Step 02 在專案中加入欲使用的圖檔

將 ch11 資料夾下的 images 資料夾拖曳到 prjShoppingCar 專案下，結果專案下會加入 images 資料夾，images 資料夾包含如下圖檔。

AEL021400.jpg

AEL022231.jpg

AEL022600.jpg

iphone12.jpg

ps5.jpg

xboxone.jpg

Step 03 在專案的 App_Data 資料夾加入 dbShoppingCar.mdf 資料庫

將書附範例「資料庫」資料夾下的 dbShoppingCar.mdf 資料庫拖曳到專案的 App_Data 的資料夾下，資料庫中有下列四個資料表，其欄位說明如下：

資料表名稱	tMember				
主鍵值欄位	fId				
欄位名稱	資料型態	長度	允許 null	預設值	備註
fId	int		否		自動編號
fUserId	nvarchar	50	是		會員帳號
fPwd	nvarchar	50	是		會員密碼
fName	nvarchar	50	是		會員姓名
fEmail	nvarchar	50	是		會員信箱

資料表名稱	tProduct				
主鍵值欄位	fId				
欄位名稱	資料型態	長度	允許 null	預設值	備註
fId	int		否		自動編號
fPId	nvarchar	50	是		產品編號
fName	nvarchar	50	是		產品名稱
fPrice	int		是		產品價格
fImg	nvarchar	50	是		產品圖示

資料表名稱	tOrder				
主鍵值欄位	fId				
欄位名稱	資料型態	長度	允許 null	預設值	備註
fId	int		否		自動編號
fOrderGuid	nvarchar	50	是		訂單編號
fUserId	nvarchar	50	是		會員帳號
fReceiver	nvarchar	50	是		收件人姓名
fEmail	nvarchar	50	是		收件人信箱
fAddress	nvarchar	50	是		收件人地址
fDate	datetime		否		訂單日期

資料表名稱	tOrderDetail				
主鍵值欄位	fId				
欄位名稱	資料型態	長度	允許 null	預設值	備註
fId	int		否		自動編號
fOrderGuid	nvarchar	50	是		訂單編號 參考至 tOrder 的 tOrderGuid
fUserId	nvarchar	50	是		會員帳號
fPId	nvarchar	50	是		產品編號
fName	nvarchar	50	是		產品名稱
fPrice	int		是		產品價格
fQty	int		是		訂購數量
fIsApproved	nvarchar	10	是		是否訂購 是：完成訂購狀態 否：購物車狀態

Step 04 建立可存取 dbShoppingCar.mdf 資料庫的 Model(ADO.NET 實體資料模型)

1. 在方案總管的 Models 資料夾按滑鼠右鍵，並執行快顯功能表的【加入(D)/新增項目(W)...】指令新增「ADO.NET 實體資料模型」，將該檔名設為「dbShoppingCarModel.edmx」。

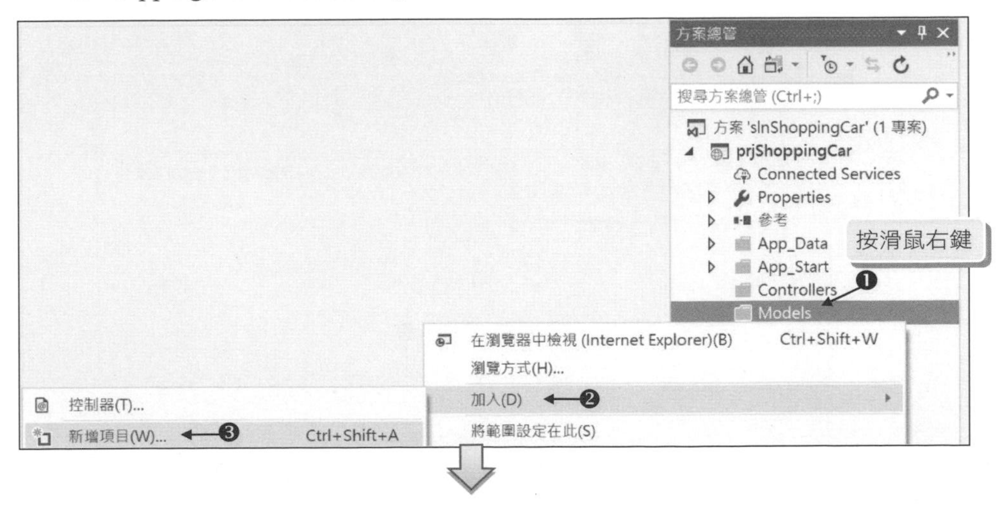

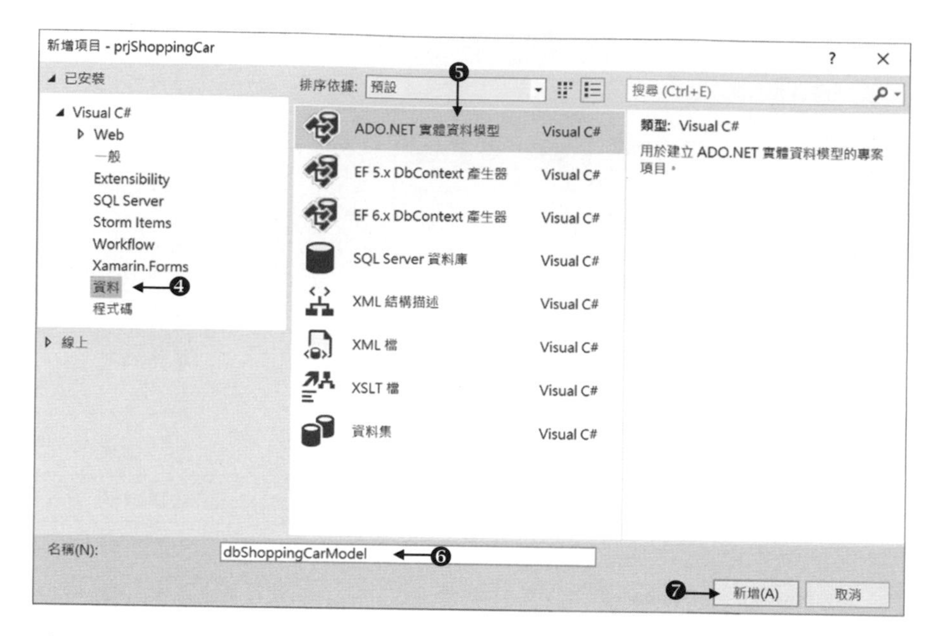

2. 當新增 dbShoppingCarModel.edmx 的 ADO.NET 實體資料模型後，即會開啟「實體資料模型精靈」視窗，該視窗會一步步指引使用者完成模型。

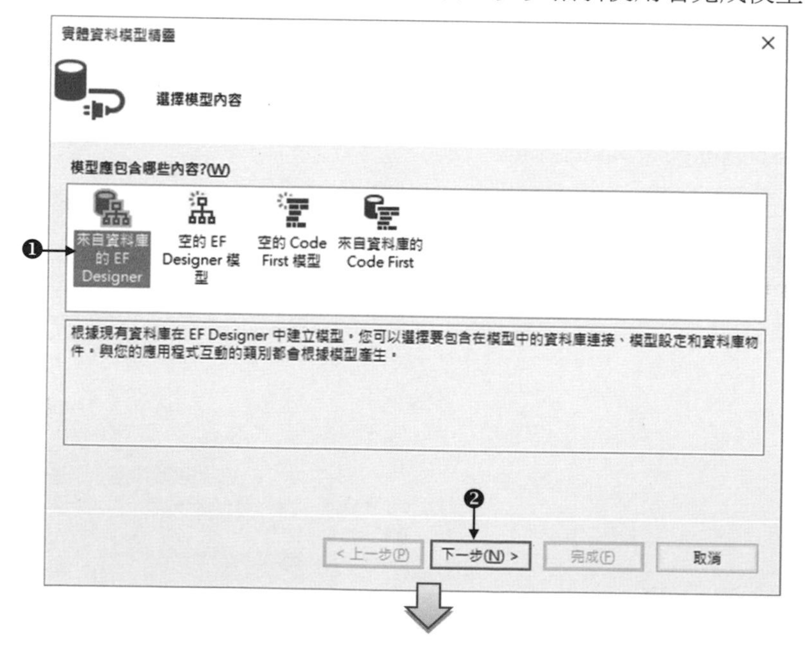

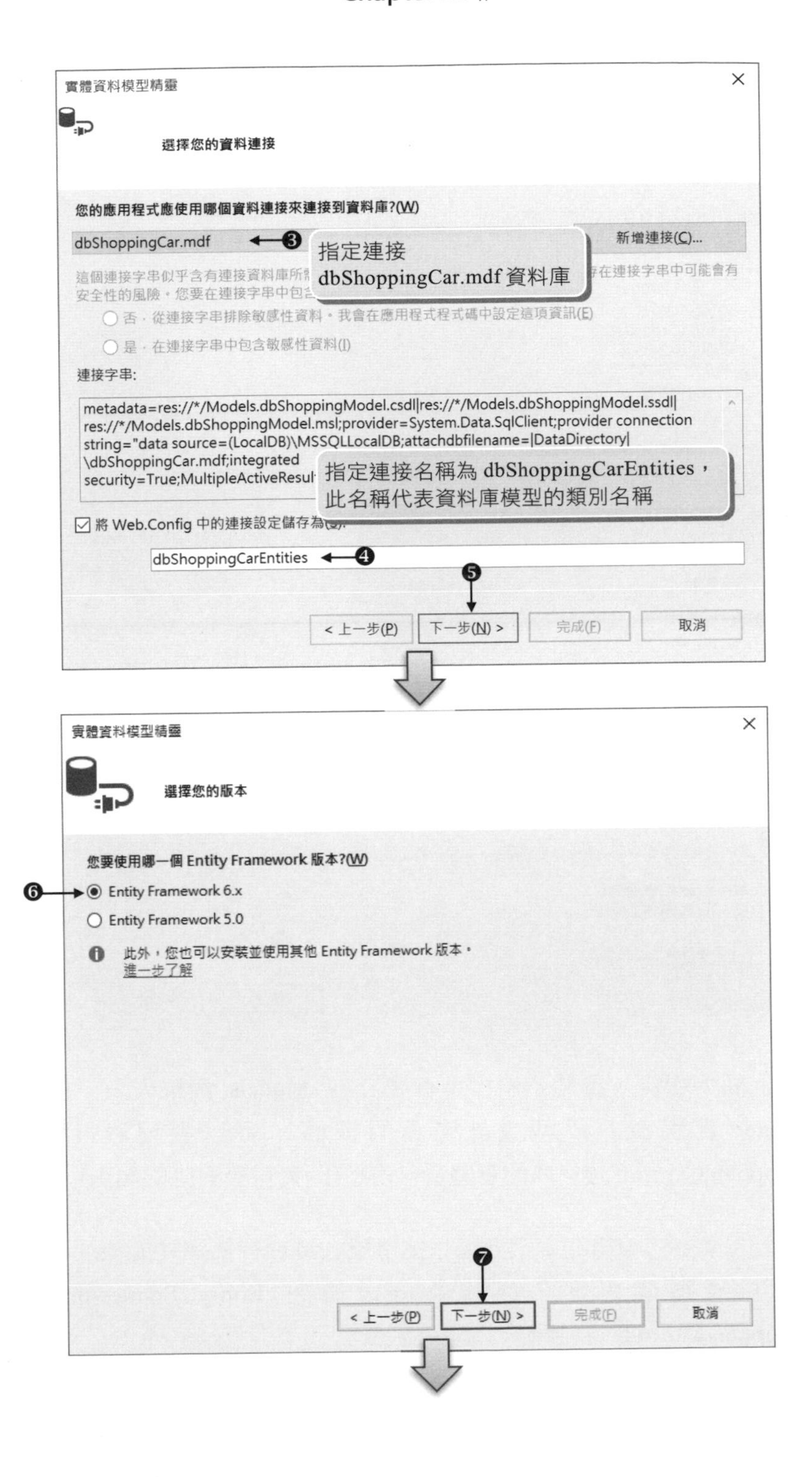
實體資料模型精靈
選擇您的資料連接
您的應用程式應使用哪個資料連接來連接到資料庫?(W)
dbShoppingCar.mdf
新增連接(C)...
指定連接
dbShoppingCar.mdf 資料庫
否，從連接字串排除敏感性資料。我會在應用程式程式碼中設定這項資訊(E)
是，在連接字串中包含敏感性資料(I)
連接字串:
metadata=res://*/Models.dbShoppingModel.csdl|res://*/Models.dbShoppingModel.ssdl|
res://*/Models.dbShoppingModel.msl;provider=System.Data.SqlClient;provider connection
string="data source=(LocalDB)\MSSQLLocalDB;attachdbfilename=|DataDirectory|
\dbShoppingCar.mdf;integrated
security=True;MultipleActiveResul
指定連接名稱為 dbShoppingCarEntities，
此名稱代表資料庫模型的類別名稱
將 Web.Config 中的連接設定儲存為(S):
dbShoppingCarEntities
< 上一步(P)
下一步(N) >
完成(F)
取消
實體資料模型精靈
選擇您的版本
您要使用哪一個 Entity Framework 版本?(W)
Entity Framework 6.x
Entity Framework 5.0
此外，您也可以安裝並使用其他 Entity Framework 版本。
進一步了解
< 上一步(P)
下一步(N) >
完成(F)
取消

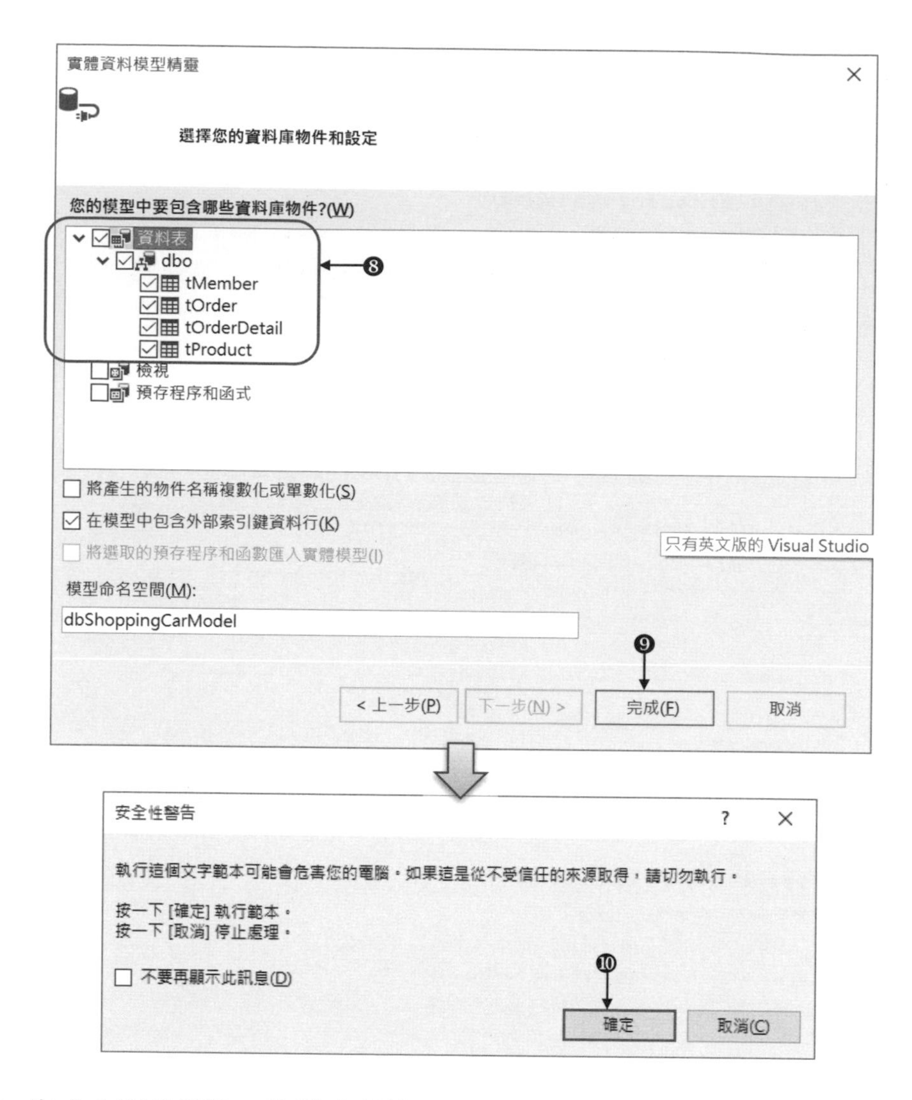

3. 完成上面步驟後，實體資料模型會建立在 Models 資料夾下。接著 Entity Designer 實體資料模型設計工具的畫面，可以發現設計工具內含 dbShoppingCar.mdf 資料庫的實體資料模型(即資料表對應的類別)。

4. 請選取方案總管視窗的專案名稱並按滑鼠右鍵執行快顯功能表的【建置(U)】指令編譯整個專案，此時就可以使用 Entity Framework 來存取 dbShoppingCar.mdf 資料庫。

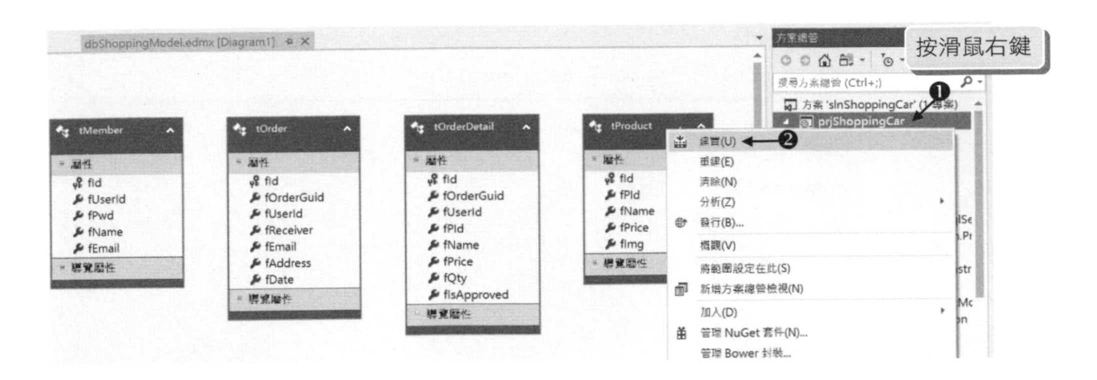

Step 05 修改 Models 資料夾下的 tMember、tProduct、tOrder 以及 tOrderDetail 模型屬性的顯示名稱與資料驗證方式

1. 修改 tMember 模型屬性的顯示名稱以及資料驗證方式，請新增灰底處程式碼：

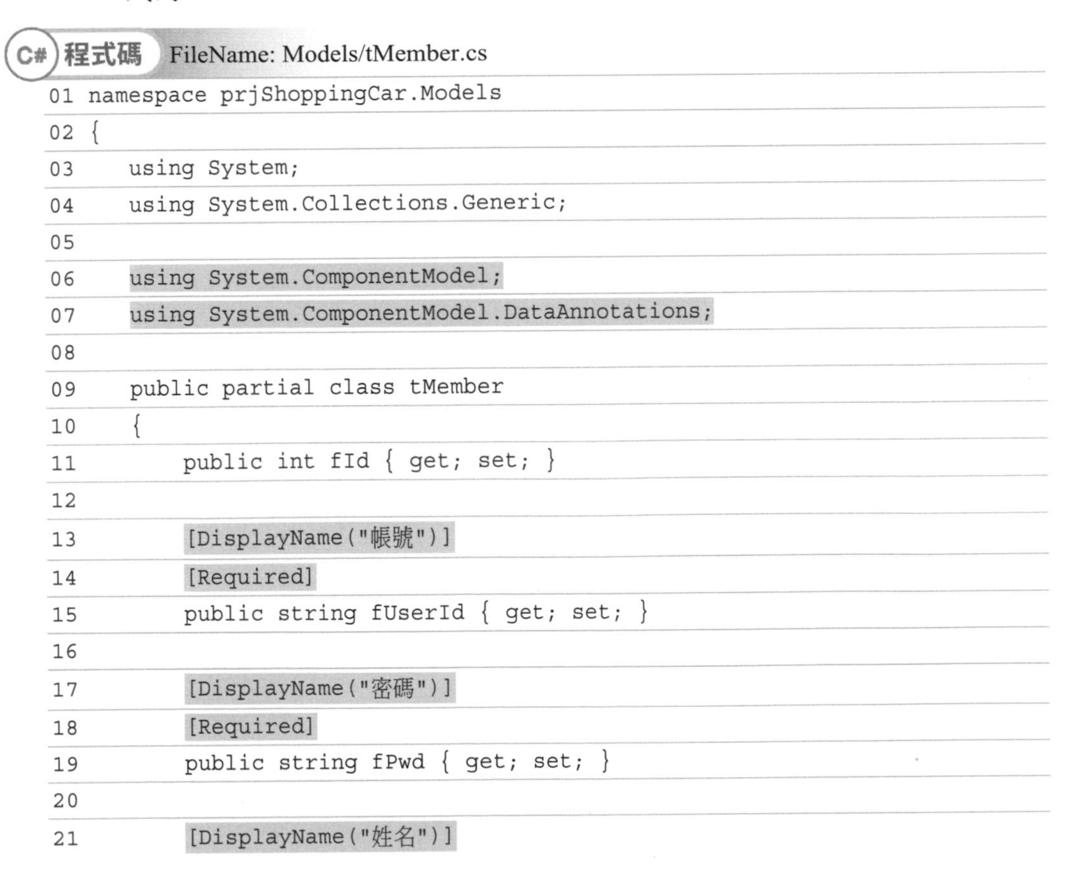

C# 程式碼 FileName: Models/tMember.cs

```
01 namespace prjShoppingCar.Models
02 {
03     using System;
04     using System.Collections.Generic;
05
06     using System.ComponentModel;
07     using System.ComponentModel.DataAnnotations;
08
09     public partial class tMember
10     {
11         public int fId { get; set; }
12
13         [DisplayName("帳號")]
14         [Required]
15         public string fUserId { get; set; }
16
17         [DisplayName("密碼")]
18         [Required]
19         public string fPwd { get; set; }
20
21         [DisplayName("姓名")]
```

```
22          [Required]
23          public string fName { get; set; }
24
25          [DisplayName("信箱")]
26          [Required]
27          [EmailAddress]
28          public string fEmail { get; set; }
29      }
30  }
```

2. 修改 tProduct 模型屬性的顯示名稱，請新增灰底處程式碼：

C# 程式碼 FileName: Models/tProduct.cs

```
01 namespace prjShoppingCar.Models
02 {
03     using System;
04     using System.Collections.Generic;
05
06     using System.ComponentModel;
07
08     public partial class tProduct
09     {
10         public int fId { get; set; }
11
12         [DisplayName("產品編號")]
13         public string fPId { get; set; }
14
15         [DisplayName("品名")]
16         public string fName { get; set; }
17
18         [DisplayName("單價")]
19         public Nullable<int> fPrice { get; set; }
20
21         [DisplayName("圖示")]
22         public string fImg { get; set; }
23     }
24 }
```

3. 修改 tOrder 模型屬性的顯示名稱以及資料驗證方式，請新增灰底處程式碼：

C# 程式碼 FileName: Models/tOrder.cs

```
01 namespace prjShoppingCar.Models
02 {
03     using System;
04     using System.Collections.Generic;
05 
06     using System.ComponentModel;
07     using System.ComponentModel.DataAnnotations;
08     public partial class tOrder
09     {
10         public int fId { get; set; }
11 
12         [DisplayName("訂單編號")]
13         public string fOrderGuid { get; set; }
14 
15         [DisplayName("會員帳號")]
16         public string fUserId { get; set; }
17 
18         [DisplayName("收件人姓名")]
19         [Required]
20         public string fReceiver { get; set; }
21 
22         [DisplayName("收件人信箱")]
23         [Required]
24         [EmailAddress]
25         public string fEmail { get; set; }
26 
27         [DisplayName("收件人地址")]
28         [Required]
29         public string fAddress { get; set; }
30 
31         [DisplayName("訂單日期")]
32         public Nullable<System.DateTime> fDate { get; set; }
33     }
34 }
```

4. 修改 tOrderDetail 模型屬性的顯示名稱，請新增灰底處程式碼：

C# 程式碼 FileName: Models/tOrderDetail.cs

```
01 namespace prjShoppingCar.Models
02 {
03     using System;
04     using System.Collections.Generic;
05
06     using System.ComponentModel;
07
08     public partial class tOrderDetail
09     {
10         public int fId { get; set; }
11
12         [DisplayName("訂單編號")]
13         public string fOrderGuid { get; set; }
14
15         [DisplayName("會員帳號")]
16         public string fUserId { get; set; }
17
18         [DisplayName("產品編號")]
19         public string fPId { get; set; }
20
21         [DisplayName("品名")]
22         public string fName { get; set; }
23
24         [DisplayName("單價")]
25         public Nullable<int> fPrice { get; set; }
26
27         [DisplayName("訂購數量")]
28         public Nullable<int> fQty { get; set; }
29
30         [DisplayName("是否為訂單")]
31         public string fIsApproved { get; set; }
32     }
33 }
```

Step 06 建立 HomeController.cs 控制器類別檔

在方案總管的 Controllers 資料夾下按滑鼠右鍵，再執行功能表的【加入(D)/控制器(T)...】指令新增「HomeController」控制器，完成後 Controllers 資料夾下會新增 HomeController.cs 控制器類別檔。

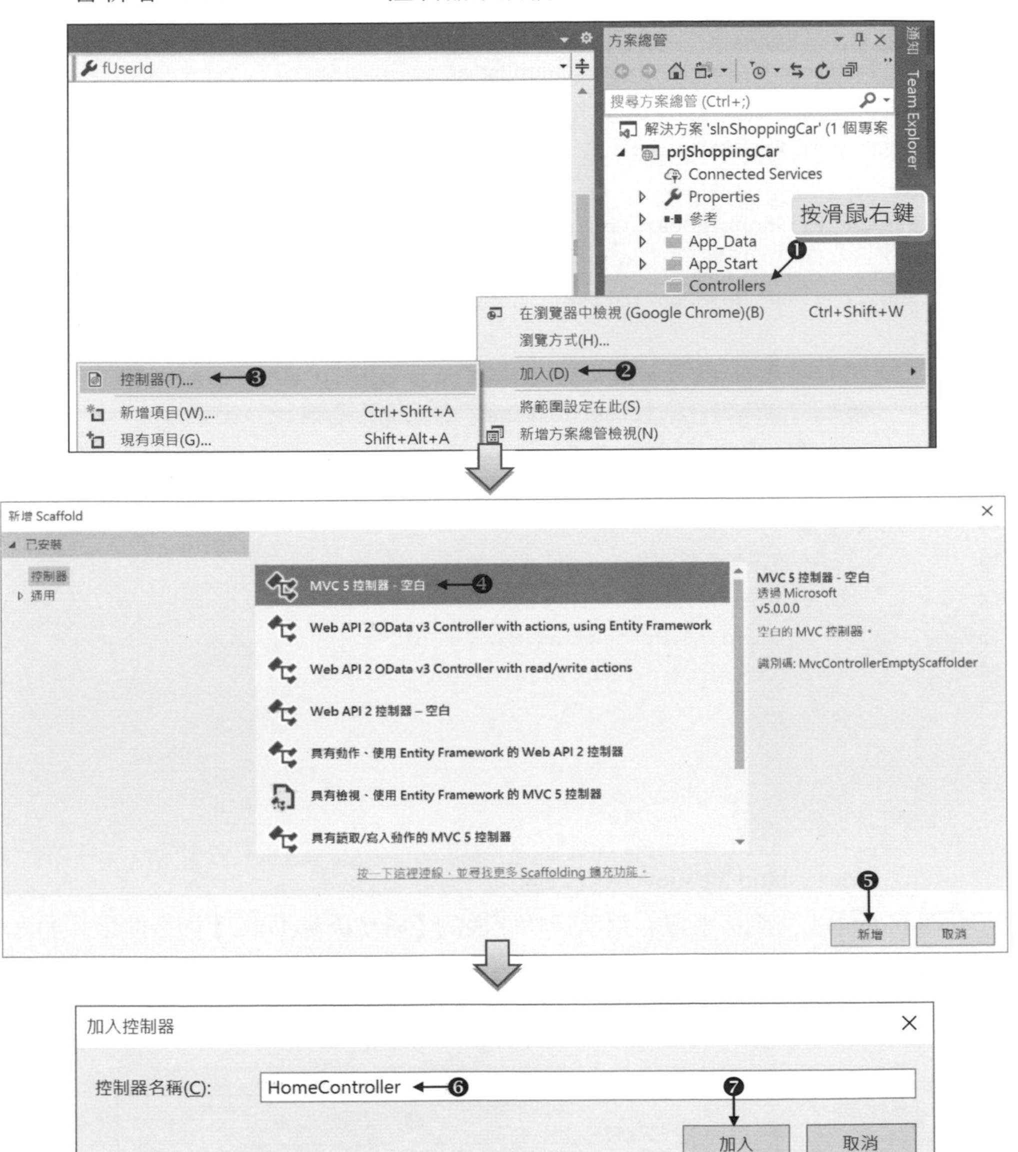

Step 07 建立產品列表功能

1. 撰寫 HomeController 的 Index()動作方法，此方法將 tProduct 資料表的所有記錄依 fId 進行遞減排序，最後將所有記錄傳送至 Index.cshtml 檢視頁面。

C# 程式碼 FileName: Controllers/HomeController.cs

```
01 using prjShoppingCar.Models;
02 using System.Web.Security; // Web 應用程式的表單驗證服務需引用此類別
03
04 namespace prjShoppingCar.Controllers
05 {
06     public class HomeController : Controller
07     {
08     //建立可存取 dbShoppingCar.mdf 資料庫的 dbShoppingCarEntities 類別物件 db
09         dbShoppingCarEntities db = new dbShoppingCarEntities();
10         // GET: Home/Index
11         public ActionResult Index()
12         {
13             //取得所有產品放入 products
14             var products = db.tProduct
15                 .OrderByDescending(m=>m.fId).ToList();
16             return View(products);
17         }
18     }
19 }
```

2. 建立 Index.cshtml 的 View 檢視頁面：

   在 Index()方法處按滑鼠右鍵執行功能表的【**新增檢視(D)...**】指令開啟「加入檢視」視窗，依圖示操作新增 Index.cshtml 的 View 檢視頁面，請設定 **檢視名稱(N)** 是「Index」、 **範本(T)** 是「Empty (沒有模型)」。

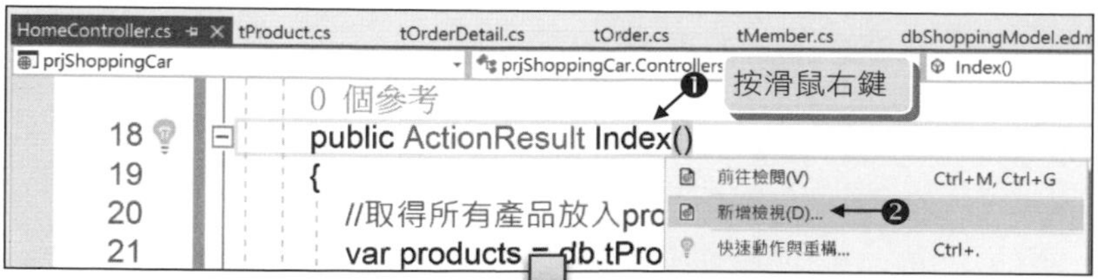

HomeController.cs　tProduct.cs　tOrderDetail.cs　tOrder.cs　tMember.cs　dbShoppingModel.edm
prjShoppingCar　prjShoppingCar.Controllers　Index()
❶ 按滑鼠右鍵
0 個參考
18 public ActionResult Index()
19 {
20 //取得所有產品放入pro
21 var products = db.tPro
前往檢閱(V)　Ctrl+M, Ctrl+G
新增檢視(D)... ❷
快速動作與重構...　Ctrl+.

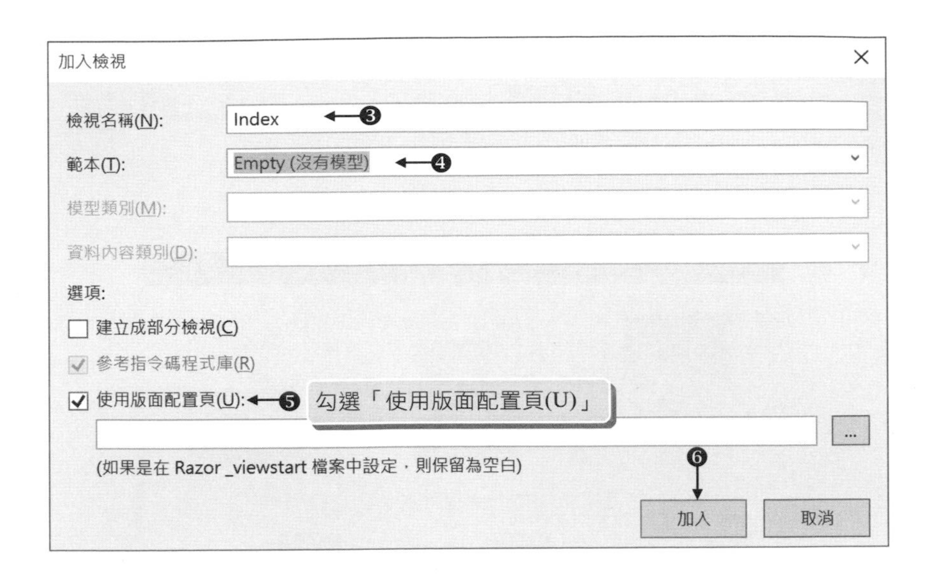

3. 撰寫 Index.cshtml 檢視頁面的程式碼，完整程式碼如下：

程式碼 FileName:Views/Home/Index.cshtml

```
01 @model IEnumerable<prjShoppingCar.Models.tProduct>
02 @{
03     ViewBag.Title = "產品列表";
04 }
05 <div class="row" style="margin-top:20px;">
06     @foreach (var item in Model)
07     {
08         <div class="col-md-4">
09             <div class="thumbnail">
10                 <img src="~/images/@item.fImg"
11                     style="width:200px;height:270px;">
12                 <div class="caption">
13                     <h4>@item.fName</h4>
14                     <p>單價：@item.fPrice</p>
15                 <p><a href="@Url.Action("AddCar", "Member")?fPId=@item.fPId"
16                     class="btn btn-primary">加入購物車</a></p>
17                 </div>
18             </div>
19         </div>
20     }
21 </div>
```

4. 按下執行程式 ▶ 鈕，執行 Home/Index 動作方法，結果網頁顯示下圖產品列表。在產品列表中按下 加入購物車 鈕會執行 Member/AddCar 動作方法，此動作方法未設定，故目前無效。

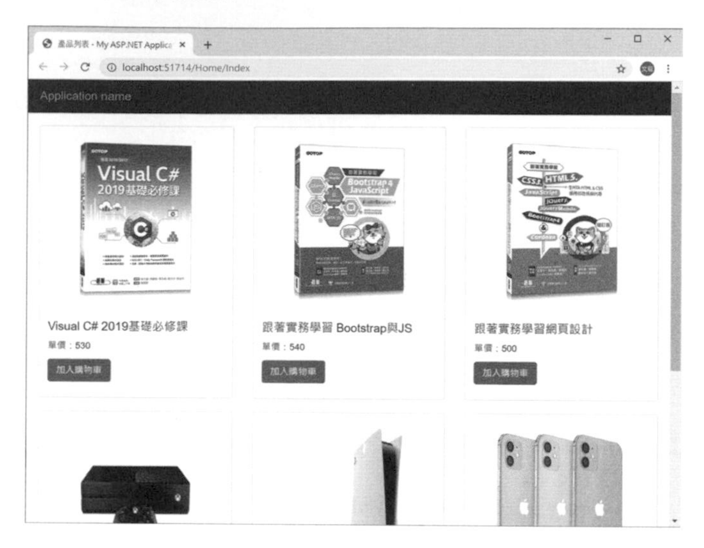

Step 08 設計會員未登入狀態與登入狀態的版面配置頁

1. 開啟 Views/Shared/_Layout.cshtml，設計會員未登入狀態的版面配置頁，此頁面的導覽列為黑底白字，選單連結有 "產品列表"、"註冊"、"登入"，請修改如下灰底處的程式碼。

程式碼 FileName:Views/Shared/_Layout.cshtml

```
01 <!DOCTYPE html>
02 <html>
03 <head>
04     <meta charset="utf-8" />
05     <meta name="viewport" content="width=device-width, initial-scale=1.0">
06     <title>@ViewBag.Title - 大才全資訊科技股份有限公司</title>
07     <link href="~/Content/Site.css" rel="stylesheet" type="text/css" />
08     <link href="~/Content/bootstrap.min.css" rel="stylesheet"
09        type="text/css" />
10     <script src="~/Scripts/modernizr-2.8.3.js"></script>
11 </head>
12 <body>
13     <div class="navbar navbar-inverse navbar-fixed-top">
```

```
14          <div class="container">
15              <div class="navbar-header">
16                  <button type="button" class="navbar-toggle"
17                  data-toggle="collapse" data-target=".navbar-collapse">
18                      <span class="icon-bar"></span>
19                      <span class="icon-bar"></span>
20                      <span class="icon-bar"></span>
21                  </button>
22                  @Html.ActionLink("線上購物商城", "Index", "Home",
23                      new { area = "" }, new { @class = "navbar-brand" })
24              </div>
25              <div class="navbar-collapse collapse">
26                  <ul class="nav navbar-nav">
27                      <li>@Html.ActionLink("產品列表", "Index", "Home")</li>
28                      <li>@Html.ActionLink("註冊", "Register", "Home")</li>
29                      <li>@Html.ActionLink("登入", "Login", "Home")</li>
30                  </ul>
31              </div>
32          </div>
33      </div>
34
35      <div class="container body-content">
36          @RenderBody()
37          <hr />
38          <footer>
39              <p>&copy; @DateTime.Now.Year - 大才全資訊科技股份有限公司</p>
40          </footer>
41      </div>
42
43      <script src="~/Scripts/jquery-3.4.1.min.js"></script>
44      <script src="~/Scripts/bootstrap.min.js"></script>
45  </body>
46  </html>
```

2. 在 Home/Shared 資料夾按滑鼠右鍵，執行【加入(D)/檢視(V)】指令新增會員登入用的版面配置頁，依圖示操作新增_LayoutMember.cshtml 的 View 檢視頁面，請設定 檢視名稱(N) 是「_LayoutMember」、範本(T) 是「Empty (沒有模型)」。

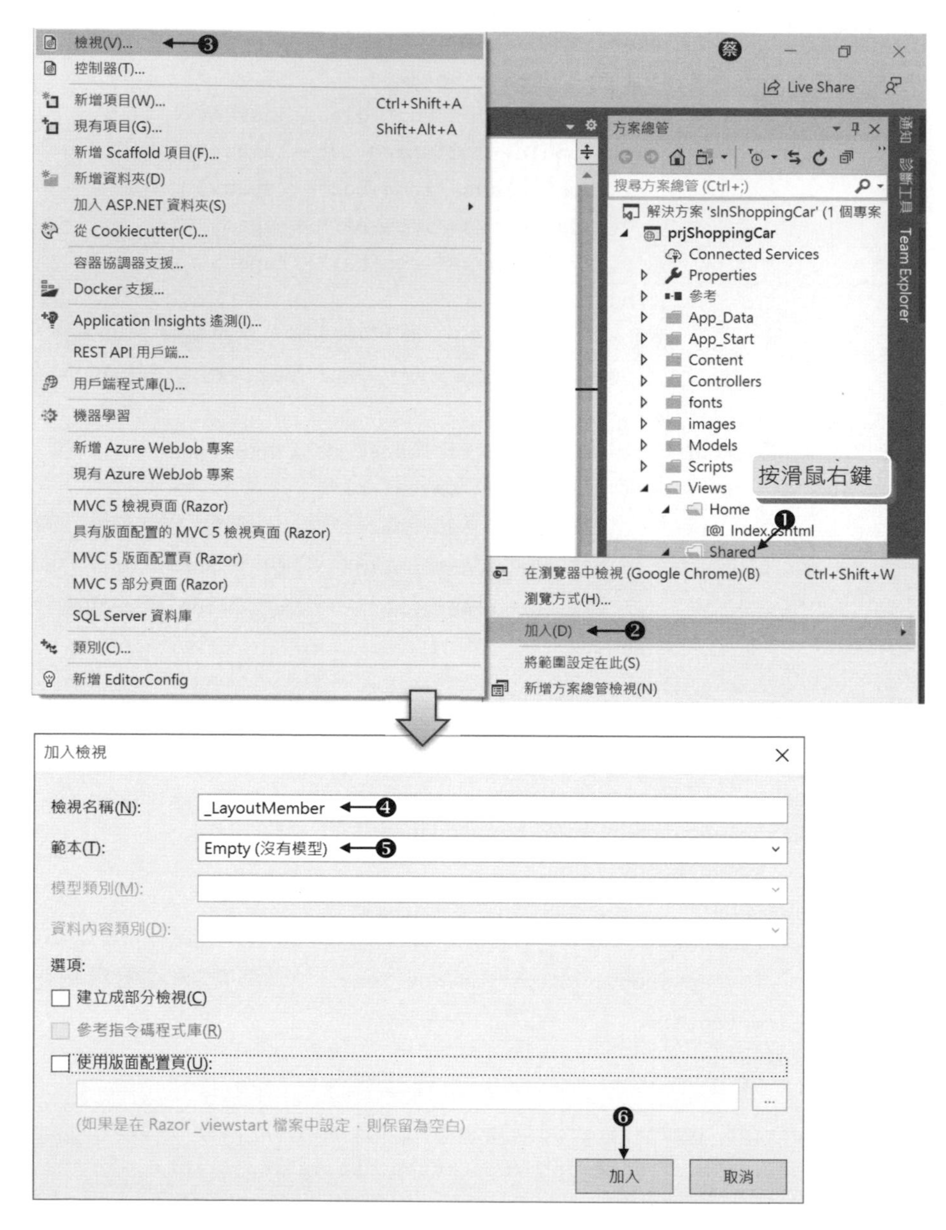

開啟 Views/Shared/_LayoutMember.cshtml，設計會員登入狀態的版面配置頁，此頁面導覽列的背景色為灰底色，選單連結有 "產品列表"、"購物車"、"訂單"、"登出"，同時使用「@Session["WelCome"]」記錄會員登入的歡迎詞。此處程式碼與_Layout.cshtml 大同小異，所以請將_Layout.cshtml 的程式碼複製到_LayoutMember.cshtml，然後再修改如下灰底處的程式碼。

<HTML> 程式碼 FileName:Views/Shared/_LayoutMember.cshtml

```
01 <!DOCTYPE html>
02 <html>
03 <head>
04     <meta charset="utf-8" />
05     <meta name="viewport" content="width=device-width, initial-scale=1.0">
06     <title>@ViewBag.Title - 大才全資訊科技股份有限公司</title>
07     <link href="~/Content/Site.css" rel="stylesheet" type="text/css" />
08     <link href="~/Content/bootstrap.min.css" rel="stylesheet"
09        type="text/css" />
10     <script src="~/Scripts/modernizr-2.8.3.js"></script>
11 </head>
12 <body>
13     <div class="navbar navbar-default navbar-fixed-top">
14         <div class="container">
15             <div class="navbar-header">
16                 <button type="button" class="navbar-toggle"
17                  data-toggle="collapse" data-target=".navbar-collapse">
18                     <span class="icon-bar"></span>
19                     <span class="icon-bar"></span>
20                     <span class="icon-bar"></span>
21                 </button>
22                 @Html.ActionLink("線上購物商城-會員專區", "Index", "Member",
23                   new { area = "" }, new { @class = "navbar-brand" })
24             </div>
25             <div class="navbar-collapse collapse">
26                 <ul class="nav navbar-nav">
27                     <li>@Html.ActionLink("產品列表", "Index", "Member")</li>
28                     <li>@Html.ActionLink("購物車","ShoppingCar","Member")</li>
29                     <li>@Html.ActionLink("訂單", "OrderList", "Member")</li>
30                     <li>@Html.ActionLink("登出", "Logout", "Member")</li>
31                     <li><a href="#">@Session["WelCome"]</a></li>
32                 </ul>
33             </div>
34         </div>
35     </div>
36 
37     <div class="container body-content">
```

```
38          @RenderBody()
39          <hr />
40          <footer>
41              <p>&copy; @DateTime.Now.Year - 大才全資訊科技股份有限公司</p>
42          </footer>
43      </div>
44
45      <script src="~/Scripts/jquery-3.4.1.min.js"></script>
46      <script src="~/Scripts/bootstrap.min.js"></script>
47  </body>
48  </html>
```

Step 09 建立會員登入功能

1. 撰寫兩個 Login()多載動作方法，一個處理 Get 請求，一個處理 POST 請求，用來驗證會員登入作業，請在 HomeController.cs 中新增灰底處程式碼：

C# 程式碼 FileName: Controllers/HomeController.cs

```
01 using prjShoppingCar.Models;
02 using System.Web.Security; // Web 應用程式的表單驗證服務需引用此類別
03
04 namespace prjShoppingCar.Controllers
05 {
06     public class HomeController : Controller
07     {
         ...略...
         ...略...
18          //Get: Home/Login
19          public ActionResult Login()
20          {
21              return View();
22          }
23
24          //Post: Home/Login
25          [HttpPost]
26          public ActionResult Login(string fUserId, string fPwd)
27          {
28              // 依帳密取得會員並指定給 member
29              var member = db.tMember
```

```
30                  .Where(m => m.fUserId == fUserId && m.fPwd == fPwd)
31                  .FirstOrDefault();
32              //若 member 為 null，表示會員未註冊
33              if (member == null)
34              {
35                  ViewBag.Message = "帳密錯誤，登入失敗";
36                  return View();
37              }
38              //使用 Session 變數記錄歡迎詞
39              Session["WelCome"] = member.fName + "歡迎光臨";
40              //指定使用者帳號通過驗證(即通過登錄驗證)
41              FormsAuthentication.RedirectFromLoginPage(fUserId, true);
42              return RedirectToAction("Index", "Member");
43          }
44      }
45  }
```

2. 在 Login()方法處按滑鼠右鍵，執行功能表的【新增檢視(D)...】指令開啟「加入檢視」視窗新增 Login.cshtml 的 View 檢視頁面，請設定 檢視名稱(N) 是「Login」、 範本(T) 是「Empty (沒有模型)」。Login.cshtml 檢視頁面的表單有 fUserId 和 fPwd 欄位，請撰寫如下程式碼：

<HTML> 程式碼 FileName:Views/Home/Login.cshtml

```
01 @{
02     ViewBag.Title = "會員登入";
03 }
04 
05 <h2>會員登入</h2>
06 
07 <form action="@Url.Action("Login")" method="post">
08     <div class="form-horizontal">
09         <hr />
10         <div class="form-group">
11             <span class="control-label col-md-2">帳號</span>
12             <div class="col-md-10">
13                 <input type="text" id="fUserId" name="fUserId"
14                     required="required" class="form-control" />
```

```
15              </div>
16          </div>
17
18          <div class="form-group">
19              <span class="control-label col-md-2">密碼</span>
20              <div class="col-md-10">
21                  <input type="password" id="fPwd" name="fPwd"
22                      required="required" class="form-control" />
23              </div>
24          </div>
25
26          <div class="form-group">
27              <div class="col-md-offset-2 col-md-10">
28               <input type="submit" value="登入" class="btn btn-default" />
29                  @ViewBag.Message
30              </div>
31          </div>
32      </div>
33 </form>
```

3. 按下執行程式 ▶ 鈕，執行 Home/Login 動作方法，結果出現下圖 Login.cshtml 檢視頁面，此頁面套用_Layout.cshtml，所以導覽列為黑底白字，選單連結有 "產品列表"、"註冊"、"登入"。如下圖：

4. 在上圖的帳號輸入「tom」、密碼輸入「123」；登入成功會執行 Member/Index 動作方法並出現下圖顯示「找不到資訊」的畫面，這是因為本例還未製作 MemberController 的 Index()動作方法。

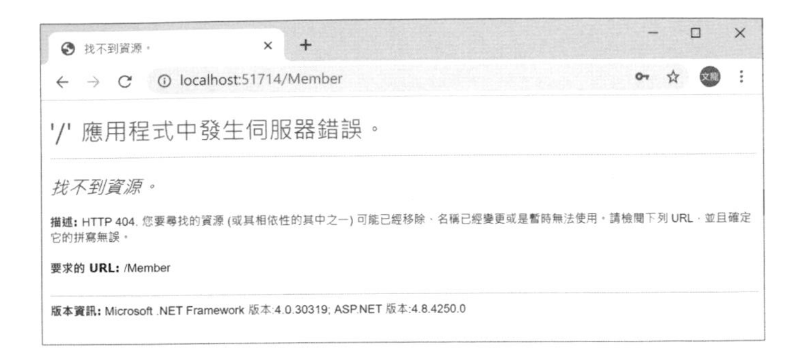

Step 10 建立會員註冊功能

1. 撰寫兩個 Register 多載動作方法，一個處理 Get 請求，一個處理 POST 請求，用來提供會員註冊作業，請在 HomeController.cs 中新增灰底處程式碼：

C# 程式碼 FileName: Controllers/HomeController.cs

```
01 using prjShoppingCar.Models;
02 using System.Web.Security; // Web 應用程式的表單驗證服務需引用此類別
03
04 namespace prjShoppingCar.Controllers
05 {
06     public class HomeController : Controller
07     {
           ...略...
           ...略...
44         //Get:Home/Register
45         public ActionResult Register()
46         {
47             return View();
48         }
49         //Post:Home/Register
50         [HttpPost]
51         public ActionResult Register(tMember pMember)
52         {
53             //若模型沒有通過驗證則顯示目前的View
54             if (ModelState.IsValid == false)
55             {
56                 return View();
57             }
```

```
58            // 依帳號取得會員並指定給 member
59            var member = db.tMember
60                .Where(m => m.fUserId == pMember.fUserId)
61                .FirstOrDefault();
62            //若 member 為 null，表示會員未註冊
63            if (member == null)
64            {
65                //將會員記錄新增到 tMember 資料表
66                db.tMember.Add(pMember);
67                db.SaveChanges();
68                //執行 Home 控制器的 Login 動作方法
69                return RedirectToAction("Login");
70            }
71            ViewBag.Message = "此帳號已有人使用，註冊失敗";
72            return View();
73        }
74    }
75 }
```

2. 在 Register()方法處按滑鼠右鍵，執行功能表的【新增檢視(D)...】指令開啟「加入檢視」視窗新增 Register.cshtml 的 View 檢視頁面，請設定 檢視名稱(N) 是「Register」、 範本(T) 是「Create」、 模型類別(M) 是「tMember」、 資料內容類別(D) 是「dbShoppingCarEntities」、勾選 參考指令碼程式庫(R) 與 使用版面配置頁(U)。

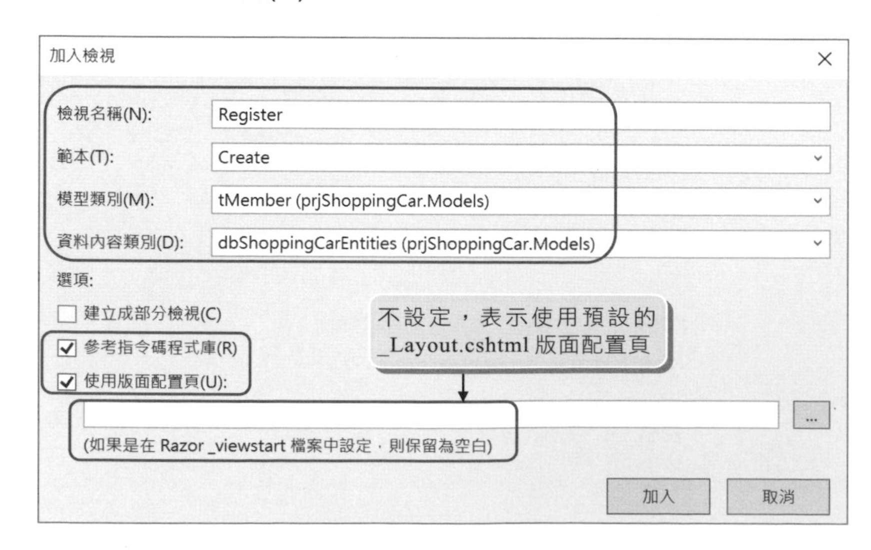

在 Views/Home 資料夾下產生 Register.cshtml 檢視頁面，請修改灰底處程式碼：

程式碼 FileName:Views/Home/Register.cshtml

```
01 @model prjShoppingCar.Models.tMember
02
03 @{
04     ViewBag.Title = "會員註冊";
05 }

06 <h2>會員註冊</h2>
07
08 @using (Html.BeginForm())
09 {
10     @Html.AntiForgeryToken()
11
12     <div class="form-horizontal">
13         <hr />
14         @Html.ValidationSummary(true,"",new { @class = "text-danger" })
15         <div class="form-group">
16             @Html.LabelFor(model => model.fUserId, htmlAttributes:
17                 new { @class = "control-label col-md-2" })
18             <div class="col-md-10">
19                 @Html.EditorFor(model => model.fUserId, new
20                     { htmlAttributes = new { @class = "form-control" } })
21                 @Html.ValidationMessageFor(model => model.fUserId, "",
22                     new { @class = "text-danger" })
23             </div>
24         </div>
25
26         <div class="form-group">
27             @Html.LabelFor(model => model.fPwd, htmlAttributes: new
28                 { @class = "control-label col-md-2" })
29             <div class="col-md-10">
30                 @Html.EditorFor(model => model.fPwd, new
31                     { htmlAttributes = new { @class = "form-control" } })
32                 @Html.ValidationMessageFor(model => model.fPwd, "", new
33                     { @class = "text-danger" })
34             </div>
35         </div>
```

```
36         <div class="form-group">
37             @Html.LabelFor(model => model.fName, htmlAttributes: new
38                 { @class = "control-label col-md-2" })
39             <div class="col-md-10">
40                 @Html.EditorFor(model => model.fName, new
41                     { htmlAttributes = new { @class = "form-control" } })
42                 @Html.ValidationMessageFor(model => model.fName, "", new
43                     { @class = "text-danger" })
44             </div>
45         </div>
46 
47         <div class="form-group">
48             @Html.LabelFor(model => model.fEmail, htmlAttributes: new
49                 { @class = "control-label col-md-2" })
50             <div class="col-md-10">
51                 @Html.EditorFor(model => model.fEmail, new
52                     { htmlAttributes = new { @class = "form-control" } })
53                 @Html.ValidationMessageFor(model => model.fEmail, "",
54                     new { @class = "text-danger" })
55             </div>
56         </div>
57 
58         <div class="form-group">
59             <div class="col-md-offset-2 col-md-10">
60                 <input type="submit" value="會員註冊"
61                     class="btn btn-default" />
62                 @ViewBag.Message
63             </div>
64         </div>
65     </div>
67 }
68 <script src="~/Scripts/jquery-3.4.1.min.js"></script>
69 <script src="~/Scripts/jquery.validate.min.js"></script>
70 <script src="~/Scripts/jquery.validate.unobtrusive.min.js"></script>
```

3. 按下執行程式 ▶ 鈕，點選 "註冊" 連結選項執行 Home/Register 動作方法進入會員註冊頁面，請測試會員註冊作業，註冊後可同時測試會員登入作業。

Step 11 開啟 Web.config 檔案，接著在<system.web>內指定表單驗證模式，並指定未通過授權時執行 Home 控制器的 Login()動作方法。

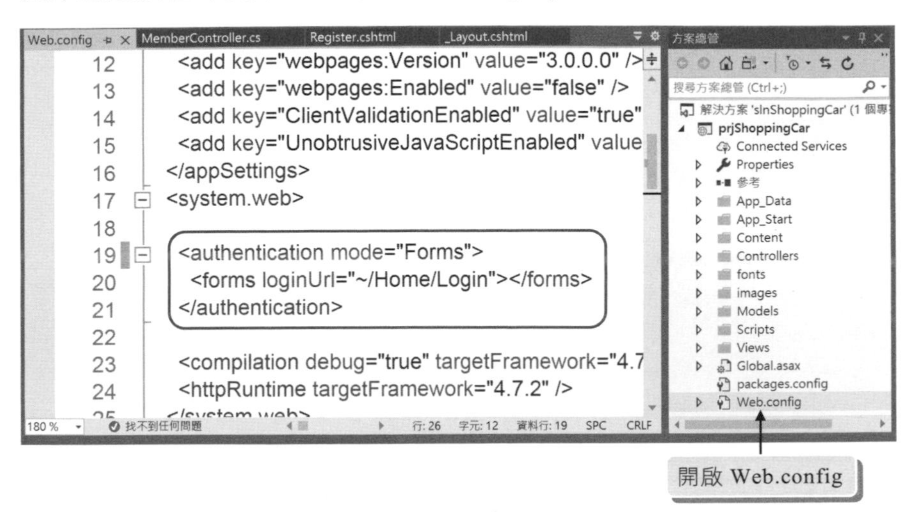

Step 12 在 Controllers 資料夾下建立 MemberController.cs 控制器類別檔。

Step 13 建立會員瀏覽表單列表與登出功能

在 MemberController 控制器使用 [Authorize]，使該控制器內所有動作方法必須通過授權才能執行。在 Index()動作方法套用 Home/Index.cshtml 檢視與 _LayoutMember 版面配置頁，同時使用 products 模型；並指定 Logout()動作方法進行會員登出作業。請在 MemberController.cs 中新增灰底處程式碼：

C# 程式碼 FileName: Controllers/MemberController.cs

```
01 using System.Web.Security;
02 using prjShoppingCar.Models;     // Web 應用程式的表單驗證服務需引用此類別
03
04 namespace prjShoppingCar.Controllers
05 {
06     [Authorize]  // 指定 MemberController 控制器所有的動作方法必須通過授權才能執行
07     public class MemberController : Controller
08     {
09         //建立可存取 dbShoppingCar.mdf 資料庫的 dbShoppingCarEntities 類別物件 db
10         dbShoppingCarEntities db = new dbShoppingCarEntities();
11
12         // GET: Member/Index
```

```
13          public ActionResult Index()
14          {
15              //取得所有產品放入products
16              var products =
17                 db.tProduct.OrderByDescending(m=>m.fId).ToList();
18              //Index.cshtml 檢視套用_LayoutMember 版面配置頁，同時使用 products 模型
19              return View("../Home/Index", "_LayoutMember", products);
20          }
21
22          //Get:Member/Logout
23          public ActionResult Logout()
24          {
25              FormsAuthentication.SignOut();    // 登出
26              return RedirectToAction("Login", "Home");
27          }
28      }
29  }
```

Step 14 建立顯示購物車功能

1. 撰寫 MemberController 的 ShoppingCar()動作方法用來顯示登入會員的購物車清單。請在 MemberController.cs 中新增灰底處程式碼。

C# 程式碼 FileName: Controllers/MemberController.cs

```
01 using System.Web.Security;
02 using prjShoppingCar.Models;     // Web 應用程式的表單驗證服務需引用此類別
03
04 namespace prjShoppingCar.Controllers
05 {
06     [Authorize]     // 指定 MemberController 控制器所有的動作方法必須通過授權才能執行
07     public class MemberController : Controller
08     {
           ...略...
           ...略...
28         //Get:Member/ShoppingCar
29         public ActionResult ShoppingCar()
30         {
31             //取得登入會員的帳號並指定給 fUserId
32             string fUserId = User.Identity.Name;
```

```
33            //找出未成為訂單明細的資料，即購物車內容
34            var orderDetails = db.tOrderDetail.Where
35                (m => m.fUserId == fUserId && m.fIsApproved == "否")
36                .ToList();
37            //View 使用 orderDetails 模型
38            return View(orderDetails);
39        }
40    }
41 }
```

2. 在 ShoppingCar()方法處按滑鼠右鍵，執行功能表的【**新增檢視(D)...**】指令開啟「加入檢視」視窗新增 ShoppingCar.cshtml 檢視頁面，請設定 **檢視名稱(N)** 是「ShoppingCar」、**範本(T)** 是「List」、**模型類別(M)** 是「tOrderDetail」、**資料內容類別(D)** 是「dbShoppingCarEntities」、勾選 **參考指令碼程式庫(R)** 和 **使用版面配置頁(U)**，版面配置頁使用_LayoutMember.cshtml。

加入檢視

檢視名稱(N): ShoppingCar
範本(T): List
模型類別(M): tOrderDetail (prjShoppingCar.Models)
資料內容類別(D): dbShoppingCarEntities (prjShoppingCar.Models)
選項:
☐ 建立成部分檢視(C)
☑ 參考指令碼程式庫(R)
☑ 使用版面配置頁(U):
~/Views/Shared/_LayoutMember.cshtml
(如果是在 Razor _viewstart 檔案中設定，則保留為空白)
加入 取消

接著在 Views/Member 資料夾下產生 ShoppingCar.cshtml 檢視頁面，請修改灰底處程式碼：

<HTML> **程式碼** FileName:Views/Member/ShoppingCar.cshtml

```
01 @model IEnumerable<prjShoppingCar.Models.tOrderDetail>
02
03 @{
```

```
04      ViewBag.Title = "會員購物車清單";
05      Layout = "~/Views/Shared/_LayoutMember.cshtml";
06  }
07
08  <h2>會員購物車清單</h2>
09
10  <table class="table">
11      <tr>
12          <th>
13              @Html.DisplayNameFor(model => model.fOrderGuid)
14          </th>
15          <th>
16              @Html.DisplayNameFor(model => model.fUserId)
17          </th>
18          <th>
19              @Html.DisplayNameFor(model => model.fPId)
20          </th>
21          <th>
22              @Html.DisplayNameFor(model => model.fName)
23          </th>
24          <th>
25              @Html.DisplayNameFor(model => model.fPrice)
26          </th>
27          <th>
28              @Html.DisplayNameFor(model => model.fQty)
29          </th>
30          <th>
31              @Html.DisplayNameFor(model => model.fIsApproved)
32          </th>
33          <th></th>
34      </tr>
35
36  @foreach (var item in Model) {
37      <tr>
38          <td>
39              @Html.DisplayFor(modelItem => item.fOrderGuid)
40          </td>
41          <td>
42              @Html.DisplayFor(modelItem => item.fUserId)
```

```
43          </td>
44          <td>
45              @Html.DisplayFor(modelItem => item.fPId)
46          </td>
47          <td>
48              @Html.DisplayFor(modelItem => item.fName)
49          </td>
50          <td>
51              @Html.DisplayFor(modelItem => item.fPrice)
52          </td>
53          <td>
54              @Html.DisplayFor(modelItem => item.fQty)
55          </td>
56          <td>
57              @Html.DisplayFor(modelItem => item.fIsApproved)
58          </td>
59          <td>
60              <a href="@Url.Action("DeleteCar")?fId=@item.fId"
61                  class="btn btn-danger"
62                  onclick="return confirm('確定放棄購買 @item.fName 嗎？' )">
63                  刪除購物車</a>
64          </td>
65      </tr>
66  }
67
68  </table>
```

按下 刪除購物車 鈕執行 Membder/DeleteCar 動作方法，同時傳入 fId 參數

3. 按下執行程式 ▶ 鈕，執行程式時請先進行登入系統，接著在 "產品列表" 頁面按下 加入購物車 鈕進行選購商品，結果發現無法將產品放入購物車，這是因為 加入購物車 鈕還沒有撰寫 Member/AddCar 動作方法；所以 "購物車" 頁面沒有任何購物車資料也沒有 刪除購物車 鈕。

Step 15 建立加入購物車功能：

1. 撰寫 MemberController 的 AddCar()動作方法可將產品加入至購物車即訂單明細。做法就是將 tProduct 產品新增到訂單明細 tOrderDetail 資料表，但 tOrderDetail 資料表中產品的 fIsApproved 欄位資料為 "否"，即表示 tOrderDetail 中的產品是購物車狀態。請在 MemberController.cs 中新增灰底處程式碼。

C# 程式碼 FileName: Controllers/MemberController.cs

```
01 using System.Web.Security;
02 using prjShoppingCar.Models;    // Web 應用程式的表單驗證服務需引用此類別
03
04 namespace prjShoppingCar.Controllers
05 {
06     [Authorize]    // 指定 MemberController 控制器所有的動作方法必須通過授權才能執行
07     public class MemberController : Controller
08     {
         ...略...
         ...略...
40         //Get:Member/AddCar
41         public ActionResult AddCar(string fPId)
42         {
43             //取得會員帳號並指定給 fUserId
44             string fUserId = User.Identity.Name;
45             //找出會員放入訂單明細的產品，該產品的 fIsApproved 為"否"
46             //表示該產品是購物車狀態
47             var currentCar = db.tOrderDetail
48                 .Where(m => m.fPId == fPId && m.fIsApproved == "否"
49                 && m.fUserId == fUserId).FirstOrDefault();
50             //若 currentCar 等於 null，表示會員選購的產品不是購物車狀態
51             if (currentCar == null)
52             {
52                 //找出目前選購的產品並指定給 product
54                 var product = db.tProduct
55                     .Where(m => m.fPId == fPId).FirstOrDefault();
56                 //將產品放入訂單明細，因為產品的 fIsApproved 為"否"，表示為購物車狀態
57                 tOrderDetail orderDetail = new tOrderDetail();
58                 orderDetail.fUserId = fUserId;
59                 orderDetail.fPId = product.fPId;
60                 orderDetail.fName = product.fName;
61                 orderDetail.fPrice = product.fPrice;
62                 orderDetail.fQty = 1;
63                 orderDetail.fIsApproved = "否";
64                 db.tOrderDetail.Add(orderDetail);
65             }
```

```
66              else
67              {
68                  //若產品為購物車狀態，即將該產品數量加 1
69                  currentCar.fQty += 1;
70              }
71              db.SaveChanges();
72              return RedirectToAction("ShoppingCar");
73          }
74      }
75  }
```

2. 按下執行程式 ▶ 鈕，執行程式時請先進行登入系統，接著進入 "產品列表" 頁面中，請使用 加入購物車 鈕進行選購產品，選購完成會連結到 "購物車" 頁面。

Step 16 建立刪除購物車功能

撰寫 MemberController 的 DeleteCar()動作方法可刪除會員指定的購物車(訂單明細)項目，請在 MemberController.cs 中新增灰底處程式碼。

C# 程式碼 FileName: Controllers/MemberController.cs

```
01 using System.Web.Security;
02 using prjShoppingCar.Models;    // Web 應用程式的表單驗證服務需引用此類別
03
04 namespace prjShoppingCar.Controllers
05 {
06     [Authorize]     // 指定 MemberController 控制器所有的動作方法必須通過授權才能執行
07     public class MemberController : Controller
08     {
         ...略...
         ...略...
74         //Get:Member/DeleteCar
75         public ActionResult DeleteCar(int fId)
76         {
77             // 依 fId 找出要刪除購物車狀態的產品
78             var orderDetail = db.tOrderDetail.Where
79                 (m => m.fId == fId).FirstOrDefault();
80             //刪除購物車狀態的產品
81             db.tOrderDetail.Remove(orderDetail);
82             db.SaveChanges();
83             return RedirectToAction("ShoppingCar");
84         }
85     }
86 }
```

Step 17 在顯示購物車功能中新增訂單收件人表單，用來完成確認本次訂單作業

1. 開啟 ShoppingCar.cshtml 檢視頁面，接著新增灰底處程式碼建立 fReceiver 收件人姓名、fEmail 收件人信箱和 fAddress 收件人地址三個欄位以及 確認訂購 鈕，用來製作訂單收件人的表單。

<HTML> 程式碼 FileName:Views/Member/ShoppingCar.cshtml

```
01 @model IEnumerable<prjShoppingCar.Models.tOrderDetail>
```

```
02
03 @{
04     ViewBag.Title = "會員購物車清單";
05     Layout = "~/Views/Shared/_LayoutMember.cshtml";
06 }
07
08 <h2>會員購物車清單</h2>
09
10 <table class="table">
11     <tr>
12         <th>
13             @Html.DisplayNameFor(model => model.fOrderGuid)
14         </th>
15         <th>
16             @Html.DisplayNameFor(model => model.fUserId)
17         </th>
18         <th>
19             @Html.DisplayNameFor(model => model.fPId)
20         </th>
21         <th>
22             @Html.DisplayNameFor(model => model.fName)
23         </th>
24         <th>
25             @Html.DisplayNameFor(model => model.fPrice)
26         </th>
27         <th>
28             @Html.DisplayNameFor(model => model.fQty)
29         </th>
30         <th>
31             @Html.DisplayNameFor(model => model.fIsApproved)
32         </th>
33         <th></th>
34     </tr>
35
36 @foreach (var item in Model) {
37     <tr>
38         <td>
39             @Html.DisplayFor(modelItem => item.fOrderGuid)
40         </td>
```

```
41          <td>
42              @Html.DisplayFor(modelItem => item.fUserId)
43          </td>
44          <td>
45              @Html.DisplayFor(modelItem => item.fPId)
46          </td>
47          <td>
48              @Html.DisplayFor(modelItem => item.fName)
49          </td>
50          <td>
51              @Html.DisplayFor(modelItem => item.fPrice)
52          </td>
53          <td>
54              @Html.DisplayFor(modelItem => item.fQty)
55          </td>
56          <td>
57              @Html.DisplayFor(modelItem => item.fIsApproved)
58          </td>
59          <td>
60              <a href="@Url.Action("DeleteCar")?fId=@item.fId"
61                 class="btn btn-danger"
62                 onclick="return confirm('確定放棄購買 @item.fName 嗎？' )">
63                 刪除購物車</a>
64          </td>
65      </tr>
66  }
67
68  </table>
69
70  <form action="@Url.Action("ShoppingCar")" method="post">
71      <div class="form-horizontal">
72          <h4>填寫訂單收件人資料</h4>
73          <hr />
74
75          <div class="form-group">
76              <span class="control-label col-md-2">收件人姓名</span>
77              <div class="col-md-10">
78                  <input type="text" id="fReceiver" name="fReceiver"
79                      required="required" class="form-control" />
```

```
80              </div>
81          </div>
82
83          <div class="form-group">
84              <span class="control-label col-md-2">收件人信箱</span>
85              <div class="col-md-10">
86                  <input type="email" id="fEmail" name="fEmail"
87                      required="required" class="form-control" />
88              </div>
89          </div>
90
91          <div class="form-group">
92              <span class="control-label col-md-2">收件人地址</span>
93              <div class="col-md-10">
94                  <input type="text" id="fAddress" name="fAddress"
95                      required="required" class="form-control" />
96              </div>
97          </div>
98
99          <div class="form-group">
100             <div class="col-md-offset-2 col-md-10">
101                 <input type="submit" value="確認訂購"
102                     class="btn btn-default" />
103             </div>
104         </div>
105     </div>
106 </form>
```

2. 撰寫處理訂單收件人表單的處理程式 ShoppingCar()動作方法，此動作方法會先新增 tOrder 訂單主檔，接著將 tOrderDetail 訂單明細的購物車狀態產品的 fIsApproved 屬性設為 "是" 表示該筆產品變成訂單明細中的產品，訂單處理完成之後即執行 OrderList()動作方法切換到訂單顯示作業。請在 MemberController.cs 新增灰底處程式碼：

C# 程式碼 FileName: Controllers/MemberController.cs

```
01 using System.Web.Security;
02 using prjShoppingCar.Models;    // Web 應用程式的表單驗證服務需引用此類別
03
```

```
04 namespace prjShoppingCar.Controllers
05 {
06     [Authorize]    // 指定 MemberController 控制器所有的動作方法必須通過授權才能執行
07     public class MemberController : Controller
08     {
           ...略...
           ...略...
85         //Post:Member/ShoppingCar
86         [HttpPost]
87         public ActionResult ShoppingCar
88             (string fReceiver, string fEmail, string fAddress)
89         {
90             //找出會員帳號並指定給 fUserId
91             string fUserId = User.Identity.Name;
92             //建立唯一的識別值並指定給 guid 變數，用來當做訂單編號
93             //tOrder 的 fOrderGuid 欄位會關聯到 tOrderDetail 的 fOrderGuid 欄位
94             //形成一對多的關係，即一筆訂單資料會對應到多筆訂單明細
95             string guid = Guid.NewGuid().ToString();
96             //建立訂單主檔資料
97             tOrder order = new tOrder();
98             order.fOrderGuid = guid;
99             order.fUserId = fUserId;
100            order.fReceiver = fReceiver;
101            order.fEmail = fEmail;
102            order.fAddress = fAddress;
103            order.fDate = DateTime.Now;
104            db.tOrder.Add(order);
105            //找出目前會員在訂單明細中是購物車狀態的產品
106            var carList = db.tOrderDetail
107                .Where(m => m.fIsApproved=="否" && m.fUserId == fUserId)
108                .ToList();
109            //將購物車狀態產品的 fIsApproved 設為"是"，表示確認訂購產品
110            foreach (var item in carList)
111            {
112                item.fOrderGuid = guid;
113                item.fIsApproved = "是";
114            }
115            //更新資料庫，異動 tOrder 和 tOrderDetail
```

```
116             //完成訂單主檔和訂單明細的更新
117             db.SaveChanges();
118             return RedirectToAction("OrderList");
119         }
120     }
121 }
```

Step 18 建立訂單主檔列表功能

1. 撰寫 MemberController 的 OrderList()動作方法用來顯示登入會員的 tOrder 訂單主檔所有記錄，請在 MemberController.cs 中新增灰底處程式碼。

C# 程式碼 FileName: Controllers/MemberController.cs

```
01 using System.Web.Security;
02 using prjShoppingCar.Models;    // Web 應用程式的表單驗證服務需引用此類別
03
04 namespace prjShoppingCar.Controllers
05 {
06     [Authorize]     // 指定 MemberController 控制器所有的動作方法必須通過授權才能執行
07     public class MemberController : Controller
08     {
           ...略...
           ...略...
120         //Get:Member/OrderList
121         public ActionResult OrderList()
122         {
123             //找出會員帳號並指定給 fUserId
124             string fUserId = User.Identity.Name;
125             //找出目前會員的所有訂單主檔記錄並依照 fDate 進行遞增排序
126             //將查詢結果指定給 orders
127             var orders = db.tOrder.Where(m => m.fUserId == fUserId)
128                 .OrderByDescending(m => m.fDate).ToList();
129             //目前會員的訂單主檔 OrderList.cshtml 檢視使用 orders 模型
130             return View(orders);
131         }
132     }
133 }
```

2. 在 OrderList()方法處按滑鼠右鍵，執行功能表的【新增檢視(D)...】指令開啟「加入檢視」視窗新增 OrderList.cshtml 的 View 檢視頁面，請設定 檢視名稱(N) 是「OrderList」、 範本(T) 是「List」、 模型類別(M) 是「tOrder」、資料內容類別(D) 是「dbShoppingCarEntities」、勾選 參考指令碼程式庫(R) 和 使用版面配置頁(U)，版面配置頁使用_LayoutMember.cshtml。

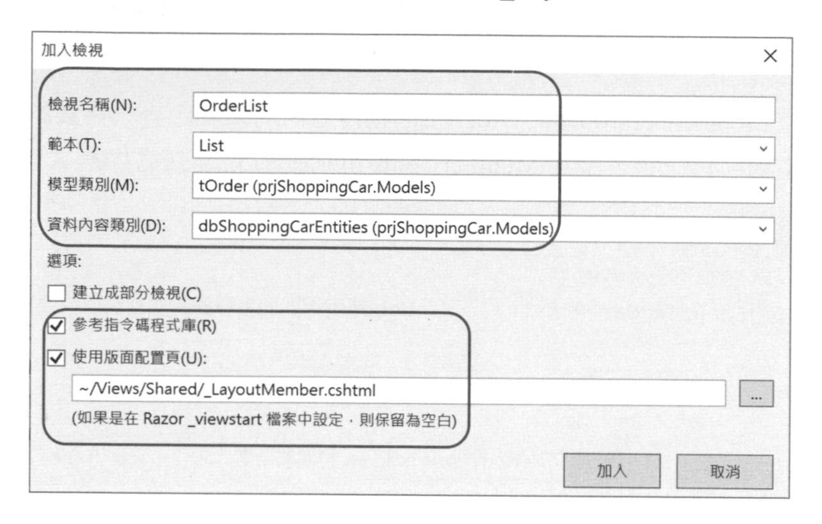

接著在 Views/Member 資料夾下產生 OrderList.cshtml 檢視頁面，請修改灰底處程式碼：

程式碼 FileName:Views/Member/OrderList.cshtml

```
01 @model IEnumerable<prjShoppingCar.Models.tOrder>
02
03 @{
04     ViewBag.Title = "會員訂單列表";
05     Layout = "~/Views/Shared/_LayoutMember.cshtml";
06 }
07
08 <h2>會員訂單列表</h2>
09
10 <table class="table">
11     <tr>
12         <th>
13             @Html.DisplayNameFor(model => model.fOrderGuid)
14         </th>
```

```
15          <th>
16              @Html.DisplayNameFor(model => model.fUserId)
17          </th>
18          <th>
19              @Html.DisplayNameFor(model => model.fReceiver)
20          </th>
21          <th>
22              @Html.DisplayNameFor(model => model.fEmail)
23          </th>
24          <th>
25              @Html.DisplayNameFor(model => model.fAddress)
26          </th>
27          <th>
28              @Html.DisplayNameFor(model => model.fDate)
29          </th>
30          <th></th>
31      </tr>
32
33 @foreach (var item in Model) {
34      <tr>
35          <td>
36              @Html.DisplayFor(modelItem => item.fOrderGuid)
37          </td>
38          <td>
39              @Html.DisplayFor(modelItem => item.fUserId)
40          </td>
41          <td>
42              @Html.DisplayFor(modelItem => item.fReceiver)
43          </td>
44          <td>
45              @Html.DisplayFor(modelItem => item.fEmail)
46          </td>
47          <td>
48              @Html.DisplayFor(modelItem => item.fAddress)
49          </td>
50          <td>
51              @Html.DisplayFor(modelItem => item.fDate)
52          </td>
53          <td>
```

```
54          <a href="@Url.Action("OrderDetail")?fOrderGuid=@item.fOrderGuid"
55                class="btn btn-info">訂單明細</a>
56          </td>
57      </tr>
58 }
59
60 </table>
```

按下 訂單明細 鈕執行 Member/OrderDetail 動作方法，同時傳入 fOrderGuid 參數

Step 19 建立訂單明細列表功能

1. 撰寫 MemberController 的 OrderDetail()動作方法，此動作方法會取得 OrderList 頁面傳來的 fOrderGuid 訂單編號參數，同時找出 tOrderDetail 訂單明細中 fOrderGuid 欄位等於 fOrderGuid 參數的所有記錄，請在 MemberController.cs 中新增灰底處程式碼。

C# 程式碼 FileName: Controllers/MemberController.cs

```
01 using System.Web.Security;
02 using prjShoppingCar.Models;    // Web 應用程式的表單驗證服務需引用此類別
03
04 namespace prjShoppingCar.Controllers
05 {
06     [Authorize]    // 指定 MemberController 控制器所有的動作方法必須通過授權才能執行
07     public class MemberController : Controller
08     {
       ...略...
       ...略...
132        //Get:Member/OrderDetail
133        public ActionResult OrderDetail(string fOrderGuid)
134        {
135          //根據 fOrderGuid 找出和訂單主檔關聯的訂單明細，並指定給 orderDetails
136            var orderDetails = db.tOrderDetail
137                .Where(m => m.fOrderGuid == fOrderGuid).ToList();
138            //目前訂單明細的 OrderDetail.cshtml 檢視使用 orderDetails 模型
139            return View(orderDetails);
140        }
141     }
142 }
```

2. 在 OrderDetail()方法處按滑鼠右鍵，執行功能表的【新增檢視(D)...】指令開啟「加入檢視」視窗新增 OrderList.cshtml 的 View 檢視頁面，請設定 檢視名稱(N) 是「OrderDetail」、範本(T) 是「List」、模型類別(M) 是「tOrderDetail」、資料內容類別(D) 是「dbShoppingCarEntities」、勾選 參考指令碼程式庫(R) 和 使用版面配置頁(U)，版面配置頁使用_LayoutMember.cshtml。

接著在 Views/Member 資料夾下產生 OrderDetail.cshtml 檢視頁面，請修改灰底處程式碼：

<HTML> 程式碼 FileName:Views/Member/OrderDetail.cshtml

```
01 @model IEnumerable<prjShoppingCar.Models.tOrderDetail>
02
03 @{
04     ViewBag.Title = "訂單明細";
05     Layout = "~/Views/Shared/_LayoutMember.cshtml";
06 }
07
08 <h2>訂單明細</h2>
09 <table class="table">
10     <tr>
11         <th>
12             @Html.DisplayNameFor(model => model.fOrderGuid)
13         </th>
14         <th>
15             @Html.DisplayNameFor(model => model.fUserId)
16         </th>
17         <th>
18             @Html.DisplayNameFor(model => model.fPId)
19         </th>
20         <th>
21             @Html.DisplayNameFor(model => model.fName)
22         </th>
23         <th>
24             @Html.DisplayNameFor(model => model.fPrice)
25         </th>
26         <th>
27             @Html.DisplayNameFor(model => model.fQty)
```

```
28          </th>
29          <th>
30              @Html.DisplayNameFor(model => model.fIsApproved)
31          </th>
32      </tr>
33 @foreach (var item in Model) {
34      <tr>
35          <td>
36              @Html.DisplayFor(modelItem => item.fOrderGuid)
37          </td>
38          <td>
39              @Html.DisplayFor(modelItem => item.fUserId)
40          </td>
41          <td>
42              @Html.DisplayFor(modelItem => item.fPId)
43          </td>
44          <td>
45              @Html.DisplayFor(modelItem => item.fName)
46          </td>
47          <td>
48              @Html.DisplayFor(modelItem => item.fPrice)
49          </td>
50          <td>
51              @Html.DisplayFor(modelItem => item.fQty)
52          </td>
53          <td>
54              @Html.DisplayFor(modelItem => item.fIsApproved)
55          </td>
56      </tr>
57 }
58 </table>
```

Step 20 按下執行程式 ▶ 鈕，請測試網站所有功能

本例線上購物商城介紹到此，讀者可根據前面章節所學，為本例新增更多元的功能，如產品關鍵字查詢、會員修改、管理者登入、管理者上傳產品、進銷存管理…等，使本例成為更貼近實務面的商務平台。

12 ASP.NET Web Form 前進 ASP.NET MVC

學習目標

本章首先讓初學者了解 ASP.NET Web Form 與 ASP.NET MVC 的差異，再逐步引領初學者如何將 ASP.NET Web Form 的產品管理系統改寫成 ASP.NET MVC 的產品管理系統。閱讀本章有助於 ASP.NET Web Form 的開發人員邁向 ASP.NET MVC 之路。

但義人的路，好像黎明的光，越照越明，直到日午。
(箴言 4:18)

12.1 Web Form 與 MVC 比較

ASP.NET Web Form 網頁(Web Form 或稱 Web 表單)繼承自 System.Web.UI.Page 基底類別，它讓開發人員能夠像開發視窗應用程式(Windows Forms App)一樣的方法來開發網站應用程式(Web Application)。ASP.NET 提供許多的 ASP.NET Web 伺服器控制項，而控制項和事件的使用方式與視窗應用程式相同，且為了使伺服器控制項能讓各種狀態順利執行，ASP.NET 特別設計了網頁生命週期 (Page Life Cycle)事件狀態。

微軟提供 ASP.NET MVC 讓網頁開發人員有了新的選擇，近年來越來越多企業選擇以 MVC 來開發 Web 應用程式，目前微軟官方表示將不再更新 Web Form 技術，但 MVC 版本會持續推陳出新，這並不是 MVC 會取代 Web Form 的網頁技術，兩者沒有誰優誰劣，開發人員應評估其優缺點再自行選擇。以下列出 Web Form 與 MVC 的優勢供讀者參考：

Web Form 優勢	MVC 優勢
1. 事件驅動：提供開發人員許多事件，除了方便撰寫程式，更讓視窗應用程式開發人員能快速進入 Web 應用程式的門檻。 2. 網頁架構：Code Behind 開發模式，方便美術人員和開發人員分工合作。 3. 狀態管理：使用 ASP.NET Web 伺服器控制項，減少狀態管理的複雜度。 4. 豐富控制項：ASP.NET 社群提供大量免費的伺服器控制項，減少開發人員開發時間，如 ASP.NET AJAX Control Toolkit 。	1. 關注點分離：ASP.NET MVC 使用關注點分離原則，分成 Model、View、Controller 三個部分，使程式更加容易維護。 2. 使用 HTML：由於 ASP.NET MVC 沒有伺服器控制項，不必花費學習成本在伺服器控制項上，只需使用標準的 HTML5 增加對前端的控制即可。 3. 沒有 ViewState：執行速度較快。 4. 測試導向開發：ASP.NET MVC 可同時建立 Web 專案和測試專案，並對程式的每一動作撰寫單元測試，以便進行正確性檢驗的測試工作。

12.2 ASP.NET Web Form 產品管理系統

.NET 應用程式早期在 Web 應用程式開發是採 ASP.NET Web Form，由於 Web Form 技術行之有年，有不少專案或系統也針對 Web Form 設計應用程式的 Framework 或類別程式庫。在 ASP.NET MVC 出現之後，有不少軟體公司或開發人員想要導入 ASP.NET MVC，而 Web Form 與 MVC 之間的架構和觀念有著非常大的差異，但兩者的開發模式都建立在 .NET Framework，因此過去開發 Web Form 應用程式的經驗也能應用在 MVC 中。因此本章將 Web Form 常用技術如主版頁面、資料控制項以及 ADO.NET 技術實作成產品管理系統，並在 12.3 節介紹如何改寫成 ASP.NET MVC 產品管理系統。若您是 ASP.NET Web Form 的開發人員想要學習 ASP.NET MVC，建議可以參考本章步驟。

範例 slnWebForm 方案

製作可新增、修改、刪除、檢視 ASP.NET Web Form 的產品管理系統。

執行結果

1. 網站執行時出現 Index.aspx 產品列表網頁，產品資料有編號、品名、單價、圖示四個欄位，每一筆產品記錄可使用編輯和刪除記錄的功能；如下圖若按下刪除的連結，會出現對話方塊再次詢問是否刪除該筆記錄。

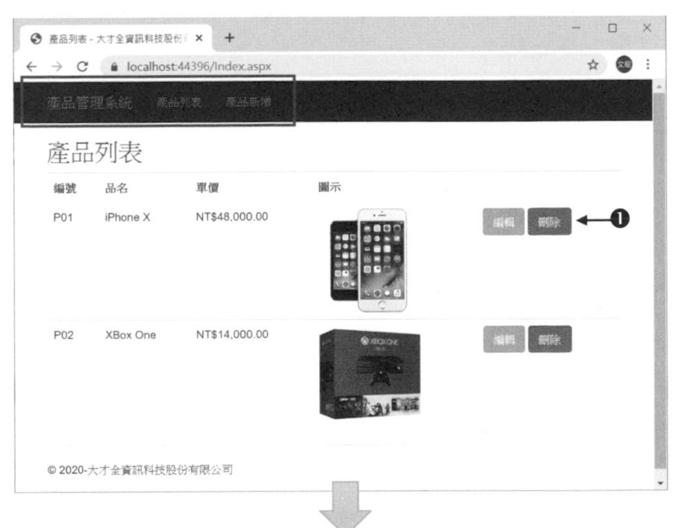

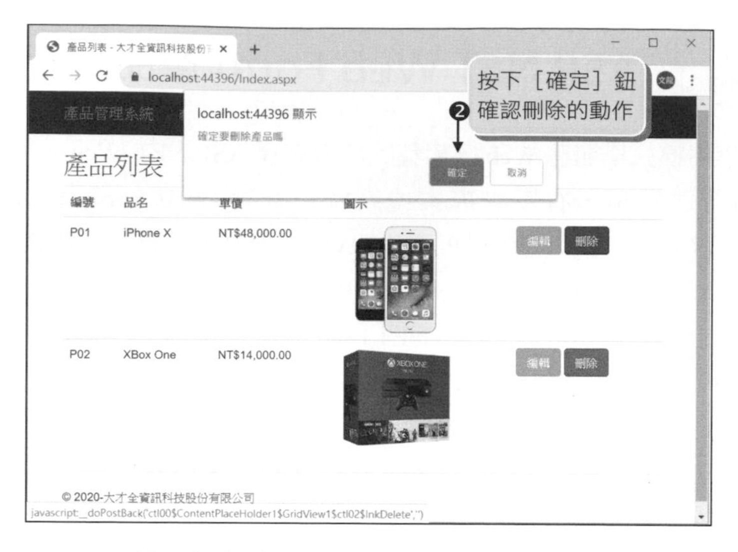

2. 當在 Index.aspx 按下編輯連結時會切換到修改記錄的 Edit.aspx 網頁，網頁會出現欲修改的產品記錄，修改完成之後可按下 儲存 鈕更新產品資料。

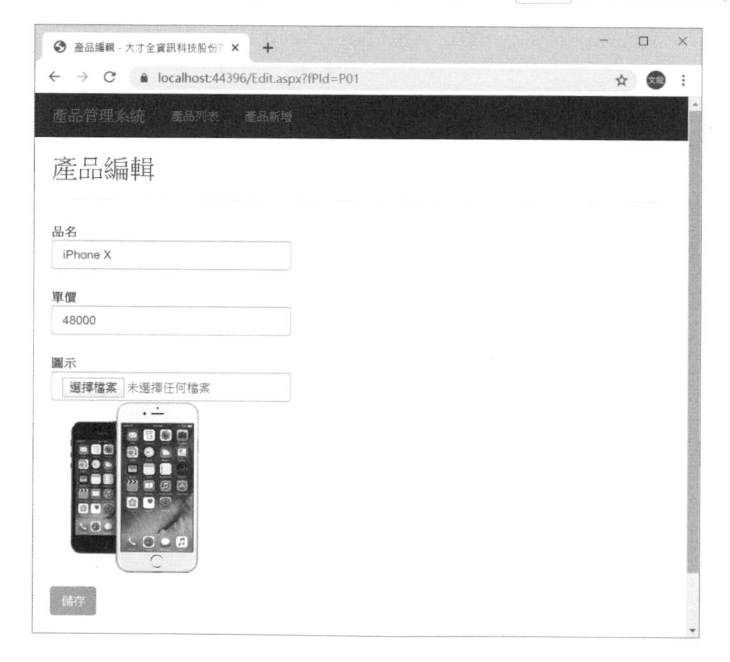

3. 按下產品新增連結會連結下圖產品新增 Create.aspx 網頁，在此網頁可輸入書號、品名、單價以及上傳產品的圖示，接著再按下 新增 鈕。新增產品記錄後即會回到產品列表 Index.aspx 網頁觀看新增後的結果。

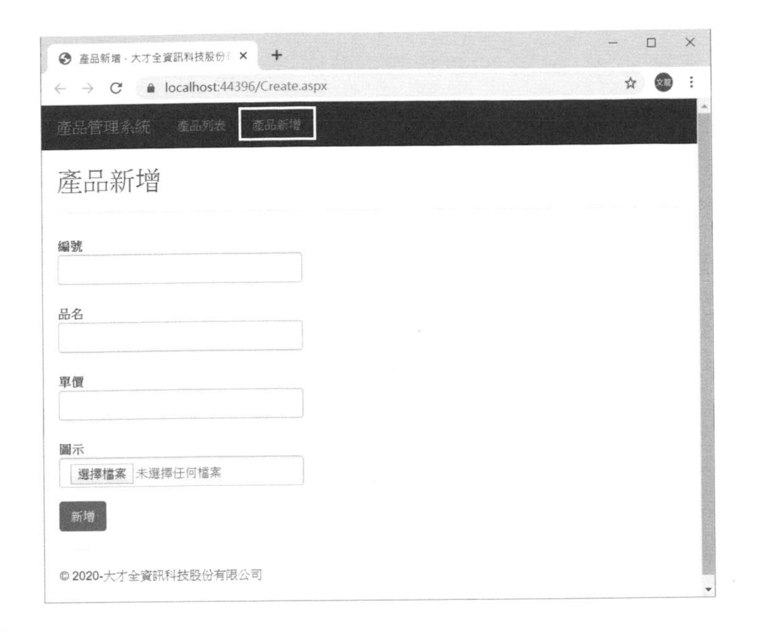

資料表

資料表名稱	tProduct				
主鍵值欄位	fPId				
欄位名稱	資料型態	長度	允許 null	預設值	備註
fPId	nvarchar	50	否		產品編號
fName	nvarchar	50	是		品名
fPrice	int		是		單價
fImg	nvarchar	50	是		圖示

專案說明

本範例專案資料夾功能說明如下：

1. App_Data 資料夾：存放 dbProduct.mdf 資料庫，該資料庫內含 tProduct 資料表。
2. Content、Script 資料夾：內含 Bootstrap 前端框架(CSS 與 JS)，適用於手機、平板、桌上型電腦等各種平台。
3. Images 資料夾：產品圖檔儲存位置。

4. Models 資料夾：由 ADO.NET 實體資料模型產生可存取 dbProduct.mdf 資料庫的類別程式庫。

5. Site.Master 主版頁面：是 Index.aspx、Create.aspx、Edit.aspx 共用的主版頁面(網頁樣版)，此主版頁面內含 Bootstrap 前端框架所設計的 [產品列表]、[產品新增] 選單以及頁尾。

6. ASP.NET Web Form 網頁：Index.aspx 產品列表網頁、Create.aspx 產品新增網頁、Edit.aspx 產品修改網頁。

上機練習

Step 01 建立 Visual C# 的 ASP.NET Web 應用程式專案

進入 VS 整合開發環境，執行【檔案(F)/新增(N)/專案(P)...】開啟下圖「新增專案」視窗，接著依下圖操作在「C:\MVC\ch12」資料夾下建立名稱為「slnWebForm」方案，專案名稱命名為「prjWebForm」，專案範本為「空白」，核心參考為「Web Forms」。

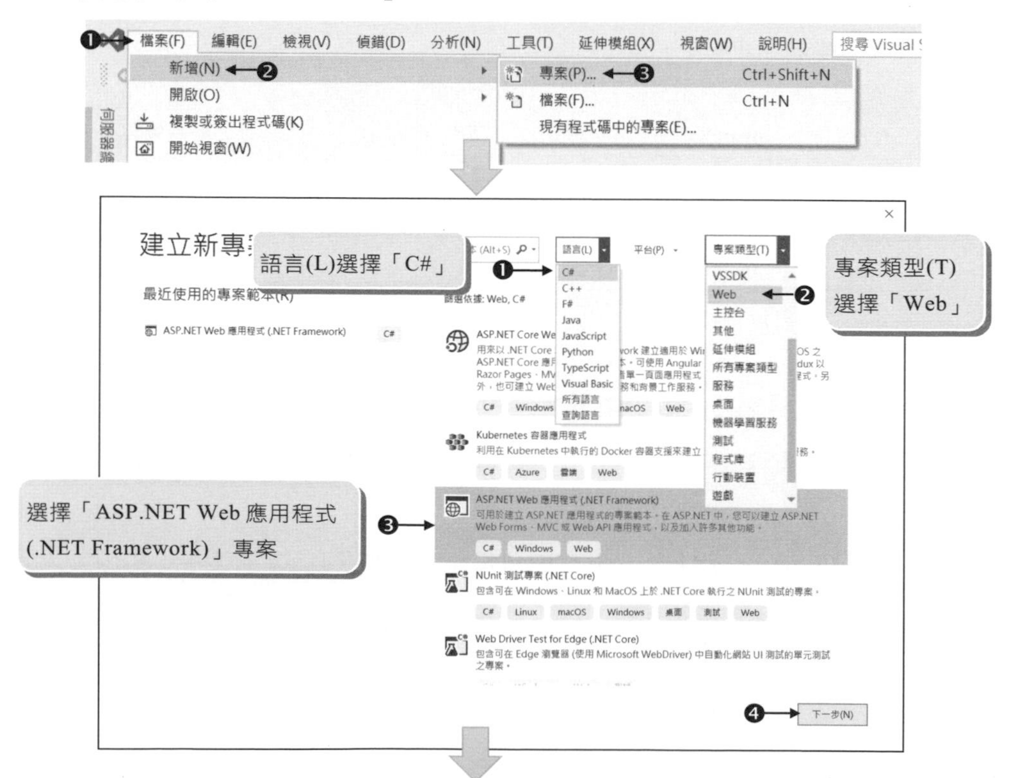

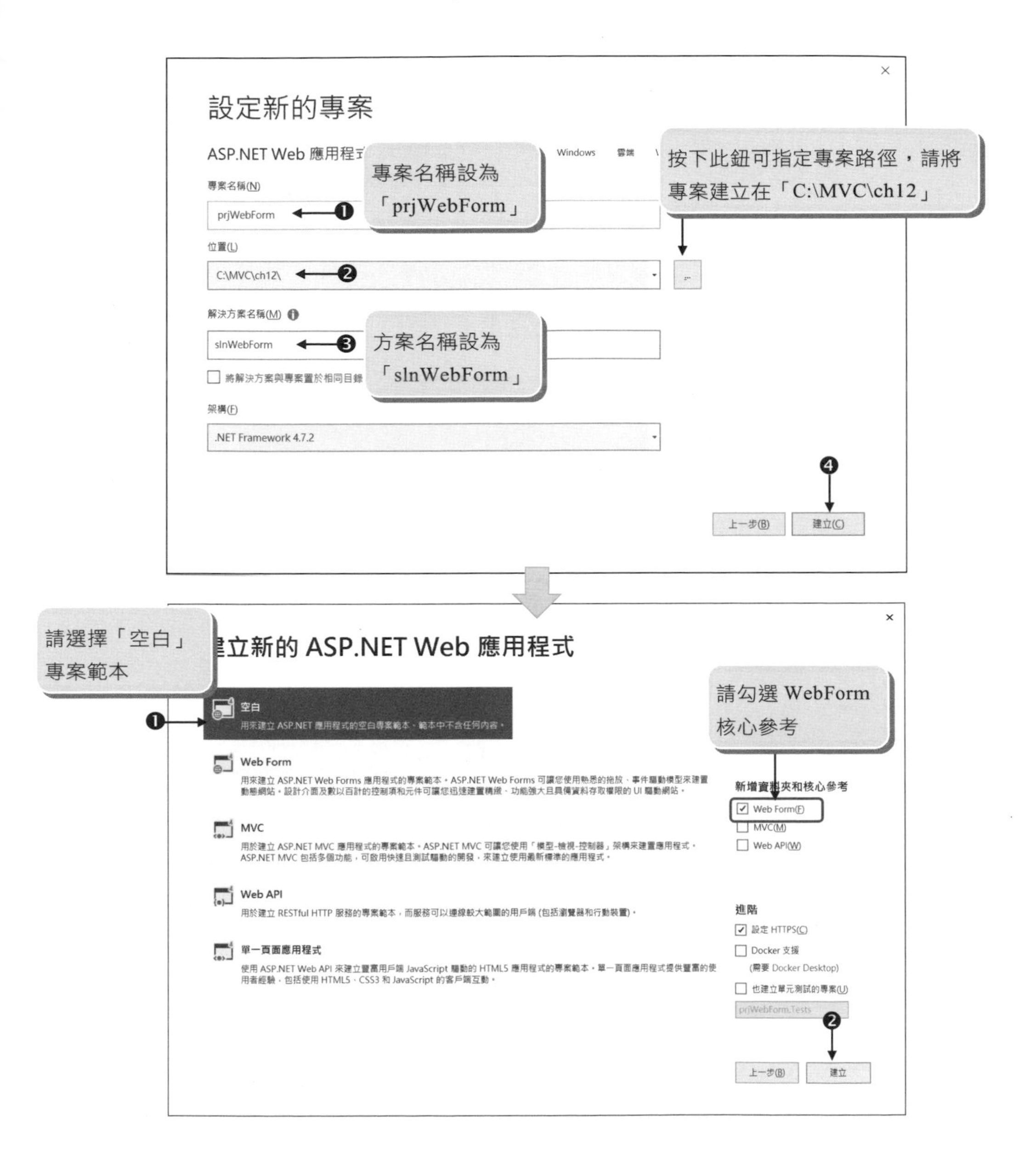

Step 02 在專案中加入欲使用的資料庫與 Bootstrap 前端框架

將 ch12 資料夾下的 Content、Script、images 資料夾放入專案下；將 dbProduct.mdf 放入專案的 App_Data 資料夾下。

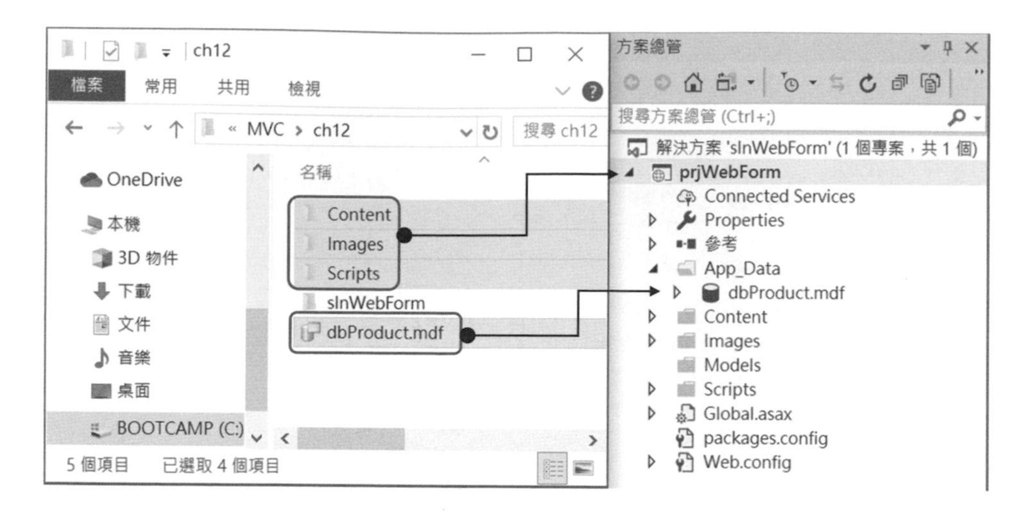

Step 03 建立可存取 dbProduct.mdf 資料庫的 Model(ADO.NET 實體資料模型)

1. 在方案總管的 Models 資料夾按滑鼠右鍵，並執行快顯功能表的【加入(D)/新增項目(W)...】指令新增「ADO.NET 實體資料模型」，將該檔名設為「dbProductModel.edmx」。

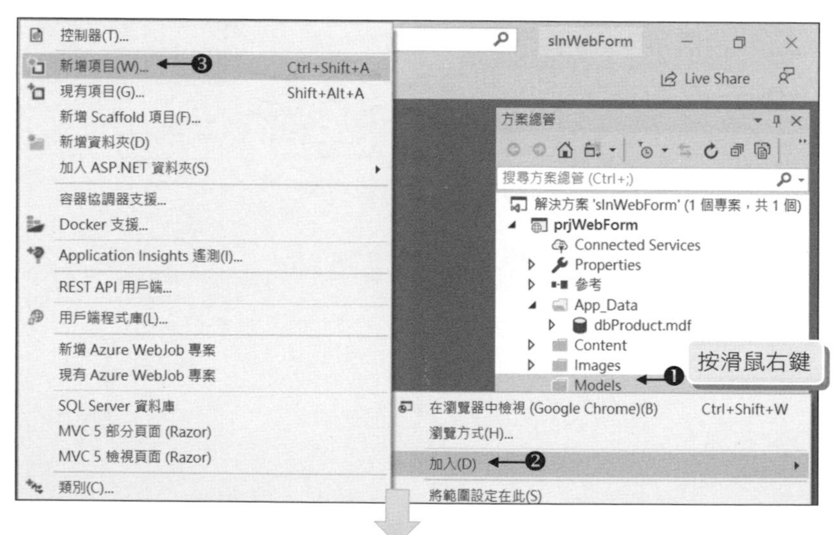

2. 當新增 dbProductModel.edmx 的 ADO.NET 實體資料模型後，即會開啟「實體資料模型精靈」視窗，該視窗會一步步指引使用者完成模型。

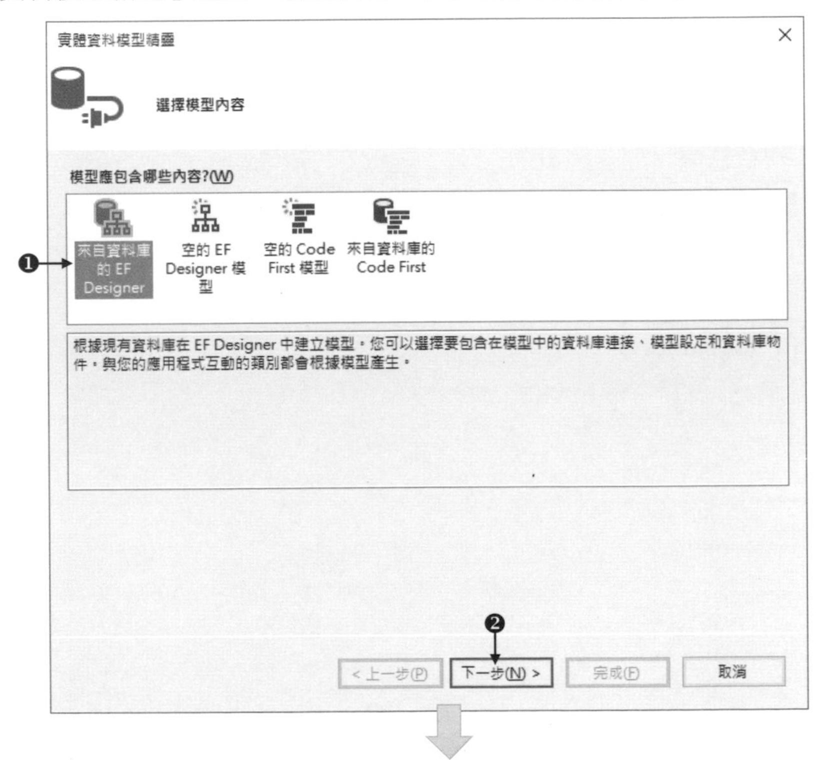

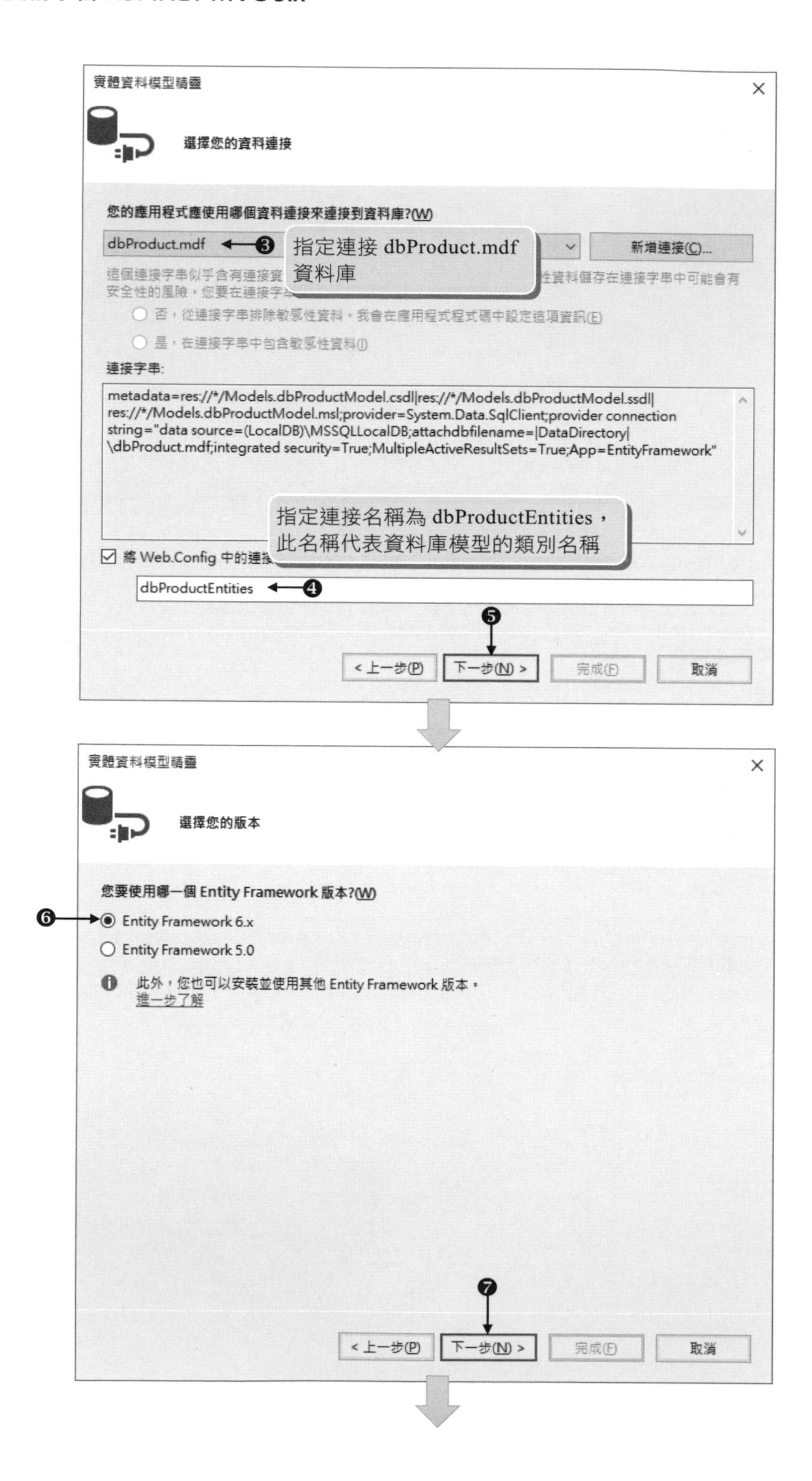
實體資料模型精靈
選擇您的資料連接
您的應用程式應使用哪個資料連接來連接到資料庫?(W)
dbProduct.mdf
❸
指定連接 dbProduct.mdf 資料庫
新增連接(C)...
這個連接字串似乎含有連接資
性資料儲存在連接字串中可能會有
安全性的風險，您要在連接字串
否，從連接字串排除敏感性資料，我會在應用程式程式碼中設定這項資訊(E)
是，在連接字串中包含敏感性資料(I)
連接字串:
metadata=res://*/Models.dbProductModel.csdl|res://*/Models.dbProductModel.ssdl|res://*/Models.dbProductModel.msl;provider=System.Data.SqlClient;provider connection string="data source=(LocalDB)\MSSQLLocalDB;attachdbfilename=|DataDirectory|\dbProduct.mdf;integrated security=True;MultipleActiveResultSets=True;App=EntityFramework"
指定連接名稱為 dbProductEntities，此名稱代表資料庫模型的類別名稱
將 Web.Config 中的連接
dbProductEntities
❹
❺
< 上一步(P)
下一步(N) >
完成(F)
取消
實體資料模型精靈
選擇您的版本
您要使用哪一個 Entity Framework 版本?(W)
❻
Entity Framework 6.x
Entity Framework 5.0
此外，您也可以安裝並使用其他 Entity Framework 版本。
進一步了解
❼
< 上一步(P)
下一步(N) >
完成(F)
取消

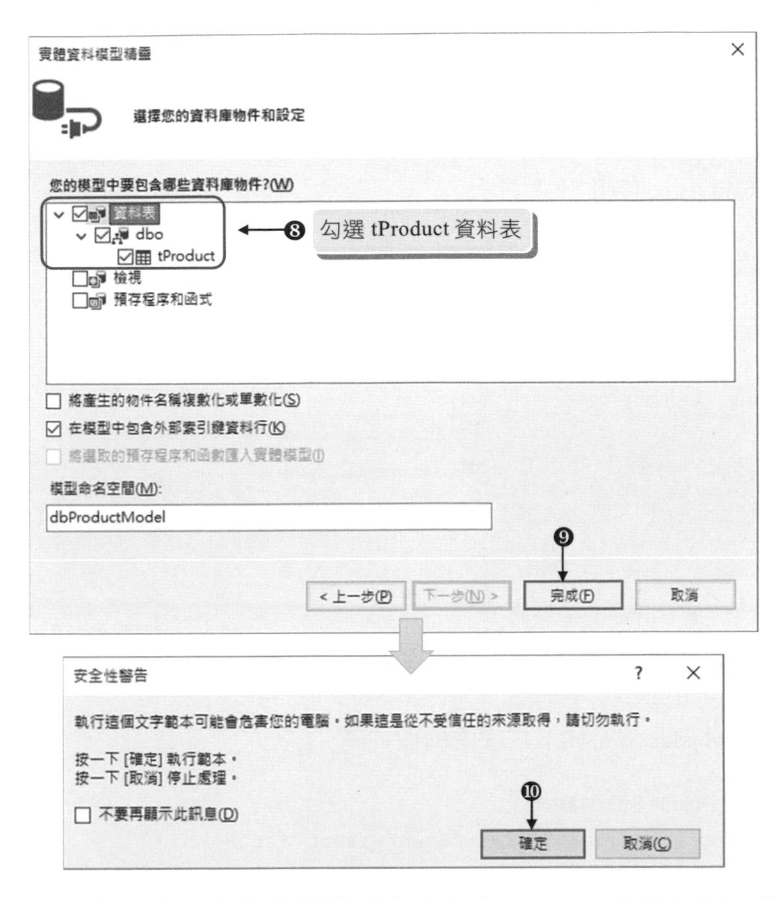

3. 完成上面步驟後，實體資料模型會建立在 Models 資料夾下。此時 Entity Designer 實體資料模型設計工具會內含「tProduct」實體資料模型。

4. 請選取方案總管視窗的專案名稱(prjWebForm)，並按滑鼠右鍵執行快顯功能表的【建置(U)】指令編譯整個專案，此時就可以使用 Entity Framework 來存取 dbProduct.mdf 資料庫。

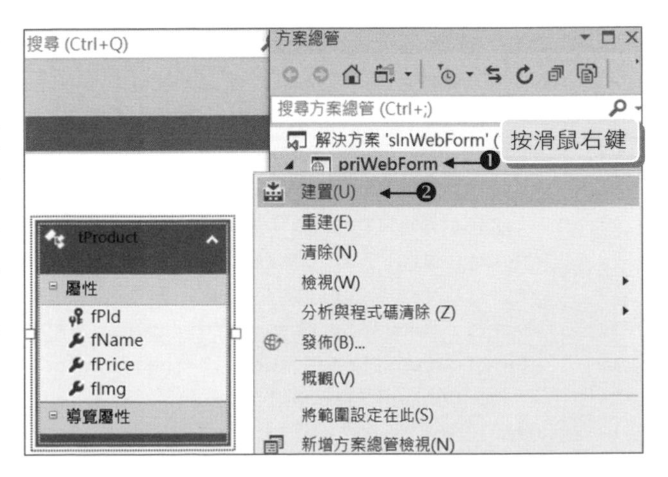

Step 04 選取方案總管中的 prjWebForm 專案名稱，並按滑鼠右鍵執行快功能的【加入(D)/加入項目(W)】開啟下圖「加入項目」視窗，接著依下圖操作新增「Site.Master」的主版頁面，此頁面提供給 Index.aspx、Create.aspx、Edit.aspx 套用。

在 Site.Master 撰寫如下灰底處的程式碼。

程式碼 FileName: Site.Master

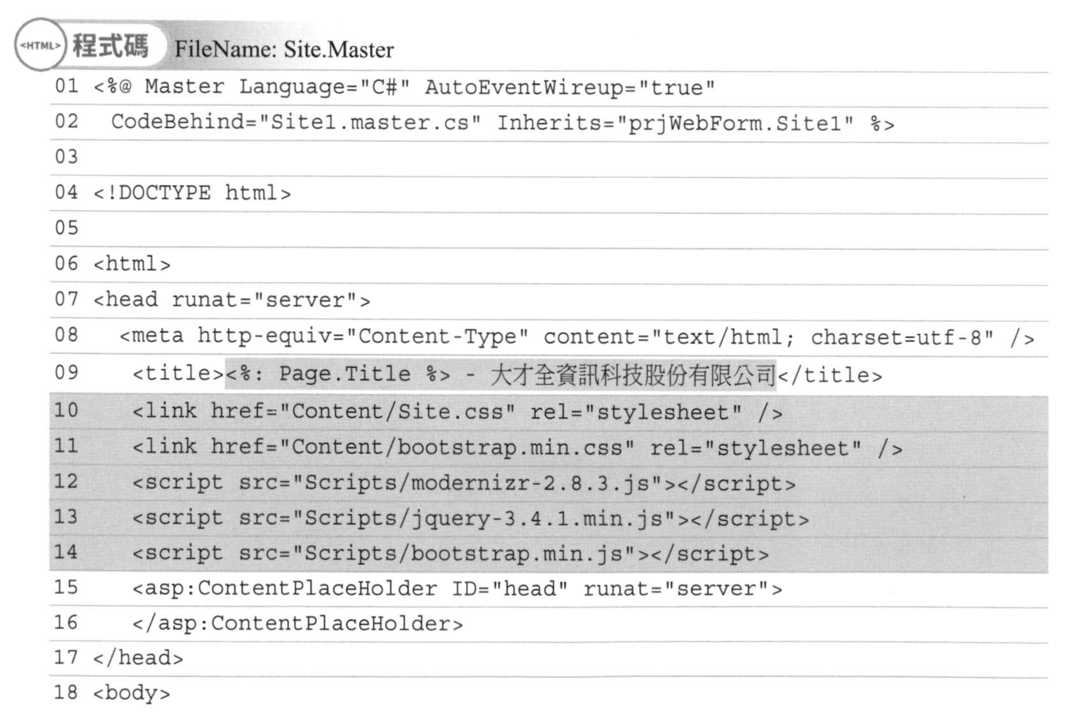

```
01 <%@ Master Language="C#" AutoEventWireup="true"
02  CodeBehind="Site1.master.cs" Inherits="prjWebForm.Site1" %>
03
04 <!DOCTYPE html>
05
06 <html>
07 <head runat="server">
08   <meta http-equiv="Content-Type" content="text/html; charset=utf-8" />
09    <title><%: Page.Title %> - 大才全資訊科技股份有限公司</title>
10    <link href="Content/Site.css" rel="stylesheet" />
11    <link href="Content/bootstrap.min.css" rel="stylesheet" />
12    <script src="Scripts/modernizr-2.8.3.js"></script>
13    <script src="Scripts/jquery-3.4.1.min.js"></script>
14    <script src="Scripts/bootstrap.min.js"></script>
15    <asp:ContentPlaceHolder ID="head" runat="server">
16    </asp:ContentPlaceHolder>
17 </head>
18 <body>
```

```
19     <form id="form1" runat="server">
20         <div class="navbar navbar-inverse navbar-fixed-top">
21             <div class="container">
22                 <div class="navbar-header">
23                     <button type="button" class="navbar-toggle"
24                   data-toggle="collapse" data-target=".navbar-collapse">
25                         <span class="icon-bar"></span>
26                         <span class="icon-bar"></span>
27                         <span class="icon-bar"></span>
28                     </button>
29                     <a class="navbar-brand" runat="server"
30                         href="Index.aspx">產品管理系統
31                     </a>
32                 </div>
33                 <div class="navbar-collapse collapse">
34                     <ul class="nav navbar-nav">
35                   <li><a runat="server" href="Index.aspx">產品列表</a></li>
36                 <li><a runat="server" href="Create.aspx">產品新增</a></li>
37                     </ul>
38                 </div>
39             </div>
40         </div>
41         <div class="container body-content">
42             <asp:ContentPlaceHolder ID="ContentPlaceHolder1" runat="server">
43             </asp:ContentPlaceHolder>
44             <hr />
45             <footer>
46                 <p>&copy;  <%: DateTime.Now.Year %>-大才全資訊科技股份有限公司</p>
47             </footer>
48         </div>
49     </form>
50 </body>
51 </html>
```

說明

1) 第 10~14 行：套用 bootstrap 前端框架。
2) 第 20~40 行：在網頁頁首製作 bootstrap 的巡覽列選單。
3) 第 42~43 行：內容頁面的區塊，將來提供給 Index.aspx、Create.aspx 以及 Edit.aspx 網頁使用。

4) 第 45~47 行：網頁首尾區塊。

Step 05 建立 Index.aspx 產品列表 Web Form 網頁：

1. 選取方案總管中的 prjWebForm 專案名稱，並按滑鼠右鍵執行【**加入(D)/加入項目(W)**】開啟下圖「加入項目」視窗，接著依下圖操作新增「使用主版頁面的 Web Form」網頁，此網頁命名為 Index.aspx，並套用 Site.Master 主版頁面。

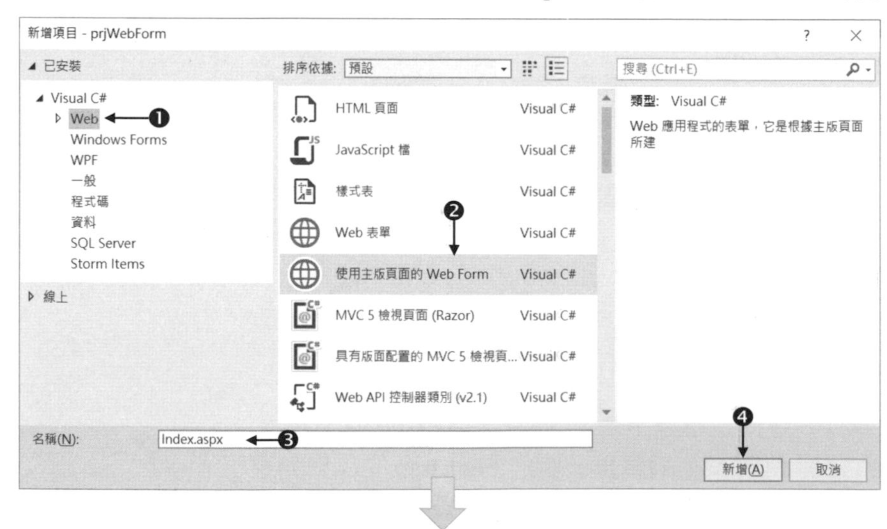

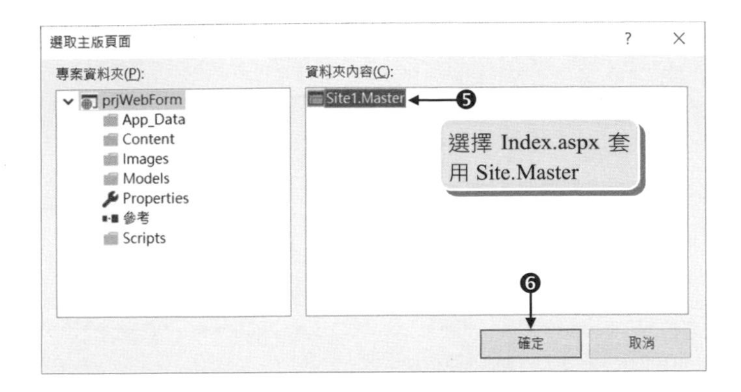

2. 建立 Index.aspx 網頁之後，請切換到 [原始檔] 模式，可看到

   <asp:Content ID="Content2"

   ContentPlaceHolderID="ContentPlaceHolder1" runat="server">

   <asp:Content>。

   上述標籤區段即是主版頁面的內容區域，因此此處可撰寫 Index.aspx 網頁要呈現的控制項或網頁內容程式碼：

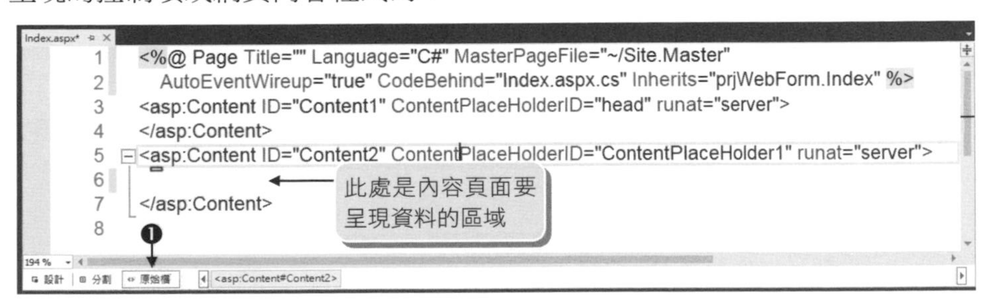

3. 撰寫 Index.aspx 網頁如下灰底的程式碼。

程式碼 FileName:Index.aspx

```
01 <%@ Page Title="產品列表" Language="C#" MasterPageFile="~/Site1.Master"
02  AutoEventWireup="true" CodeBehind="Index.aspx.cs"
03  Inherits="prjWebForm.Index" %>
04
05 <asp:Content ID="Content1" ContentPlaceHolderID="head" runat="server">
06 </asp:Content>
07 <asp:Content ID="Content2" ContentPlaceHolderID="ContentPlaceHolder1"
08  runat="server">
09   <h2>產品列表</h2>
10   <asp:GridView ID="GridView1" runat="server" CssClass="table"
11       BorderStyle="None" AutoGenerateColumns="False"
```

```
12          OnRowCommand="GridView1_RowCommand" GridLines="None">
13          <Columns>
14              <asp:BoundField DataField="fPId" HeaderText="編號" />
15              <asp:BoundField DataField="fName" HeaderText="品名" />
16              <asp:BoundField DataField="fPrice" HeaderText="單價"
17                  DataFormatString="{0:C}" />
18              <asp:ImageField DataImageUrlField="fImg"
19                  DataImageUrlFormatString="Images/{0}"
20                  HeaderText="圖示" NullDisplayText="無圖示">
21              <ControlStyle Width="130px" />
22              </asp:ImageField>
23              <asp:TemplateField>
24                  <ItemTemplate>
25                      <asp:LinkButton ID="lnkEdit" runat="server"
26                          class="btn btn-warning"
27                          CommandArgument='<%# Eval("fPId", "{0}") %>'
28                          CommandName="編輯">編輯</asp:LinkButton>
29                      <asp:LinkButton ID="lnkDelete" runat="server"
30                          class="btn btn-danger"
31                          CommandArgument='<%# Eval("fPId", "{0}") %>'
32                          CommandName="刪除"
33                          OnClientClick="return confirm('確定要刪除產品嗎');">
34                            刪除
35                      </asp:LinkButton>
36                  </ItemTemplate>
37              </asp:TemplateField>
38          </Columns>
39      </asp:GridView>
40  </asp:Content>
```

下圖為 Index.aspx 產品列表網頁的 [設計] 畫面。

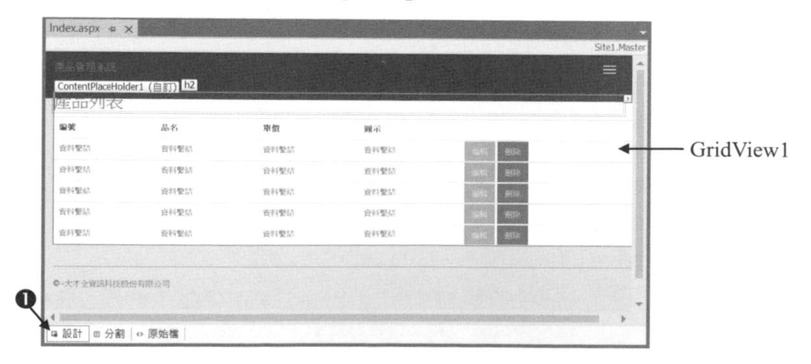

說明

1) 第 1 行:設定網頁的資訊,如標題為「產品列表」、套用主版頁面為「Site.Master」,使用的程式碼後置檔為「Index.aspx.cs」...等。
2) 第 10~39 行:建立名稱為 GridView1 控制項。
3) 第 12 行:按下 GirdView1 控制項的 [編輯] 、 [刪除] 鈕會觸發 GridView1_RowCommand 事件處理函式。
4) 第 12 行:設定 GridView1 的 RowCommand(命令事件)的事件處理函式為 GridView1_ RowCommand。
5) 第 13~38 行:<Columns>~</Columns>用來定義 GridView 中欄位呈現的樣子。
6) 第 14 行:指定 GridView 第一欄的標題為「編號」,繫結(顯示)的資料欄位為 fPId。
7) 第 15 行:指定 GridView 第二欄的標題為「品名」,繫結(顯示)的資料欄位為 fName。
8) 第 16~17 行:指定 GridView 第三欄的標題為「單價」,繫結(顯示)的資料欄位為 fPrice,顯示的格式為貨幣格式。
9) 第 18~20 行:指定 GridView 第四欄為影像欄位,其標題為「圖示」,繫結(顯示)的圖示資料欄位為 fImg,圖示資料置於 Images 資料夾下,若 fImg 沒有資料則會顯示「無圖示」。
10) 第 23~37 行:指定 GridView 第五欄為 Template 自訂欄位,此欄位建立了「編輯」與「刪除」的連結欄位。
11) 第 25~28 行:建立物件名稱 lnkEdit 的超連結控制項,該控制項的命令名稱(CommandName)為「編輯」,命令引數資料為 fPId。
12) 第 29~35 行:建立物件名稱 lnkDelete 的超連結控制項,該控制項的命令名稱(CommandName)為「刪除」,命令引數資料為 fPId。

4. 撰寫 Index.aspx.cs 程式碼後置檔的程式碼。

C# 程式碼 FileName: Index.aspx.cs

```
01 using prjWebForm.Models;
02
03 namespace prjWebForm
04 {
05     public partial class Index : System.Web.UI.Page
```

```
06      {
07          dbProductEntities db = new dbProductEntities();
08
09          //loadData()方法可在 GridView1 控制項顯示 tProudct 資料表的所有記錄
10          void loadData()
11          {
12              GridView1.DataSource = db.tProduct.ToList();
13              GridView1.DataBind();
14          }
15
16          // ASP.NET 網頁載入時執行
17          protected void Page_Load(object sender, EventArgs e)
18          {
19              if (!Page.IsPostBack)
20              {
21                  loadData();
22              }
23          }
24
25          // 當控制項的 CommandName 按鈕被按時會觸發 RowCommand 事件
26          protected void GridView1_RowCommand(object sender,
27             GridViewCommandEventArgs e)
28          {
29              string fPId = e.CommandArgument.ToString();
30              if (e.CommandName == "編輯")
31              {
32                  Response.Redirect("Edit.aspx?fPId=" + fPId);
33              }
34              else if (e.CommandName == "刪除")
35              {
36                  //取得目前的產品
37                  var product = db.tProduct
38                      .Where(m => m.fPId == fPId).FirstOrDefault();
39                  string fileName = product.fImg; //取得產品的圖檔
40                  if (fileName != "")
41                  {
42                      //刪除指定圖檔
43                      System.IO.File.Delete
44                          (Server.MapPath("~/Images") + "/" + fileName);
45                  }
```

```
46                  db.tProduct.Remove(product);//刪除指定產品
47                  db.SaveChanges();
48                  loadData();   //GridView1 顯示 tProduct 資料表的所有記錄
49              }
50          }
51      }
52  }
```

說明

1) 第 1 行：存取 dbProduct.mdf 資料庫的 dbProductEntities 類別物件置於 Models 資料夾，因此請引用 prjWebForm.Models 命名空間。
2) 第 10~14 行：loadData()方法可取得 tProudct 資料表的所有記錄並顯示在 GridView1 控制項上。
3) 第 17~23 行：網頁載入時會執行 Page_Load 事件處理函式，網頁第一次載入時會呼叫 loadData()方法。
4) 第 26~50 行：按下 GirdView1 控制項的 [編輯]、[刪除] 鈕會觸發 GridView1_RowCommand 事件處理函式。
5) 第 29 行：取得命令引數並指定給 fPId 變數。
6) 第 30~33 行：若按下 GridView1 的 [編輯] 鈕，CommandName 會等於「編輯」，此時會傳送 URL 的 fPId 參數值到 Edit.aspx 網頁。
7) 第 34~49 行：若按下 GridView1 的 [刪除] 鈕，CommandName 會等於「刪除」，此時會刪除目前的產品記錄與圖檔。

Step 06 建立 Create.aspx 產品新增 Web Form 網頁：

1. 同 Step 04 步驟新增「使用主版頁面的 Web Form」網頁，此網頁命名為 Create.aspx，並套用 Site.Master 主版頁面。

2. 撰寫 Create.aspx 產品新增網頁如下灰底的程式碼。

程式碼 FileName: Create.aspx

```
01 <%@ Page Title="產品新增" Language="C#" MasterPageFile="~/Site1.Master"
02   AutoEventWireup="true" CodeBehind="Create.aspx.cs"
03   Inherits="prjWebForm.Create" %>
04
05 <asp:Content ID="Content1" ContentPlaceHolderID="head" runat="server">
```

```
06 </asp:Content>
07 <asp:Content ID="Content2" ContentPlaceHolderID="ContentPlaceHolder1"
08  runat="server">
09    <h2>產品新增</h2>
10    <div class="form-horizontal">
11        <hr />
12        <div class="form-group">
13          <label for="txtPId" class="control-label col-md-2">編號</label>
14            <div class="col-md-10">
15                <asp:TextBox ID="txtPId" runat="server"
16                    class="form-control"></asp:TextBox>
17            </div>
18        </div>
19
20        <div class="form-group">
21         <label for="txtName" class="control-label col-md-2">品名</label>
22            <div class="col-md-10">
23                <asp:TextBox ID="txtName" runat="server"
24                    class="form-control"></asp:TextBox>
25            </div>
26        </div>
27
28        <div class="form-group">
29        <label for="txtPrice" class="control-label col-md-2">單價</label>
30            <div class="col-md-10">
31                <asp:TextBox ID="txtPrice" runat="server"
32                   class="form-control" TextMode="Number"></asp:TextBox>
33            </div>
34        </div>
35
36        <div class="form-group">
37    <label for="FileUpload1" class="control-label col-md-2">圖示</label>
38            <div class="col-md-10">
39                <asp:FileUpload ID="FileUpload1" class="form-control"
40                    runat="server" />
41            </div>
42        </div>
43        <div class="form-group">
44            <div class="col-md-offset-2 col-md-10">
45                <asp:Button ID="btnCreate" runat="server" Text="新增"
```

```
46                          class="btn btn-primary" OnClick="btnCreate_Click" />
47                      <asp:Label ID="lblError" runat="server"></asp:Label>
48                  </div>
49              </div>
50          </div>
51 </asp:Content>
```

下圖為 Create.aspx 產品新增網頁的 [設計] 畫面。

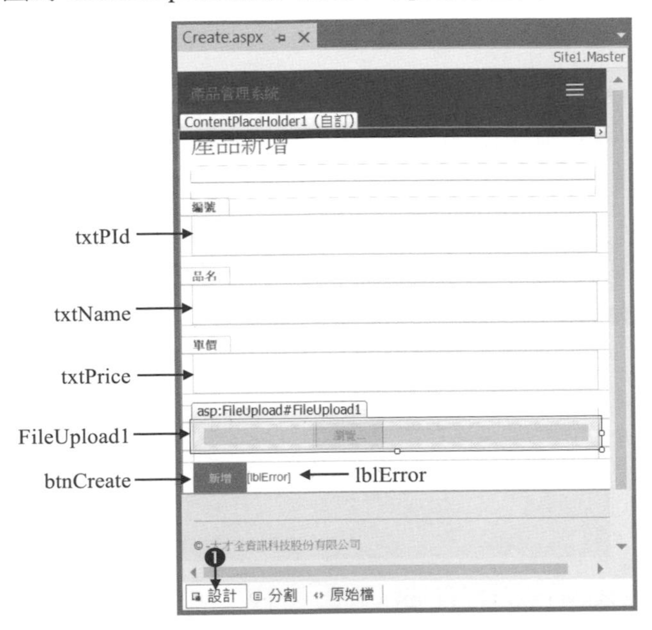

說明

1) 第 15~16,23~24,31~32 行：建立 TextBox 伺服器控制項(文字方塊)，ID 物件名稱為 txtPId、txtName、txtPrice。
2) 第 39~40 行：建立 FileUpload 伺服器控制項(檔案上傳)，ID 物件名稱為 FileUpload1。
3) 第 45~46 行：建立 Button 伺服器控制項(按鈕) 新增 ，ID 物件名稱為 btnCreate，並指定按下 新增 鈕觸發 Click 事件執行 btnCreate_Click 事件處理函式。
4) 第 47 行：建立 Label 伺服器控制項(標籤)，ID 物件名稱為 lblError。

3. 撰寫 Create.aspx.cs 程式碼後置檔的程式碼。

C# 程式碼 FileName: Create.aspx.cs

```
01 using prjWebForm.Models;
02
03 namespace prjWebForm
04 {
05     public partial class Create : System.Web.UI.Page
06     {
07         protected void Page_Load(object sender, EventArgs e)
08         {
09             //網頁載入事件不處理
10         }
11         protected void btnCreate_Click(object sender, EventArgs e)
12         {
13             try
14             {
15                 //圖檔儲存
16                 string fileName = "";
17                 if (FileUpload1.HasFile)
18                 {
19                     fileName = Guid.NewGuid().ToString() + ".jpg";
20                     FileUpload1.SaveAs(Server.MapPath("images")
21                         + "/" + fileName);
22                 }
23                 //新增記錄
24                 dbProductEntities db = new dbProductEntities();
25                 tProduct product = new tProduct();
26                 product.fPId = txtPId.Text;
27                 product.fName = txtName.Text;
28                 product.fPrice = int.Parse(txtPrice.Text);
29                 product.fImg = fileName;
30                 db.tProduct.Add(product);
31                 db.SaveChanges();
32                 Response.Redirect("Index.aspx");//轉向 Index.aspx
33             }
34             catch (Exception ex)
35             {
36                 lblError.Text = ex.Message;
37             }
38         }
39     }
```

```
40 }
```

說明

1) 第 11~38 行：按下 [新增] 鈕會執行 btnCreate_Click 事件處理程序。
2) 第 17~22 行：若 FileUpload1 有上傳的圖檔就將圖檔儲存至 images 資料夾下。
3) 第 24~31 行：將產品記錄新增到 tProduct 資料表。。
4) 第 32 行：網頁轉向連結到 Index.aspx 產品列表網頁。

Step 07 建立 Edit.aspx 產品編輯 Web Form 網頁：

1. 同 Step 05 步驟新增「使用主版頁面的 Web Form」網頁，此網頁命名為 Edit.aspx，並套用 Site.Master 主版頁面。

2. 撰寫 Edit.aspx 產品編輯網頁如下灰底的程式碼。

程式碼 FileName: Edit.aspx

```
01 <%@ Page Title="產品編輯" Language="C#" MasterPageFile="~/Site1.Master"
02  AutoEventWireup="true" CodeBehind="Edit.aspx.cs"
03  Inherits="prjWebForm.Edit" %>
04 <asp:Content ID="Content1" ContentPlaceHolderID="head" runat="server">
05 </asp:Content>
06 <asp:Content ID="Content2" ContentPlaceHolderID="ContentPlaceHolder1"
07  runat="server">
08    <h2>產品編輯</h2>
09   <div class="form-horizontal">
10        <hr />
11        <asp:TextBox ID="txtPId" runat="server" class="form-control"
12         Visible="false"></asp:TextBox>
13
14        <div class="form-group">
15          <label for="txtName" class="control-label col-md-2">品名</label>
16            <div class="col-md-10">
17                <asp:TextBox ID="txtName" runat="server"
18                    class="form-control"></asp:TextBox>
19            </div>
20        </div>
21
22        <div class="form-group">
```

```
23          <label for="txtPrice" class="control-label col-md-2">單價</label>
24              <div class="col-md-10">
25                  <asp:TextBox ID="txtPrice" runat="server"
26                      class="form-control" TextMode="Number"></asp:TextBox>
27              </div>
28          </div>
29
30          <div class="form-group">
31      <label for="FileUpload1" class="control-label col-md-2">圖示</label>
32              <div class="col-md-10">
33                  <asp:FileUpload ID="FileUpload1" runat="server"
34                      CssClass="form-control" />
35              </div>
36              <div class="col-md-10">
37                  <asp:Label ID="lblShowImg" runat="server"></asp:Label>
38             </div>
39          </div>
40
41          <div class="form-group">
42              <div class="col-md-offset-2 col-md-10">
43                  <asp:Button ID="btnSave" runat="server" Text="儲存"
44                      class="btn btn-warning" OnClick="btnSave_Click" />
45              </div>
46          </div>
47      </div>
48 </asp:Content>
```

說明

1) 第 11~12 行：建立 TextBox 伺服器控制項(文字方塊)，ID 物件名稱為 txtPId，並將此控制項設為不顯示以防使用者修改。
2) 第 17~18,25~26 行：建立 TextBox 伺服器控制項(文字方塊)，ID 物件名稱為 txtName 和 txtPrice。
3) 第 33~34 行：建立 FileUpload 伺服器控制項(檔案上傳)，ID 物件名稱為 FileUpload1。
4) 第 37 行：建立 Label 伺服器控制項(標籤)，ID 物件名稱為 lblShowImg，用來顯示要修改記錄的圖檔。

5) 第 43~44 行：建立 Button 伺服器控制項(按鈕) 儲存 ，ID 物件名稱為 btnSave，並指定按下 儲存 鈕觸發 Click 事件執行 btnSave_Click 事件處理函式。

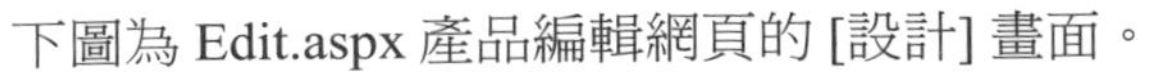

下圖為 Edit.aspx 產品編輯網頁的 [設計] 畫面。

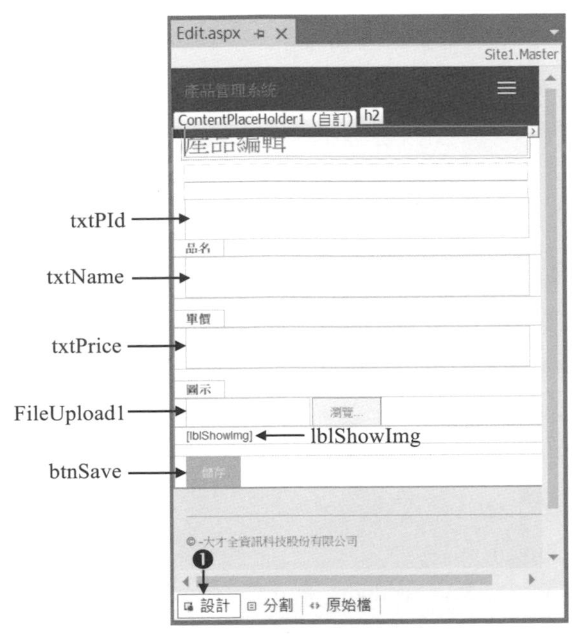

3. 撰寫 Edit.aspx.cs 程式碼後置檔的程式碼。

C# 程式碼 FileName: Edit.aspx.cs

```
01 using prjWebForm.Models;
02 namespace prjWebForm
03 {
04     public partial class Edit : System.Web.UI.Page
05     {
06         dbProductEntities db = new dbProductEntities();
07         //ASP.NET 網頁載入時執行
08         protected void Page_Load(object sender, EventArgs e)
09         {
10             if (!Page.IsPostBack)
11             {
12                 string fId = Request.QueryString["fPId"].ToString();
```

```
13                  var product = db.tProduct.Where
14                      (m => m.fPId == fId).FirstOrDefault();
15                  txtPId.Text = product.fPId;
16                  txtName.Text = product.fName;
17                  txtPrice.Text = product.fPrice.ToString();
18                  if (product.fImg == "")
19                  {
20                      lblShowImg.Text = "無圖示";
21                  }
22                  else
23                  {
24                      lblShowImg.Text =
25                        $"<img src='images/{product.fImg}' width='200'>";
26                  }
27              }
28          }
29
30          //按 [儲存] 鈕時執行
31          protected void btnSave_Click(object sender, EventArgs e)
32          {
33              string fPId, fileName;
34              fPId = txtPId.Text;
35              var product = db.tProduct.Where
36                  (m => m.fPId == fPId).FirstOrDefault();
37              fileName = product.fImg;
38              if (FileUpload1.HasFile)
39              {
40                  fileName = Guid.NewGuid().ToString() + ".jpg";
41                  FileUpload1.SaveAs(Server.MapPath("Images")
42                      + "/" + fileName);
43              }
44              product.fName = txtName.Text;
45              product.fPrice =int.Parse(txtPrice.Text);
46              product.fImg = fileName;
47              db.SaveChanges();
48              Response.Redirect("Index.aspx"); //轉向 Index.aspx 產品列表網頁
49          }
50      }
51  }
```

說明

1) 第 8~28 行：表單第一次載入時取得 Index.aspx 傳來的 URL 參數 fPId 產品編號並指定給 fPId 變數，接著再使用 LINQ 方法找出指定的產品記錄 product，最後再將 product 產品的 fPId、fName、fPrice、fImg 屬性顯示在各控制項上。
2) 第 18~27 行：若 product 的 fImg 屬性沒有資料即表示沒有圖檔，此時 lblShowImg 即顯示「無圖示」訊息；否則 lblShowImg 即使用<img>標籤顯示 product 的 fImg 屬性所代表的圖檔。
3) 第 38~43 行：若 FileUpload1 有上傳的圖檔就將圖檔儲存至 images 資料夾下。

Step 08 執行【偵錯(D)/開始偵錯(S)】開啟網頁並測試執行結果。

12.3 改寫 ASP.NET Web Form 成為 MVC

前面章節練習 ASP.NET MVC 時，在 VS 開發工具的設計檢視 (View) 畫面時並沒有像 ASP.NET Web Form 一樣有視覺化介面設計畫面，ASP.NET MVC 也沒有提供控制項，在設計檢視時是以 HTML、HTML helper 及 CSS 為基礎，因此學習 ASP.NET MVC 時，強烈建議開發人員具備 HTML、CSS 和 JavaScript 的開發知識。

範例 slnMvc 方案

將 ASP.NET Web Form 產品管理系統改寫成 ASP.NET MVC 產品管理系統。本例執行結果同 12.2 節範例。

資料表

使用 dbProudct.mdf 資料庫，該資料庫內含 tProduct 產品資料表，資料表內含 fPId 編號、fName 品名、fPrice 單價、fImg 圖示欄位。

專案說明

本範例專案資料夾功能說明如下：

1. App_Data 資料夾：存放 dbProduct.mdf 資料庫，該資料庫內含 tProduct 資料表。
2. Content、Script 資料夾：內含 Bootstrap 前端框架(CSS 與 JS)，適用於手機、平板、桌上型電腦等各種平台，這兩個資料夾 ASP.NET MVC 專案會自動產生。

3. images 資料夾：產品圖檔儲存位置。

4. Models 資料夾：由 ADO.NET 實體資料模型產生可存取 dbProduct.mdf 資料庫的類別程式庫。

5. Controllers 資料夾：建立 HomeController 類別，此控制器類別必須繼承自 Controller。該類別實作下列六個動作方法：

   ① public ActionResult Index()
   用來執行 Index.cshtml 產品列表檢視頁面，並將產品資料表的所有記錄傳至 Index.cshtml 檢視頁面。

   ② public ActionResult Create()
   用來執行 Create.cshtml 產品新增檢視頁面。

   ③ [HttpPost] public ActionResult Create
   (tProduct vProduct , HttpPostedFileBase fProductImg)
   此方法指定 [HttpPost] 屬性，因此當瀏覽器送出 HTTP POST 請求時會執行此方法，此時表單欄位 fPId 編號、fName 品名、fPrice 單價會繫結至 vProduct 物件，同時取得 fProductImg 檔案上傳欄位資料，最後將這些資料進行產品記錄新增。

   ④ public ActionResult Delete(string fPId)
   當瀏覽器送出 HTTP GET 請求時會執行此方法，也就是網址傳送 fPId 的 URL 參數的資料時會執行此方法，並依據 fPId 編號來刪除指定的產品記錄。

   ⑤ public ActionResult Edit(string fPId)
   當瀏覽器送出 HTTP GET 請求時會執行此方法，也就是網址傳送 fPId 的 URL 參數的資料時會執行此方法，並依據 fPId 編號取出欲修改產品記錄並顯示在 Edit.cshtml 產品修改檢視頁面。

   ⑥ [HttpPost] public ActionResult Edit
   (tProduct vProduct, HttpPostedFileBase fProductImg, string oldfileName)
   此方法有 [HttpPost] 屬性，所以當瀏覽器送出 HTTP POST 請求時會執行此方法，此時會將 fPId 編號、fName 品名、fPrice 單價繫結到 vProduct 物件的屬性，同時取得 fProductImg 檔案上傳欄位的圖檔，接著進行產品記錄修改。若有傳送 fProductImg 圖示則修改新圖示，否則即使用 oldfileName 舊圖示。

6. Views 資料夾

   此資料夾下的 Home 資料夾會有 Index.cshtml、Create.cshtml、Edit.cshtml 三個檢視頁面，分別依序顯示所有產品列表、產品新增以及產品修改，上述三個檢視頁面共用_Layout.cshtml 檔案。

上機練習

Step 01 建立 Visual C# 的 ASP.NET Web 應用程式專案

進入 VS 整合開發環境，執行【檔案(F)/新增(N)/專案(P)...】指令，在「C:\MVC\ch12」資料夾下建立「slnMVC」方案與專案「prjMVC」，專案範本設為「空白」，核心參考設為「MVC」。

Step 02 在專案中加入欲使用的資料庫與 images 資料夾

將 ch12 資料夾下的 Images 資料夾放入專案下；將資料庫資料夾下的 dbProduct.mdf 放入專案的 App_Data 資料夾下。

Step 03 建立可存取 dbProduct.mdf 資料庫的 Model(ADO.NET 實體資料模型)

1. 在方案總管的 Models 資料夾按滑鼠右鍵，並執行快顯功能表的【加入(D)/新增項目(W)...】指令新增「ADO.NET 實體資料模型」，將該檔名設為「dbProductModel.edmx」。

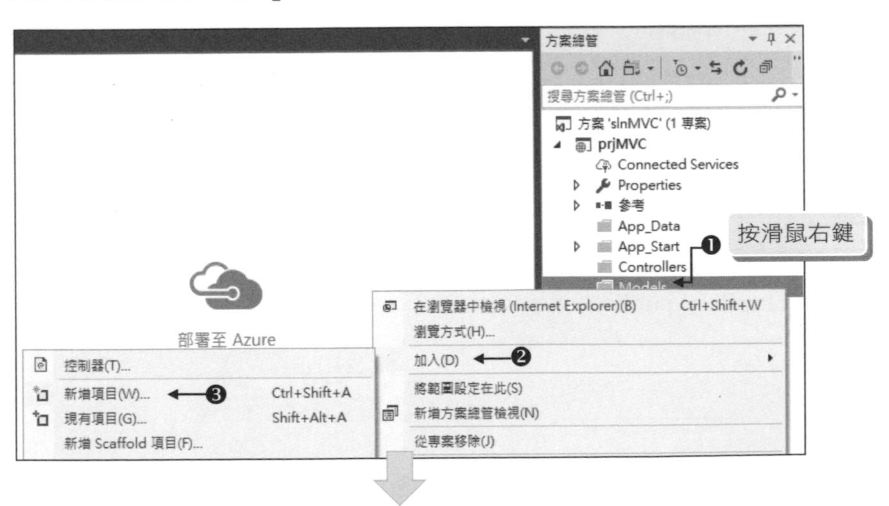

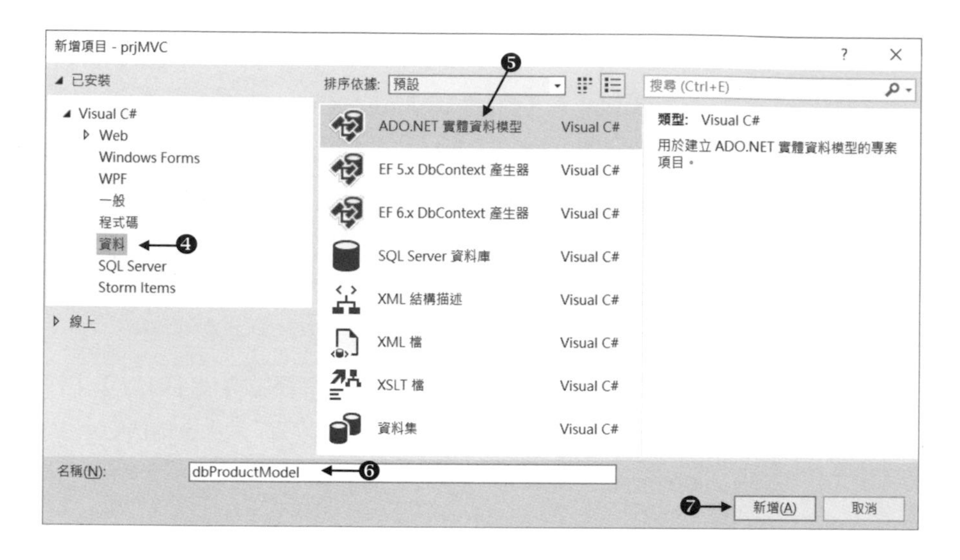

2. 當新增 dbProductModel.edmx 的 ADO.NET 實體資料模型後，即會開啟「實體資料模型精靈」視窗，該視窗會一步步指引使用者完成模型。

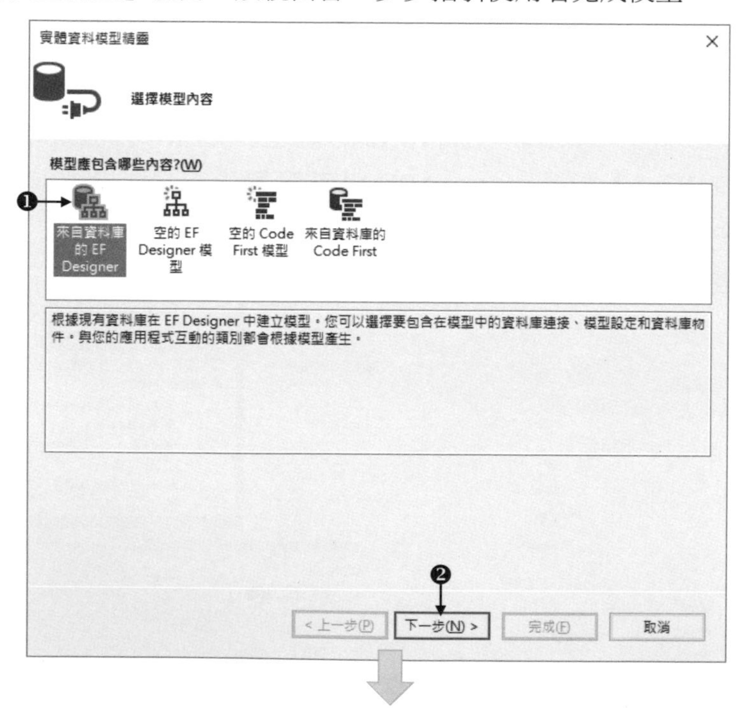

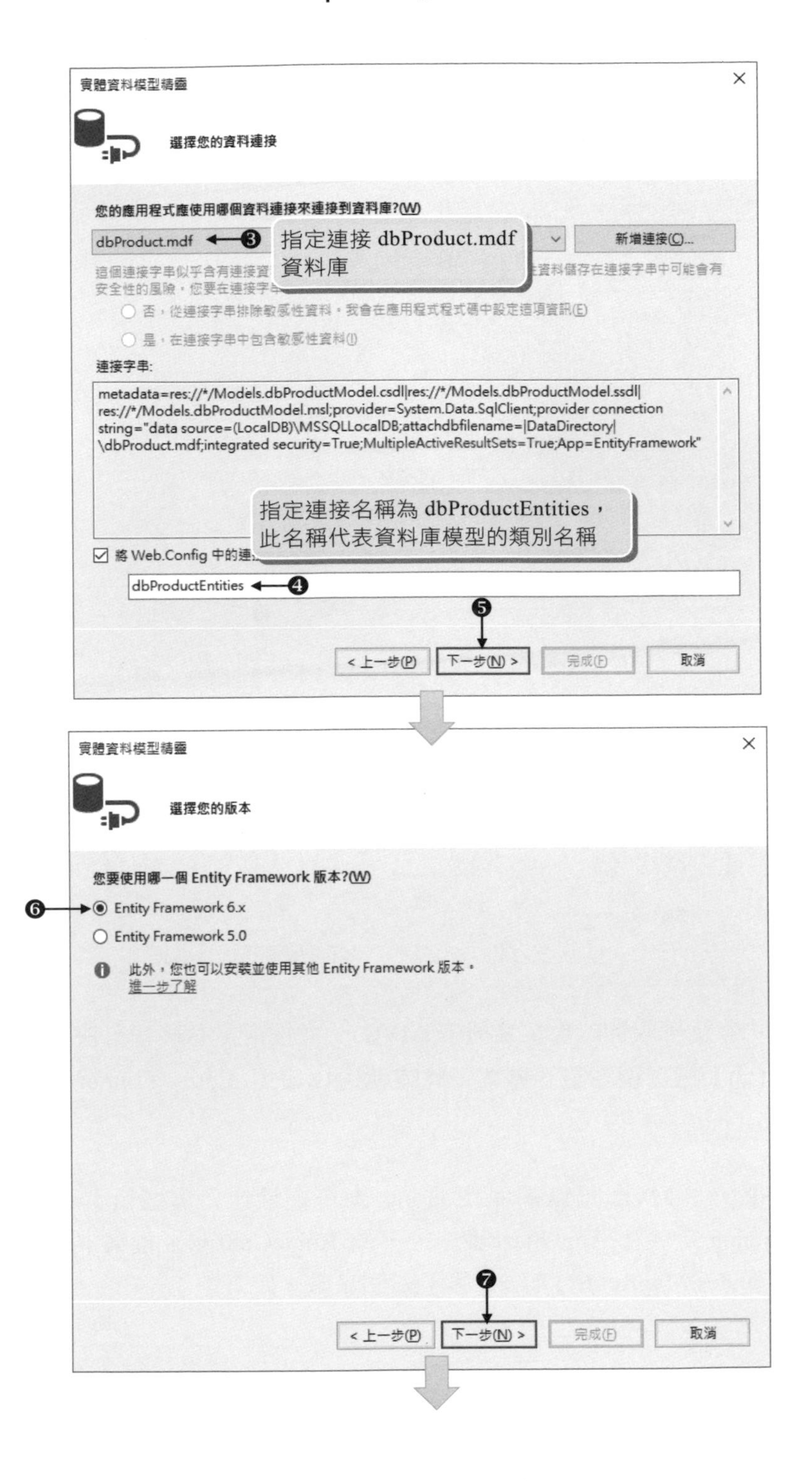
實體資料模型精靈
選擇您的資料連接
您的應用程式應使用哪個資料連接來連接到資料庫?(W)
dbProduct.mdf
❸
指定連接 dbProduct.mdf 資料庫
新增連接(C)...
否，從連接字串排除敏感性資料，我會在應用程式程式碼中設定這項資訊(E)
是，在連接字串中包含敏感性資料(I)
連接字串:
metadata=res://*/Models.dbProductModel.csdl|res://*/Models.dbProductModel.ssdl|res://*/Models.dbProductModel.msl;provider=System.Data.SqlClient;provider connection string="data source=(LocalDB)\MSSQLLocalDB;attachdbfilename=|DataDirectory|\dbProduct.mdf;integrated security=True;MultipleActiveResultSets=True;App=EntityFramework"
指定連接名稱為 dbProductEntities，此名稱代表資料庫模型的類別名稱
dbProductEntities
❹
❺
< 上一步(P)
下一步(N) >
完成(F)
取消
實體資料模型精靈
選擇您的版本
您要使用哪一個 Entity Framework 版本?(W)
❻
Entity Framework 6.x
Entity Framework 5.0
此外，您也可以安裝並使用其他 Entity Framework 版本。
進一步了解
❼
< 上一步(P)
下一步(N) >
完成(F)
取消

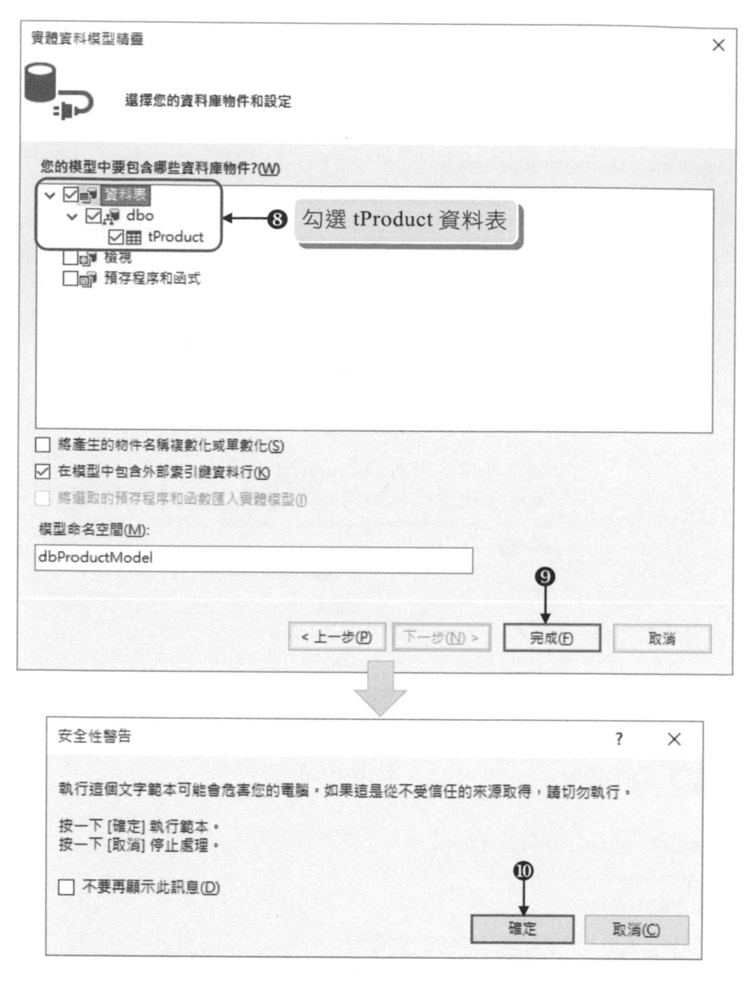

3. 請選取方案總管視窗的專案名稱(prjMVC)，並按滑鼠右鍵執行快顯功能表的【建置(U)】指令編譯整個專案，此時就可以使用 Entity Framework 來存取 dbProduct.mdf 資料庫。

Step 04 ASP.NET MVC 是以網址 Routing 進行網址比對實體檔案位址，網址 Routing 定義在 App_Start 資料夾下的 RouteConfig.cs 檔案中。如下圖看到 routes.MapRoute()方法定義了三個參數，如下：

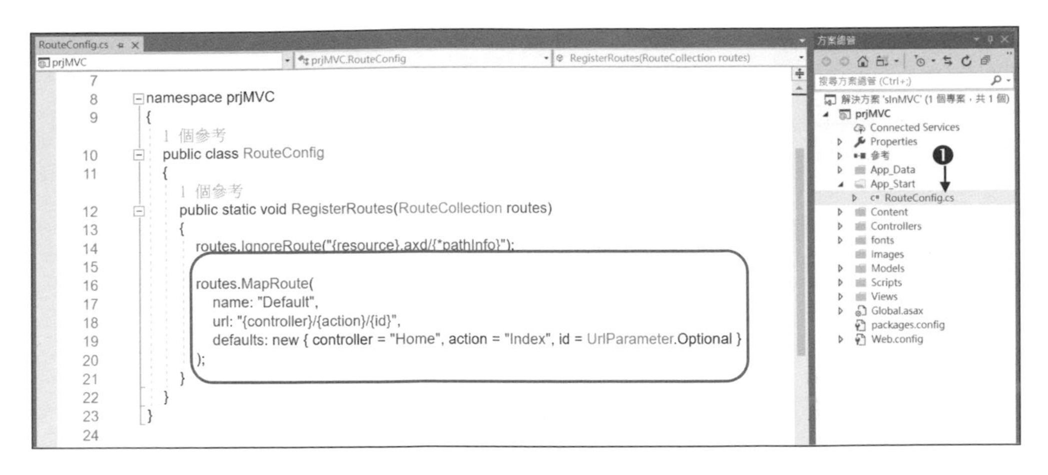

由上面程式設定，表示執行時預設會連結網址「http://localhost/Home/Index」代表網站首頁(網站執行入口)；由路由比對得到的控制器是 Home，而動作方法是 Index()，因此會執行 Controllers 資料夾下的 HomeController.cs(即 Home 控制器)的 Index()方法，再將 Index()方法中設定的檢視頁面傳給使用者。

Step 05 附加資料模型的顯示名稱：

開啟 Models 資料夾下的 tProduct.cs 類別檔，該類別是屬於 tProduct 資料表對應的 Entity(實體)，請加上灰底處程式碼指定屬性的顯示名稱。

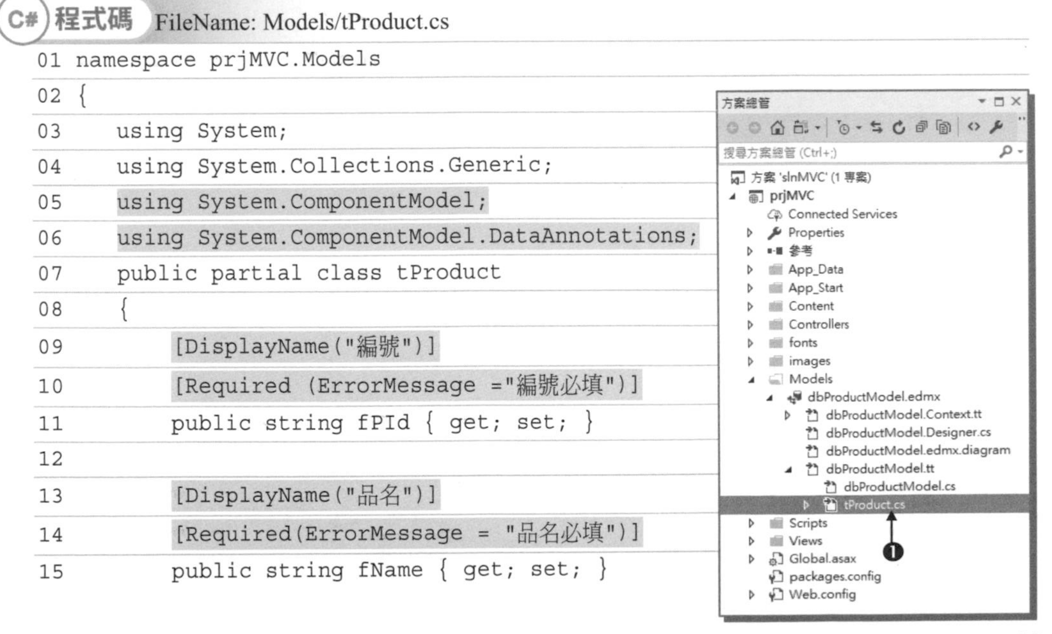

C# 程式碼 FileName: Models/tProduct.cs

```
01 namespace prjMVC.Models
02 {
03     using System;
04     using System.Collections.Generic;
05     using System.ComponentModel;
06     using System.ComponentModel.DataAnnotations;
07     public partial class tProduct
08     {
09         [DisplayName("編號")]
10         [Required (ErrorMessage ="編號必填")]
11         public string fPId { get; set; }
12 
13         [DisplayName("品名")]
14         [Required(ErrorMessage = "品名必填")]
15         public string fName { get; set; }
```

```
16
17         [DisplayName("單價")]
18         [Required(ErrorMessage = "單價必填")]
19         public Nullable<int> fPrice { get; set; }
20
21         [DisplayName("圖示")]
22         public string fImg { get; set; }
23     }
24 }
```

Step 06 在 Controllers 資料夾下新增 Home 控制器

在方案總管的 Controllers 資料夾下按滑鼠右鍵，再執行功能表的【加入(D)/控制器(T)...】指令新增「HomeController」控制器，完成後 Controllers 資料夾下會新增 HomeController.cs 控制器類別檔，此類別檔下預設會有 Index()動作方法，控制器類別必須繼承自 Controller 類別。

Step 07 產品列表功能

1. 在 HomeController.cs 檔撰寫灰底程式碼：
   在 Index()動作方法中取得 tProduct 資料表的所有記錄並指定給 products，最後將 products 結果傳回給 View 檢視頁面。由 Delete()動作方法取得 fPId 編號，並依 fPId 刪除指定的產品記錄。

C# 程式碼 FileName: Controllers/HomeController.cs

```
01 using prjMVC.Models;
02 namespace prjMVC.Controllers
03 {
04     public class HomeController : Controller
05     {
06         dbProductEntities db = new dbProductEntities();
07         // GET: Home
08         public ActionResult Index()
09         {
10             var products = db.tProduct.ToList(); //取得 tProduct 產品資料
11             return View(products); //將 products 結果傳給 Index.cshtml 檢視
12         }
13
14         public ActionResult Delete(string fPId)
```

```
15          {
16              //依網址傳來的 fId 編號取得要刪除的產品記錄
17              var product = db.tProduct.Where(m => m.fPId == fPId)
18                  .FirstOrDefault();
19              string fileName = product.fImg;  //取得要刪除產品的圖檔
20              if (fileName != "")
21              {
22                  //刪除指定圖檔
23                  System.IO.File.Delete(Server.MapPath("~/Images")
24                      + "/" + fileName);
25              }
26              db.tProduct.Remove(product);
27              db.SaveChanges();   //依編號刪除產品記錄
28              return RedirectToAction("Index");
29          }
30      }
31  }
```

2. 建立 Index.cshtml 檢視頁面：

   在 Index()動作方法處按滑鼠右鍵執行功能表的【新增檢視(D)...】指令開啟「加入檢視」視窗，依圖示操作新增 Index.cshtml 檢視頁面，請設定 **檢視名稱(N)** 是「Index」、**範本(T)** 是「List」、**模型類別(M)** 是「tProduct」類別、**資料內容類別(D)** 是「dbProductEntities」類別、最後再勾選**參考指令碼程式庫(R)**與**使用版面配置頁(U)**選項。

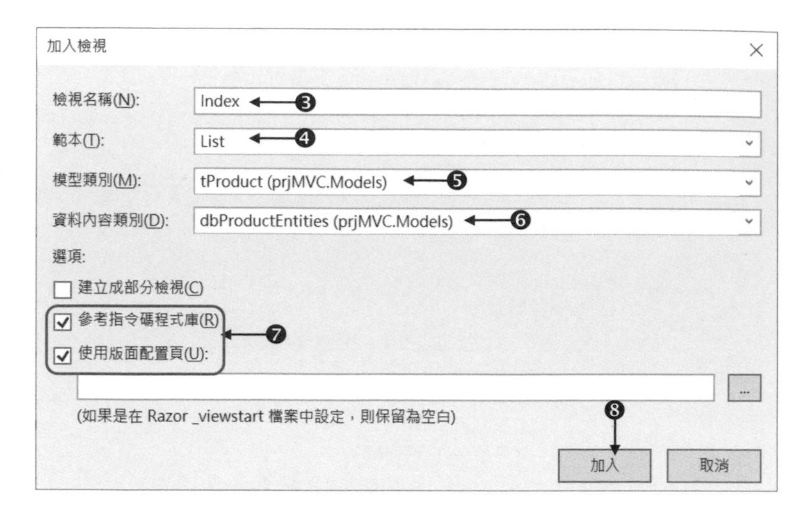

完成之後，接著專案會產生 Content 資料夾、Script 資料夾、Index.cshtml(置於 Views/Home 資料夾下)和_Layout.cshtml 版面配置頁(置於 Views/Shared 資料夾下)，Content 和 Script 資料夾為 Bootstrap 的前端套件，_Layout.cshtml 版面配置頁可讓所有 Views 下所有的檢視頁面進行套用，功能與 Web Form 的主版頁面相同。

3. 修改_Layout.cshtml 版面配置頁的程式碼：
   請修改如下灰底處的程式碼。

程式碼 FileName: Views/Shared/_Layout.cshtml

```
01 <!DOCTYPE html>
02 <html>
03 <head>
04     <meta charset="utf-8" />
05   <meta name="viewport" content="width=device-width, initial-scale=1.0">
06     <title>@ViewBag.Title - 大才全資訊科技股份有限公司</title>
07     <link href="~/Content/Site.css" rel="stylesheet" type="text/css" />
08     <link href="~/Content/bootstrap.min.css" rel="stylesheet"
09        type="text/css" />
10     <script src="~/Scripts/modernizr-2.8.3.js"></script>
11 </head>
12 <body>
13     <div class="navbar navbar-inverse navbar-fixed-top">
14         <div class="container">
15             <div class="navbar-header">
16                 <button type="button" class="navbar-toggle"
```

```
17                  data-toggle="collapse" data-target=".navbar-collapse">
18                    <span class="icon-bar"></span>
19                    <span class="icon-bar"></span>
20                    <span class="icon-bar"></span>
21                </button>
22                @Html.ActionLink("產品管理系統", "Index", "Home",
23                   new { area = "" }, new { @class = "navbar-brand" })
24            </div>
25            <div class="navbar-collapse collapse">
26                <ul class="nav navbar-nav">
27                    <li>@Html.ActionLink("產品列表","Index", "Home")</li>
28                    <li>@Html.ActionLink("產品新增","Create", "Home")</li>
29                </ul>
30            </div>
31        </div>
32    </div>
33
34    <div class="container body-content">
35        @RenderBody()
36        <hr />
37        <footer>
38            <p>&copy; @DateTime.Now.Year - 大才全資訊科技股份有限公司</p>
39        </footer>
40    </div>
41
42    <script src="~/Scripts/jquery-3.4.1.min.js"></script>
43    <script src="~/Scripts/bootstrap.min.js"></script>
44 </body>
45 </html>
```

說明

1) 第 27 行：使用 HtmlHelper 的 ActionLink 方法建立「產品列表」的文字超連結可連結到 Home/Index，表示執行 HomeController 控制器的 Index()動作方法。
2) 第 28 行：使用 HtmlHelper 的 ActionLink 方法建立「產品新增」的文字超連結可連結到 Home/Create，表示執行 HomeController 控制器的 Create()動作方法。

3) 第 35 行：@RenderBody()是版面配置頁(_Layout.cshtml)用來放置檢視頁面的內容。

4. 執行【偵錯(D)/開始偵錯(S)】並測試執行結果，結果發現 Index.cshtml 會放入 _Layout.cshtml 中的@RenderBody()區塊。

5. 修改 Index.cshtml 檢視頁面的程式碼：
請修改如下灰底處的程式碼。

程式碼 FileName: Views/Home/Index.cshtml

```
01 @model IEnumerable<prjMVC.Models.tProduct>
02
03 @{
04     ViewBag.Title = "產品列表";
05 }
06 <h2>產品列表</h2>
07
08 <table class="table">
09     <tr>
10         <th>
11             @Html.DisplayNameFor(model => model.fPId)
12         </th>
13         <th>
14             @Html.DisplayNameFor(model => model.fName)
15         </th>
16         <th>
17             @Html.DisplayNameFor(model => model.fPrice)
```

```
18          </th>
19          <th>
20              @Html.DisplayNameFor(model => model.fImg)
21          </th>
22          <th></th>
23      </tr>
24      @foreach (var item in Model)
25      {
26          <tr>
27              <td>
28                  @Html.DisplayFor(modelItem => item.fPId)
29              </td>
30              <td>
31                  @Html.DisplayFor(modelItem => item.fName)
32              </td>
33              <td>
34                  @Html.DisplayFor(modelItem => item.fPrice)
35              </td>
36              <td>
37                  @if (@item.fImg == "")
38                  {
39                      @:無圖示
40                  }
41                  else
42                  {
43                      <img src="~/Images/@item.fImg" width="130" />
44                  }
45              </td>
46              <td>
47                  <a href="@Url.Action("Edit")?fPId=@item.fPId"
48                     class="btn btn-warning">編輯</a>
49                  <a href="@Url.Action("Delete")?fPId=@item.fPId"
50                     class="btn btn-danger"
51                     onclick="return confirm('確定要刪除嗎');">刪除</a>
52              </td>
53          </tr>
54      }
55  </table>
```

說明

1) 第 1 行：表示 View 使用 tProduct 集合物件。
2) 第 10~12 行：新增「編號」儲存格標題。
3) 第 27~29 行：新增「編號」儲存格的資料內容。
4) 第 37~44 行：若圖示資料等於空白，則顯示「無圖示」；否則使用<img>標籤顯示圖示資料指定的圖，將圖寬設為 130px。
5) 第 47~48 行：使用 HtmlHelper 的 ActionLink()方法建立「編輯」的文字超連結，可連結到 Home/Edit 並傳送 URL 參數 fPId。
6) 第 49~51 行：使用 HtmlHelper 的 ActionLink()方法建立「刪除」的文字超連結，可連結到 Home/Delete 並傳送 URL 參數 fPId。且指定 JavaScript 的 onClick 事件詢問是否確定要刪除該筆記錄。

6. 執行【偵錯(D)/開始偵錯(S)】並測試執行結果，結果發現圖示欄位會以圖檔顯示，按下 [刪除] 連結時會詢問是否確定要刪除記錄，若按下 [確定] 鈕會傳送網址 fPId 參數給 Delete()動作方法進行產品記錄刪除。

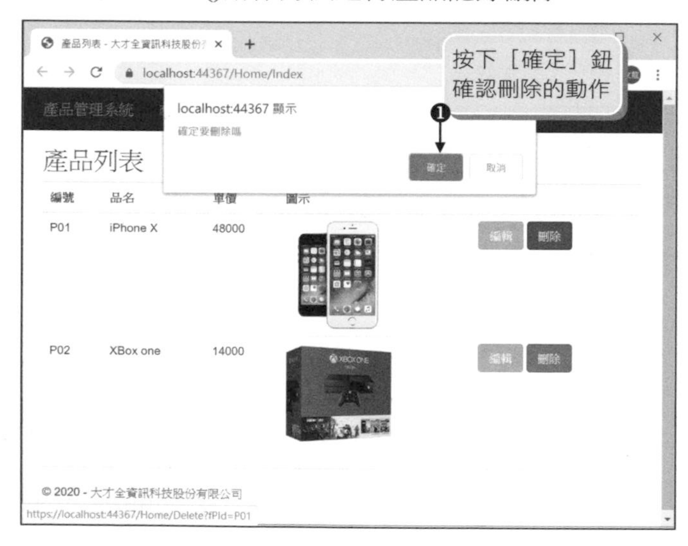

Step 08 產品新增功能頁面

1. 在 HomeController.cs 檔撰寫灰底程式碼，新增兩個 Create()動作方法。執行第 30~33 行的 Create()方法會顯示 Create.cshtml 檢視頁面；第 35~70 行的 Create()方法宣告為 [HttpPost] ，表示在表單上按下 Submit 按鈕時，會將表單 fPId 編號、fName 品名、fPrice 單價的欄位資料繫結到 vProduct 物件的屬性，接著取得 vProduct 物件與 fProductImg 圖示欄位的資料進行產品記錄新增，最後再回到 Index.cshtml 的產品列表檢視頁面。

C# 程式碼 FileName: Controllers/HomeController.cs

```
01 using prjMVC.Models; // dbProductEntities 和 tProduct 類別必須引用此命名空間
02
03 namespace prjMVC.Controllers
04 {
05     public class HomeController : Controller
06     {
07         ... ... ... ... ... ... ... ... ...
08         ... ... ... ... ... ... ... ... ...
09          //省略
30          public ActionResult Create()
31          {
32              return View();
33          }
34
35          [HttpPost]
36          public ActionResult Create
37              (tProduct vProduct , HttpPostedFileBase fProductImg)
38          {
39              try
40              {
41                  //上傳圖檔
42                  string fileName = "";
43                  //檔案上傳
44                  if (fProductImg != null)
45                  {
46                      if (fProductImg.ContentLength > 0)
47                      {
48                          //取得圖檔名稱
49                          fileName = Guid.NewGuid().ToString() + ".jpg";
50                          var path = System.IO.Path.Combine
51                              (Server.MapPath("~/Images"), fileName);
52                         fProductImg.SaveAs(path);//檔案儲存到 Images 資料夾下
53                      }
54                  }
```

```
55                  //新增記錄
56                  tProduct product = new tProduct();
57                  product.fPId = vProduct.fPId;
58                  product.fName = vProduct.fName;
59                  product.fPrice = vProduct.fPrice;
60                  product.fImg = fileName;
61                  db.tProduct.Add(product);
62                  db.SaveChanges();
63                  return RedirectToAction("Index");//導向 Index()動作方法
64              }
65              catch (Exception ex)
66              {
67                  ViewBag.Error = ex.Message;
68              }
69              return View();
70          }
71      }
72  }
```

2. 建立 Create.cshtml 檢視頁面：

   在 Create()動作方法處按滑鼠右鍵並執行功能表的【新增檢視(D)...】指令開啟「加入檢視」視窗，依圖示操作新增 Create.cshtml 的 View 檢視頁面，請設定檢視名稱(N)是「Create」、範本(T)是「Create」、模型類別(M)是「tProduct」類別、資料內容類別(D)是「dbProductEntities」類別、再勾選參考指令碼程式庫(R)與使用版面配置頁(U)選項。此處一定要勾選參考指令碼程式庫(R)選項，此檢視頁面才會引用 jQuery 函式庫與模型進行資料驗證。

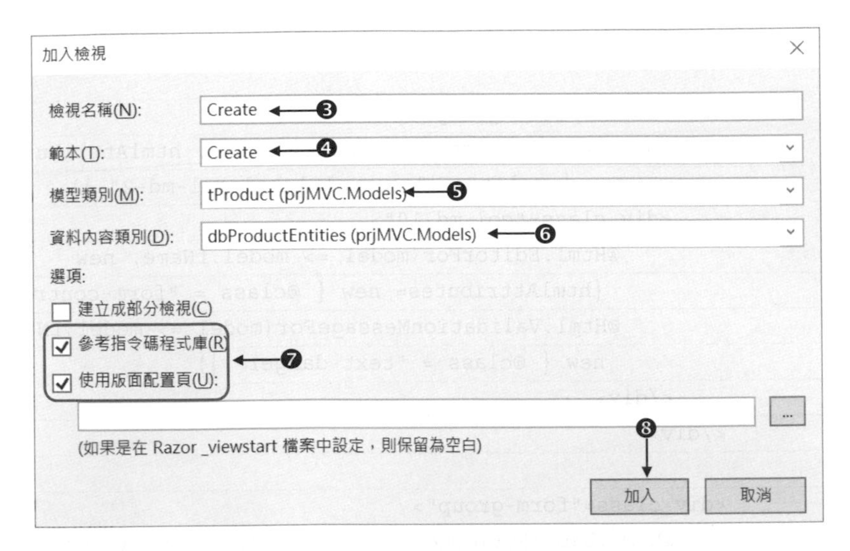

修改 Create.cshtml 檢視頁面的程式碼，請修改灰底處程式碼。

程式碼 FileName: Views/Home/Create.cshtml

```
01 @model prjMVC.Models.tProduct
02
03 @{
04     ViewBag.Title = "產品新增";
05 }
06 <h2>產品新增</h2>
07
08 <form action="@Url.Action("Create")" method="post"
09          enctype="multipart/form-data">
10
11        @Html.AntiForgeryToken()
12        <div class="form-horizontal">
13            <hr />
14       @Html.ValidationSummary(true, "", new { @class = "text-danger" })
15            <div class="form-group">
16                @Html.LabelFor(model => model.fPId, htmlAttributes:
17                    new { @class = "control-label col-md-2" })
18                <div class="col-md-10">
19                    @Html.EditorFor(model => model.fPId, new
20                     {htmlAttributes=new { @class = "form-control" } })
21                    @Html.ValidationMessageFor(model => model.fPId, "",
22                     new { @class = "text-danger" })
23                </div>
```

```
24          </div>
25
26          <div class="form-group">
27              @Html.LabelFor(model => model.fName, htmlAttributes:
28                  new { @class = "control-label col-md-2" })
29              <div class="col-md-10">
30                  @Html.EditorFor(model => model.fName, new
31                   {htmlAttributes= new { @class = "form-control" } })
32                  @Html.ValidationMessageFor(model => model.fName, "",
33                   new { @class = "text-danger" })
34              </div>
35          </div>
36
37          <div class="form-group">
38              @Html.LabelFor(model => model.fPrice, htmlAttributes:
39                  new { @class = "control-label col-md-2" })
40              <div class="col-md-10">
41                  @Html.EditorFor(model => model.fPrice, new
42                   {htmlAttributes= new { @class = "form-control" } })
43                  @Html.ValidationMessageFor(model => model.fPrice,
44                    "", new { @class = "text-danger" })
45              </div>
46          </div>
47
48          <div class="form-group">
49              @Html.LabelFor(model => model.fImg, htmlAttributes: new
50                  { @class = "control-label col-md-2" })
51              <div class="col-md-10">
52                  <input type="file" name="fProductImg"
53                      class="form-control" />
54              </div>
55          </div>
56
57          <div class="form-group">
58              <div class="col-md-offset-2 col-md-10">
59                  <input type="submit" value="新增"
60                      class="btn btn-primary" />
61                  @ViewBag.Error
62              </div>
63          </div>
```

```
64          </div>
65
66 </form>
67
68 <script src="~/Scripts/jquery-3.4.1.min.js"></script>
69 <script src="~/Scripts/jquery.validate.min.js"></script>
70 <script src="~/Scripts/jquery.validate.unobtrusive.min.js"></script>
```

說明

1) 第 8,9,66 行：<form>標籤必須加上 enctype="multipart/form-data" 屬性才能傳送檔案。
2) 第 52,53 行：檔案上傳欄位。

Step 09 產品編輯功能頁面

1. 在 HomeController.cs 檔撰寫灰底程式碼，新增兩個 Edit()動作方法。執行第 70~75 行的 Edit()方法會取得瀏覽器網址傳來的 fPId 參數值，接著依 fPId 找到指定的產品記錄，並將該產品記錄顯示於 Edit.cshtml 檢視頁面；第 77~106 行的 Edit()方法宣告為 [HttpPost]，表示在表單上按下 Submit 按鈕時，會將表單 fPId 編號、fName 品名、fPrice 單價的欄位資料繫結到 vProduct 物件的屬性，接著取得 vProduct 物件與 fProductImg 圖示欄位的資料進行產品記錄修改，最後再回到 Index.cshtml 的產品列表檢視頁面。若有傳送 fProductImg 圖示則修改新圖示，否則即使用 oldfileName 舊圖示。

C# 程式碼 FileName: Controllers/HomeController.cs

```
01 using prjMVC.Models; // dbProductEntities 和 tProduct 類別必須引用此命名空間
02
03 namespace prjMVC.Controllers
04 {
05     public class HomeController : Controller
06     {
07         ... ... ... ... ... ... ... ... ...
08         ... ... ... ... ... ... ... ... ...
09         //省略
70         public ActionResult Edit(string fPId)
71         {
```

```
72            var product = db.tProduct
73                .Where(m => m.fPId == fPId).FirstOrDefault();
74            return View(product);
75        }
76
77        [HttpPost]
78        public ActionResult Edit(tProduct vProduct,
79            HttpPostedFileBase fProductImg, string oldfileName)
80        {
81            string fileName = "";
82            //檔案上傳
83            if (fProductImg != null)
84            {
85                if (fProductImg.ContentLength > 0)
86                {
87                    //取得圖檔名稱
88                    fileName = Guid.NewGuid().ToString() + ".jpg";
89                    var path = System.IO.Path.Combine
90                        (Server.MapPath("~/Images"), fileName);
91                    fProductImg.SaveAs(path);
92                }
93            }
94            else
95            {
96              fileName=oldfileName;//若無上傳圖檔，則指定 hidden 隱藏欄位的資料
97            }
98            // 修改資料
99            var product = db.tProduct
100               .Where(m => m.fPId == vProduct.fPId).FirstOrDefault();
101           product.fName = vProduct.fName;
102           product.fPrice = vProduct.fPrice;
103           product.fImg = fileName;
104           db.SaveChanges();
105           return RedirectToAction("Index"); //導向 Index 的 Action 方法
106       }
107   }
108 }
```

2. 建立 Edit.cshtml 的 View 檢視頁面：

在 Edit()方法處按滑鼠右鍵並執行功能表的【新增檢視(D)...】指令開啟「加入檢視」視窗，依圖示操作新增 Edit.cshtml 的 View 檢視頁面，請設定 檢視名稱(N) 是「Edit」、範本(T) 是「Edit」、模型類別(M) 是「tProduct」類別、資料內容類別(D) 是「dbProductEntities」類別，再勾選參考指令碼程式庫(R)與使用版面配置頁(U)選項。

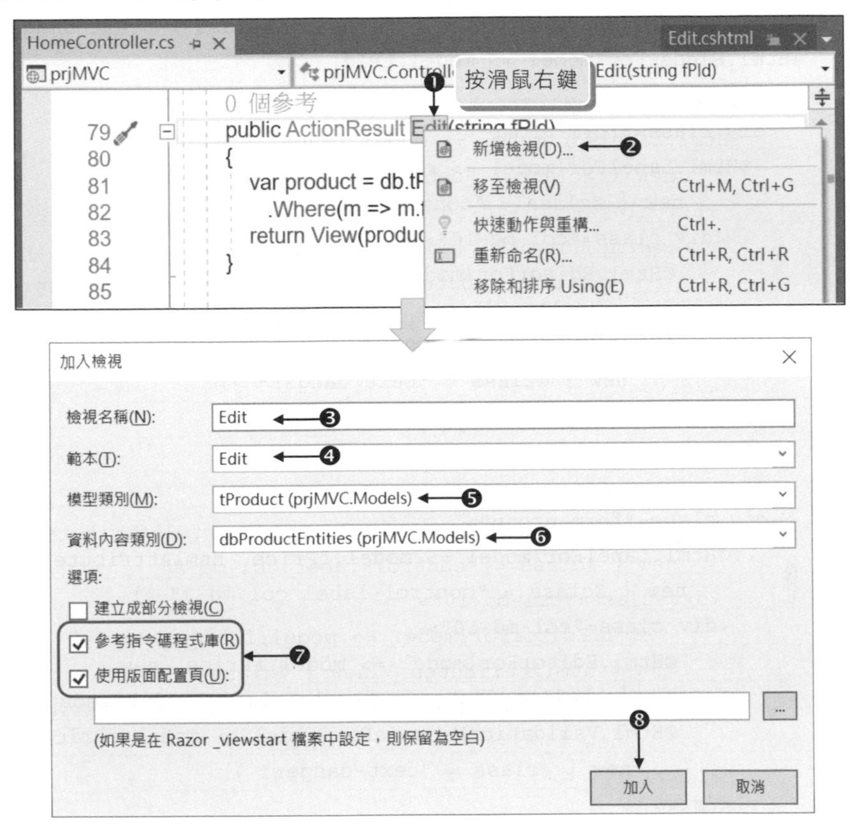

修改 Edit.cshtml 檢視頁面的程式碼，請修改灰底處程式碼。

程式碼 FileName: Views/Home/Edit.cshtml

```
01 @model prjMVC.Models.tProduct
02
03 @{
04     ViewBag.Title = "產品編輯";
05 }
06 <h2>產品編輯</h2>
```

```
07
08 <form action="@Url.Action("Edit")" method="post"
09     enctype="multipart/form-data">
10
11   @Html.AntiForgeryToken()
12
13   <div class="form-horizontal">
14       <hr />
15     @Html.ValidationSummary(true, "", new { @class = "text-danger" })
16     @Html.HiddenFor(model => model.fPId)
17
18       <div class="form-group">
19         @Html.LabelFor(model => model.fName, htmlAttributes:
20               new { @class = "control-label col-md-2" })
21           <div class="col-md-10">
22               @Html.EditorFor(model => model.fName, new
23                   { htmlAttributes = new { @class = "form-control" } })
24               @Html.ValidationMessageFor(model => model.fName, "",
25                   new { @class = "text-danger" })
26           </div>
27       </div>
28
29       <div class="form-group">
30           @Html.LabelFor(model => model.fPrice, htmlAttributes:
31               new { @class = "control-label col-md-2" })
32           <div class="col-md-10">
33               @Html.EditorFor(model => model.fPrice, new
34                   { htmlAttributes = new { @class = "form-control" } })
35               @Html.ValidationMessageFor(model => model.fPrice, "",
36                   new { @class = "text-danger" })
37           </div>
38       </div>
39
40       <div class="form-group">
41           @Html.LabelFor(model => model.fImg, htmlAttributes: new
42               { @class = "control-label col-md-2" })
43           <div class="col-md-10">
44               <input type="file" name="fProductImg"
45                   class="form-control" />
46               <input type="hidden" name="oldfileName"
```

```
47                  value="@Model.fImg" />
48              @if (Model.fImg == "")
49              {
50                  @:無圖示
51              }
52              else
53              {
54                  <img src="~/Images/@Model.fImg" width="200" />
55              }
56          </div>
57      </div>
58
59      <div class="form-group">
60          <div class="col-md-offset-2 col-md-10">
61              <input type="submit" value="儲存" class="btn btn-warning" />
62          </div>
63      </div>
64  </div>
65  </form>
66
67  <script src="~/Scripts/jquery-3.4.1.min.js"></script>
68  <script src="~/Scripts/jquery.validate.min.js"></script>
69  <script src="~/Scripts/jquery.validate.unobtrusive.min.js"></script>
```

說明

1) 第 8,9,65 行：<form>標籤必須加上 enctype="multipart/form-data" 屬性才能傳送檔案。
2) 第 44,45 行：新增檔案上傳元件。
3) 第 46,47 行：新增隱藏欄位元件，用來儲存舊圖檔。
4) 第 48~55 行：若圖示資料等於空白，則顯示「無圖示」。

Step 10 測試網頁

執行【偵錯(D)/開始偵錯(S)】指令測試網頁執行結果。

經過 12.2 節和 12.3 節的練習，相信讀者應該大約可歸納出 ASP.NET Web Form 和 ASP.NET MVC 其實也有類似之處；下面表格說明 Web Form 和 MVC 開發對應與相同之處，透過相同之處有助於將 Web Form 改寫成 MVC 網站。

Web Form	MVC
*.aspx：Web Form 網頁，可使用伺服器控制項、HTML、CSS 或 JavaScript 設計網頁畫面。	View：使用 HTML Helper、HTML、CSS、JavaScript 以及 Razor 語言設計網頁畫面；Razor 是伺服器端網頁標記語言，可配合 HTML 和 C#語法撰寫 View 的顯示邏輯。
*.aspx.cs：程式碼後置檔，用來撰寫伺服器控制項的事件；例如：按下[新增]鈕(btnCreate)按鈕執行 btnCreate_Click 事件處理函式。	Controller：用戶端觸發伺服器指定的控制器中的動作方法(Action Method)，就好像 Web Form 的事件一樣。例如：按下 [新增] 鈕執行「http://localhost/Home/Create」，表示執行 HomeController 控制器的 Create()動作方法。
Models：可使用資料來源控制項(如 SqlDataSource、ObjectDataSource 等)、Entity Framework、ADO.NET 或自訂的類別程式庫。	Models：可使用 Entity Framework、ADO.NET 或自訂的類別程式庫。

13 前進 ASP.NET Core

學習目標

「ASP.NET Core」是微軟推出的下一代 Web 開發技術，其優點是運行於 .NET Core 之上因此具有跨平台且高效能的特性。而學習 ASP.NET MVC 經驗在「ASP.NET Core」可繼續延用，透過本章的練習將為開發人員打下前進 ASP.NET Core 的基礎。

若有人在基督裡，他就是新造的人，

舊事已過都變成新的了。(哥林多後書 5:17)

13.1 ASP.NET Core 技術簡介

前面幾章介紹了許多 Web 開發技術 (主要是 ASP.NET 技術) 與各種精彩的實作範例，相信這些內容可以幫助讀者不管在工作上或專案上皆能獲得正向的助益。但這些 ASP.NET 技術有一個先天上的限制，就是開發的專案必須在安裝 Windows Server 作業系統的伺服器中執行。因此當開發人員開發完專案後，要部署 ASP.NET 的應用程式到網路上時，就只能選擇安裝 Windows Server 的網路空間，這點限制竟成了 ASP.NET 技術的短處，大大限制了開發人員選擇主機的自由度。之所以造成這種限制的主要原因是因為 ASP.NET 技術必須基於 .NET Framework 上，而目前的 .NET Framework 只提供 Windows 版本。一直以來，開發人員對跨平台能力渴求的呼聲從來沒停過。終於，微軟聽到了這些聲音，而「.NET Core」就是微軟為回應開發人員跨平台需求所提出的解決方案。

在談 .NET Core 之前必須先對一個名詞有所了解，也就是「.NET Standard」。微軟的 .NET 團隊為了避免 .NET 技術繼續演進會發生像 Android 生態系統的碎片化問題，因此著手有計畫地將傳統的 .NET Framework API 進行整理，最後整理出可以確保在任何 .NET 平台上都能執行無誤的 API 規格，將之稱為「.NET Standard」。接著又以 .NET Standard 發展出一套可以跨平台執行的開發平台，這平台就是前述的 .NET Core。在本書完稿時，.NET Core 的最新版本是 3.1 (同時微軟官網也闡明，下個版本的 .NET Core 將會取消 Core 的稱呼，而將之整合成 .NET 5。但為了稱呼方便，本書還是沿用 .NET Core 的名詞來稱呼之。)

在推出 .NET Core 的同時，微軟也隨之推出基於 .NET Core 的下一代 Web 開發技術，稱之為「ASP.NET Core」。ASP.NET Core 因為運行於 .NET Core 之上因此具有跨平台且高效能的特性。開發人員可以利用 ASP.NET Core 技術建立現代化、具備雲端功能的 Web 應用程式。此外，開發人員還可以在自己喜愛的作業系統 (Windows、macOS 或 Linux)上使用適合的開發工具撰寫 ASP.NET Core 專案。

MVC 13.2 ASP.NET Core vs ASP.NET

在了解什麼是 .NET Standard、.NET Core 以及 ASP.NET Core 這些專有名詞後，相信讀者一定很好奇 ASP.NET Core 與 ASP.NET 到底差別在什麼地方，因此本章節將兩種開發技術整理成一個對照表，方便讀者比較兩者之間的差異以及該採用何種技術時可做為參考資訊。

項目	ASP.NET	ASP.NET Core
開發平台	.NET Framework	.NET Core
Web 開發技術	MVC Web Form	MVC Razor 頁面
跨平台	否	是
版本並存	同一機器只能裝同一版本	同一機器能裝多個版本
開發工具	Visual Studio	Visual Studio Visual Studio Core Visual Studio for Mac
執行效能	較低	較高
資料存取技術	ADO.NET LINQToSQL Entity Framework	Entity Framework Core

值得一提的是，從上面的比較表中可以發現，在 .NET Core 上並不支援 ADO.NET 與傳統的 Entity Framework API，取而代之的是重新鍛造擁有更高效能的 Entity Framework Core API。因此在本章的範例中將採用 Entity Framework Core 技術作為資料存取的 API，帶領讀者建構客戶資料系統的 CRUD 功能。

13.3 ASP.NET Core 客戶系統 CRUD 作業

看完本章前述的內容後，相信各位讀者已經躍躍欲試，想要嘗試看看在 .NET Core 平台上使用本書所學到的知識。接下來的內容，我們就用本書介紹過的程式技術，一步一步來設計一個客戶系統的 CRUD 範例，藉由此讓讀者體驗 .NET Core 的威力吧。

13.3.1 前置作業 - 安裝 SQL Server 與管理工具

若要完成本章的範例，還有些前置作業需要先完成，首先必須先安裝好 SQL Server 資料庫軟體，然後建立一個客戶資料表 tCustomer 作為本章練習的目標。下列步驟可以取得免費的 SQL Server：

Step 01 連接如下網址下載 SQL Server 2019 Express 版本，同時進行安裝。

> SQL Server 下載位址
>
> https://www.microsoft.com/zh-tw/sql-server/sql-server-downloads

Step 02 連接如下網址下載 SQL Server Management Studio(SSMS)，此為 SQL Server 管理工具，下載完成請進行安裝。

> SQL Server 管理工具下載位址
>
> https://docs.microsoft.com/zh-tw/sql/ssms/download-sql-server-management-studio-ssms

13.3.2 使用 SQL Server 建立 dbDemo 資料庫

安裝好 SQL Server 後，請先啟動 SQL Server Management Studio，接著依下列步驟建立 dbDemo 資料庫內含 tCustomer 資料表。步驟如下：

Step 01 啟動 SQL Server Management Studio 後出現「連線至伺服器」視窗，請使用 Windows 驗證方式進入 SQL Server。

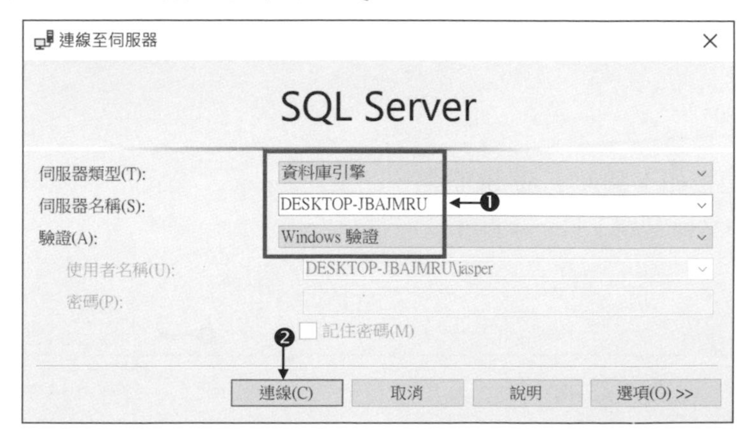

Step 02 請在「物件總管」視窗中的「資料庫」按滑鼠右鍵，由出現的快顯功能表執行【新增資料庫(N)】指令開啟「新增資料庫」視窗，並透過此視窗新增「dbDemo」資料庫。

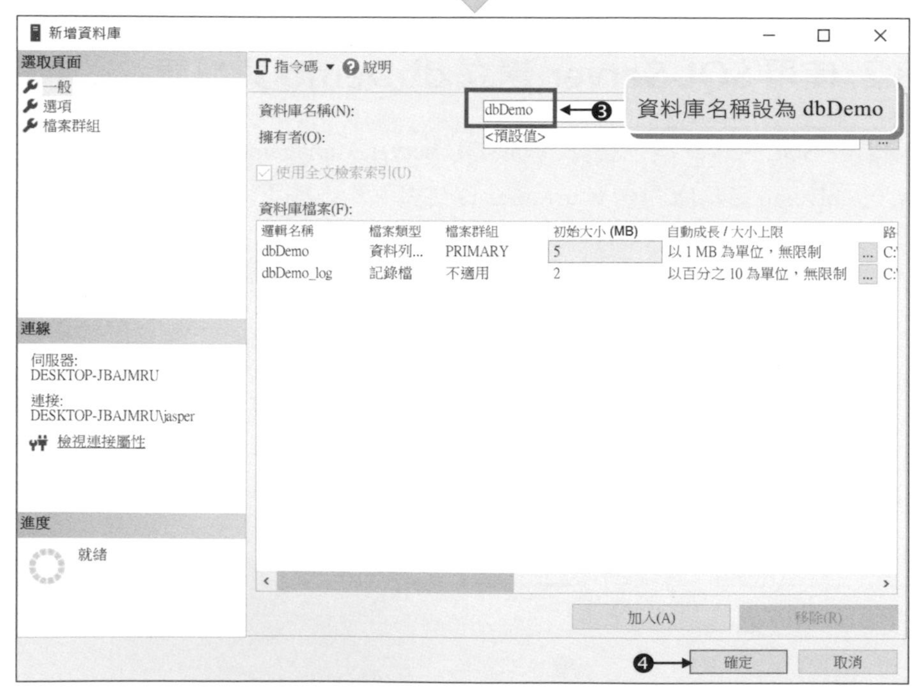

Step 03 點選「dbDemo」資料庫展開物件項目之後，接著在「資料表」按滑鼠右鍵並執行快顯功能表【**新增 (N)/ 資料表(T)**】指令，接著出現資料表設計畫面，請依下圖設計 tCustomer 資料表的各欄位。

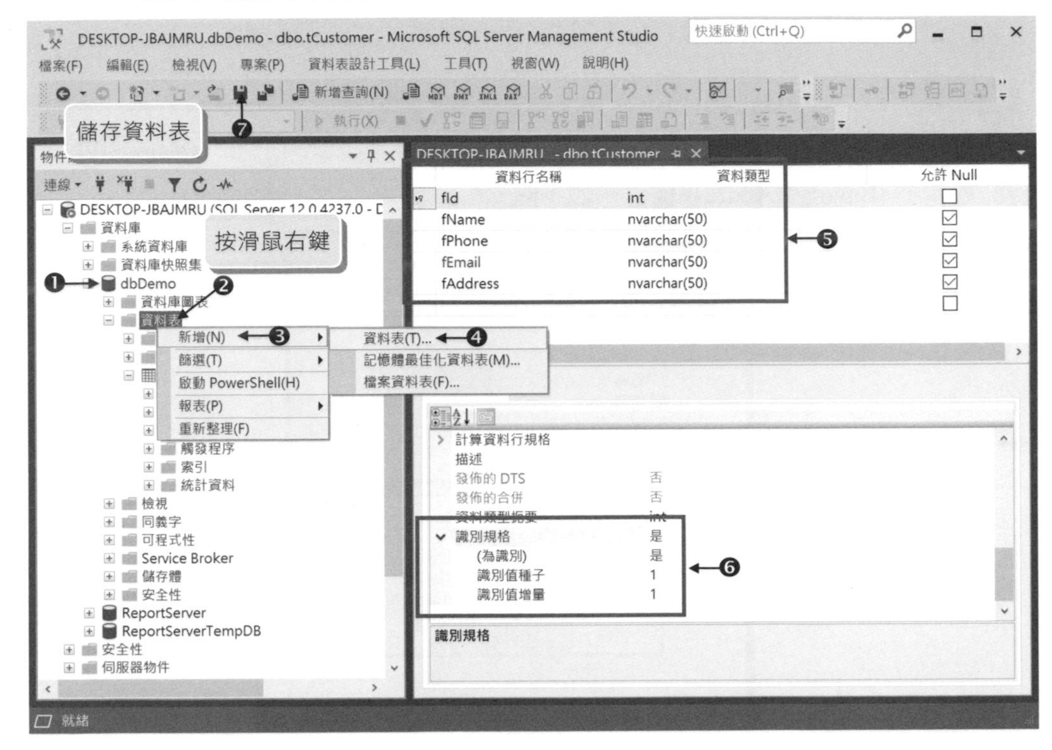

依照上圖中的操作建立資料規格如下：

欄位名稱	欄位名稱	允許 Null	備註
fId	int	否	編號作為 Primary Key 設為自動識別
fName	nvarchar(50)	是	姓名
fPhone	nvarchar(50)	是	電話
fEmail	nvarchar(50)	是	電子郵件
fAddress	nvarchar(50)	是	地址

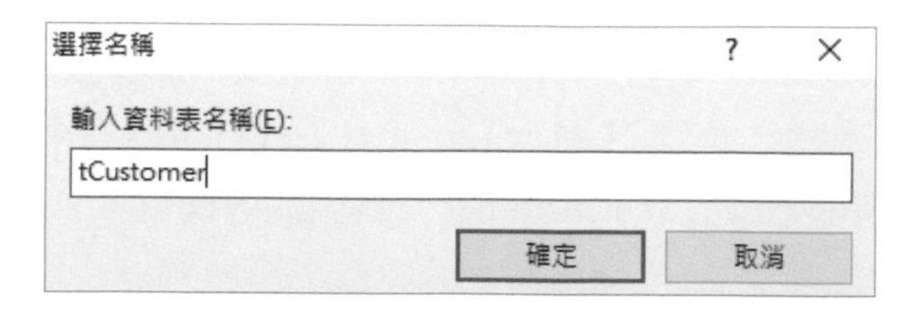

Step 04 建立好資料表規格後在物件總管視窗按 ↻ 鈕，此時在資料表物件下方會多出一個「tCustomer」資料表，展開該資料表後會出現 fId、fName、fPhone、fEmail、fAddress 欄位，如下圖。

若資料表要重新設計可選擇欲設計的資料表再按滑鼠右鍵，接著執行快顯功能表的【設計(G)】指令即可進入資料表設計畫面重新設計資料表。

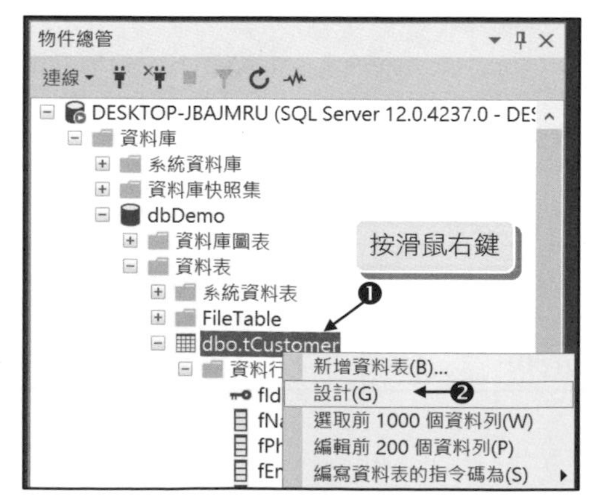

13.3.3 tCustomer 資料表的查詢範例

Step 01 建立 Visual C# 的 ASP.NET Core Web 應用程式專案

進入 VS 整合開發環境，執行【檔案(F)/新增(N)/專案(P)...】開啟下圖「建立新專案」視窗，接著依下圖操作在「C:\MVC\ch13」資料夾下建立 ASP.NET Core Web 應用程式專案，請將方案名稱指定「slnCoreDemo」，專案名稱指定「prjCoreDemo」。

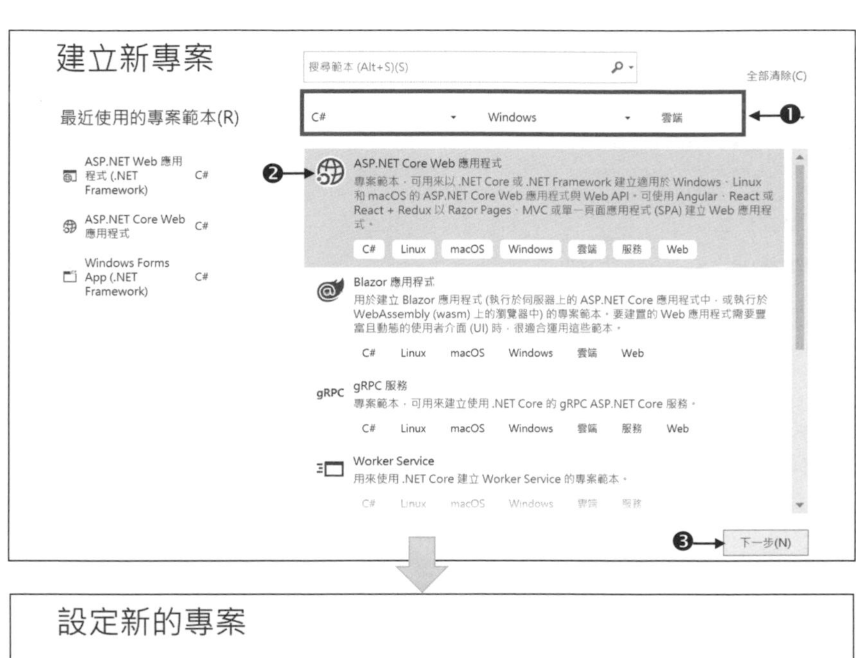

Step 02 目標平台選擇「.NET Core」，框架設定為「ASP.NET Core 3.1」，樣板選擇「Web 應用程式 (模型-檢視-控制器)」，如下圖操作：

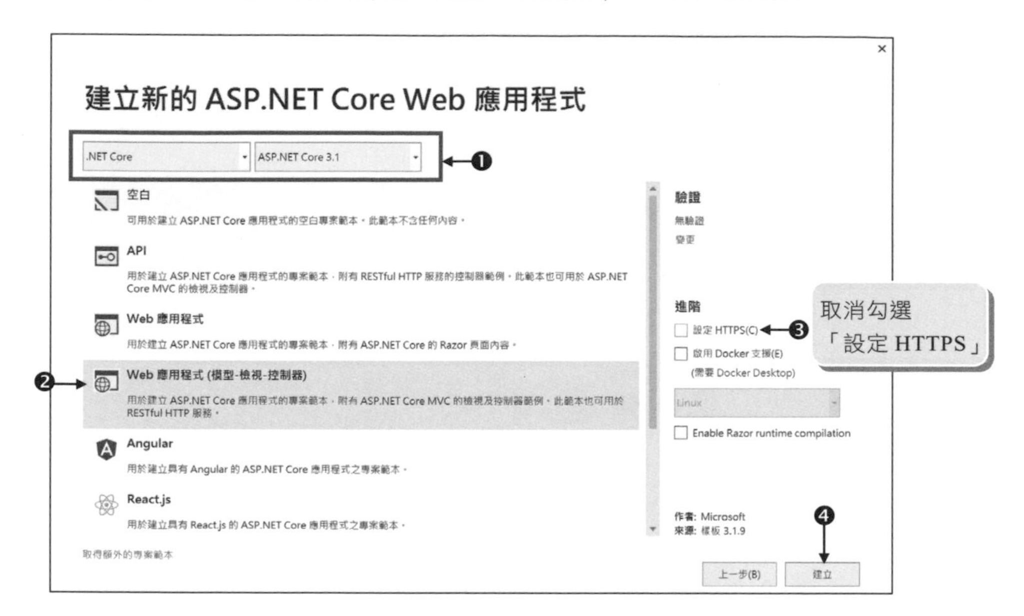

成功依照前面的步驟完成設定後，將建立一個採用 ASP.NET Core 框架的 Web 應用程式專案，專案結構如右圖所示：

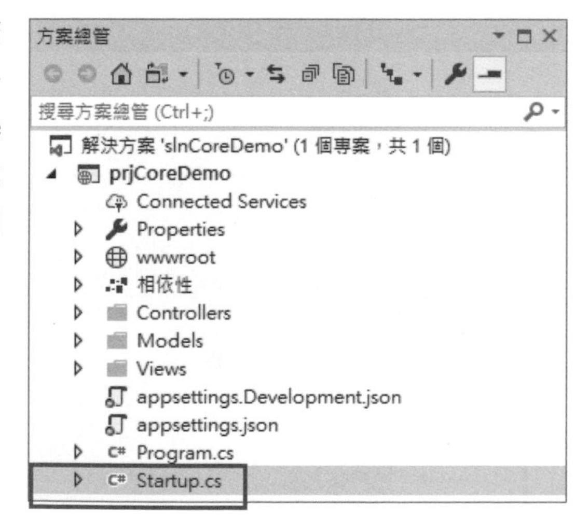

Step 03 開啟上圖 Startup.cs 類別檔，此檔中的 Startup 類別用來設定服務和應用程式的管線。此處 Startup 類別中的 ConfigureServices()方法預設使用「services.AddControllersWithViews();」敘述，此敘述指定應用程式的服務支援使用 Controller 控制器、View 檢視與 API 相關功能。

```
Startup.cs  prjCoreDemo
prjCoreDemo    prjCoreDemo.Startup    Startup(IConfiguration configuration)
10
11  namespace prjCoreDemo
12  {
13      public class Startup
14      {
15          public Startup(IConfiguration configuration)
16          {
17              Configuration = configuration;
18          }
19
20          public IConfiguration Configuration { get; }
21
22          // This method gets called by the runtime. Use this method to add services to the container.
23          public void ConfigureServices(IServiceCollection services)
24          {
25              services.AddControllersWithViews();
26          }
27
```

Step 04 按照本書的慣例，一個系統即撰寫在一個控制器中，因此本章要示範的客戶系統將建立在一個名為「Customer」的控制器中。首先第一個要示範的是如何將查詢到的客戶資料列表出來，所以必須在 Customer 控制器中建立一個名為 Index()動作方法。為了測試方便，通常開發人員會把目前開發中的 Index()動作方法設定為起始頁，如此一來不須改動網址就可以直接執行。因此請開啟方案總管中的「Startup.cs」類別檔，找到路由的設定位置，並進行更改如下：

更改前

```
Startup.cs  prjCoreDemo
prjCoreDemo    prjCoreDemo.Startup    ConfigureServices(IServiceCollection s
28          // This method gets called by the runtime. Use this method to configure the HTTP req
29          public void Configure(IApplicationBuilder app, IWebHostEnvironment env)
30          {
31              if (env.IsDevelopment())
32              {
33                  app.UseDeveloperExceptionPage();
34              }
35              else
36              {
37                  app.UseExceptionHandler("/Home/Error");
38              }
39              app.UseStaticFiles();
40
41              app.UseRouting();
42
43              app.UseAuthorization();
44
45              app.UseEndpoints(endpoints =>
46              {
47                  endpoints.MapControllerRoute(
48                      name: "default",
49                      pattern: "{controller=Home}/{action=Index}/{id?}");
50              });
51          }
52      }
53  }
```

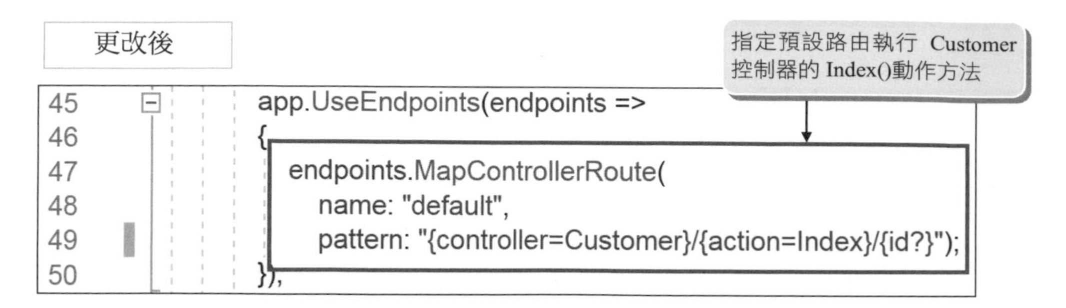

將控制器由原本的 Home 改為 Customer。

Step 05 因為 VS 本身並沒有內建 Entity Framework Core 資料存取套件，因此必須透過 NuGet 工具手動下載。主要下載下列三個程式套件。

1	Microsoft.EntityFrameworkCore.SqlServer
2	Microsoft.EntityFrameworkCore.SqlServer.Design
3	Microsoft.EntityFrameworkCore.Tools

Step 06 安裝 Microsoft.EntityFrameworkCore.SqlServer 套件

1. 執行功能表選單中的【工具(T)/NuGet 套件管理員(N)/管理方案的 NuGet 套件(N)】指令。

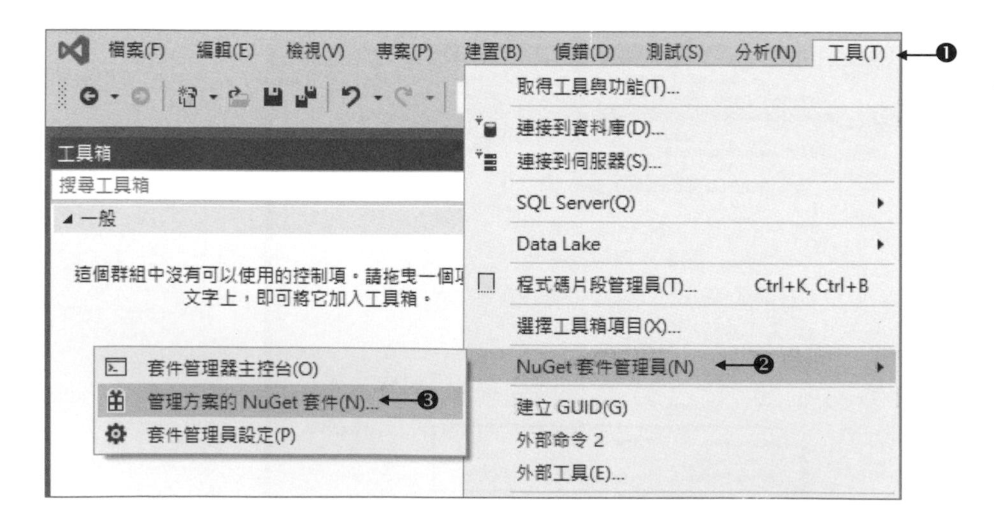

2. 進入 NuGet 套件管理員視窗後，點選下圖中的「瀏覽」，然後輸入關鍵字「Microsoft.EntityFrameworkCore.SqlServer」搜尋，可以找到如圖中的選單，先點選第一個 Microsoft.EntityFrameworkCore.SqlServer，接著依圖示操作進行安裝該套件。

Step 07 依 Step 06 步驟繼續安裝 Microsoft.EntityFrameworkCore.SqlServer.Design 與 Microsoft.EntityFrameworkCore.Tools 套件。完成後專案的相依性的套件會出現所安裝的套件。

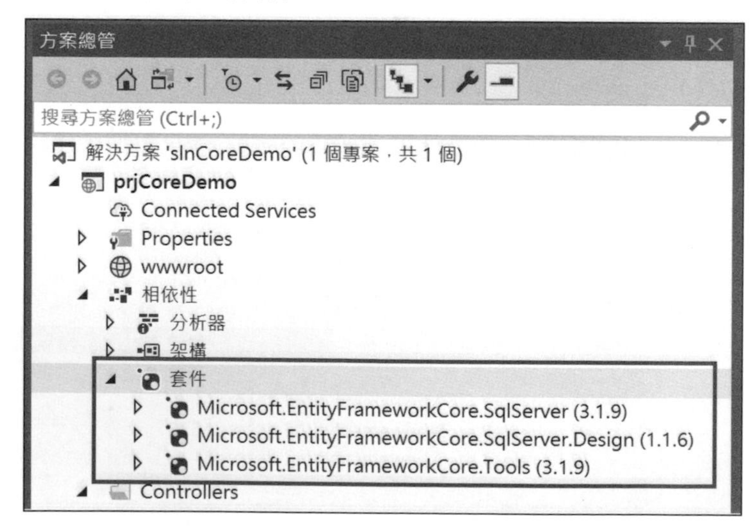

Step 08 安裝完成 Entity Framework Core 套件後，若按照傳統 Entity Framework 的使用流程迫不及待想加入實體模型物件的新項目時，會驚訝地發現 Entity Framework Core 並沒有提供產生實體模型物件的視覺化操作工具。是的，此時必須手動透過指令碼的方法來產生 tCustomer 資料表的實體模型物件。這也是為什麼要先在 Step 06 與 Step 07 安裝 Microsoft.EntityFrameworkCore.Tools 與相關套件的原因。當然 Entity Framework Core 也支援 Code First 的實作方法，但不在本章的討論範圍內，讀者有興趣可以自行改寫之。首先執行功能表【工具(T)/NuGet 套件管理員(N)/套件管理器主控台(O)...】指令開啟「套件管理器主控台」視窗，如下圖操作。

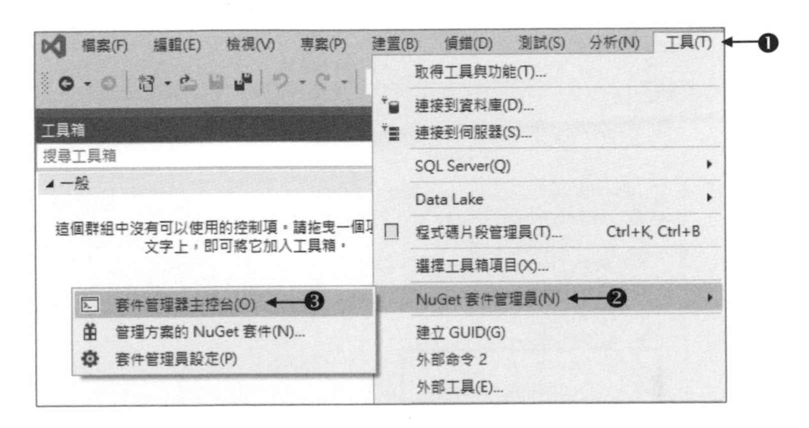

按照本書慣例會把實體模型物件置放在 Models 資料夾下。因此必須在套件管理器主控台的 **PM>** 處輸入下列指令碼並按 Enter 執行。(指令碼為同一行)

```
Scaffold-DbContext "Server=(localdb)\SQLExpress;Database=dbDemo;Trusted_Connection=True;"
Microsoft.EntityFrameworkCore.SqlServer -OutputDir Models
```

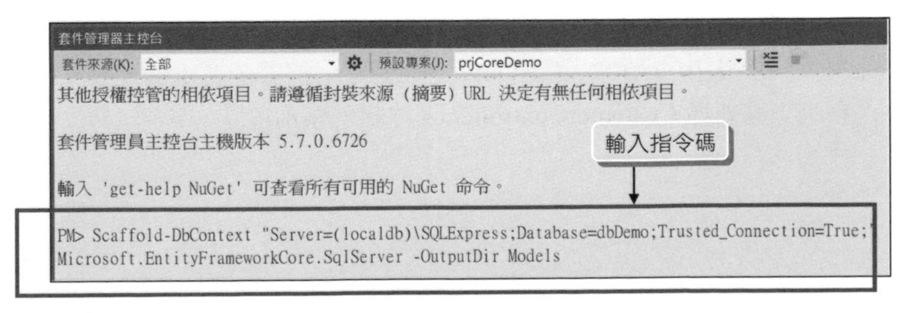

若是連接 SQL Server 且採用 Windows 驗證，可採用如下指令碼。

```
Scaffold-DbContext "Data Source=localhost;Initial Catalog=dbDemo;Integrated Security=True;"
Microsoft.EntityFrameworkCore.SqlServer -OutputDir Models
```

若是連接 SQL Server 且採用 SQL Server 驗證，可採用如下指令碼。

```
Scaffold-DbContext "Data Source=localhost;Initial Catalog=dbDemo;User ID=帳號;Password=密碼;"
Microsoft.EntityFrameworkCore.SqlServer -OutputDir Models
```

這裡要提醒讀者的是，資料庫名稱必須跟前置作業所建立的名稱相同；而實體模型輸出位置是指定在 Models 資料夾下。如下 dbDemoContext 可存取 dbDemo 資料庫，至於 TCustomer 類別即是代表 tCustomer 資料表的 Entity。

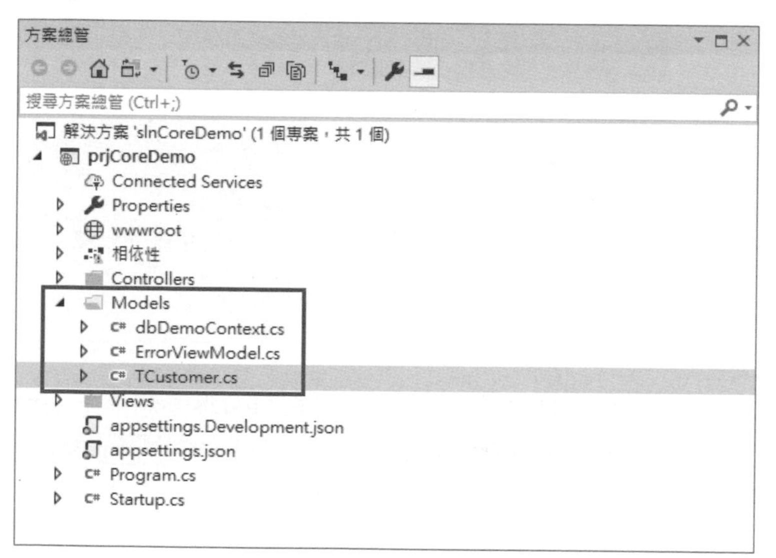

Step 09 建立 CustomerController.cs 控制器類別檔

在方案總管的 Controllers 資料夾下按滑鼠右鍵，再執行功能表的【加入(D)/控制器(T)...】指令新增「Customer」控制器，接著依圖示操作在 Controllers 資料夾下會新增 CustomerController.cs 控制器類別檔。

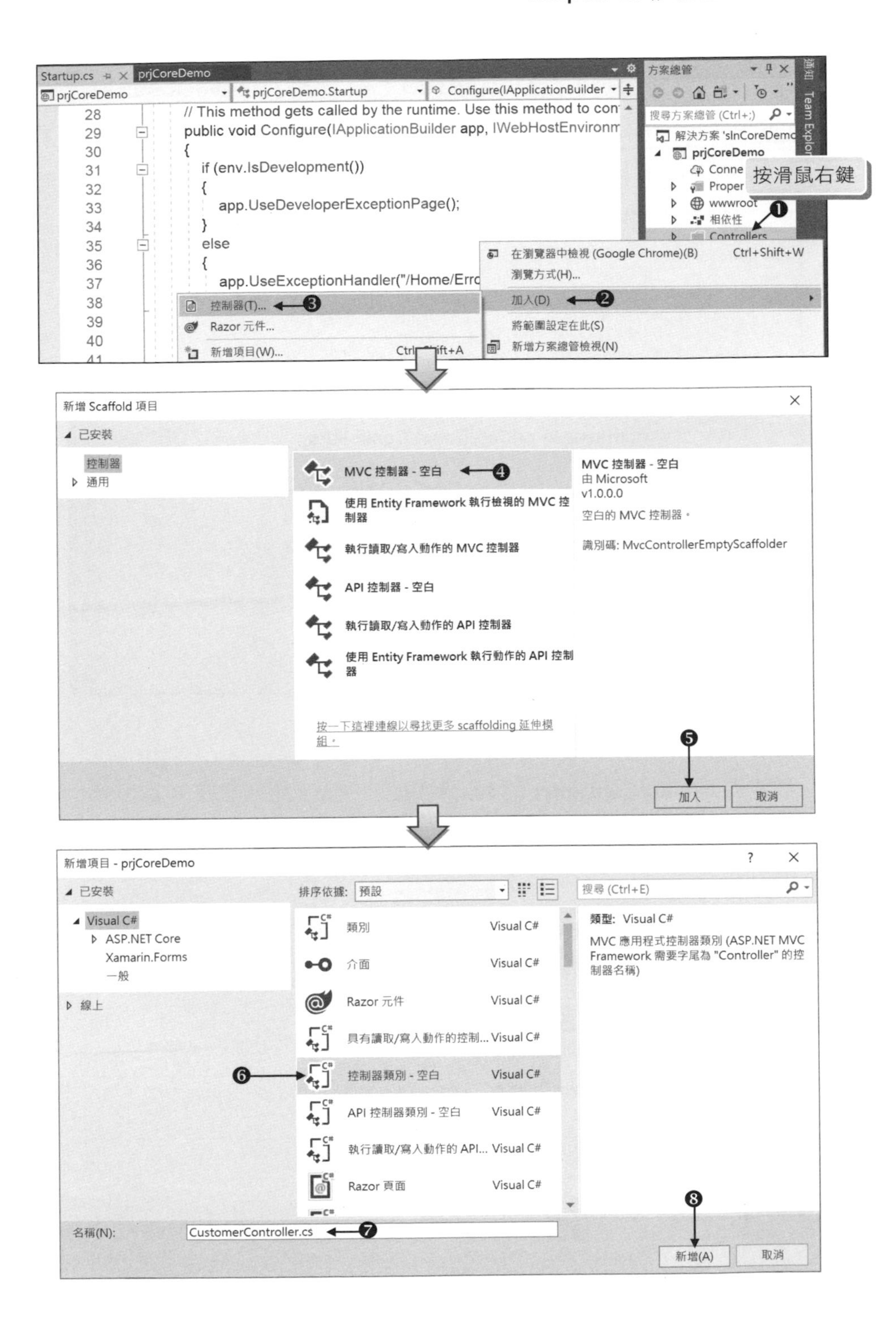
按滑鼠右鍵
在瀏覽器中檢視 (Google Chrome)(B) Ctrl+Shift+W
瀏覽方式(H)...
加入(D)
將範圍設定在此(S)
新增方案總管檢視(N)
控制器(T)...
Razor 元件...
新增項目(W)...
新增 Scaffold 項目
已安裝
控制器
通用
MVC 控制器 - 空白
使用 Entity Framework 執行檢視的 MVC 控制器
執行讀取/寫入動作的 MVC 控制器
API 控制器 - 空白
執行讀取/寫入動作的 API 控制器
使用 Entity Framework 執行動作的 API 控制器
按一下這裡連線以尋找更多 scaffolding 延伸模組。
MVC 控制器 - 空白
由 Microsoft
v1.0.0.0
空白的 MVC 控制器。
識別碼: MvcControllerEmptyScaffolder
加入
取消
新增項目 - prjCoreDemo
已安裝
Visual C#
ASP.NET Core
Xamarin.Forms
一般
線上
排序依據: 預設
搜尋 (Ctrl+E)
類別 Visual C#
介面 Visual C#
Razor 元件 Visual C#
具有讀取/寫入動作的控制... Visual C#
控制器類別 - 空白 Visual C#
API 控制器類別 - 空白 Visual C#
執行讀取/寫入動作的 API... Visual C#
Razor 頁面 Visual C#
類型: Visual C#
MVC 應用程式控制器類別 (ASP.NET MVC Framework 需要字尾為 "Controller" 的控制器名稱)
名稱(N): CustomerController.cs
新增(A)
取消

從下面的程式碼中，可以發現 ASP.NET Core 採用了 IActionResult 取代了原本的 ActionResult，這樣的設計採用了 interface 的技巧讓程式物件之間的耦合力變得更加鬆散，方便隨時可以抽換或注入新的物件。

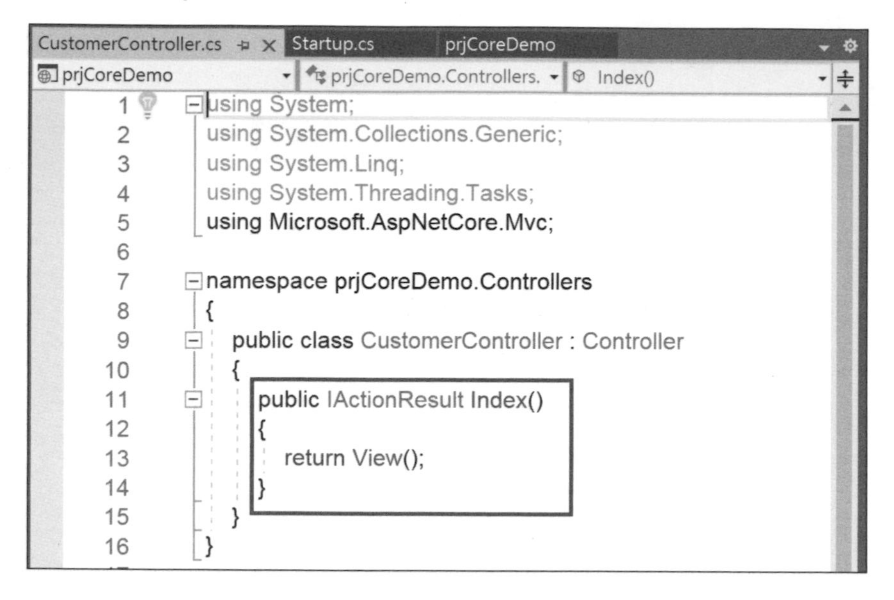

Step 10 建立客戶列表功能

1. 撰寫 CustomerController 的 Index()動作方法，此方法將 tCustomer 資料表的所有記錄依 fId 進行遞減排序，最後將所有記錄傳送至 Index.cshtml 檢視頁面。

C# 程式碼 FileName: Controllers/CustomerController.cs

```
01 using prjCoreDemo.Models ;
02
03 namespace prjCoreDemo.Controllers
04 {
05     public class CustomerController : Controller
06     {
07         dbDemoContext d = new dbDemoContext();
08
09         public IActionResult Index()
10         {
11             var customers = db.TCustomer.ToList();
12             return View(customers);
```

```
13          }
14      }
15 }
```

2. 建立 Index.cshtml 的 View 檢視頁面：

   在 Index()方法處按滑鼠右鍵，執行功能表的【**新增檢視(D)...**】指令開啟「加入檢視」視窗，依圖示操作新增 Index.cshtml 的 View 檢視頁面。

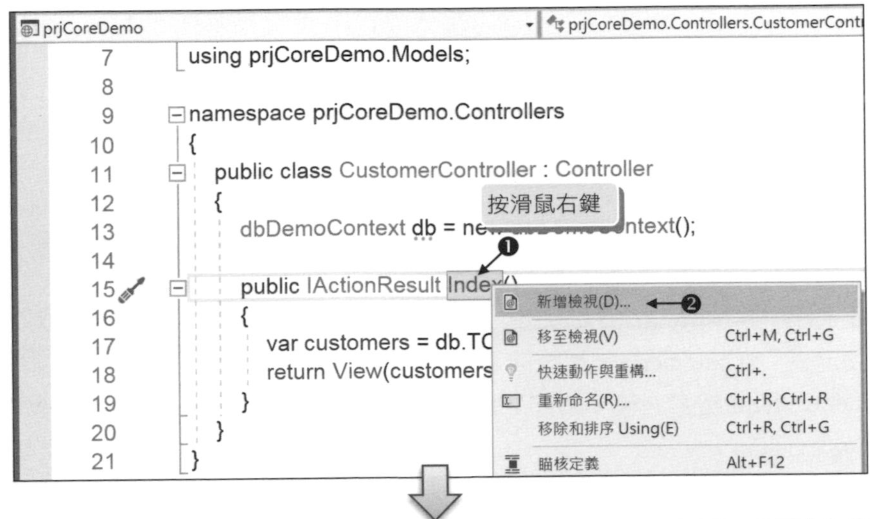

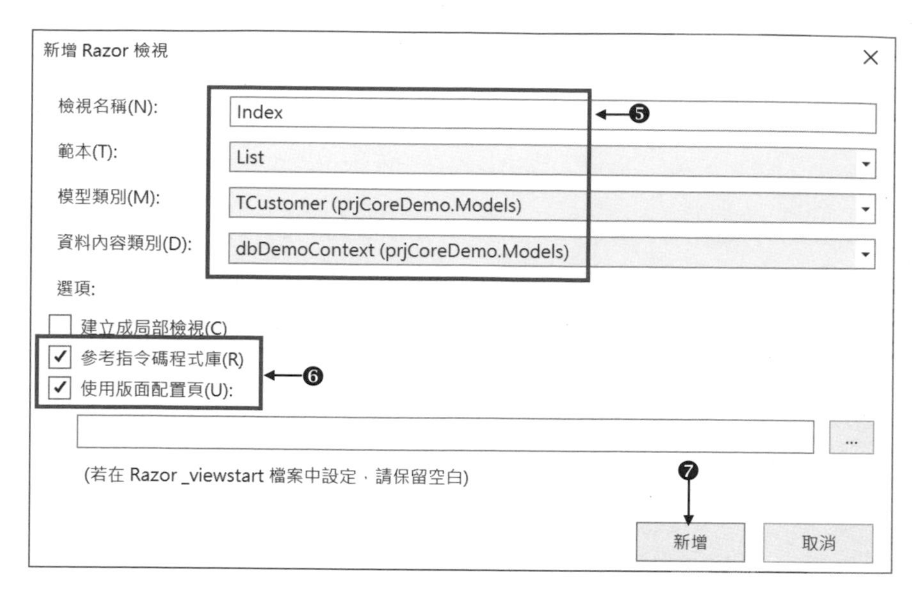

3. 在上圖中將檢視名稱(N)設定成「Index」、範本(T)設定成「List」、模型類別(M)設定成「TCustomer」，然後按下「新增」按鈕即可產生檢視。在 VS 順利產出 Index.cshtml 檔案之後，請按下執行程式 ▶ 鈕執行專案，此時在瀏覽器中見到如下畫面：

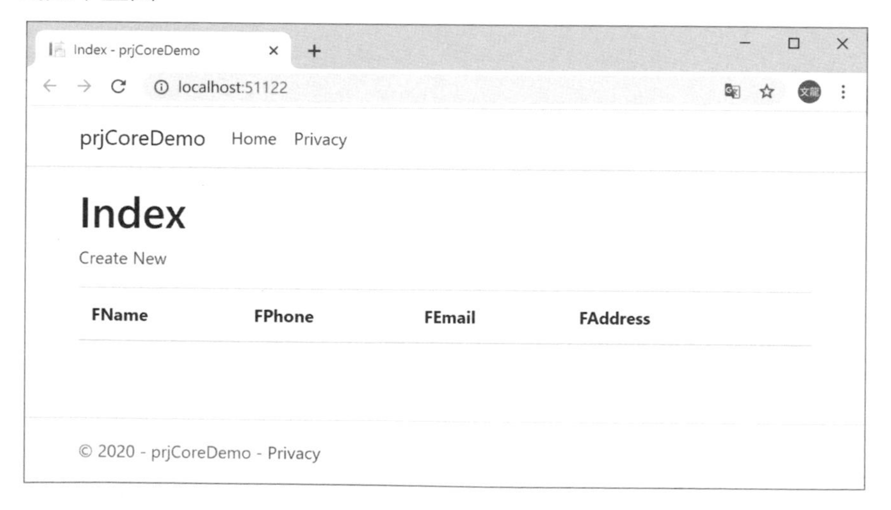

由於資料庫中沒有任何資料，因此看到的畫面只有呈現欄位，在接下來的章節中，將一步一步完成新增、刪除與修改功能，實作完整的客戶資料 CRUD 範例。

Step 11 設計客戶系統的版面配置頁

開啟 Views/Shared/_Layout.cshtml，設計客戶系統的版面配置頁，此頁面的導覽列為白底黑字，選單連結有 "客戶列表" 與 "客戶新增"，請修改如下灰底處的程式碼。

<HTML> **程式碼** FileName:Views/Shared/_Layout.cshtml

```
01 <!DOCTYPE html>
02 <html lang="zh-tw">
03 <head>
04     <meta charset="utf-8" />
05     <meta name="viewport" content="width=device-width, initial-scale=1.0" />
06     <title>@ViewData["Title"] - 客戶系統</title>
07     <link rel="stylesheet" href="~/lib/bootstrap/dist/css/bootstrap.min.css" />
08     <link rel="stylesheet" href="~/css/site.css" />
09 </head>
10 <body>
11     <header>
12         <nav class="navbar navbar-expand-sm navbar-toggleable-sm navbar-
light bg-white border-bottom box-shadow mb-3">
13             <div class="container">
14                 <a class="navbar-brand" asp-area=""
15                   asp-controller="Customer" asp-action="Index">客戶系統</a>
16                 <button class="navbar-toggler" type="button"
17                    data-toggle="collapse" data-target=".navbar-collapse"
18                    aria-controls="navbarSupportedContent"
19                    aria-expanded="false" aria-label="Toggle navigation">
20                     <span class="navbar-toggler-icon"></span>
21                 </button>
22                 <div class="navbar-collapse collapse d-sm-inline-flex
flex-sm-row-reverse">
23                     <ul class="navbar-nav flex-grow-1">
24                         <li class="nav-item">
25                             <a class="nav-link text-dark" asp-area=""
26                asp-controller="Customer" asp-action="Index">客戶列表</a>
27                         </li>
28                         <li class="nav-item">
29                             <a class="nav-link text-dark" asp-area=""
30                asp-controller="Customer" asp-action="Create">客戶新增</a>
31                         </li>
```

```
32                  </ul>
33              </div>
34          </div>
35      </nav>
36  </header>
37  <div class="container">
38      <main role="main" class="pb-3">
39          @RenderBody()
40      </main>
41  </div>
42
43  <footer class="border-top footer text-muted">
44      <div class="container">
45          &copy; 2020 - 客戶系統 - <a asp-area="" asp-controller="Home"
46          asp-action="Privacy">大才全資訊科技股份有限公司</a>
47      </div>
48  </footer>
49  <script src="~/lib/jquery/dist/jquery.min.js"></script>
50  <script src="~/lib/bootstrap/dist/js/bootstrap.bundle.min.js">
51  </script>
52  <script src="~/js/site.js" asp-append-version="true"></script>
53  @RenderSection("Scripts", required: false)
54 </body>
55 </html>
```

Step 12 開啟 Views/Customer/Index.cshtml 檢視頁面，請修改如下灰底處的程式碼。

程式碼 FileName: Views/Customer/Index.cshtml

```
01 @model IEnumerable<prjCoreDemo.Models.TCustomer>
02
03 @{
04     ViewData["Title"] = "客戶列表";
05 }
06
07 <h1>客戶列表</h1>
08
09 <table class="table">
10     <thead>
11         <tr>
```

```
12             <th>
13                 @Html.DisplayNameFor(model => model.FName)
14             </th>
15             <th>
16                 @Html.DisplayNameFor(model => model.FPhone)
17             </th>
18             <th>
19                 @Html.DisplayNameFor(model => model.FEmail)
20             </th>
21             <th>
22                 @Html.DisplayNameFor(model => model.FAddress)
23             </th>
24             <th></th>
25         </tr>
26     </thead>
27     <tbody>
28 @foreach (var item in Model) {
29         <tr>
30             <td>
31                 @Html.DisplayFor(modelItem => item.FName)
32             </td>
33             <td>
34                 @Html.DisplayFor(modelItem => item.FPhone)
35             </td>
36             <td>
37                 @Html.DisplayFor(modelItem => item.FEmail)
38             </td>
39             <td>
40                 @Html.DisplayFor(modelItem => item.FAddress)
41             </td>
42             <td>
43                 <a asp-action="Edit" asp-route-id="@item.FId">編輯</a> |
44                 @*<a asp-action="Details"
45                      asp-route-id="@item.FId">Details</a> |*@
46                 <a asp-action="Delete" asp-route-id="@item.FId">刪除</a>
47             </td>
48         </tr>
49 }
50     </tbody>
51 </table>
```

說明

1) 第 43,46 行：此處使用 ASP.NET Core 表單中的標籤協助程式，asp-action 用來指定要執行的動作方法，asp-route-{value} 可指定單一網址路由值，asp-route-id 代表指定 id 的路由值。

2) 第 44~45 行：本例 Index.cshtml 檢視頁面並未提供檢視明細頁功能，因此請將這兩行敘述進行註解。

Step 13 撰寫 TCustomer.cs 類別的資料模型驗證屬性，如下灰底程式碼：

C# 程式碼 FileName: Models/TCustomer.cs

```
01 using System;
02 using System.Collections.Generic;
03 using System.ComponentModel;
04 using System.ComponentModel.DataAnnotations;
05
06 namespace prjCoreDemo.Models
07 {
08     public partial class TCustomer
09     {
10         public int FId { get; set; }
11         [DisplayName("姓名")]
12         [Required(ErrorMessage ="姓名必填")]
13         public string FName { get; set; }
14         [DisplayName("電話")]
15         [Required(ErrorMessage = "電話必填")]
16         public string FPhone { get; set; }
17         [DisplayName("信箱")]
18         [Required(ErrorMessage = "信箱必填")]
19         [EmailAddress(ErrorMessage ="信箱格式有誤")]
20         public string FEmail { get; set; }
21         [DisplayName("地址")]
22         [Required(ErrorMessage = "地址必填")]
23         public string FAddress { get; set; }
24     }
25 }
```

13.3.4 tCustomer 資料表的新增範例

設計完 Index()動作方法與 Index.cshtml 檢視後，接下來要完成客戶資料的新增功能，新增功能將被設計成名為 Create() 動作方法。請依照下列步驟一步一步完成：

Step 01 請開啟上一章節完成的 CustomerController.cs 控制器類別檔，並在其中撰寫二個 Create() 動作方法，參考程式碼如右：

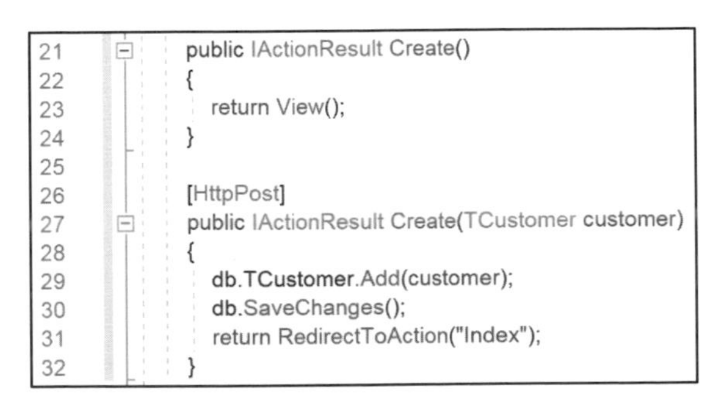

21 public IActionResult Create()
22 {
23 return View();
24 }
25
26 [HttpPost]
27 public IActionResult Create(TCustomer customer)
28 {
29 db.TCustomer.Add(customer);
30 db.SaveChanges();
31 return RedirectToAction("Index");
32 }

Step 02 建立 Create.cshtml 的 View 檢視頁面

1. 在上圖 Create()方法處按滑鼠右鍵執行功能表的【**新增檢視(D)...**】指令開啟「加入檢視」視窗，請依上節 Step 10 步驟方式新增 Create.cshtml 的 View 檢視頁面。

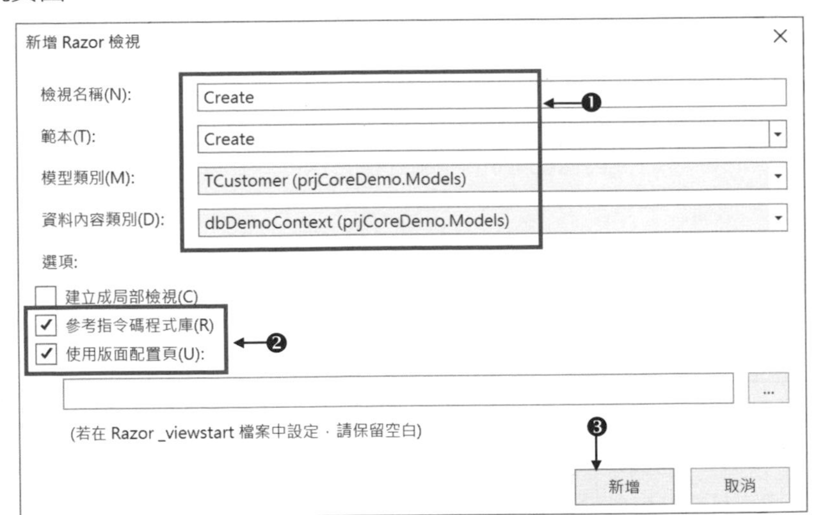

2. 開啟 Views/Customer/Create.cshtml 檢視頁面，請修改如下灰底處的程式碼。

程式碼 FileName:Views/Customer/Create.cshtml

```
01 @model prjCoreDemo.Models.TCustomer
02
03 @{
```

```
04      ViewData["Title"] = "客戶新增";
05  }
06
07  <h1>客戶新增</h1>
08
09  <hr />
10  <div class="row">
11      <div class="col-md-4">
12          <form asp-action="Create">
13              <div asp-validation-summary="ModelOnly"
14                  class="text-danger"></div>
15              <div class="form-group">
16                  <label asp-for="FName" class="control-label"></label>
17                  <input asp-for="FName" class="form-control" />
18                  <span asp-validation-for="FName"
19                      class="text-danger"></span>
20              </div>
21              <div class="form-group">
22                  <label asp-for="FPhone" class="control-label"></label>
23                  <input asp-for="FPhone" class="form-control" />
24                  <span asp-validation-for="FPhone"
25                      class="text-danger"></span>
26              </div>
27              <div class="form-group">
28                  <label asp-for="FEmail" class="control-label"></label>
29                  <input asp-for="FEmail" class="form-control" />
30                  <span asp-validation-for="FEmail"
31                      class="text-danger"></span>
32              </div>
33              <div class="form-group">
34                  <label asp-for="FAddress" class="control-label"></label>
35                  <input asp-for="FAddress" class="form-control" />
36                  <span asp-validation-for="FAddress"
                        class="text-danger"></span>
37              </div>
38              <div class="form-group">
39                  <input type="submit" value="客戶新增"
                        class="btn btn-primary" />
40              </div>
41          </form>
```

```
42     </div>
43 </div>
44
45 @section Scripts {
46     @{await Html.RenderPartialAsync("_ValidationScriptsPartial");}
47 }
```

Step 03 測試新增客戶記錄功能

1. 按下執行程式 ▶ 鈕測試網頁執行結果，測試表單資料驗證功能。

2. 輸入客戶記錄後，點選 客戶新增 按鈕，即可看到剛剛輸入的客戶記錄已經存入 tCustomer 資料表中，畫面參考如下圖所示。

13.3.5 tCustomer 資料表的修改範例

設計完 Create()動作方法之後，接下來要完成的是客戶資料的修改功能，修改功能將被設計成名為 Edit()動作方法。請依照下列步驟一步一步完成：

Step 01 請開啟上一章節完成的 CustomerController.cs 控制器類別檔，並在其中撰寫二個 Edit()動作方法，參考程式碼如下：

```
34    public IActionResult Edit(int id)
35    {
36        var customer = db.TCustomer.Where(m => m.FId == id).FirstOrDefault();
37        return View(customer);
38    }
39
40    [HttpPost]
41    public IActionResult Edit(TCustomer customer)
42    {
43        var modify = db.TCustomer.Where(m => m.FId == customer.FId).FirstOrDefault();
44        modify.FName = customer.FName;
45        modify.FPhone = customer.FPhone;
46        modify.FEmail= customer.FEmail;
47        modify.FAddress = customer.FAddress;
48        db.SaveChanges();
49        return RedirectToAction("Index");
50    }
```

Step 02 建立 Edit.cshtml 的 View 檢視頁面

1. 在上圖 Edit()方法處按滑鼠右鍵，執行功能表的【新增檢視(D)...】指令開啟「加入檢視」視窗，請新增 Edit.cshtml 的 View 檢視頁面。

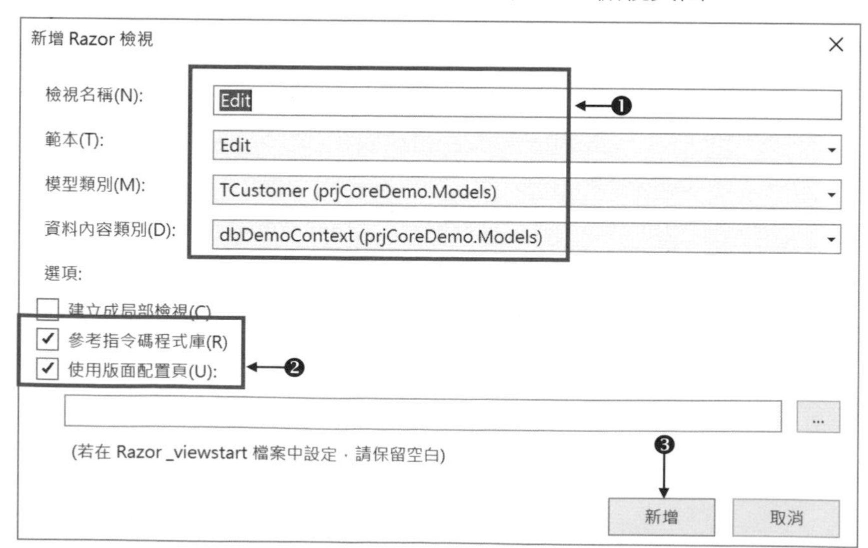

2. 開啟 Views/Customer/Edit.cshtml 檢視頁面，請修改如下灰底處的程式碼。

程式碼 FileName:Views/Customer/Edit.cshtml

```
01 @model prjCoreDemo.Models.TCustomer
02
03 @{
04     ViewData["Title"] = "客戶編輯";
05 }
06
07 <h1>客戶編輯</h1>
08
09 <hr />
10 <div class="row">
11     <div class="col-md-4">
12         <form asp-action="Edit">
13             <div asp-validation-summary="ModelOnly"
14                 class="text-danger"></div>
15             <input type="hidden" asp-for="FId" />
16             <div class="form-group">
17                 <label asp-for="FName" class="control-label"></label>
18                 <input asp-for="FName" class="form-control" />
19                 <span asp-validation-for="FName"
20                     class="text-danger"></span>
21             </div>
22             <div class="form-group">
23                 <label asp-for="FPhone" class="control-label"></label>
24                 <input asp-for="FPhone" class="form-control" />
25                 <span asp-validation-for="FPhone"
26                     class="text-danger"></span>
27             </div>
28             <div class="form-group">
29                 <label asp-for="FEmail" class="control-label"></label>
30                 <input asp-for="FEmail" class="form-control" />
31                 <span asp-validation-for="FEmail"
32                     class="text-danger"></span>
33             </div>
34             <div class="form-group">
35                 <label asp-for="FAddress" class="control-label"></label>
36                 <input asp-for="FAddress" class="form-control" />
37                 <span asp-validation-for="FAddress"
```

```
38                         class="text-danger"></span>
39                 </div>
40                 <div class="form-group">
41                     <input type="submit" value="儲存" class="btn btn-primary" />
42                 </div>
43             </form>
44         </div>
45 </div>
46 @section Scripts {
47     @{await Html.RenderPartialAsync("_ValidationScriptsPartial");}
48 }
```

Step 03 測試修改客戶記錄功能

1. 按下執行程式 ▶ 鈕測試網頁執行結果，點選「編輯」連結進入編輯畫面。

2. 修改完資料後，點選 儲存 按鈕，即可看到原本的記錄已經被修改，畫面參考如下圖所示。

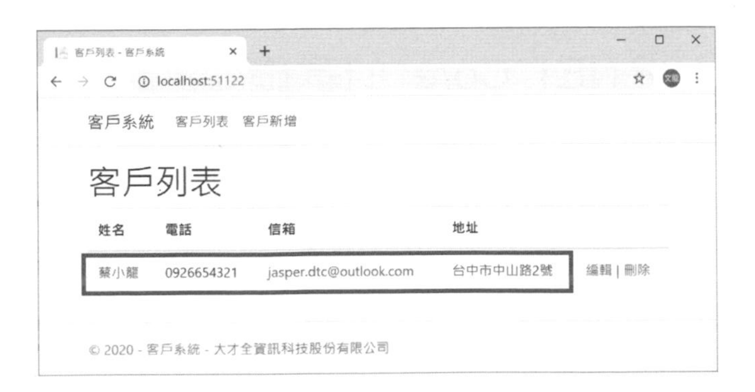

13.3.6 tCustomer 資料表的刪除範例

設計完 Edit() 動作方法之後，接下來要完成的是客戶資料的刪除功能，刪除功能將被設計成名為 Delete()動作方法。請依照下列步驟一步一步完成：

Step 01 請開啟上一章節完成的 CustomerController.cs 控制器，並在其中撰寫一個 Delete()動作方法，參考程式碼如下：

```
51    public IActionResult Delete(int id)
52    {
53        var customer = db.TCustomer.Where(m => m.FId == id).FirstOrDefault();
54        db.TCustomer.Remove(customer);
55        db.SaveChanges();
56        return RedirectToAction("Index");
57    }
```

Step 02 測試刪除客戶記錄功能

按下執行程式 ▶ 鈕測試網頁執行結果，點選「刪除」連結，結果發現該筆記錄會被刪除。

由本節的練習可知 ASP.NET MVC 所使用 Model-View-Controller 設計模式、LINQ 操作資料、Models 模型資料驗證、以及檢視設計的 Razor 語法在「ASP.NET Core」寫法相同，而在資料庫取而代之的是重新鍛造擁有更高效能的 Entity Framework Core API，同時提供表單中的標籤協助程式以及更多功能，因此學習 ASP.NET MVC 經驗在「ASP.NET Core」可繼續延用。

跟著實務學習 ASP.NET MVC 5.x--打下前進 ASP.NET Core 的基礎(使用 C#2019)

作　　者：蔡文龍 / 蔡捷雲 / 歐志信 / 曾芷琳
企劃編輯：江佳慧
文字編輯：王雅雯
設計裝幀：張寶莉
發 行 人：廖文良

發 行 所：碁峰資訊股份有限公司
地　　址：台北市南港區三重路 66 號 7 樓之 6
電　　話：(02)2788-2408
傳　　真：(02)8192-4433
網　　站：www.gotop.com.tw
書　　號：AEL022900
版　　次：2020 年 12 月初版
　　　　　2022 年 03 月初版六刷
建議售價：NT$550

國家圖書館出版品預行編目資料

跟著實務學習 ASP.NET MVC 5.x：打下前進 ASP.NET Core 的基礎(使用 C#2019) / 蔡文龍, 蔡捷雲, 歐志信, 曾芷琳著. -- 初版. -- 臺北市：碁峰資訊, 2020.12
面；　公分
ISBN 978-986-502-686-8(平裝)
1.網頁設計　2.全球資訊網
312.1695　　109019499

讀者服務

- 感謝您購買碁峰圖書，如果您對本書的內容或表達上有不清楚的地方或其他建議，請至碁峰網站：「聯絡我們」\「圖書問題」留下您所購買之書籍及問題。（請註明購買書籍之書號及書名，以及問題頁數，以便能儘快為您處理）
  http://www.gotop.com.tw
- 售後服務僅限書籍本身內容，若是軟、硬體問題，請您直接與軟體廠商聯絡。
- 若於購買書籍後發現有破損、缺頁、裝訂錯誤之問題，請直接將書寄回更換，並註明您的姓名、連絡電話及地址，將有專人與您連絡補寄商品。